智力心理学

ZHILI XINLIXUE

蔡笑岳 邢 强 等◎著

Intelligence

暨南大学出版社
JINAN UNIVERSITY PRESS

中国·广州

目　录

智力是一个原型组织的类别概念。我们相信，一个人被称为聪明，主要取决于他与想象中智力原型的整体相似程度。

——U. 奈瑟（U. Neisser）

第一章　智力的心理本性

浩瀚无垠的宇宙世界，奥秘无穷；精巧无比的人脑系统，神奇无比。人之所以被誉为"万物之灵"，非谓有爪牙之利、筋骨之强，而主要是因为有聪明的大脑和高度发达的智力。深入探寻人类智力的神奇奥秘，彻底弄清"智力究竟是什么"、"智力活动怎么进行"、"智力为什么有差异"、"怎样开发智力"等智力基本理论问题，科学进行智力训练，培育聪慧且有创造性的一代新人，是心理学、教育学、脑科学、思维学等学科长期着力研究的重要课题。

第一节　智力的概念

人类对大脑及其功能的探索已有漫长的历史，曾先后出现过"灵魂说"、"心脏说"、"脑髓说"、"定位说"、"颅相说"等多种不同的学说与观点。各种不同的学说，都在探讨同一个问题，即人脑的功能；各种不同的观点，都试图阐明人的心智活动的发生缘由与运行机理。自古以来，人类对智力的探索与思考一直表现出极大的兴趣与热情。在心理学的研究中，智力研究也一直是学科的重要课题与核心领域。

一、前科学心理学时期学者对智力的认识与观点

1879 年，冯特（W. Wundt）在德国莱比锡大学创立心理学实验室，此举被视为科学心理学诞生的标志，并以此作为科学心理学与前科学心理学的时代分界。前科学心理学即哲学心理学，其根本特征是思辨、内省、推论、陈述。探询心理学的历史可以发现，前科学心理学时期学者们关于智力的思想是如此深邃，虽历经千百年，至今仍然闪烁着迷人的智慧光芒。

我国古代学者对智力多有论述，并阐释得相当深刻。

在汉语中，"智力"的含义由"智"和"力"的本义转化和发展而来。"智"，

一作聪明，如《孟子·公孙丑下》："王自以为与周公孰仁且智。"另外也作智慧、智谋，如《淮南子·离娄上》："圣人既竭目力焉……既竭耳力焉。"① 综合起来，智力意味着具有足智多谋的能力。其他如《韩非子》提到"智力不用则君穷乎臣"；东汉的王充在《论衡》中说"夫贤者才能未必高而心明，智力未必多而举是"；三国（吴）韦昭注"能处事物多为智"等诸多论述。②

我国古代"智"和"知"密切相关，均有聪明之意。孔子说过"知者不惑"③，"好学近乎知"④。这里的两个"知"均用作"智"。又如《尸子·分篇》云："虑得分曰智"。汉代扬雄也把智力和认识看成是一回事，即所谓"智者，知也"。⑤ 墨子更是直截了当地把智和眼、耳、鼻、口、形（即视、听、嗅、味、触）等所谓"五路"系在一起，如《经说下》云："智：以目见……惟以五路智。"

此外，我国古代汉语中智力与智慧的意思也是相当的，这从韩非子与墨子的言论比较中清晰可见。韩非子说："故听言不参则权分乎奸，智力不用则君穷乎臣。"⑥墨子说："若使之治国家，则此使不智慧者治国家也。"⑦ 这里韩非子所用的"智力"与墨子所用的"智慧"是同义的。智慧有时又作"智惠"，如《荀子·正论篇》写道："天之者……道德纯备，智惠甚明。"

当然，我国古代学者对智力的认识亦不尽相同，存在着观念的差别。例如，孔子谈到"智"时就对其从多个方面进行解释：① 认识上的不惑状态，如"知者不惑"；②实事求是的认识态度，如"知之为知之，不知为不知，是知也"；③对人的识别能力，如樊迟问智，子曰："知人"；④思维的敏捷性和灵活性，如"智者乐水"等。孟子认为，"智"是人对外界事物及规律的认识和掌握，人如能认识事物的规律并按规律行事，就是智的表现。在孟子的智力观中，智力是学习和接受知识的能力。荀子将人生来具有的认知能力叫做"知"，"知"与客观事物相符合就转化为智力。道家强调要"超圣绝智"，老子认为"智"是对"道"的直觉把握。庄子则认为"先有真人而后有真知"。墨家重感觉经验，以为人生来就有感觉能力，智力即感觉能力。

对智力的理解，老子有一段精彩的描述，发人深思，凸显了老子智力观的精髓。《道德经》有云："知人者智，自知者明。胜人者有力，自胜者强。"知他人之是非黑白，乃是认识客体（他人），知人的人是具有知识的；而自知者则更深一层地认识主体自我，能知道自己行为之过失缺点，才是真正具有智慧，即明理、明智之人。

---

① 辞海. 上海：上海辞书出版社，1989. 1228.

② 中国大百科全书心理学. 北京：中国大百科全书出版社，1991. 556.

③ 《论语·子罕》。

④ 《中庸》二十章。

⑤ 扬雄《法言·问》"神沙"。

⑥ 《韩非子·八经》。

⑦ 《墨子·尚贤中》。

以今人的观点去理解这种"知"，其对象包括认识作为客体的他人和作为主体的自己，其成果既可以是知识也可以是心智。认识他人而获得知识和经验，认识自己则使人有思想上的提升。所谓由自身而得他人，更于他人而识自身，这是更高的层次和境界，才是真正的聪慧、明智。诚如古人说："知人者智而已，若自知者，超智之上也。"胜人者力，胜过他人的人就是智力超常的人。在此，体现着智力存在人际差异性的观点和数量概念，人与人之间因为具有差异性，故而存在智力高低之分。但自胜者从现实自我又看到了与理想自我之间的差异，要求自身控制、自我超越，反映出智力具有发展性思想内涵，体现着一种更高境界的智力观。

外国古代学者很早就对人类的智力开展了深入的探讨，并取得了辉煌的思想成果。由于西方学者浓厚的自然主义观点和生存意识，以及经验主义的哲学和神学的影响，他们对智力的理解自由而广泛，认识严谨而系统，特别注重人性与神性的思辨与分析。

柏拉图（Plato）认为，个体的学习能力是其智慧的一个重要体现，聪明的人能够轻松、有效地进行学习，能够举一反三、以少知多。因而有智慧的人是热爱学习、追求真理和善于吸收知识的。而愚笨的人则出现学习困难、容易遗忘的现象。另外，在关于智力的水平上，柏拉图主张人的智力是生而平等大同小异的，个体在智力上的差别主要源于后天的教育以及榜样的作用[①]。

与柏拉图主张人的智力生而平等不同，亚里士多德（Aristotle）认为智力是由上帝赋予的天赋，且个体的天赋是有差异的，这种差异是社会不同阶层的区别所在。一个人的智力天赋是固定不变的，要想提高整个社会的智力水平，就必须将生育限定在"统治者"中间。对于智力的评定，亚里士多德认为应该根据反应的"敏捷"和"迅速"来评定个体的智力[②]。例如，一个人看到月光总是想到太阳，然后很快捕捉到其中的原因，这就是聪明的表现。

在英文中，"intelligence"（智能、智慧）一词是于19世纪后半叶由哲学家斯宾塞（H. Spencer）和生物学家高尔顿（F. Galton）从古拉丁语中引入的，用来反映个体在心理能力上的差异。他们相信，每个人都存在着这么一种天生的特点，它不能由其他特殊技能所代表。

斯宾塞关于智力的观点是源于进化论的。他认为，智力是人的神经官能活动，是由一套先天生成、后天发展的神经官能所组成的，是通过感官获得的各种感觉印象的联想的结果。在斯宾塞的观点中，智力是一个整体，是一种适应自然事物的能力，它涉及人对客观事物的认知官能。同时，智力也是在组织水平下的具有各种等级的有机组成：其中第一层为神经反应；第二层为复杂的认知过程（包括感知觉、联想、意象等）；第三层为适应环境的意识功能。

---

① 蒋京川等. 智力是什么？——智力观的回溯与前瞻. 国外社会科学，2006（2）：59.
② 蒋京川等. 智力是什么？——智力观的回溯与前瞻. 国外社会科学，2006（2）：60.

高尔顿继承了前人对智力差异的观念，并通过利用遗传族谱研究聪明与愚笨的人的家族成员，尝试对天才的遗传基础进行论证。他认为遗传因素对智力有很大的影响。人的智力可以用两个基本的品质来鉴别，其一是工作能力，其二是敏感性。由于高尔顿深受进化论思想的影响，所以在他的智力观中，生物进化成为他解释智力的来源与智力的品质的最大思想依据。

二、科学心理学时期学者对智力的认识与观点

进入科学心理学时期，运用科学的方法（特别是自然科学的方法）研究智力，促进了人们对智力的科学认识。

1904 年，法国公共教育部提出了一项新的任务，希望寻求将心智有缺陷的儿童与由其他原因造成学业不良的儿童区别开来的方法，因而阿尔弗雷德·比奈（Alfred Binet）与他的同事瑟道尔·西蒙（Theodores Simon）设计了能解决这一问题的智力测验。他们认为智力的本质是判断力、实践力、首创精神和适应周围环境的能力的总和。因此智力的基本活动为判断、理解和推理等认识活动。

比奈—西蒙的智力测验，开始纠正了前人用外在的行为或生理反应来定义智力的错误，并且用海伦·凯勒（Helen Keller）的例子，说明了如高尔顿那样用外在的视听能力去定义智力也是不准确的，智力应依赖于心理判断，而不是在于感知敏锐度。

比奈的思想传入美国后，被美国心理学家刘易斯·推孟（L. Terman）进一步修订，制作成美国化的测验，成为斯坦福—比奈量表，从此智力测验风靡全球。

随着 20 世纪科学技术的发展，人类文明程度的提高以及教育规模的扩大，"智力"进入到了心理学的核心研究领域中。一个明显的标志是，20 世纪 20 年代美国《教育心理学》杂志曾开辟专栏就智力的含义和本质展开了讨论。1921 年，美国《教育心理学》杂志邀请了 14 位著名心理学家，就智力的概念和本质进行专题讨论。各位心理学家围绕着"智力是什么"、"智力应当如何进行测定"提出了自己的看法，大部分心理学家还列举了自己所认为的智力的概念。各类不同的概念侧重点不同，但从本质上分析，大部分的智力概念涵盖了两个主要的内容：基本的认知能力和适应环境的能力。但是，当时存在于学界的有近二十种不同属性的智力概念。

时隔 65 年之后的 1986 年，美国《教育心理学》杂志又一次组织了专家研讨会，邀请了 25 位心理学家对智力的本质进行讨论。专家们对智力的本质有更深入的理解，并且所提出的概念也涵盖了更宽泛的内容。经过多年理论的发展、概念的修正与增加，当时存在于学界的不同属性的智力概念已达到了近二十五种。

表 1 - 1　1921—1986 年智力概念的比较与变化

	当时有代表性的智力概念
1921 年原有的概念类别	桑代克（Thorndike）：智力是从正确或事实的角度所体现出的正确反应能力 推孟（Terman）：智力是进行抽象思维的能力 皮特纳（Pintner）：智力是适应生活中相对较新环境的能力 蒂尔邦（Dearborn）：智力是从经验中学习或获益的能力

	当时有代表性的智力概念
1986 年新提出的概念类别	阿纳斯塔斯（Anastasi）：智力以一种适应的、有效的方式，来满足不断变化的环境要求，而适应行为存在着种群和情境差异，因此智力是一个多元的概念 伯瑞（Berry）：智力是在一定的生态环境下，个体有效适应特定文化群体的行为。智力是认知领域发展的产物，它有别于情感或动机领域的发展 卡洛尔（Carroll）：智力涉及学术、实践和社会三个层面，在社会情境和实践中研究智力与在实验室或学术背景下研究智力同等重要 布朗和凯姆宾（Brown & Campione）：不仅强调学习的速度，而且强调元认知、知识与学习的相互作用，不同于早期研究者忽略知识本身的做法 加德纳（Gardner）：智力不是一种而是一组，提出了 7 种彼此独立的智力，并强调对智力的理解应与日常生活相结合，不能局限在实验室研究中 弗劳威尔（Flavell）：智力中包括了认知和元认知成分

对这些概念进行比较分析后，主要可以归纳为以下 5 种观点：

（1）从理性哲学的观点出发，认为智力是指抽象思维能力。其代表人物是法国心理学家比奈和美国心理学家推孟，他们把智力理解为正确的判断能力和透彻的理解能力、适当的推理能力，指出人的智力和其抽象思维能力成正比。

（2）从教育学的观点出发，认为智力是学习能力。学习成绩的好坏代表了智力水平的高低，智力高的个体比智力相对较低的个体能更容易地掌握较难的学习材料，他们的学习速度更快、效果更好。持这种观点的心理学家以迪尔伯恩（W. F. Dearborn）和伯金汉（B. R. Buckingham）为代表，他们指出智力就是学习的潜能。

（3）从测量学观点出发，认为智力是智力测验之所测，是智力测验的结果。主要代表人物是法国的弗瑞曼（Freeman）等，他们指出智力无法定义为含义广泛而意义含糊的概念，最直接和操作性的定义是认为智力就是智力测验所测到的部分。

（4）从生物学观点出发，认为智力是适应新环境的能力。主要代表人物是德国心理学家施太伦（L. W. Stern）和美国心理学家桑代克（E. L. Thorndike），他们认为，智力是指个体有意识地以思维活动来适应新情境的一种潜力。若个体的智力越高，则他们适应环境的能力也就越强。

（5）从整合的角度出发，认为智力是一种综合的能力。其代表人物是韦克斯勒（D. Wechsler）和斯腾伯格（R. J. Sternberg），他们认为智力是个体心理能力的总和，是多种能力的综合体。

我国的学者对智力的理解与国外学者的理解略有不同，国内学者关于智力的概念较有影响的观点如下：

（1）林传鼎：智力是一种多维的连续系统，它包含着6种能力：对各种模式进行分类的能力；学习的能力；归纳推理的能力；演绎推理的能力；形成并使用概念模型的能力和理解能力。

（2）朱智贤：智力是一种综合的认识方面的心理特征，它主要包括：感知记忆能力特别是观察能力、抽象概括能力（包括想象能力）、创造。

（3）吴福元：智力包括三个亚结构，即素质结构，主要指人的遗传素质和由遗传得来的先天素质；认知结构，主要包括观察力、记忆力、思维力、想象力和创造力；动力结构，主要指个性中的非智力因素。

（4）林崇德：智力的核心成分是思维，其基本特征是概括。它是由思维、感知、观察、记忆、想象、言语与操作技能组成的。

（5）燕国材：智力是保证人们有效进行认识活动的一系列稳定心理特点的综合。它由注意力、观察力、记忆力、想象力与思维力五种基本心理因素组成。

（6）王极盛：智力是各种能力的总体。主要包括观察能力、记忆能力、思维能力、想象能力和实践活动能力。

我国心理学、教育学等专业词典以及汉语类工具书，对"什么是智力"这一问题，也有各自的解释：

（1）《心理学大词典》：在中国，较多的心理学家认为，智力指认识方面的各种能力，即观察力、记忆力、思维能力、想象能力的综合，其核心成分是抽象思维能力。

（2）《现代汉语词典》：智力指人认识、理解客观事物并运用知识、经验等解决问题的能力，包括记忆、观察、想象、思考、判断等。

（3）《中国大百科全书》：智力是使人能顺利地从事多种活动所必需的各种认知能力的有机结合，其中以抽象思维能力为核心。

第二节　智力概念的内隐层面

智力是心理学的研究对象，心理学家对其本质有学术的观念和专业的认知，这种认知和观念以理论形态存在于心理学的体系、学说中。智力也是社会民众关注的问题，一般社会民众对智力也有自己的看法，这种看法以一种通俗的社会知识存在于民众头脑当中。在心理学研究中，前者被称为专家知识，是一种外显概念；后者是一种世俗看法，是一种内隐概念。探讨智力本质，把握智力概念，除研究外显概念外，还应考察内隐概念。

一、智力内隐概念的研究

内隐智力观是指日常生活中普通公众对智力的非正式观点，它可以帮助个体解释、预测并控制自己（或他人）的智力成就行为。20 世纪 80 年代初，斯腾伯格在研究中提及内隐智力观的概念，认为内隐智力就是指在日常生活中形成的，并以某种形式存在于普通大众头脑中的关于智力的非正式观点，它不同于理论研究者那样用科学的语言对智力进行严谨、系统的表述。

奈瑟（Neisseria，1979）指出，智力也有可能来自原型的组合，即那些定义不明确而聪明人具有的特异特征的组合。显然，这种对智力的日常评价，能够使研究人员了解一般人如何理解智力，以及不同社会角色的人对智力的应用性与品质的看法与重视程度，这对于揭示智力本质很有意义。斯腾伯格以及我国的方富熹、张厚粲、蔡笑岳等分别对不同被试进行过智力内隐概念的研究。

斯腾伯格等曾对美国本土成年人的智力内隐概念进行研究，针对不同领域内专业与非专业人士的学习智力、日常智力、创造力的不同表现，提出了与智力紧密相关的三种因素：实际问题解决、语言能力和社会能力。实际问题解决包括诸如逻辑推理、观念间联系的识别和全面看待问题等行为；语言能力包括言语清晰、流畅以及良好交谈等行为；社会能力包括认同他人、承认错误等行为[1]。

斯腾伯格（1985）对智力内隐理论与人年龄的发展变化关系进行了调查研究，发现年龄较大的被试在区别普通智力者和特殊智力者时，更注重日常能力，并且中年以上的被试更加倾向于将晶体智力与问题解决的能力联系起来[2]。关于智力内隐理论，最有趣的是费依（Frye，1984）就智力问题在小学、中学和大学教师中所作的研究。费依研究发现，小学教师倾向于强调诸如友善、遵守法律法规、认同他人及接纳他人等社会因素；中学教师倾向于强调语言流畅性和生动性等语言因素；而大学教师则注重推理能力、逻辑思维能力和成熟地解决问题的能力等认知变量。[3]

国内关于内隐智力本质及对他人评价的研究主要集中在公众对智力本质、对他人的看法以及这种看法是否存在年龄、性别的差异方面。方富熹、张厚粲等人分别

---

① Sternberg, R. J., Conway, B. E., Ketron J. L. People's Conceptions of Intelligence. *Journal of Personality and Social Psychology*. 1981（41）.

② Sternberg, R. J. Implicit Theories of Intelligence Creativity and Wisdom. *Journal of Personality and Social Psychology*, 1985（49）.

③ Frye, P. S. Changing Conception of Intelligence and Intellectual Functioning. *Current Theory and Research*, 1984（2）.

对不同被试做过智力内隐概念调查研究。张厚粲等选取了三个城市的市民，让他们对智力观念和高智力特征进行评价。结果发现，他们认为高智力人的特征主要有：好奇心，思维能力、记忆力和想象力，创造性。该结果表明，总体上民众的观念具有较大的一致性。其中，在高智力儿童的重要特征中，各特征的重要性无显著差异；而想象力在年龄和教育程度上存在差异。对于高智力的成人，他们认为男性的想象力特征明显高于女性。

蔡笑岳等人对大学生进行的有关智力认识的研究显示，大多数大学生对涉及智力的遗传或习得、内部心理品质或外部行为技能、现实性或潜在性的看法较一致，且与科学智力概念所涵盖的成分基本相符。但是，大学生对智力的心理机能特性和智力的内部结构成分性质的认识，却与科学智力概念有很大差异。73%的人认为"智力是认知特征与非认知特征的结合"，而且在肯定智力由多种心理特质构成的同时，却不把这些特质理解为纯粹的认知因素与能力因素。大学生列举的15项智力特征，从心理机能上可划分为认知类特征、人格类特征及综合性特征三类。认知类包含反应快、善观察、记忆力好、判断力强、想象力丰富、理解力强、逻辑思维强、思维缜密全面、思维开阔9项，人格类有自信、勤奋、幽默、独立性强4项，综合类为认知特征与人格特征的结合，有创造性、适应性2项。这表明大学生对智力本质的界定不太准确，其中包含一些非智力心理因素，究其原因，可能与他们对学习与事业成就的多用性观点有关，包括认同他人、承认错误等行为。[①]

二、智力内隐概念的跨文化研究

研究表明，人的认识与文化有关。人们在认识事物时总会有意无意地运用和投射自己的社会经验与文化观念。对智力的认识也不例外。在某些情况下，西方的智力理论并不能与其他文化背景下的智力理论产生共享效果，例如西方的智力研究强调认知加工速度就未能与其他文化背景下的研究达成共识，其他文化背景下的研究甚至会怀疑快速操作的工作质量，他们可能重视的是加工深度而非速度[②]。

斯腾伯格（1997）等人研究了我国台湾地区民众的智力概念，发现有关智力理论的五个基础因素：①一般认知因素，与西方传统智力测验中的一般因素极其相似；②人与人之间的智力；③个人内心的智力；④智力的自我主张；⑤智力的自我退避。[③] 然而，另一个有关研究却得出了不同的结果。戴斯（Das, 1994）也研究了东方的智力观点，他指出在佛教或印度教的哲学理论中智力不仅包括觉醒、注意、识

① 蔡笑岳，庄晓宁. 对不同学科大学生智力内隐概念的比较研究. 心理科学，1997（20）.

② Craik, E. I. M. Lockhart, R. S. Levels of Processing: A Framework for Memory Research. *Journal of Verbal Learning and Verbal Behavior*, 1972,（11）.

③ Yang, S., Sternberg, R. J. Taiwanese Chinese People's Conceptions of Intelligence. *Intelligence*, 1997（25）.

别、理解，而且包括决心、心理努力等，除了更多的智力要素外，甚至还有感觉和意见。① 人们认识到不同文化背景中智力理论间存在的差异已有很长一段时间。

　　吉尔（Gill）和济慈（Keats）发现澳大利亚的大学生注重学习能力，而马来西亚的学生注重实际能力、语言能力和创造力。达森（Dasen，1984）发现马来西亚学生理解智力概念时更加注重社会因素和认知因素。② 有学者发现赞比亚可注人认为社会责任、合作和服从是构成智力的重要因素而加以强调，而肯尼亚父母将对家庭和社会生活的合理参与视为智力的重要方面。沃博（Wober，1974）通过对乌干达各个部落成员及这些部落隶属群体的智力概念的调查，发现部落内和部落间的智力概念都存在着差异。比如，巴干达人倾向于把智力与心智操作次序联系起来，相反，巴托罗部落的人倾向于认为智力与心智混乱有关；从语义方面来看，巴干达人将智力看作持之以恒、刻苦和顽强，相反，巴托罗人将它看作温和、服从和柔顺。③

　　西方的学校教育还注重概括（或举一反三）能力、速度、解决问题的捷径以及创造性思维等其他因素，沉默则被解释为缺乏知识。与之相反，非洲的沃洛夫部落认为社会阶层较高的人言语较少。沃洛夫人对于智力所持观点和西方观点之间的差异表明，结合非洲智力及行为表现的概念与西方有关概念来对智力进行深入的比较研究将更有意义。

　　蔡笑岳等在对西南少数民族地区青少年智力发展进行研究时，对西南少数民族地区青少年的内隐智力概念作了研究④，结果见下表：

表1-2　不同民族、不同年龄的青少年对智力特征重要性排序

	汉		苗		藏		傣		彝	
不同年龄两组被试（岁）	12	18	12	18	12	18	12	18	12	18
1. 反应快	1	12	3	5	2	4	4	5	1	7
2. 学习有方法	8	5	1	3	7	3	5	6	2	3
3. 想问题细致	7	11	6	11	8	5	6	7	5	12
4. 逻辑推理强	4	10	13	12	11	6	12	8	7	5
5. 善于分析问题	3	3	7	6	4	13	10	4	10	4

---

① Das, J. P. Eastern Views of Intelligence. In：R. J. Sternberg. *Encyclopedia of Human Intelligence.* New York：Macmillan, 1994.

② Dasen, P. Thecross-cultural Study of Intelligence：Piaget and the Baoule. *International Journal of Psychology*, 1984（19）.

③ Wober, M. Towards an Understanding of the Kiganda Concept of Intelligence. *Culture and Cognition*：*Reading in Cross-cultural Psychology.* London：Methuen, 1974.

④ 蔡笑岳，向祖强. 西南少数民族青少年智力发展与教育. 重庆：西南师范大学出版社，2001.9.

（续上表）

	汉		苗		藏		傣		彝	
6. 勤奋	12	6	2	7	1	9	1	9	3	6
7. 善于创造	10	4	11	13	3	11	14	12	6	8
8. 能应用已有知识	15	14	5	9	5	10	8	11	9	15
9. 观察仔细	9	9	12	10	6	12	9	14	14	9
10. 不怕困难	14	13	9	4	12	7	3	13	15	11
11. 知识丰富	11	15	15	8	15	15	11	10	12	14
12. 爱思考	5	2	8	2	10	1	2	1	8	2
13. 思维敏捷	6	1	4	15	13	2	15	3	4	1
14. 想象丰富	13	8	10	1	9	8	13	2	11	10
15. 抓住问题要点	2	7	14	14	14	14	7	15	13	13

研究结果表明，同一民族学生中因年龄不同对智力特征重要性有明显的差异；其次，不同民族的被试之间对智力特征重要性的认识也存在差异。

第三节　当代心理学对智力认识的新理论

20世纪下半叶，随着心理学的不断发展，心理学家对智力进行了更深层次的研讨，提出了一些新智力理论。与早期界定智力概念时单纯注重智力的内涵不同，这些新的理论更强调智力的过程性、操作性和实践性，把对智力内涵与本质的研究同社会生活、环境适应等因素结合起来研究。

一、斯腾伯格的智力三元论和成功智力

美国耶鲁大学教授斯腾伯格于1985年提出"智力三元论"。这种观点从智力概念的层次结构出发，将智力分成三个层次来理解：其一，成分智力（componential intelligence），指个体智力活动所必需的内在心理机制，这种机制主要由三种智力成分构成，即指导其他智力活动的元成分、实际执行任务过程中的心理操作成分、学习过程中的知识获得成分。其二，经验智力（experiential intelligence），主要包括处理新任务的能力和加工信息的能力。其三，情境智力（contextual intelligence），主要指适应生活环境的能力、选择生活环境的能力和塑造环境的能力。

在此基础上，1996年斯腾伯格从智力构成的视角出发，提出了"成功智力"

（successful intelligence）的概念，赋予智力以新的含义。他认为，一种能够取得成功的智力应当由三部分构成：一是在分析问题的过程中体现出的分析性智力（analytical intelligence），它的任务是分析和评价人生面临的各种选择，包括对存在问题的识别、对问题性质的界定、对问题解决策略的确定、对问题解决过程的监视；二是在解决问题的过程中体现出的创造性智力（creative intelligence），属于特定领域的能力，它的任务在于最先构思出解决问题的方案；三是在实际执行与操作应用中体现出的实践性智力（practical intelligence），它的任务在于实施选择并使选择发挥作用。成功智力的三个方面构成了一个有机整体，只有在分析、创造和实践能力三方面协调、平衡时才最为有效。知道什么时候以何种方式来运用成功智力的三个方面，要比仅仅具有这三方面的素质更为重要。

斯腾伯格提出的智力三元论和成功智力的概念是在假定人们已经具备了一定智力的前提下，对智力内涵的详细表述。这些表述深化了我们对智力概念的进一步理解。但有所不足的是，他只是对智力概念进行了静态研究，而没有对如何才能使人们同时拥有成功智力的三个方面、怎样才能使人在实践中成功地运用这些智力提出决策性的建议。

二、加德纳的多元智力

1983 年，美国哈佛大学的加德纳（Gardner）出版《智力结构》（*Frames of Mind*），提出了多元智力（multiple intelligence）的概念。1993 年他又出版了《多元智力的理论与实践》（*Multiple intelligence：The theory in practice*），对多元智力这一概念进行了探讨。

加德纳认为智力由七种智力成分组成，这些智力彼此不同，每个人都或多或少具有这些智力。这七种智力分别是：

（1）语言智力，即有效地运用语词的能力；

（2）逻辑—数学智力，即有效地运用数字和合理地推理的能力；

（3）知人的智力，即快速地领会并评价他人的心境、意图、动机和情感的能力；

（4）自知的能力，即了解自己从而作出适应性行动的能力；

（5）音乐智力，即音乐知觉、辨别和判断音乐、转换音乐形式以及音乐表达的能力；

（6）身体—运动智力，即运用全身表达思想和感情的能力，其中包括运用手敏捷地创造或者转换事物的能力；

（7）空间智力，即准确地知觉视觉空间世界的能力。

后来，加德纳在七种智力成分的基础上又补充了两种智力成分，分别叫自然主义者智力和存在主义智力。自然主义者智力是一种能够对自然世界的食物进行理解、联系、分类和解释的能力，农民、猎人、园丁、动物饲养者都表现出了已经开发的自然主义者智力。存在主义智力涉及对自我、人类的本质等一些终极性问题的探讨和思考，神学家、哲学家这方面的智力最为突出。

三、梅耶尔与戈尔曼的情绪智力

1990 年，美国新罕布什尔大学的梅耶尔（J. D. Mayer）等人提了情绪智力（emotional intelligence）概念。1995 年，戈尔曼（D. Goleman）《情绪智力》一书的出版，对这个理论起到了促进完善的作用。

梅耶尔等人认为情绪智力是用以说明人们如何知觉和理解情绪，具体来说，是知觉和表达情绪、在思维中同化情绪、理解和分析情绪、调控自己及他人情绪的能力。

戈尔曼认为情绪智力包括自我控制、热情、坚持性和自我激励能力。其内容包括知道自己的情绪、情绪管理、自我激励、识别他人的情绪、处理关系等。

两人的理论都是从内涵范围来定义情绪智力，都认为情绪智力包含了多个因素。但两者也存在不同之处。戈尔曼在能力之外加入了热情、坚持性等性格特点，将情绪智力定义为能力与性格或人格倾向的混合物；梅耶尔等反对把情绪智力定义为能力、性格等多种因素的混合物，而坚持把它定义为传统智力中的一种。

四、阿可曼的 PPIK 理论

阿可曼（P. L. Ackerman）于 1996 年提出了 PPIK 理论。该理论从过程论的视角出发，阐述了个人在成长过程中各种不同形式的智力之间的内在关联性，把智力的形成同对知识的学习结合起来，认为智力包括作为过程的智力和作为知识的智力两部分。这一理论是对 1965 年美国心理学家卡特尔（R. B. Cattell）提出的"易变的智力"和"已形成的智力"的深化。流体智力（fluid intelligence）是指一个人生来就能进行智力活动的能力，即学习和解决问题的能力，它依赖于先天的禀赋；晶体智力（crystallized intelligence）是指一个人把通过其易变的智力所学到的知识加以完善的能力，是通过学习语言和其他经验而发展起来的。已形成的智力依赖于易变的智力，它们构成了人们智力的两种形态。

五、帕金斯的"真"智力理论

1996 年，美国哈佛大学心理学家帕金斯（D. Perkins）提出了"真"智力（true intelligence）理论。该理论认为智力由神经智力、经验智力和反省智力组成。

神经智力（neural intelligence）是指神经系统的有效性和准确度，主要从生理层面强调了人脑神经基础对个体智力的影响。帕金斯认为，个体间的遗传差异决定了个体间神经特质功能的差异。也就是说，一个人之所以比其他人聪明，可能是因为他的神经系统功能更强，神经网络的传递更迅速、准确。而个体在神经智力上的差异也反映出个体在大脑生理结构上的不同。可以认为，神经智力主要是由遗传基因决定的，后天的学习与训练虽然能在一定程度上刺激大脑功能，促进神经发展，但其作用是有限的。神经智力可以类比于卡特尔提出的流体智力，具有"非用即失"的特点[①]。

经验智力（experiential intelligence）是指个人在不同领域中积累的一般和专业的知识与经验，可以看作是个人专长的积累。经验智力可以类比于卡特尔的晶体智力，通过在某个特定领域与活动中的长期学习与训练，积累大量的知识经验，可以有效促进个体经验智力的发展。

帕金斯认为，这种对特定领域或多个领域的专业知识和经验的积累，可以使个体在这些领域中掌握高水平的技能。那些处于较好、较丰富学习环境中的个体，其智力的发展、智慧成果的表现将会更优于那些处于学习环境较为贫乏的个体。因此，对个体智力起决定作用的是个体的经验智力。

反省智力（reflective intelligence）是指用于解决问题，在学习和完成挑战智力任务时所运用的策略，所持有的态度以及在这个过程中对心理活动、认知活动进行管理和自我监控的心理资源。帕金斯认为，反省智力是一种如何有效地运用神经智力和经验智力的控制与调节系统，类似于元认知（meta-cognition）和认知监控（cognitive monitoring）方面的内容。

帕金斯在其智力理论中非常重视反省智力对问题解决、认知活动的作用，认为反省智力在智力的成分中扮演着领航员的角色[②]。具有高水平、高质量的反省智力，能在各种智力活动中保持足够的敏锐性和对知识的驾驭能力，能高效地运用元认知来操作、监控思维活动的发展，以有效的策略进行问题解决。并由此引发个体对解决问题、认识事物的积极态度，这种积极的态度又能反作用于个体的智力活动，促进其发展。

六、塞西的智力生物生态理论

美国康奈尔大学的塞西（S. J. Ceci）提出了智力发展的生物生态理论（the bioecological theory）。他认为，智力是一组多侧面的能力，这些能力是领域特异性的，依赖于特定的领域知识以及对这些知识的高度整合和概括[③]。具体来说，智力

---

① 林崇德, 白学军, 李庆安. 关于智力研究的新进展. 北京师范大学学报（社会科学版）, 2004 (1): 25～32.
② 王晓辰, 李其维, 李清. 大卫·帕金斯的"真智力"理论评述. 心理科学, 2009, 32 (2): 381～383.
③ 陈英和, 赵笑梅. 智力研究的新取向. 北京师范大学学报（社会科学版）, 2006 (4): 36～42.

是天生潜力、环境、内部动机相互作用的函数①。这种先天的生物潜能既包括遗传特质、人脑机能与神经系统等生物性的功能结构，又包括一些受生物学影响的认知能力，如储存、扫描、提取信息等②。

塞西认为，智力行为具有复杂性，即个体所进行的认知加工活动既可以是灵活、有效的，也可以是复杂、低效的，这受到个体已有知识结构基础的影响，是领域特异的，这就解释了为何有些个体在某些领域中的智力发展得很好，但在另一些领域中的智力却很弱。

另外，智力还具有环境适应性，即在特定的领域中，每种认知潜能除了具有其相应的生物学基础，同时其发展又与环境密切相连，并且是一种动态的、可获得的能力。这就意味着，对于智力而言，不同环境下的智力，完全可以通过截然不同的形式表现出来，智力是一种由多种特殊情境所培养的天生潜能，其发展是否成功取决于生物潜能和环境力量相互作用的结果。

最后，生物生态学观认为，认知发展应该是随着知识结构的逐渐增加、逐渐精细化所产生的结果。而适当的动机可以驱动个体运用自身的潜能和环境优势，通过更为精心的信息编码、提取，更为细致的策略选择和运用等微观认知操作方式，产生更有效的认知活动。因此，个体的动机影响着个体智力的发展，动机应整合到智力的发展过程中。

第四节　对智力本质的认识与思考

探讨智力的心理本性，就是要揭示智力的本质。纵观百余年智力研究的历史，综合众多心理学家的思想观点，揭示智力的本质，可以从以下几个基本方面开展辨析与探讨。

一、智力的机能性质是认知的

心理是人在与环境相互作用的过程中形成的一种反应系统，这个系统在个体应对环境的过程中，根据适应或反应活动的因应性不同，表现为不同的心理机能：认知的、体验的、自我意志的。虽然这三种机能在个体与环境的交互活动中所起的作用不同，但共同参与人对环境的反应，协调主体与客观现实的关系。

认知是心理系统中最基本的机能系统，它由感知、记忆、想象等认知性的心理

---

① 林崇德，白学军，李庆安. 关于智力研究的新进展. 北京师范大学学报（社会科学版），2004（1）：25～32.
② 费多益. 智力的本土性及文化约定. 自然辩证法通讯，2011，33（2）：87～93.

因素构成。感觉和知觉是较初级的认知性心理因素，它们是人脑对客观事物外部属性的反映。通过感觉，人们可以达到对事物个别属性的认知。知觉则是多种感觉技能的复合和深化，人们运用知觉能完整地把握事物的外部属性，获得该事物的外部联系和整体性质，形成事物的整体印象。感觉和知觉所获得的事物印象能够在头脑中保留下来，这就是记忆。记忆储存着我们已有的经验和知识，并在认知活动中被人们不断加以提取，从而使人类的认知活动具有广延性。想象和思维是较高级的认知性因素，它们通过间接和概括的形式，反映客观事物形象的特点、抽象的本质特征和内部关系。使人能"从现象中透视本质，从偶然中洞察必然，从现存的事物中推测过去，预见未来"。借助于上述各种认知性的心理因素，人们认识了客观世界和自身主观世界，获得了关于环境和自我的知识和经验。

认知活动是需要动脑筋的智慧活动，认知因素也是体现和承载智慧的心理因素，智力是各种认知因素的机能表达，我们通常所说的智力因素就是指上述所有的认知机能的心理因素。智力参与并体现在认知过程中，直接对各种刺激或信息进行接收、编码、储存、分析和整合等加工处理。

因为认知活动是通过人脑进行并运用智慧的智力活动，所以智力是认知系统的机能表现，智力的根本机能性质是认知的。正是由于智力活动的过程就是认知过程，智力活动的对象就是认知的对象，智力活动的结果也是认知的结果，智力保证着人们对客观世界的认识与对自身主观世界的理解，因此智力的本质是认知的。

二、智力的本质特征是个体品质的

人皆有认知事物的能力，即任何人都具备感知、记忆、想象、思维等认知机能，并以此认识事物。但是，人与人之间的认知机能却是有差异和各具特点的。

对不同的人来说，其自身所具有的感觉、知觉、记忆、想象和思维的机能水平并不完全一致或相同，人们在感觉的灵敏性、知觉的全面性、记忆的准确与持久性、想象的新颖与奇特性、思维的深刻与灵活性等方面具有不同程度甚至性质上的差异，表现出认知性心理机能的发展水平、结构方式等的不同。当这些发展水平和不同状态的认知性机能在个体身上固定下来，就逐渐成为个体在认知方面概括化的、稳定的个性心理特征，这些认知性心理特征的集合就结构为个体的认知能力。可见，认知能力体现着个体认知的特征及其结构状态，并表征着人们的认知差异与机能水平，是个人认知特征的品质表现。从本质上讲，智力是个体所具有的各种稳定的认知心理机能的高度概括，是一种个体化的智慧的心理品质。

因此，智力虽然是认知的，虽然体现在认知过程中，但智力本身并不是认知过程，而是人在认知过程中表现出的特征和差异，这些特征与差异体现着个人在认知方面的品质特点，智力就是这种品质特点的概括与有机集合。智力是人类在一定的文化背景和环境适应中，在个体的认知活动中积累、沉淀下来的稳定的心理品质，表现为人们有效地进行认知活动时相对稳定的状态。

三、智力的效能特征是工具性的

人的心理反映客观现实，同时又反作用于客观现实，通过调节人的行为来影响环境，这就是心理的效能作用。从活动的效率性出发，个体调节控制行为的心理品质可以分为两类：

第一类是工具性的效能系统，个体通过该系统可以直接操纵事物、解决问题、认识世界、达到目的、完成任务。构成这个系统的心理成分主要是认知性的心理因素，其特点表现为认知分析、智力操作、信息加工和问题解决。智力体现着人们活动的效能特点。

第二类是非工具性的表现系统，这种系统并不直接操纵事物，而主要表达个体认识客观世界、操作事物的活动方式及表现形态。构成这个系统的心理成分主要是个体的态度和人格，受个人的意识倾向和人格的制约，表达个体的行为风格和人格特征及其自我表现状态。人格是人的活动的表现系统。

马斯洛（Maslow）也认为，人的活动可以按其机能相对划分为应对性和表现性两大部分①。前者是一种工具性的操作，它直接指向活动的对象，对各种刺激和变化的情景作出机能反应。后者则是非工具性的，它主要与人的情绪、意志和个性相关联，表现为个体的活动样式和行为状态。

智力是一种工具性的认知系统。智力是在个体与环境相互作用的时候，在个体认识客观事物、解决问题的时候，通过直接操作认知对象来认识事物，通过直接操作问题以达到对问题的认识与解决。智力的差异直接决定着认知任务完成与认知加工的效果。因此，智力的心理品质主要体现为效能，个体的智力是工具性的。

人格也表征个体的心理品质，但人格本身并不直接操作信息，并非人们完成某种活动的必备心理条件和直接进行信息加工的心理操作。它是一种个体活动的表现形态，属于非工具性的表现系统，它们对认知活动起强化、调控、辅助的作用。张（Zhang）和斯腾伯格把这种个体智力活动的状态和认知内省视为"认知风格"，提出了"智力风格"这一概念，如概念型风格、决策和问题解决风格、学习风格、心理风格、知觉风格和思维风格等。智力风格体现着个体加工信息和处理任务的偏好和操作样式。不管我们进行信息加工的方式如何，都表现在特定的认知过程中，它可以影响认知过程和智力方式，但不决定认知的水平和智力活动的效果。

1969年，美国学者加尔布雷斯（Galbraith，1969）首次提出了不同于人力资本的智力资本概念。他认为智力资本在本质上不仅仅是一种静态的无形资产，而且是一种思想形态的过程，是一种达到目的的方法、实现目标的手段。在他看来，智力

---

① ［美］马斯洛. 动机与人格. 北京：华夏出版社，1987.

资本不仅是一种具有知识性的活动，而且是一种动态的资本形式。他将智力理解为一种效能，理解为一种服务于实际目标的内在心理资源，即智力具有明显的效能性与工具性。

四、智力的心理能量是潜在的

人的智力是一种心理能量，而且是一种潜在的心理能量。当代心理学认为，智力既是一种实际的能力（actual ability），同时也是一种潜在的能力（potential ability）。所谓实际的智力，就是在人的认知操作、问题解决中已经表现出来的智力。所谓潜在的智力，是指通过训练和教育可以达到的智力水平。由于智力是一种潜能，智力开发实际上也才成为可能。

艾森克（H. J. Eysenck）在提出智力的概念时，明确指出智力是一种潜能。苏联心理学家维果斯基（Lev Vygotsky）也有类似的观点，他的"智力的最近发展区"理论认为，儿童的智力发展有两个水平：一种是现有的智力水平，即在现实活动中所具有的解决问题和认知事物的水平；另一种是可能的智力发展水平，是个体在经过教学、训练后可能达到的水平。

实际上，无论是现实、现有的智力，还是潜在、可能的智力，都无非是说智力这种心理能量是可能发展变化的，现实的智力是潜在智力的外化，潜在的智力可以转化为现实的智力。这种智力发展的观点，证明智力作为一种心理能量，是生物有机体预先埋设的智慧资源，具有内隐、潜在的性质。所谓个体智力的差异不过是由个体智力发展过程中两种智力转化的差异和特点造成的。

智力是潜在的心理能量，不仅体现在个体从学习训练、社会活动中获取更好的智力的发展方面，同时从神经生理方面也能找到其依据。作为智力的生理基础，人脑有着极其复杂和完善的组织结构，蕴藏着难以估计的巨大的智慧能量。人脑中数量庞大的神经元是一个智慧的和完善的机能系统，人脑的各种专门化的区域，也具有明确的认知分工和信息加工能力。并且随着人类智力活动的开展，各专业区域在外部信息的激活下，也会根据不同性质的信息加工有合有分，甚至构成主体交叉型的联合工作区，发生结构状的交叉联合与系统重组。此外，人脑的各分区还具有较强的互补机能，并因这种互补而发生定向性的发展变化。这使得人脑的功能不断发展，兼有显态和潜态功能的状况。在人的智力活动中，随着个体对各种信息的加工处理不断增强，人脑的一些潜态机能得以开发，转化为显态的机能，一些不断出现的新信息或新刺激，也会使大脑逐渐产生与之对应的新功能[1]。

正因为智力是一种潜能，所以我们常说，人在专门的教育与训练的过程中，逐渐变得聪明起来。而现代教育的基本宗旨就是开发潜能，教育、教学的作用就在于

---

① 蔡笑岳. 智力的激励与开发. 成都：四川人民出版社，1989.

通过不断的训练把潜在的智力转化成现实的智力。

五、智力的表现形态是多形多征的

智力的本质是认知能力，但认知能力是"同质多形"的，这就决定了智力具有多种的表现。人的各种活动都包含了智力因素，都表征着人的智力。

人的智力既可以表现在人的逻辑思维、言语活动方面，也可以表现在非言语的操作方面；既可以表现为专业的学术能力、对专业问题的高度概括与严密的逻辑性上，也可以表现在人类丰富的社会活动和生产活动，甚至是各种技能行为和娱乐活动中。一位西方学者曾说："心灵甚至算不上是一种隐喻意义上所说的'地方'。相反，棋盘、讲台、学者的书桌、法官的板凳、司机的座位、画家的画室以及足球场，这些才是心智的地方①。"

加德纳的"多元智力"理论是对智力这一"同质多形"观点的很好的说明。他认为智力是在某种社会或文化环境的价值标准下，个体用以解决自己遇到的真正的难题或生产及创造出有效产品所需要的能力。智力包括代表逻辑思维方面的语言智力和逻辑—数学智力；与社会适应相关的知人的智力和自知的智力；与某种特定活动、专业领域相关的音乐智力、身体—运动智力和空间智力等七种不同表达形式的智力。

六、智力的核心成分是元认知的

对比 1921 年和 1986 年《教育心理学》杂志的两次关于智力本质的讨论，可以发现 1986 年研讨会上的一个突出特点在于智力心理学家对智力属性中的元认知成分越发强调与关注。

弗劳威尔（Flavell）认为，这种元认知成分是有关认知的知识，以及对认知活动的调节②。帕金斯在"真"智力理论中提出，智力包含了神经智力、经验智力和反省智力三个成分。反省智力作为智力中最为核心的一种成分，主要用于调节神经智力、经验智力，是对个体神经系统、神经机能、已有知识和过往经验加以运用的控制系统，对个体的智力、操作和认知加工起核心作用，智力更应该强调的是元认知。斯腾伯格在其三元智力结构理论中，也认为智力结构包含元成分、操作成分和知识获得三种成分。其中，元成分是用于计划、控制和决策的高级执行过程的一种成分，如确定问题的性质，选择解题步骤，调整解题思路，分配心理资源等。这些元认知成分体现着智力在认知操作中的内省、计划、组织功能。

---

① Clifford Geertz. *The Interpretation of Culture*. New York：Basic Books，1973.
② 汪玲，郭德俊. 元认知的本质与要素. 心理学报，2000，32（4）：458～463.

当代认知心理学关于智力的研究也指出，人脑可能存在一个对信息加工过程进行监控的认知成分，如戴斯的 PASS 模型中的计划系统。该模型认为信息加工过程包括计划（P）、注意（A）、同时性加工（S）和继时加工（S）这四个过程。其中，计划系统是最高层次的系统，它组织着、调节着另外三个系统何时加工、以何种信息为加工对象。

智力不同于一般的认知，在于它能够对认知活动和信息加工的进程与操作给予再认知。这种再认知就是元认知，它是智力的核心。在认知和智力活动中，元认知起着中央执行系统的作用。随着智力研究的不断深入，元认知的作用日益受到重视，它与智力本质的关联性也在不断地被揭示。可能真正具有高智力水平的个体，不仅其认知水平高，更重要的是其元认知水平更高。

参考文献

1. Sternberg, R. J., Conway, B. E., Ketron, J. L. People's Conceptions of Intelligence. *Journal of Personality and Social Psychology*, 1981 (41): 37 – 55.

2. Sternberg, R. J. Implicit theories of Intelligence Creativity and Wisdom. *Journal of Personality and Social Psychology*, 1985 (49): 607 – 627.

3. Fry, P. S. Changing Conception of Intelligence and Intellectual Functioning. *Current Theory and Research*, 1984 (2).

4. Yussen, S. R., Kane, P. Children's Concept of Intelligence—*The Growth of Reflective Thinking in Children*. New York: Academ Press, 1985.

5. Nicholls, John, G. What is Ability and Why are We Mindful of It: A Developmental Perspective. *New Haren*, 1990 (11).

6. Craik, E. I. M., Lockhart, R. S. Level of Processing: A Frame Work for Memory Research. *Journal of Verbal Learning and Verbal Behavior*, 1972 (11).

7. Yang, S., Sternberg, R. J. Taiwanese Chinese People's Conceptions of Intelligence. *Intelligence*, 1997 (25).

8. Das, J. P. Eastern Views of Intelligence. In, Sternberg R. J. *Encyclopedia of Human Intelligence*. New York: Macmillan, 1994.

9. Dasen, P. The Cross-cultural Study of Intelligence: Piaget and the Baoule. *International Journal of Psychology*, 1984 (19).

10. Wober, M. Towards An Understanding of the Kiganda Concept of Intelligence. Culture and Cognition: Reading in Cross-cultural Psychology. London: Methuen, 1974.

11. Harkness, S., Super, C. M. The Cultural Construction of Child Development: A Frame Work for the Socialization of Affect. *Ethos*, 1983 (11).

12. Sternberg，R. J. *Metaphors of Mind Conceptions of the Nature of Intelligence*. New York：Cambridge University Press. 1990.

13. Sternberg，R. J. *Wisdom，Intelligence and Creativity Synthesized*. New York：Cambridge University Press，2003.

14. 叶奕乾等．图解心理学．南昌：江西人民出版社，1982.

15. 燕国材．非智力因素与学习．武汉：湖北教育出版社，1987.4.

16. 张积家．评现代心理学中的智力概念和智力研究．教育研究，2001（5）：27～32.

17. 王极盛．智力 ABC. 北京：北京出版社，1981.2.

18. 朱智贤．心理学大词典．北京：北京师范大学出版社，1989.953.

19. 阎建平，王美兰．广义智力论．教育理论与研究，2004（5）：13～17.

20. 辞海．上海：上海辞书出版社，1989.

21. 中国大百科全书·心理学．北京：中国大百科全书出版社，1991. 5561.

22. 陈绍建．心理测量．北京：时代文化出版社，1993. 179.

23. 贝尔纳．科学的社会功能．北京：商务印书馆，1982.

24. 成素梅，孙林叶．析智力的内涵与本质．自然辩证法研究，2000（11）：38～42.

25. ［美］肯·查理森．智力的形成．赵菊峰译．北京：三联书店，2004.

26. ［美］斯腾伯格．超越 IQ：人类智力的三元理论．俞晓琳，吴国宏译．上海：华东师范大学出版社，1999.

27. 李红燕．智力理论研究的进展及其对教育的启示．教育理论与实践，2005（4）：34～35.

28. ［美］斯腾伯格．成功智力．吴国宏，钱文译．上海：华东师范大学出版社，1999.

29. 吴国宏，李其维．再次超越 IQ：斯腾伯格——成功智力理论述评．华东师范大学学报（教育科学版），1999（2）：53～61.

科学随着方法学上获得成就而不断跃进。方法学每前进一步，我们便仿佛上了一级阶梯，于是我们就展开更广阔的视野，看见从未见过的事物。

——伊万·P. 巴甫洛夫（Ivan. P. Pavlov）

第二章　智力的研究范式

在心理学中广泛使用的"范式"一词，源自于美国科学哲学家库恩（R. Kuhn）的《科学革命的结构》（1962）①。在库恩看来，范式是科学家集团所共同接受的一组假说、理论、准则和方法的总和，这些东西在心理上形成科学家的共同信念。艾森克（H. J. Eysenck，1979）指出，智力研究中确实存在库恩所说的范式，即同一时代某学科中多数研究者共同采用的理论和方法②。

以下我们将从理论基础、方法论、对智力心理学的贡献及局限等方面，系统介绍一个世纪以来智力研究中存在的几大研究范式，即心理测量范式、认知学习范式、认知发展范式、信息加工范式、认知神经范式以及生态文化范式，在对这些范式分析评价的基础上，提出智力心理学范式整合的观点。

第一节　智力测验范式

20 世纪二三十年代，智力测验的理论和方法成为当代智力研究中的第一个真正的"库恩"模式。

智力测验范式基于这样的理论假设——人与人之间的智力是存在差异的，这种差异可以用特定的工具加以测量；智力由一些基本的因素构成，通过因素分析可以探查出这些因素结构，进而获知智力的内核。斯皮尔曼（C. E. Spearman）的双因素理论、瑟斯顿（L. L. Thurstone）的群因素理论、卡特尔的流体智力和晶体智力理论、吉尔福特（J. P. Guilford）的三维智力理论都属于这一范畴③。

---

① 杨莉萍等. 范式论与心理学中两种文化的对立. 心理科学，2002，25（1）：98～99.
② 郑雪. 当代智力心理学研究的主要模式. 心理发展与教育，1995（3）：37～47.
③ 蒋京川等. 智力是什么？——智力观的回溯与前瞻. 国外社会科学，2006（2）：62.

一、智力测验范式的起源和发展

英国科学家高尔顿开创了个别差异心理学，采用谱系调查法研究个别差异。为了证明天才与遗传的关系，他研究了 1768—1868 年间英国 977 位高智力的显要人物的家谱，发现其中 89 人的父亲、129 人的儿子、114 人的兄弟，共 332 人也很有名望。而普通家庭中每 4 000 人才有 1 个有名望的人。因此他断言天才是遗传的，这种忽视后天学习和环境的遗传决定论是错误的，但其着眼于个体差异的研究方法是具有开创性的。高尔顿还在实验室中利用仪器测量人的触觉的空间辨认、听力、视力、色觉等，来研究个别差异，用相关、回归等统计方法分析家族血统与天才的关系。

高尔顿是心理学上以数量代表心理特征差异的第一人，但他设计的心理测验都是一些测试感觉过程的简单测验，而欧洲大陆的一些研究者逐渐认识到简单测量对人的智力行为和复杂行为测定的不足，使测验转向复杂行为的测定。

1905 年，法国心理学家比奈和医生西蒙编制了世界上第一个比较可靠的智力测验，即比奈—西蒙量表（Binet-Simon Scale），又称 1905 年量表，用来区分智力落后儿童和正常儿童。这个量表包括 30 道难度不同的试题，能够区分不同的智力水平。后经 1908 年、1911 年两次修订，修订后的比奈—西蒙量表适用范围为 3 ~ 18 岁，按年龄分组编排题目，每一年龄组的题目一般是五个，被试能通过某一年龄组的题目，就具有相应的智力年龄（mental age，简称 MA）。

比奈—西蒙量表采用作业法（biometric method）测量智力，比高尔顿的生理计量法更进一步，其智力年龄概念的提出也为后来智商（intelligence quotient）计算公式的提出打下了铺垫。世界各国纷纷采用和修订比奈—西蒙量表，最著名的是美国的推孟所修订的斯坦福—比奈智力量表（Stanford-Binet Scale）。

智力年龄的大小不能确切地说明一个孩子的智力发展是否超过了另一个孩子。智龄相同的两个孩子，由于实际年龄不同，他们的智力是不一样的。为了将一个孩子的智力水平与其他同龄孩子进行比较，还必须考虑智龄与实际年龄的关系，并对个体的相对智力作出评估。德国心理学家施太伦首先提出智商的概念。

智商也叫智力商数（intelligence quotient），常用 IQ 表示。

智商是根据一种智力测验的作业成绩所计算出的分数，它代表了个体的智力年龄与实际年龄（chronological age，CA）的关系。计算智商的公式为：

$$智商（IQ） = \frac{智龄（MA）}{实龄（CA）} \times 100$$

按照这个公式，如果一个 6 岁的儿童智龄与他的实际年龄相同，那么这个孩子的智商就是100，说明他的智商达到了正常 6 岁儿童的一般水平，如果一个 6 岁儿童的智龄为 7.2，那么他的智商就是 120。智商 90～110 代表智力的一般水平。如果智商超过 110，说明儿童智商水平偏高；低于 90，说明儿童的智商水平偏低。

比率智商（ratio IQ），用智龄和实际年龄的比率代表智商。

比率智商有一个明显的缺点。人的实际年龄逐年在增加，但他的智力发展到一定阶段却可能稳定在一个水平上。这样，采用比率智商来表示人的智力水平，智商将逐渐下降。这和智力发展的实际情况是不相符的。为了更真实地反映出一个人的智力状况，韦克斯勒（1896—1981）编制了若干套智力量表。韦氏成人智力量表（Wechsler Adult Intelligence Scale，WAIS，1955）适用于 16 岁以上的成人，韦氏儿童智力量表（Wechsler Intelligence Scale for Children，WISC，1949），适用于 6～16 岁儿童，韦氏学前儿童智力量表（Wechsler Preschool and Primary Scale of Intelligence，WPPSI，1963）适用于 4～6.5 岁儿童。

韦氏量表包含言语和操作两个分量表，分别度量个体的言语能力和操作能力。言语分量表包含的项目有词汇、常识、理解、回忆、发现相似性和数学推理等，操作分量表包含的项目有完成图片、排列图片、实物组合、拼凑、译码等。这一改进有明显的好处。应用韦氏量表，不仅可以度量出智商的一般水平，还可以度量出智商的不同侧面——言语智商和操作智商。

韦克斯勒还革新了智商的计算方法，把比率智商改成离差智商（deviation IQ）。

离差智商是根据同年龄被试在全体中的相对位置计算出来的智商。

提出离差智商的根据是：人的智力测验分数是按正态分布的，大多数人的智力处于平均水平 100，离平均数越远，获得该分数的人数就越少；人的智商从最低到最高变化范围很大。智商分布的标准差是 15。这样，一个人的智力就可用他的测验分数与同一年龄的测验分数相比来表示。

$$IQ = 100 + 15Z$$

其中，

$$Z = \frac{X - \bar{X}}{SD}$$

Z 代表标准分数（standard score），X 代表个体的测验分数，$\bar{X}$ 代表团体的平均分数，SD 代表团体分数的标准差。

因此，我们只要知道了一个人的测验分数，以及他所属的团体分数和团体分数的标准差，就可以很容易地算出他的离差智商。

例如，某施测年龄组的平均得分是 80 分，标准差为 5，而某人得 85 分，他的得分比他所在年龄组平均得分高出一个标准差即 $Z = (85 - 80) \div 5 = 1$，他的智商 $IQ = 100 + 15 \times 1 = 115$。说明他的智商比 84% 的同龄人要高；如果某人的得分比团体平均分低一个标准差即 $Z = -1$，他的智商 $IQ = 85$，说明他的智商只比 16% 的同龄人高，且低于一般人的水平。

由于离差智商是对个体智商在其同龄人中相对位置的度量，因而不受个体年龄增长的影响。例如，一个人在测验中的得分高于同龄组平均数 3 个标准差，那么，不论他的年龄有多大，他的智商是 148；同样，一个智力平常的儿童智商总是 100。

离差智商克服了比率智商的弊病，但也存在问题。它容易造成对智力绝对水平的误解。例如，一个人的离差智商在 70 岁时和在 30 岁时可能都是 100，而智力的绝对水平并不相同，70 岁时的智力应比 30 岁时的智力低一些。

二、智力测验范式的代表人物及理论

施太伦认为，智力是适应环境的能力，属于单一性的能量，因而无结构可言。然而要把握事物的本质，首先要了解事物的构成成分（或要素）及其相互关系，即了解事物的结构。对智力结构的分析，有助于了解智力的本质，直接影响着智力的定义、测量、发展与培养等一系列重要问题的解决。

英国心理学家斯皮尔曼在 1904 年首先用自己创立的因素分析法对智力结构作了研究，提出了智力的二因素理论。该理论认为任何活动的进行都需要两种能力，其中一种对所有活动都是共同的，称为一般能力，即 G 因素；另一个是一种活动所特有的，称为特殊因素，即 S 因素。该理论强调 G 因素是智力的核心，而 S 因素只具有偶然意义。

美国心理学家瑟斯顿认为智力的核心不是单一的 G 因素，而是由言语理解、言语流畅性、归纳推理、空间知觉、数字、记忆和知觉速度 7 种不同的心理能力构成的能力因素群。

卡特尔把智力区分为晶体智力和流体智力。晶体智力是指通过掌握社会文化经验而获得的智力，如词汇、言语理解、常识等以记忆贮存的信息为基础的能力；流体智力是以神经生理为基础，随神经系统的成熟而提高，相对地不受教育与文化的影响，如知觉速度、机械记忆、识别图形关系等。卡特尔与霍恩（Horn）的研究发现，青少年期以前，两种智力都随年龄增长而不断提高，青少年期以后，在成年阶段，流体智力缓慢下降，而晶体智力则保持相对的稳定。

吉尔福特提出了以操作、内容和产物为三个维度的多达 120 种因素的三维智力理论[①]。

---

① Cattell, R. B. Theory of Fluid and Crystallized Intelligence: A Critical Experiment. *Journal of Educational Psychology*, 1963（54）: 1–22.

三、智力测验范式的贡献

时至今日，智力测验仍被广泛用作智力研究的工具和手段。斯皮尔曼提出的因素分析已经成为智力研究中一个非常重要的工具，不仅充分发挥了描述和分析的功能，而且也逐渐成为检验假设，建立新理论的重要手段。智力测验在心理测量学上有较高的信度和效度，能有效地预测个体的学业成绩。

智力测验也激起了大量理论问题的探索，例如测量理论和方法问题、智力测量涉及的种族、伦理问题、智力和智商的关系问题，智力测验分数的统计分析，智力结构，等等。

传统的智力理论大多是以智力测验为基础提出的。智力测验传统的学者如施太伦、桑代克、斯皮尔曼、瑟斯顿、卓农（P. E. Vernon）、卡特尔、吉尔福特等深入探讨了智力的结构，提出了众多不同的智力结构理论，加深了人们对智力的理解，启发人们进行新的探索。

在研究方法上，智力测验模式着重从智力活动的结果即智力测验的分数进行统计分析，因而在智力的定量研究上有很大成绩。

但智力测验范式本身存在局限，受到了挑战。

四、智力测验范式的局限

第一，智力测验内容缺乏客观性与标准化。人们对智力概念难以统一的主要障碍之一，在于解释智力时一定要涉及文化、教育等外界因素，智力测验也不可避免地带有不同的文化痕迹，因此其公正性很难保证。虽然近年来，有人提出了"文化平等"与"文化消除"的测量原则，但由于文化因素的影响是通过个体主观内化后反映出来的，即使在文化背景完全相同的前提下，不同个体接受文化影响程度也会不同，因此，智力测验要完全做到文化平等非常困难。

智力测验并非对所有人都公平，它有利于受过较多正规学校教育的个体，而不利于较少接受学校教育的个体，因此有人指责智力测验在社会文化、经济和政治、民族和种族问题上存在偏见。

第二，关于测验分数的可信性。智力测验强调从智力活动的结果去进行分析研究，而忽视了智力活动本身的分析探讨，因此难以深入到智力活动内部，揭示智力的本质和规律。另外，智力测验的成绩会受到被试的动机、态度、人格以及主试的某些特征的影响，因而难以准确合理地解释测验的结果[1]。

人们认为 IQ 能代表个体的智力水平主要是因为：

---

① 郑雪. 当代智力心理学研究的主要模式. 心理发展与教育，1995（3）：37～47.

（1）IQ 与人们关于聪明或愚笨的日常经验非常相近；

（2）IQ 与个体在现实世界中的事业成就相互联系；

（3）相同文化背景下个体 IQ 有差异①。

第三，智力测验能否测到真正的智力，即它的效度问题受到了质疑。智力测验采用了西方因素分析法，这种典型的因素分析法至今仍存在着一些难以克服的问题，如收集信息的依据不够科学，建立智力测验时往往在专家经验的基础上收集信息，具有较大的主观性和随意性。传统的智力测验设计主要考虑了学校内所培养的各种能力品质或学术性的智力，而忽视了各种实践能力和社会适应能力。因此，它可以较好地预测个体的学业成就，但在学校以外的社会领域中却没有什么预见力。

第二节　认知学习范式

智力研究的认知学习范式主要是指学习心理学和行为主义的一系列研究。

一、认知学习范式的方法论

以华生（J. B. Watson）为代表的行为主义主张心理学是一门研究外显行为的纯客观的自然科学，提倡采用客观观察法、实验法、条件反射法、测验法等客观的研究方法。

客观观察法是指通过仪器或肉眼观察人或动物的行为反应来研究其心理的方法。

实验法是指用仪器加以控制的客观观察法。

条件反射法是指运用一定的手段使被试获得条件反射或运动反射，以研究其心理的方法。

关于测验法，华生主张要设计和运用不一定需要语言的、有明显外部表现的行为测验。

行为主义把刺激（S）与反应（R）看作有机体行为的共同因素，并以 S—R 为解释行为的基本原则。与高尔顿的遗传决定论相反，行为主义坚持环境决定论，强调外在控制的训练价值，但走向极端的环境决定论忽视了内发性的动机和个体的自由意志。

二、认知学习范式下的智力观

华生否认行为的遗传和本能的作用，提出人和动物如果有什么与生俱来的行为

---

① 蔡笑岳，向祖强，庄晓宁. 当代智力研究的基本状况和发展趋向. 心理学动态，1998，6（2）：35～39.

的话，也只是由于有与生俱来的身体结构。而较复杂的行为则完全来自学习，尤其是早期训练。这种观点强调了学习在智力发展中的重要作用，有力地驳斥了智力差异研究中存在的种族歧视观点，对人们理解智力产生了一定的积极影响。

新行为主义是 20 世纪 30 年代后在美国新发展起来的一种行为主义心理学理论体系，丰富和发展了行为主义的学习理论和研究方法，主要代表人物是托尔曼（E. C. Tolman）、赫尔（C. L. Hull）和斯金纳（B. F. Skinner）。

托尔曼根据一系列动物实验的结果，证明动物在迷津中的行为是受一定目的指导的，因此学习者所学的东西并不是简单的机械的运动反应，而是学习达到目的的符号及其意义。学习者在过去经验的基础上在头脑中产生某些类似一张现场地图的模型，称为认知地图。此外，托尔曼提出了"潜伏学习"现象，即有机体在学习过程中表现在外显行为上的学习活动。

赫尔认为，学习就是有机体去自动获得具有适应性作用的感受器—效应器的联结。他指出，时间上的接近是学习的一个重要条件，传入与传出神经冲动之间的联结关系称为习惯，联结的力量或持续性称为习惯强度。学习得以进行的基本条件就是在强化条件下刺激与反应的接近。

斯金纳用自己创制的斯金纳箱研究动物行为，提出操作条件反射理论。操作条件反射是从反应到刺激的过程，能发挥学习者的主动作用。斯金纳[1]（1938）认为："如果一个操作发生后，接着给予一个强化刺激，那么其强度就增加。"因此，强化对学习效果有重要影响。斯金纳由此提出程序教学法，把复杂的学习内容分解成详细的行为目录，采取连续渐进法进行教学。

三、认知学习范式的贡献和局限

行为主义的研究方法和大量研究成果为我们理解智力和智力发展提供了新的视角。但是，行为主义被批评为脱离了人类心理的范畴，而只探讨了可观察行为与环境刺激之间的联系，忽视了有机体的内部过程，抹杀了人类学习和动物学习的本质区别。

第三节　认知发展范式

智力研究的认知发展范式主要是指皮亚杰（J. Piaget）的发生认识论及其研究方法，也包括发展心理学的一系列关于智力发展的研究成果。

---

① Skinner, B. F. *The Behavior of Organisms*：*An Experimental Analysis*. New York：Appleton-Century-Crofts, 1938.

一、皮亚杰的发生认识论

皮亚杰的发生认识论发端于 20 世纪 30 年代，成熟于 60 年代，对哲学、心理学特别是智力心理学和发展心理学产生了广泛而深入的影响。皮亚杰的新思想来自于康德（I. Kant）哲学、生物学以及对智力测验的反思。结构主义、操作主义和符号逻辑、完形主义和精神分析学派也都对皮亚杰产生了一定的影响。

车文博①认为，皮亚杰的发生认识论是"以认识论为目标和起点，通过生物学方法论的类比，所诞生的一种奠基于主客体相互作用活动至上的发展心理学"。

图式是发生认识论中的核心概念之一。"图式"概念来自于康德的"先天图式"概念，是指个体在遗传基础上整合各种经验建构的一个与外在现实世界相对应的抽象的、贮存在记忆中的认知结构。

皮亚杰认为，智力就是适应，即有机体的同化和顺应两种功能协调，使有机体与环境取得平衡。"同化"和"顺应"的概念来自生物学。同化是指主体将外界的刺激有效整合于已有图式之中。顺应是指主体改造已有的图式以适应新的环境。

在研究方法上，皮亚杰综合了观察法、访谈法、测验法和实验法，创造出临床法。临床法是指研究者在和儿童的半自然交往中向儿童提出一些活动任务或问题从而收集资料的方法。临床法的实验材料丰富而新颖，不采用标准测验评估行为，尽量使个体在自然情境下作出自发性的反应。虽然临床法的研究对象数量较少，区别于客观严密的实验方法和测量方法，但由于其对实验情境的灵活掌控、对被试的深入观察以及新颖严密的分析工具，使皮亚杰获得了大量第一手材料，在此基础上提出了儿童思维发展的四个阶段：

（1）感知运算阶段。从出生到 2 岁左右，儿童还没有语言和思维，主要靠感觉和动作探索周围世界。

（2）前运算阶段。从 2 岁到 7 岁，儿童各种感觉运动行为模式开始内化为表象或形象模式，特别是由于语言的出现和发展，儿童日益频繁地用表象符号代替和重现外界事物，出现了表象思维。

（3）具体运算阶段。从 7 岁到 11 岁，在前运算阶段的许多表象图式融合、协调的基础上，儿童开始具有逻辑思维和真正运算的能力，获得各种守恒概念，但运算的形式和内容仍以具体事物为依据。

（4）形式运算阶段。从 11、12 岁开始，儿童不再依靠具体事物来运算，而能对抽象的和表征的材料进行逻辑运算，思维接近于成人水平。

---

① 车文博. 西方心理学史. 杭州：浙江教育出版社，1998.

二、对发生认识论的评价

皮亚杰关于儿童认知发展的阶段论勾画了人类个体数理逻辑思维发生发展的图画。他的认知结构的建构论、认知主体与客体的相互作用论、认知结构起源与动作的学说、平衡论、运算逻辑的学说等都是对智力心理学和认知发展心理学的重要贡献。皮亚杰理论的广泛传播和反复检验推动了智力的跨文化心理学研究。

发生认识论的缺陷是：只研究了智力中的一种类型即数理逻辑智力，忽视了其他重要的智力类型；对文化因素的作用估计不足；研究结果与自然情境下的智力活动差距较大。

三、认知发展范式的其他研究

布卢姆（B.S. Bloom, 1964）认为，智力发展速度是先快后慢，若以17岁达到的智力水平为100%计算，4岁时大约已发展到50%，4~8岁期间发展了30%，其余20%是在8~17岁期间获得发展的。

韦克斯勒（1981）用标准化的智力测验测查了7岁儿童至65岁成人的智力发展状况，结果发现，智力发展的高峰期大约在22岁至25岁左右，然后开始衰退，衰退的速度是随年龄增长而逐渐递增的。

迈尔斯（1944）曾对个体不同智力成分的发展变化进行了更为细致的研究，发现不同的智力成分在各年龄阶段发展的程度和速度是不一样的，其中观察力发展的顶峰年龄约在10~17岁，记忆力发展的顶峰年龄约为18~29岁，比较和判断力发展的顶峰年龄则在30~49岁。

琼斯（Jones）和康拉特（Conrat）1933年对10~60岁的1 191名被试进行了美国陆军的A式（言语性）测验，发现人的智力分数（即T得分）到16岁左右几乎是直线上升，在19岁到21岁达到最高水平，以21岁为顶点，以后便开始下降。在55岁智力下降到14岁的水平。

米勒斯（Milesi）夫妇对从7岁到92岁的832人进行智力测验，结果表明，18岁时智力达到最高点，50岁时智力年龄下降到15岁的水平，一过80岁，智力便急速下降[1]。

---

[1] 林崇德. 发展心理学. 北京：人民教育出版社, 1995.

第四节　信息加工范式

20世纪60年代以来，随着计算机科学的发展和认知心理学的兴起，智力研究从以往单纯智力特性的分析转向对智力活动内部过程的探索上。认知心理学以信息加工为核心，把人的心理过程看成是信息加工过程，认知心理学既研究智力测验所测得的能力，也研究用较为特殊的能力倾向测验所测得的能力。认知心理学对认知机制的研究主要从过程、知识、策略和能量等方面入手。

信息加工模式脱胎于行为主义心理学，受到心理语言学研究的重要影响。通信工程、信息论及计算机科学的兴起也为信息加工心理学的产生创造了必要的外部条件。在信息加工心理学家看来，人的智力与机器的智力有共同和普遍的信息处理机制，这种观点直接推动了信息加工心理学的形成。信息加工理论的智力观认为智力的差异就是信息表征和加工方式上的差异。

一、信息加工范式的发展历程

初期的智力信息加工理论主要是探讨个体的反应时与信息加工过程之间的关系，以反应时为外部指标而推论个体的智力活动过程及其水平。希克（Hick，1952）在实验中发现，个体双向选择反应时与所呈现刺激的信息容量呈线性关系，这一线性关系的斜率与个体进行信息转换的效率与速度相关。这一研究发现是信息加工思想的最初萌芽。随后，罗斯（Roth，1964）把这一线性斜率与个体IQ相比较，指出在信息容量相同的条件下，反应时线性斜率与个体IQ呈负相关。

20世纪80年代初，詹森（Jenson）提出把智力理解为神经冲动的传导速度，并用选择反应时对其进行间接的测量。詹森进一步阐述了反应时与信息加工过程之间的关系，提出了一个"树形结构模型"，认为大脑皮质中等距排列着众多物理刺激反应中枢。外界刺激通过特定的神经通道传递，激活大脑皮质中的特定反应中枢，然后由中枢作出特定反应。在此树型结构中，外界刺激强度与神经通路上各个关节点的激活阈限是影响个体反应时两个因素。在外界刺激程度相当的条件下，个体神经通路关节点的阈限越低，所需反应时就越短，个体智商也就越高。

初期的智力信息加工理论将智力看作是孤立的封闭系统，且着力于智力活动的低层水平，因而进入20世纪80年代中期后便逐渐开始衰落，一些注重于智力活动的高级形式的模型出现了，其中较有影响的是斯腾伯格的智力三重结构理论与卡比（R. Kirby）和戴斯的PASS理论。

二、智力的三重结构理论

斯腾伯格通过"成分分析"方法力求从类推、系列问题等复杂任务来理解智力，并于 1979 年提出一个"智力四水平理论"的框架，该理论把智力分为四个水平的操作成分，即综合任务、单一任务、信息加工成分和信息加工元成分。经过大量的研究，斯腾伯格对上述理论框架作了修正，在 20 世纪 80 年代中期提出了较为全面的"智力三元理论"，即成分亚理论、经验亚理论、情境亚理论。

成分亚理论是核心内容，它阐述了智力活动的内部结构和心理过程。

经验亚理论在经验水平上考察智力在日常生活中的应用，特别是处理新情境时的能力和心理操作自动化的信息加工能力。

情境亚理论说明智力各成分在适应当前环境，自我成长及选择与个人生活有关的新情景等过程中的作用。

在进一步研究之后，斯腾伯格认为，智力的成分亚理论又包括三个层次不同的部分：元成分、操作成分和知识获得成分。

其中元成分是智力活动的高级管理成分，它的功能是计划、评价与监控；操作成分的功能是执行元成分的指令及提供信息反馈；知识获得成分的功能是学习如何解决新的问题。

斯腾伯格的三重结构理论从人的内部世界、外部世界及经验与智力的关系三个方面阐述了智力的结构，使我们对智力的理解大大前进了一步。

三、PASS 理论

卡比和戴斯把信息加工理论与认知研究新方法和智力的传统研究方法相结合，以此探讨智力活动的信息加工过程，提出了智力活动的"计划—注意—同时加工—继时加工"模型，简称 PASS 模型（planning-attention-simultaneous-successive processing model）。他们认为，智力有三个认知功能系统：

（1）注意—唤醒系统：个体对信息进行编码加工和作出计划的基本功能系统，起激活和唤醒作用。

（2）同时—继时加工编码系统：负责对外界刺激的接收、解释、转换，再编码与存储，在加工方式上分为若干单元同时开始编码的同时性加工与若干单元先后孤立进行的继时性加工，此过程是整个认知系统的核心。

（3）最高层次的计划系统：负责认知过程的计划性工作，对操作过程进行监控和调节。

这三个系统互相影响、共同作用，在同一知识背景下执行各自的功能。

四、对信息加工范式的评价

　　智力的信息加工范式根据对认知任务的操作起着一定作用的心理过程来理解人的智力。而其中不同的研究者又具有不同的侧重点，研究者们在理解智力的过程中所强调的认知功能的程度也不一样。

　　一些研究者纯粹根据信息加工过程的速度来理解智力，并运用他们所能设计的最简单的任务来测量未受其他变量影响的纯速度，如詹森的理论；另一些研究者则不考虑信息加工过程的速度，而是根据非常复杂的问题解决过程来理解智力，更多地强调信息加工过程的精确度与策略，智力活动的高级过程和元认知成分处于极重要的地位，如智力三元结构理论和 PASS 理论都把元认知成分作为智力结构中最高层次的功能系统。

　　信息加工模式采用外部观察、内部的"自我观察"、反应时、计算机模拟等方法对人的智力过程进行精细的分析和描述，揭示了信息加工的细微结构，比以前的智力理论前进了一步，同时也为智力研究提供了新的方法论。

　　信息加工的方法利用反应时测验能够在认知加工水平上对个体的智力操作成分进行评估，但反应时并不是完美的评估智力的标准。面对智力任务，人们可以主动、有意识地控制加工速度，进行合理的资源分配，平衡速度和准确性的矛盾，这就是智力元成分的功能，因此信息加工的智力理论在提出反应标准的同时，又把认知策略作为衡量智力的一个有效指标。1986 年，美国《教育心理学杂志》邀请 25 位不同领域的专家就智力问题发表看法。与会专家多次强调元认知对于智力的重要性，这与 20 世纪 70 年代之后认知心理学的研究有关，同时与智力的信息加工取向密不可分[1]。

　　不过，信息加工模式也受到不少批评。如：认知心理学避开智力活动的大脑神经机制，用电脑的信息加工一般机制不能完全说明人的智力过程。信息加工心理学家考查的认识问题和皮亚杰一样都是数理逻辑智力题，因此具有与皮亚杰智力理论一样的局限性，即对人类智力的多样性和复杂性缺乏研究，对"创造性"这一人类智力的最高体现不敏感。此外，信息加工模式也忽视了社会文化环境对人的智力的要求及其相互作用。

---

　　[1]　Sternberg R. J. *Metaphors of Mind*：*Conceptions of the Nature of Intelligence*. New York：Cambridge University Press，1990.

第五节　认知神经范式

近几十年里发展起来的生物医学构像技术、脑事件相关电位方法以及细胞神经科学和分子神经生物学，为直接分析人类的认知活动，探求人类智力的脑神经机制提供了可能。随着生物技术和计算机科学的迅猛发展，目前脑成像、人工智能、人类基因解码等尖端技术有望更精确地检测智力的神经生理机制，使智力的宏观解释与微观探查相结合。

于是在一些科学家的倡导下，认知心理学迅速与神经科学相结合，孕育出了一门新的以"智力和大脑的关系"作为基本研究对象的认知神经科学。从事这门学科研究的专家在实验的水平对意识问题（如盲视现象的发现）、认知进化、智力模块性以及知识的先天来源与后天来源等问题作进一步的研究，以期揭示智力的本质及智力活动的过程，阐明认知活动的脑机制，揭示人脑智慧的奥秘。从先前着重于宏观的角度，采用对智力进行计算机模拟过程与结构的研究，逐渐转向智力研究的微观水平，着重对智力的神经机制进行研究。

一、认知研究范式的起源

关于智力和大脑之间的关系，一百多年前就引起了人们的注意。1836 年德国解剖学家蒂德曼（Tiedmann）提出"脑袋大小和个人展现的智慧能力之间存在着不容置疑的关系"，引发了人们对大脑和智力之间的关系的探索。与此同时，受进化论思想的影响，心理学家把智力看作是经过生物进化后人脑所反映的一种机能。著名心理学家皮亚杰将个体的整个认知发展理论建立在"生物机体成熟"和"认知能力发展"这两个领域相互联系、彼此决定的同构性基础之上[①]。这些探索一定程度上促成了智力的研究倾向于关注生理的基础和大脑的结构。

真正研究大脑内部结构和智力之间的关系则是在 20 世纪 70 年代认知神经科学产生以后。认知神经科学的学科概念首先由米勒（Miller）和贾斯宁加（Gazzninga）在 20 世纪 70 年代后期提出，这一学科主要利用诸如功能核磁共振（fMRI）、正电子发射断层扫描（PET）和事件相关电位（ERP）等心理物理学及脑成像技术对认知过程进行研究中，通过解释认知过程的大脑机制来验证、修改和发展已有的理论和模型，并在此基础上提出新的理论和模型。

---

① 蔡丹，李其维. 简评认知神经科学取向的智力观. 心理学探新，2009（6）：23 ~ 27.

二、智力研究中的认知神经方式

20 世纪 90 年代以来，认知神经科学被广泛用于智力的研究，并涌现了大量有价值的研究成果。这些研究主要有智力个体差异的研究，智力结构的研究。

1. 智力个体差异的研究

为了解释个体差异的原因，有心理学家提出了人类智力的神经效能假说。神经效能假说认为，与智力水平较低的个体相比，智力水平高的个体完成相同任务时，使用的神经网络或者神经细胞更少，因此消耗的葡萄糖更少，表现出更高的神经效能。海尔（Haier）通过 PET 测量了 8 位被试完成瑞文高级智力测验时的大脑葡萄糖代谢率，发现瑞文成绩与几个脑区的葡萄糖代谢率都呈显著的负相关。海尔（Haier）因而提出"智力不是大脑如何努力工作的结果，而是大脑如何有效率工作的结果，这种效能可能源于充分激活与当前任务相关的脑区，同时积极抑制与当前任务无关脑区的激活"。

肖索维克（Jausovec）使用 ERP 技术对高智力水平的被试与普通智力水平的被试完成简单听觉和视觉 oddball 任务时所诱发的脑电进行分析，证明了高智力水平的被试在完成任务时，激活的脑区更少，但激活的脑区都是与当前任务高度相关的，而且激活强度越大，认知加工的效能就越高[1]。

2. 智力结构的研究

认知神经科学把智力结构作为重要的研究课题，从脑机制层面对智力究竟是"单一结构"还是"多成分结构"进行了探讨。

邓肯（J. Duncan, 2000）利用 PET 技术对斯皮尔曼的智力 G 因素进行神经机制的研究。实验发现，与 G 因素高度相关的三种任务并没有激活多个脑区，而只激活了单侧或双侧的外侧前额叶皮质[2]。这个结果说明了"普遍智力"可能产生于额叶的一个特定系统，这个系统在控制不同形式的活动中发挥重要的作用，这为智力是单一的结构系统提供了证据。

格雷（J. R. Gray）的研究支持了邓肯的发现，他认为较高级的认知功能（例如智力）可能本身是一个"功能模块"，它可能会激活多个脑区，而不是单一脑区，但这些被激活的多个脑区可能处在同一网络之中，现在核心的问题是找出"普遍智力"所对应的大脑活动网络，如果能够确定这个网络，将为智力的单一结构观提供

---

① Jausovec, N., Jausovec, K. Correlations between ERP Parameters and Intelligence: A Reconsideration. *Biological Psychology*, 2000 (50): 137–154.

② Duncan, J., Seitz R. J., Kolodnyj, et al. A Neural Basis for General Intelligence. *Science*, 2000 (289): 457–460.

强有力的证据①。

三、加利克的智力神经可塑性模型

加利克（Garlick，2002）等人综合了神经科学和认知科学的发现，通过对人工神经系统（artificial neural systems）的研究提出了智力的神经可塑性模型②。神经可塑性系统是指神经系统为不断适应外界环境的变化而改变自身结构的能力，它包括神经组织的正常发展和成熟、新技术的获得、在神经系统受损以及感觉被剥夺的代偿等机制。学习和记忆是其主要的研究领域。

智力的神经可塑性模型认为，个体的智力由于大脑神经系统的可塑性而得到发展。可塑性是适应外部环境的一种生物能力，对智力有着决定性作用，可塑性的质量决定于树突和轴突之间的神经网络质量，与环境、成熟有关；智力的发展是神经联结不断丰富的结果，通常更聪明的人能更快地将之前的经验纳入到新的神经联结中，因此具有了适应新的刺激或环境的能力。

加利克等人把多领域的智力研究整合起来，使神经可塑性模型对智力有了更强的解释力。而且，如果能对智力差异的神经过程作更多更细致的探索，那么该模型便能够为智力缺陷儿童的生物干预治疗提供参考。

四、帕金斯的真智力理论

美国心理学家帕金斯在 1995 年提出了真智力理论③。真智力理论认为智力有三个构成成分：神经的、经验的和反省的。其中，神经的智力直接体现了认知神经生物因素对智力的作用。神经的智力存在于个体的神经系统的功能之中。因为神经活动直接影响着个体的思维，因此一个人比另一个人思维能力强，则可以说这个人的神经传递比另外一个人更快而且更准确和有效率。

帕金斯的神经智力与加利克神经可塑性模型的内涵具有共同之处。人的不同遗传装备决定了人的神经特质的功能，它会影响到人的思考功能。帕金斯认为，后天丰富的学习和经验对神经智力的作用是有限的，因为它们只要达到基本的水平就够了。也就是说在一般的刺激作用下，人人都可能达到正常人的智力水平④。

---

① Gray, J. R., Thompson, P. M. Neurobiology of intelligence：Science and Ethics. *Nature Reviews*, 2004（5）：471 – 480.

② Carlick. Understanding the Nature of the General Factor of Intelligence：The Role of Individual Differences in Neural Plasticity as An Explanatory Mechanism. *Psychological Review*, 2002, 109（1）：116 – 136.

③ Perkins, D. N. *Outsmarting IQ：The Emerging Science of Learnable Intelligence*. New York：Free Press, 1995.

④ Perkins, D. N. *Outsmarting IQ：The Emerging Science of Learnable Intelligence*. New York：Free Press, 1995.

五、认知神经范式的评价

认知神经科学的出现，特别是无损伤认知神经技术（ERP、PET、fMRI 等）的发展和成熟使人们得以真正区分人类的大脑和动物的大脑，从而逐渐摆脱以动物的研究结果来推论人类的尴尬局面。神经科学、认知心理学可以为人们揭示和概括智力的规律找到实证的支持。当行为层面和生理层面这两种类型的数据相互联系和印证的时候，将使智力的认知神经科学研究获得真正有别于还原论揭示的科学意义。

通过对神经机制的研究能够为智力的心理机制提供精确的生理指标，明晰智力活动的神经生理基础，但 ERP、fMRI 等认知神经研究手段只能给出精确的时空模式上的生理数据，只能说在某一过程中有心理的参与，但绝对不能把它对应为"只要这个神经部位产生了活动，就会有相应的心理活动"。

斯腾伯格曾指出，认知神经科学对心理学的研究只能说明"相关"关系，而并不能向人们提供关于认知神经数据与心智过程双方谁是因谁是果的解释。智力的认知神经科学研究依赖于认知神经科学手段获得的生理数据，以相关为基础对智力活动的心理机制进行推论，但神经生理部位的功能与心理活动是否绝对对应仍然存在疑问，也就是说，某个部位的脑损伤是否会导致特定心理功能的缺失仍然有待进一步探索和解决。

第六节　生态文化范式

智力测验范式寻求智力的内部结构，信息加工范式着力刻画智力的内部过程，这些研究在顾及智力的内部结构时，没有考虑智力形成和发展的外部环境，这使得传统的智力理论在解释智力所面临的文化差异时显得苍白无力。

生态文化范式从先前注重探索智力的内部结构逐渐转向注重智力发展的外部环境，立足从社会生态方面对智力进行研究。与信息加工范式在某些方面不同的是，生态文化范式重视分析研究在现实情境中的智力活动，力求在智力活动与环境要求和压力的相互作用中揭示智力的本质和起源。

一、生态文化范式的兴起和发展

生态文化范式与心理学研究中出现的生态化运动有关。

20 世纪 50 年代，费古森（Ferguson）提出的所谓文化分化律就反映了智力研究中生态文化范式的核心思想。这条定律是"文化因素规定了学什么和在什么年龄学，因而不同的文化环境导致了不同的能力模式的形成"。在费古森之后，伯瑞（Berry）提出的生态文化理论范式，道森（Dawson）提出的生物社会学理论范式，鲁利亚（A. P. Luria）的文化历史发展论等都从不同侧面探讨了智力与社会情境、文化环境、社会历史发展的关系，不同程度地揭示了智力与环境的内在本质联系。

塞西①（1996）提出了一种生物生态学的智力模型，这个模型认为多种认知潜能、背景和知识是个体表现差异的最基本原因。每种认知潜能使个体在一个给定的领域内能发现事物之间的关系，监控思维和获得相关的知识。虽然这些潜能以生理为基础，但它们的发展与环境紧密联系，因此很难区分生物和环境对智力的影响。另外，能力在不同的背景下表现不一样。

生态文化范式还激起大量跨文化的智力研究。当前，关于智力的生态文化研究在国内外都开展起来。国外，美国心理学家对国内美籍亚洲人、拉丁美洲人、印第安人、黑人和白人进行智力比较及根源分析。国内也有一些此方面的研究，如对海南省黎、汉两民族中小学生智力发展的研究；对汉、藏、回及东乡族儿童的智力发展研究；对西南地区民族学生的智力观念的跨文化研究，西南地区民族融合地和聚居地少数民族儿童智力发展的研究等。

申继亮等人（2001）的跨文化研究②比较、分析了年龄不同的中美成人在五项智力测验上的成绩。结果在一定程度上支持了吉尔利（D. C. Geary, 1996）等人提出的假设：不同文化背景下智力表现的差别并不是由于天赋的种族差异造成，而可能更多地反映了社会的变迁，以及由此而来的代际效应（如美国人数学能力逐代下降的现实）。不同的年龄组，中美成人在各项智力上的差异模式明显不一致，并且在与先天生理素质关系密切的知觉速度和辨别能力上所表现的文化差异也不显著。

蔡笑岳、姜利琼（1995）③对西南地区汉、苗、藏、傣、彝五个民族中小学生的智力观念进行了跨文化研究，结果发现，民族文化会影响人们的智力观念，不同民族的学生对智力的认识具有差异性，各民族中小学生的智力观念具有一定程度的相似性或一致性，文化沟通与转变对人们的智力观念有明显影响，高中生智力观念的民族差异明显减少。

智力生态文化研究代表人物之一伯瑞认为，从生态文化角度研究人的智力有两种方式，一是强调文化环境（包括个体习得的文明习惯、社会的文化传统等）对个体智力形成的影响，表现为智力的跨文化研究；二是强调生物学因素（包括人的自然环境及环境中的生物属性，如遗传、亲缘等）对智力发展的影响，表现为智力的种族研究。生态文化论者一般认为智力包括三种平行的、联系松散的智力：一般能力、特殊能力、认知风格。三种智力分别与种族主义观、相对主义观和普遍主义观

---

① 丁芳，李其维，熊哲宏. 一种新的智力观——塞西的智力生物生态学模型述评. 心理科学, 2002, 25 (5).
② 申继亮，陈勃，王大华. 成人期智力的年龄特征：中美比较研究. 心理科学, 2001, 24 (3).
③ 蔡笑岳，姜利琼. 西南地区五种民族中小学生的智力观念的跨文化研究. 心理科学, 1995, 18 (6).

三种原则相联系。并且，在普遍主义观原则指导下，一般认为，个体智力方面的差异主要是由不同的认知风格或认知策略造成的。

为了在定性的基础上对智力进行定量研究，生态文化论者将影响智力发展的因素分为四个方面：

（1）生态背景，包括为人类反应提供的所有背景因素，依据不同水平可区分为生活空间与心理事件。

（2）经验背景，提供个体学习的一系列当前经验模式。

（3）表现背景，说明个体表现出特殊行为的环境因素。

（4）实验背景，个体对一种有控制的刺激作出反应。

二、对生态文化范式的评价

在自然、真实的环境中进行智力的生态文化研究，突破了只考察智力内部世界的局限，顺应了心理学研究的总体潮流，如果能在文化差异的确认及研究本身的严格控制方面有所突破，在智力的研究方面必将有更广阔的前景。同时，必须看到，智力是一个多层次、多方面和多维度的复杂现象，从智力与环境的关系出发的单方面研究不能把握智力的整体和全貌。

第七节 智力研究范式的整合

应当指出，智力研究范式大部分是互补的而不是矛盾的。例如，20世纪70年代以来，随着智力测验领域新理论、方法和技术［系统的智力认知理论、项目反应理论（IRT）、概化理论（GT）、验证性因素分析（CFA）等］的提出和深入发展，心理测量学与实验心理学、认知心理学相结合的研究取向日渐成为一种新的潮流和趋势，使智力测验的发展呈现出有别于"传统"智力测验的新趋势。从研究趋向上看，智力心理学的研究有可能出现七个方面的整合。

一、智力的影响因素——遗传和环境的整合

文化心理学和生态心理学兴起后，心理学家开始意识到，智力不能只作为人的属性，它还有人与环境相互作用的属性。必须把对人的内部智力过程的研究与对智力与外部环境关系的研究结合起来，才能揭示智力这一复杂现象的本质和智力形成发展的根源。

二、智力内部因素和外部表现的整合

传统智力测验更多地测量智力活动的产品或功能，进而以之为依据推断个体的智力水平。这种间接测量的思路有其合理的一面，但也存在明显的缺陷，即不能对智力活动进行微观水平的研究，大脑内部的问题解决过程成了"黑箱"。即使个体在传统智力测验上得到相同的分数或行为表现一致，也不代表他们有相同的心理加工，他们可能有不同的知识结构和解决问题的策略，而一个单独的智力商数或精熟程度指标会掩盖这些实质的差别。把对智力内部结构的分析与外部表现的描述和控制结合起来，这样才能深刻全面地认识智力的内涵和外延。

三、智力加工的微观过程和智力的宏观结构的整合

20 世纪 70 年代以来，随着认知心理学和心理测量技术的发展，人们开始对一般能力和特殊能力的运作过程进行认知分析。80 年代以后出现的较为成熟的系统智力的认知理论（如成分亚理论和 PASS 模型），也都强调智力的认知和元认知成分的作用。这表明智力心理学家对智力的研究开始从宏观的静态结构深入到微观的动态加工过程。一方面我们要树立大智力观，另一方面在实际开发智力和教学过程中又要从细节着眼，寻求智力发展的突破口。

四、理性、逻辑、学业智力和情绪智力、社会智力的整合

美国心理学家桑代克认为，可能有三种智力：①抽象智力（abstract intelligence），包括心智能力，特别是处理语言和数学符号的能力；②具体智力（mechanical intelligence），即个体处理事物的能力；③社会智力（social intelligence），即处理人与人之间相互交往关系的能力[①]。

1966 年，巴布娜·柳纳（Barbara Leuner）提出了情感智力（emotional intelligence）的概念。1955 年，丹尼尔·戈尔曼（Daniel Goleman）在 *Emotional Intelligence* 一书中把情感智力分为了解自我、管理自我、自我激励、识别他人的情绪、处理人际关系五个方面。

传统的智力研究范式如智力测验范式、认知发展范式的主要关注点都在理性智力和学业智力上面。近年来，情绪智力和社会智力一直是学界内外关注的热点，从个体发展和社会和谐的角度看，只有一般意义上的学业智力是无法达到对当代社会

---

① 叶斌. 从社会智力到情感智力——对社会智力与情感智力理论的探讨. 心理科学，2003，26（3）：452.

的良好适应的。

五、人类智力发展一般规律和文化种族民族背景在智力发展上的负载整合

西方思维中存在一个相当流行的提法即学术智力的重要功能是将自身从情境中分离出来,超越情境并使之普及。由此引发了来自不同角度的批判,他们认为智力与特定文化环境是相互依存的[①]。斯腾伯格[②]认为,心理过程虽具有普遍性,但它们在情境中的示例并不相同。

智力发展存在一定的跨文化的普遍规律,但诸多跨文化研究也证实,不同文化、不同种族、不同民族的智力发展和智力结构在某种程度上存在差异,个体所希望发展起来的能力往往就是在社会环境中被视为有价值的能力,在一种文化背景下的智力行为在另一种文化背景下则可能属于非智力行为,必须全面地认识人类智力的共性和差异。

六、潜在智力(潜能)和显智力的整合

既注重智力的测查和甄别,也要探索潜在智力的存在形式和挖掘方法,促进个体成长和发展。

智力心理学家越来越倾向于将智力看成是一种综合潜能,是各种基本认知能力的综合。人类的发展实际上也是智能的发展,是个体对自己内在潜能的不断挖掘的过程,通过恰当的教育介入可以促进或激发这种发展。

随着对智力结构的整合研究的出现和不断深入,智力开发理念和模式也将由分化的要素开发向整合开发转变,以智力与其他心理结构、智力与内部世界和外部世界系统关系为基础的智力开发将是理论和实践研究的重点内容[③]。

七、智力研究方法的整合

例如,因素分析法(Factors Analysis)是在社会和行为研究中应用非常广泛的多元统计方法,它最早在智力研究领域发展起来,过去的很多学者如 Spearman、Thurstone、Guilford 等运用探索性因素分析(Exploratory Factor Analysis,EFA)对智

① 李宇,李红,袁琳. 论智力的文化观. 西南师范大学学报(人文社会科学版),2005,31(1):37.
② Sternberg, R. J. The Concept of Intelligence and Its Role in Lifelong Learning and Success. *American Psychologist*, 1997, 52 (10): 1030 – 1037.
③ 钟建军,陈中永. 智力开发的基本理念与实践. 心理科学进展,2006,14(2):235.

力的结构进行研究。现在，验证性因素分析（CFA）和范围更宽的结构方程模型（SEM）的出现，为这一领域提供了更为有力的工具，尤其是 SEM，它的模型假设更为合理，也具有更大的灵活性。它将研究者的知识经验、实验和统计分析有机地结合起来，体现了理论导向（theory-driven）的思想。研究者可以应用它们建构更为合理、有效的智力模型。

智力心理学家愈来愈善于取各种研究方法之长，优势互补，在多元方法论的指导下，把智力心理研究推向更新境界。

参考文献

1. 车文博．西方心理学史．杭州：浙江教育出版社，1998．

2. 郑雪．当代智力心理学研究的主要模式．心理发展与教育，1995（3）．

3. 蔡笑岳，向祖强，庄晓宁．当代智力研究的基本状况和发展趋向．心理学动态，1998，6（2）．

4. 林崇德．发展心理学．北京：人民教育出版社，1995．

5. 彭聃龄．普通心理学．北京：北京师范大学出版社，2004．

6. 凌文辁，方俐洛．心理与行为测量．北京：机械工业出版社，2004．

7. 王甦，汪安圣．认知心理学．北京：北京大学出版社，1992．

8. ［美］Lewis，R. Aiken．心理测验与考试——能力和行为表现的测量．张厚粲译．北京：中国轻工业出版社，2002．

9. 乐国安．当代美国认识心理学．北京：中国社会科学出版社，2001．

10. 邵瑞珍．教育心理学．上海：上海教育出版社，1997．

11. 孟昭兰．普通心理学．北京：北京大学出版社，1994．

12. 吴正，张厚粲．智力理论和智力测验的新发展．心理科学，1993（3）．

13. 余欣欣．智力研究的历史、现状、未来．广西师范大学学报（哲社版），1996（4）．

14. 杨艳云．关于多重智能理论的几点思考．上海教育科研，1999（7）．

15. 杨莉萍，叶浩生．范式论与心理学中两种文化的对立．心理科学，2002，25（1）．

16. 蒋京川等．智力是什么？——智力观的回溯与前瞻．国外社会科学，2006（2）．

17. 叶斌．从社会智力到情感智力——对社会智力与情感智力理论的探讨．心理科学，2003，26（3）：452．

18. 李宇，李红，袁琳．论智力的文化观．西南师范大学学报（人文社会科学版），2005，31（1）．

19. 钟建军，陈中永. 智力开发的基本理念与实践. 心理科学进展，2006，14 (2).

20. 蔡丹，李其维. 简评认知神经科学取向的智力观. 心理学探新，2009 (6).

21. 林崇德，罗良. 认知神经科学关于智力研究的新进展. 北京师范大学学报（社会科学版），2008 (1).

22. 余强，布卢姆. 儿童智力发展曲线的由来及证伪. 南京师范大学学报（社会科学版），2001 (5).

23. 刘正奎，张梅玲，施建农. 智力与信息加工速度研究中的检测时范式. 心理科学，2004，27 (6).

24. 萧富强. 当代智力及研究取向的新发展. 上海师范大学学报（教育版·中小学教育管理），1999，28 (5).

25. Cattell, R. B. Theory of Fluid and Crystallized Intelligence：A Critical experiment. *Journal of Educational Psychology*，1963，54 (1)：1 – 22.

26. Skinner, B. F. *The Behavior of Organisms：An Experimental Analysis*. New York：Appleton-Century-Crofts，1938.

27. Sternberg, R. J. *Metaphors of Mind：Conceptions of the Nature of Intelligence*. New York：Cambridge University Press，1990.

28. Sternberg, R. J. The Concept of Intelligence and Its role in Lifelong Learning and Success. *American Psychologist*，1997，52 (10)：1030 – 1037.

29. Perkins, D. N. *Outsmarting IQ：The Emerging Science of Learnable Intelligence*. New York：Free Presss，1995.

智力由那些被有目的地用于适应、塑造和选择现实环境的心理机能所组成。

——R. J. 斯腾伯格（R. J. Sternberg）

第三章　智力的结构

　　智力是由哪些基本的心理因素组成的？它们之间的关系如何？这就是智力的结构问题。关于智力结构的问题，是心理学研究中的重要课题，心理学家进行了长期的探讨，提出了许多智力结构理论，这些理论从不同的视角、不同的方法分析问题，用不同的知识表征结果，丰富并深化着我们对智力的认识。

第一节　心智地图模式的智力结构理论

　　心智地图模式的理论把智力看成一种类似地图的板块结构。从研究方法上看，这种智力理论是基于因素分析方法理论的。

一、要素分析类型的智力结构理论

（一）单因素理论

　　智力单因素理论认为，人的智力水平有高有低，但智力只是一种单一的机能成分，智力是一种能力。高尔顿、比奈和推孟等人都认为，智力是单因素的，所以他们编制的智力测验量表，只提供单一分数，只测量一种智力。

（二）斯皮尔曼的二因素理论

　　英国心理学家斯皮尔曼首先提出了二因素论。他认为，智力可被分析为 G 因素（普通因素）和 S 因素（特殊因素）。任何一种作业的完成都必须依靠这两种因素。他认为，智力的首要因素，即普遍因素，基本上是一种推理因素。普遍因素在相当程度上来自遗传。他还验证了从感知到思维①的智力测验成绩，都发现 G 因素的普遍存在。他认为，一般智力较高的人，认知正确而迅速，注意力容易集中和分配，

---

　　① Eysenck, H. J. *The Structure and Measurement of Intelligence*. Berlin：Springer-Verlag, 1979.

却不长于记忆。由于个人一般智力的程度不同，不同测验对一般智力的测量程度也不同，每个测验和 G 因素的相关程度也不同。表 3 - 1 就是表示每个测验与整个测验中 G 因素的相关量。

表 3 - 1　六个能力测验之间的假设的相关量

测验	1	2	3	4	5	6	G 因素饱和量*
1	—	.72	.63	.54	.45	.36	.9
2	.72	—	.56	.48	.40	.32	.8
3	.63	.56	—	.42	.35	.28	.7
4	.54	.48	.42	—	.30	.24	.6
5	.45	.40	.35	.30	—	.20	.5
6	.36	.32	.28	.24	.20	—	.4

注：表中 G 因素饱和量是指每一个测验与 G 因素的相关量。

斯皮尔曼发现有五类特殊因素：①口语能力因素；②数算能力因素；③机械能力因素；④注意力；⑤想象力。他认为可能还有第六种因素，即智力速度（mental speed）。他指出：每一个人的 G 因素和 S 因素都不相同，即使具有同样一种 S 因素（如口语能力因素），但在程度上也是不同的。

普遍因素和特殊因素互相联系着，其中普遍因素是智力结构的关键和基础。图 3 - 1 中椭圆形 V 代表词汇测验，A 代表算术测验。这两套测验结果出现正相关，这是因为每种测验中有普遍因素（图中灰色部分）；但它们不是完全相关，这是因为每种测验中包含有特殊因素（图中 S1、S2）。

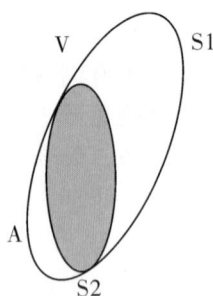

图 3 - 1　斯皮尔曼的二因素论

斯皮尔曼的二因素理论在现代智力理论中具有重要地位。在一定意义上可以说，现代智力理论是从二因素论开始的。斯皮尔曼确信，G 因素基本上是一种迅速理解关系并且有效地利用这些关系的能力。这样，对 G 因素的界说就非常广泛了。他的理论也引起了学术界的长期争论。英国心理统计学家汤姆生（G. H. Thomson）在

1916 年之后对斯皮尔曼的智力二因素论提出批评。汤姆生认为，当有了两种以上作业时，除了 G 之外，还可以有其他的交叠。例如，三种作业可以有三者的公共因素 G，每一对的公共因素（R1、R2、R3）和它们的特殊因素（S1、S2、S3）。后来，斯皮尔曼对自己的理论进行修正，他认为两个内容极其相似的能力测验，它们的 S 因素自然会有部分重叠，重叠起来的公共因素称之为群因素（ground factor）。他承认可能有群因素的存在。但他并没有放弃他最初关于 G 因素和 S 因素的观点，G 因素仍然是最重要的普遍因素，群因素被认为在活动范围上处于中间地位。斯皮尔曼还提出了其他的普遍因素 P、O、W。P 代表坚持力，表示个人供应心理能量的惯性；O 代表摆动力，表示心理能量波动可以达到的范围；W 代表意志力，是一种在智力测验中起作用的动机—个性因素。

（三）桑代克的三因素论

美国心理学家桑代克反对斯皮尔曼的二因素论，他认为有三种智力：①抽象智力（abstract intelligence），包括心智能力，特别是处理语言和数学符号的能力；②具体智力（concrete intelligence），即一个人处理事物的能力；③社会智力（social intelligence），即处理人与人之间相互交往的能力。为了测量抽象智力，桑代克还与其同事设计了 CAVD 智力量表。C、A、V、D 是量表中四种内容的代号：C 表示填空补缺；A 表示算术；V 表示词汇；D 表示执行指示。这个量表共有 17 组测验，每组测验反映一定的智力水平。最低的第 1 组测验适用于三岁的儿童，而部分大学毕业生对最高水平的第 17 组的测验感到困难。每组测验由 40 个项目构成，平均含有 4 种内容，每种内容占 10 个。

（四）瑟斯顿的群因素论

美国心理学家瑟斯顿是著名的心理计量学家，他凭借着多因素分析的方法，突破过去的智力因素理论的框架，提出了他的"基本能力"（primary abilities）学说。瑟斯顿认为，个体的智力可分析为几种基本能力因素，这些基本能力因素的不同搭配便构成每一个人独特的智力整体。他的观点与斯皮尔曼不同，斯皮尔曼的观点是先有一个总的智力，然后有许多特殊智力，瑟斯顿则提出智力包括七种平等的基本能力。

瑟斯顿所提出的七种平等的基本能力是：计算（N）、语词流畅（W）、语词理解（V）、记忆（M）、推理（R）、空间知觉（S）和知觉速度（P）。

表 3 – 2　瑟斯顿的 "主要心理能力" 之间的相关性及 G 因素的饱和量

	R	W	V	N	M	S	G 因素的饱和量
R	—	.48	.55	.54	.39	.39	.84
W	.48	—	.51	.47	.39	.17	.69
V	.55	.51	—	.38	.39	.17	.68
N	.50	.47	.38		.19	.22	.60
M	.39	.39	.39	.19	—	.15	.47
S	.39	.17	.17	.26	.15	—	.34

　　瑟斯顿的基本心理能力有七种，表 3 – 2 是根据其中的六种能力的相关性计算而成。从上表可以看出各种心理能力并不是彼此独立的，它们之间有一定的相关性。例如，推理（R）与语词流畅（W）的相关系数为 0.48；计算（N）与语词理解（V）的相关系数为 0.38；语词流畅（W）与语词理解（V）的相关系数为 0.51。这似乎说明在群因素之外还存在着一般因素。瑟斯顿修改了关于各因素之间独立性的看法，提出二阶因素（second order factor）的概念，即在彼此相关的第一阶因素的基础上，再度进行因素分析，但此时分析的不再是各种测验间的共同因素，而是各种因素间的共同因素。他认为斯皮尔曼的 G 因素可能是这种二阶的因素，它在推理因素、语词流畅因素和语词理解因素中有较大的负荷，而与记忆因素、空间知觉因素和知觉速度因素只有较小的关系。但是，在评价一个人的智力时，分析特殊能力更有用。他说："我们不要老是说智力，而是要说与这件事有关或无关的智力。"瑟斯顿在 1941 年根据上述七种基本能力编成的 "基本心理能力测验"（Primary Mental Abilitees Test，PMAT）是著名的智力测验之一，证明了确实存在着七种基本能力。

　　斯皮尔曼和瑟斯顿都修正了自己的学说，二者趋于接近。斯皮尔曼的二因素说可以称为 "一般因素—群因素论"，而瑟斯顿的群因素论说可以称为 "群因素——般因素理论"。瑟斯顿所提出的七种基本能力，已经成为心理学工作者研究智力结构的重要资料。在现代智力因素理论中，他的群因素论起着承前启后的重要作用。自从群因素学说提出后，智力因素研究转向对智力深入的因素分析，此后形成两种倾向：一种是构造包括普遍因素和各种基本能力在内的智力等级体系；另一种是在独立的智力因素之上建立智力结构模型。

（五）卡特尔的流体智力和晶体智力理论

　　卡特尔是一位造诣很深的因素分析专家，他受斯皮尔曼和伯特（C. L. Burt）等人的影响，致力于用因素分析法研究人格。他把人格特质划分为能力特质、气质特质和动力特质，认为最重要的能力特质就是智力。卡特尔在因素分析中发现了斯皮尔曼等人没有注意到的一个重要事实，他在再次进行因素分析时所得到的一般智力因素不是一个，而是两个。这样，在20世纪60年代他明确地阐明了他的两个G因素的观点。

卡特尔认为，从G因素中可以分析出流体智力和晶体智力。流体智力"主要是先天的，能够适应不同的材料并且与过去经验无关的一般因素"。[1] 晶体智力是"一种一般的因素，大部分属于从学校中学到的能力，它代表了过去对流体智力应用的结果以及学校教育的数量和深度；它一般在词汇和计算能力测量的测验中表现出来"。[2] 知觉的整合能力、反应速度、瞬时记忆和思维的敏捷性等被认为是流体智力，它们几乎可以参与到一切活动中去，所以称为流体智力。知识、词汇、计算方面的能力被认为是晶体智力，它包括大量的知识和技能，与学习能力密切联系，这种智力是经验的结晶。

流体智力和晶体智力是两个相关的智力因素，个体的接受能力取决于流体智力的水平；个体的学识则是流体智力和学习相互作用的结果，它是晶体智力的标志。通常在任何一个智力活动中，两种智力是很难分开的，流体智力是晶体智力的基础。

流体智力和晶体智力的发展曲线是不同的，流体智力随生理成长曲线而变化，在14岁左右时达到顶峰，以后逐渐下降；而晶体智力不仅能够继续保持，还会有所增长，而且衰退也慢，可能到60岁才渐渐衰退。这一发现说明，为什么一个人年龄增长后，以过去经验为依据的知识能确保不变，而在掌握与过去已牢固确立的知识相反的新资料时会感到困难。从个体差异方面看，流体智力水平的差异要比晶体智力水平的差异大。卡特尔认为，流体智力主要与大脑皮层联合区有关，流体智力的削弱与大脑皮层联合区损伤的量成比例。晶体智力则与大脑皮层特定的运动区或感觉区相关联，例如，言语能力会由于言语中枢的损伤而削弱等。

卡特尔认为，传统的智力测验所测得的是晶体智力。他设计了"文化平等智力测验"（Culture Fair Intelligence Test）来测量流体智力，认为智力有80%是由遗传决定的天赋才能（流体智力），有20%是由经验决定的成就（晶体智力）。

二、等级结构类型的智力结构理论

这种智力结构理论强调智力是一种有组织的系统，并且是有等级的、有层次的。主要以阜农的智力层次理论和艾森克的智力结构理论为代表。

（一）阜农的智力层次结构模型

1960年英国心理学家阜农正式提出智力层次结构模型。他认为，智力结构不是

① Cattell, R. B. *The Scientific Analysis of Personality*. Michigan：Penguin Books, 1965. 369.
② Cattell, R. B. *The Scientific Analysis of Personality*. Michigan：Penguin Books, 1965. 369.

立方体三维结构，而是按层次排列的结构。他把智力分为四个层次（图3-2），最高层次是智力的普遍因素（G）；第二层次区分为两大因素群，即言语和教育方面的因素、操作和机械方面的因素；第三层次分为几个小因素群，即言语理解、数量、机械信息、空间能力和手工操作等；第四层次指各种特殊因素。

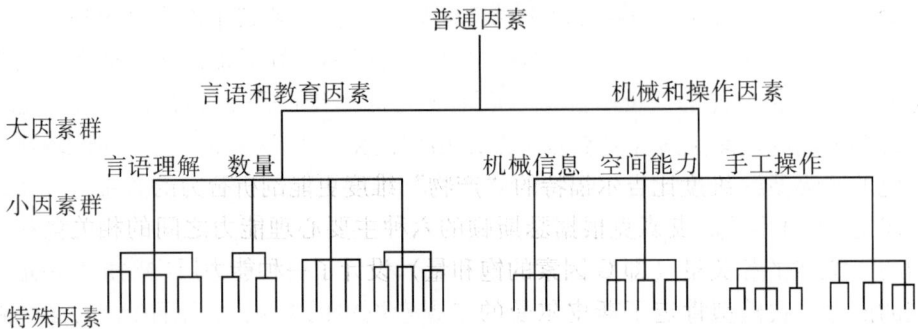

图3-2　阜农的智力层次结构模型

阜农的智力层次结构模型是斯皮尔曼二因素论的深入，他在G和S之间增加了大因素群和小因素群两个层次。阜农的智力层次结构模型又是智力层次结构理论的先导。他把大因素群分为言语和教育因素、操作和机械因素，在一定程度上得到了近年来脑科学研究成果的支持，即大脑左半球以语言机能为主，右半球以空间图像感知机能为主。

（二）艾森克的智力结构理论

艾森克把因素分析方法和实验心理学方法结合起来对智力进行研究，致力于研究方法的科学化。1953年他提出智力三维结构模型，这三个维度分别为心理过程（推理、记忆、知觉）、材料（语词、数字、空间）和品质（速度、质量）。他提出的智力三维结构模型和吉尔福特的智力三维结构模型相类似。艾森克模型中的"心理过程"维度与吉尔福特模型中的"操作"维度相类似；艾森克的"材料"与吉尔福特的"内容"相类似；艾森克的"品质"与吉尔福特的"产物"相类似（表3-3）。

表3-3　艾森克智力模型与吉尔福特智力模型对照

艾森克智力模型	吉尔福特智力模型
心理过程	操作
材料	内容
品质	产物

艾森克模型中的品质包括速度和质量。速度指被试在智力测验中的反应速度，质量指被试改正错误的多少和解决问题时的正确性和坚持性等。有人认为，艾森克的"品质"维度比吉尔福特的"产物"维度更能反映成绩的高低，因为用相同的材料测验不同的被试时，被试的心理过程相似，但所得的成绩"品质"却有个别差异。如反应速度有快慢，错误有多少，坚持性也有不同等。艾森克等人曾用计算机进行测验，采用了新的智力测验的记录方法。他除记录被试正确应答数外，还记录了被试正确应答、错误应答、放弃应答所需要的时间，并对被试修正应答的次数加以记录等。艾森克认为，"几乎很少事例可以证实吉尔福特的智力三维结构模型，但有许多事例可以证实艾森克的智力三维结构模型"。[1] 这句话有一定的参考价值，艾森克的"品质"维度比吉尔福特的"产物"维度更能剖析智力的实质。

20 世纪 70 年代，艾森克根据瑟斯顿的六种主要心理能力之间的相关量和每种能力与 G 因素的相关量（即 G 因素的饱和量）设计了一种能力层次模型。不过，艾森克的能力层次模型肯定了斯皮尔曼的二因素论中的 G 因素的存在，它是一般智力，是人类在一切活动中所必需的基本能力，如感觉能力、知觉能力、记忆能力、想象能力和思维能力；第二级是特殊能力，指人类在各种专业活动中所必需的能力，如推理能力、语词理解能力、计数能力、空间能力，还有创造能力等等；第三级是与各种测验所测的内容相应的各种特殊能力的具体表现。例如，在解决数学问题时需要理解数学符号的关系能力、概括能力和运算的敏捷性等，这些都是计算能力的具体表现。

三、综合维度的智力结构理论

这种智力结构理论认为智力是一种三维的立体的结构，这突破了以往智力理论研究的单面性及静态性，体现了智力理论研究的进展，其主要代表是吉尔福特的智力三维结构理论。

吉尔福特于 1959 年提出智力三维结构模型，1967 年又在他的著作《人类智力的本质》一文中对此模型作了比较全面详尽的论述。吉尔福特是一位心理计量学家，他用因素分析法研究智力，坚持智力因素的独立性，否认 G 因素的存在。他认为，智力结构应从操作、产物和内容三个维度去考虑，操作有 5 种，产物有 6 种，内容有 4 种，共计 120 种智力，每一个小立方体代表一种智力（图 3－3）。

① Eysenck, H. J. *The Structure and Measurement of Intelligence*. Berlin：Springer-Verlag, 1979.

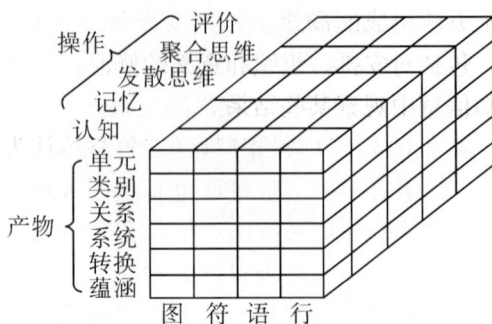

图 3-3 智力三维结构模型

1. 操作

智力的第一个维度是操作（operation）。吉尔福特把操作定义为："主要的心理活动或过程，也就是个体对原始信息材料的处理。"吉尔福特根据因素分析的结果，把操作分成 5 种：认知、记忆、发散思维、聚合思维和评价。

（1）认知是发现或认识。

（2）记忆是保持已经认知的信息。

（3）发散思维是吉尔福特理论的一个创新，也是最富有特色的概念，因为它与创造力密切相关，发散意味着由一项给定的信息扩散而成多项信息，以答案的多元化为特征。吉尔福特把发散思维定义为："由给定信息而产生信息，强调从同一个起源产生结果的多样化和数量，它往往体现出迁移的作用。"

（4）聚合思维的起始条件比较严格，问题的要求也很明确，只能产生有限的结果。吉尔福特认为，聚合思维实际上是逻辑演绎能力，以答案的一元化为特征。

（5）评价是根据一定的标准进行比较的过程。

2. 内容

智力的第二个维度是内容（content），即信息材料的类型。吉尔福特把内容分成 4 种：图形、符号、语义和行为。

（1）图形指通过感官看到的具体信息。

（2）符号主要指字母、数字等。

（3）语义指言语含义或概念。

（4）行为指与人交往的智力，它的含义与桑代克提出的"社会智力"相类似。

3. 产物

智力的第三个维度是产物（product），即对心理测验的资料进行因素分析的结果。吉尔福特把产物分成六种：单元、类别、关系、系统、转换和蕴涵。

（1）单元指字母、音节、单词、熟悉事物的图案和概念等。

（2）类别指一类单元，如名词、物种等。

（3）关系指单元与单元之间的关系。

（4）系统指用逻辑方法组成的概念。

（5）转换指改变，包括对安排、组织和意义的修改。

（6）蕴涵指从已知信息中观察某些结果。

从单元到蕴涵是从最简单到最复杂的产物。吉尔福特认为，每一维度中的任何一项同另外两个维度中的任何两项相结合，都可以构成一种智力因素，这样就可以构成：认知因素 24 种，记忆因素 24 种，分散思维因素 24 种，集中思维因素 24 种，评价因素 24 种。

吉尔福特的智力结构理论具有启发性，比传统的理论能更好地说明创造性。吉尔福特声称他的智力结构理论是一种类似门捷列夫化学元素周期表性质的理论框架，它引导和推动人们去探索未知的智力因素。自从这一智力结构理论提出到 1966 年，已经有二十余种新的智力因素被发现，至 20 世纪 70 年代，已发现的智力因素已有近百种。吉尔福特在操作维度上包容了"发散思维"，这是他对理解人类智力作出的一个独特的贡献。绝大多数传统智力测验只测量聚合思维，吉尔福特则为测量发散思维编制了新的测验，这就为研究人类的创造能力提供了工具。

吉尔福特否定 G 因素的存在，坚持智力因素的独立性，受到一些学者的批评。在吉尔福特的测验数据中有 76% 的相关具有显著性，24% 的相关则不显著，这也可能是由于他的智力结构模型中容纳了非智力因素等原因造成的。

第二节 信息加工的智力结构理论

信息加工角度下的智力结构理论不是试图用因素去解释智力，而是以研究构成智力活动的记忆、注意、表象、思维、想象等各种认知过程的信息加工为基点。

认知心理学试图了解人的智力的性质和人们是如何进行思维的（J. R. Anderson，1979）。道格（D. Dodd，1980）指出，认知包括三个方面，即功能（适应）、过程和结构。认知是为了达到一定的目的，在一定心理结构中进行信息加工的过程。在一定意义上说，智力就是为了达到一定的目的，在一定心理结构中进行信息加工的过程。信息加工的智力理论的最大特点是，运用信息加工理论及神经生理学的观点，不再斤斤计较智力的组成成分（因素），而是注意它在现实生活中的功能。

一、戴斯的 PASS 智力理论

PASS 模型是指计划（P）—注意（A）—同时性加工（S）—继时性加工（S）（Planning-Attention-Simultaneous-Successive Processing Model）。它包括三个认知系统

和四种认知过程。计划系统是最高层次系统；注意系统（又称注意—唤醒系统）是整个系统的基础；同时性加工和继时性加工是功能平行的两个认知过程，它们构成一个系统，处于中间层次。三个系统相互协调，共同保障人的智力活动的顺利进行。

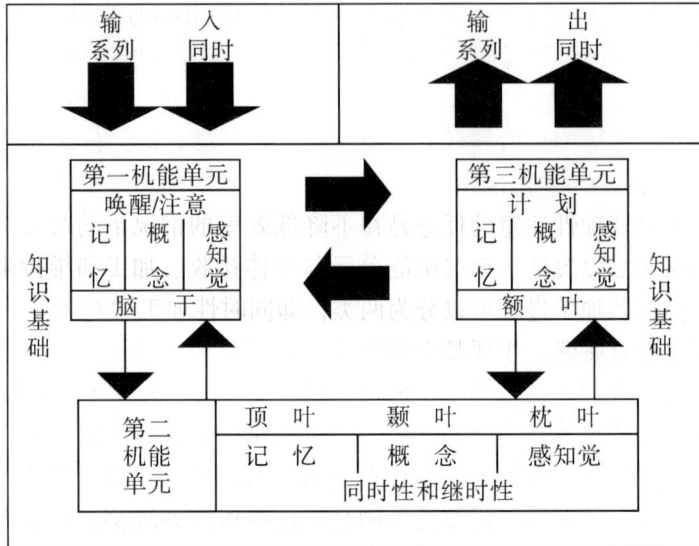

图 3 - 4　戴斯的 PASS 智力理论模型

　　PASS 模型是戴斯、纳格利尔利、卡比等人在认知心理学的框架内提出的信息加工和整合模型，同时也是一个认知评价模型。正如戴斯所说，智力概念正经历着巨大的变革和重构。PASS 模型试图阐明智力概念并重构评估智力的方法。PASS 模型的提出有两大理论根据，一是鲁利亚（A. P. Luria）关于大脑机能系统化的思想；二是信息加工心理学关于信息加工过程的思想。苏联学者鲁利亚根据大量的临床观察和对病人实施机能恢复的训练研究，认为任何知觉、记忆、思维等心理活动都不是孤立的，而是由复杂的机能系统来完成的。他把人脑分为三个紧密联系的机能系统，第一机能系统是动力系统，由脑干网状结构和边缘系统所组成。其基本机能是保证大脑皮层处于觉醒状态，提高人的兴奋水平，以便接收信息，主动调节行为。由于觉醒是进行正常心理活动的基础，因此这一系统受到损伤，大脑的激活水平降低，就会影响人们对信息的选择、加工和对行为的调节。第二机能系统是信息接收、加工和贮存系统，它位于大脑皮层后部（枕叶、顶叶和颞叶以及相应的皮层下组织），包括视觉、听觉、躯体一般感觉的皮层区域。其功能是接受来自内外环境的信息，并对它们进行加工（分析综合）和保存。第三机能系统是行为调节系统，位于大脑前部，包括额叶的广大脑前区。其功能是编制行为程序，并对行为进行调节和控制。鲁利亚认为，人的各种心理活动和行为都是三个机能系统相互作用、协同活动的结果。其中每个机能系统起着不同的作用。

PASS 模型的三级认知功能系统直接派生于鲁利亚的大脑三级机能联合区。在认知心理学方面，布罗德本特（D. E. Broadbent）关于注意、知觉和信息交流的研究，兰斯曼（M. Lansman）关于注意和问题解决的研究以及西蒙（H. Simon）等人对人类智力的研究，都为 PASS 理论的提出奠定了坚实的理论和实验基础。

PASS 模型中的计划、注意、同时性加工和继时性加工既相对独立又相互联系。第一机能系统是人类心理过程的基础，因为它维持了一种合适的唤醒状态。若皮层唤醒状态适宜，就可能产生两种常见类型的注意，即选择性（selective）注意和分配性（divided）注意。选择性注意的任务是关注刺激或对有关的刺激作出反应，而忽视无关的刺激。分配性注意的任务是在不降低效率的情况下同时对不同活动进行操作或对不同对象加以关注。第二机能单元与个体接收、加工和维持来自外部世界的信息有关。信息的加工过程可以分为两类，即同时性加工过程和继时性加工过程。前者是指同步地整合刺激，主要是空间整合，包括把刺激整合成集合，或是对有共同特性的许多刺激进行再认。同时性加工在知觉、记忆、思维等认知领域都有表现，同时性加工材料的各个部分之间是相互关联的。第三机能单元依赖于对成分进行加工的第二机能单元和提供合适的注意状态的第一机能单元，第二机能单元和第三机能单元之间也是相互作用的。需要指出的是，这些机能系统都依赖于个体的知识基础，有效的加工是按照特定任务的需要通过整合知识与计划、注意、同时性加工和继时性加工过程来完成的。

传统心理学中的智力理论均为特质论或元素论，都是从静态角度出发界定智力的，而 PASS 理论在认知加工心理学的框架内，从动态层面深入分析了智力活动的内在过程。认为应该把智力看作完整的活动系统，智力的差异也表现在过程的差异上。从元素到过程，从某种意义上说标志着智力研究基本范式的转变。

PASS 模型试图揭示智力活动的内部心理机制，并将这种机制建立在神经生理基础之上，使人们对智力的理论研究更接近于反映智力发展过程的实际。PASS 理论以鲁利亚关于大脑皮层系统性机能理论为基础，这是该理论的突出特点。众所周知，神经系统特别是大脑的神经活动系统是包括智力活动在内的一切心理过程的生理基础，用神经活动来说明智力活动的机制，提高了 PASS 理论的实证性和可靠性，摆脱了纯思辨的理论建构，在智力理论的发展中是一个了不起的进步。同时，戴斯等人根据 PASS 理论编制了新的智力测验量表，使理论具有了可操作性。他们用该量表诊断智力发展落后的儿童，评价学生的认知过程。但是，PASS 理论也存在一些需要改进或补充的地方。例如，该模型中缺少情绪、动机、个性、学习活动等过程，实际上它们与智力也是密切联系的。

二、斯腾伯格的三元智力理论

美国心理学家斯腾伯格（1985）提出了三元智力理论，试图说明更为广泛的智力行为。斯腾伯格认为，大多数的智力理论是不完备的，它们只从某个特定的角度解释智力。一个完备的智力理论必须说明智力的三个方面，即智力的内在成分，这些智力成分与经验的关系，以及智力成分的外部作用。这三个方面构成了成分智力、情境智力和经验智力。

成分智力是指个体在解决问题过程中对信息进行有效处理的能力。它包括三种成分及相应的三种过程中，即元成分、操作成分和知识获得成分。元成分（元认知）是用于计划、控制和决策的高级执行过程，如确定问题的性质，选择解题步骤，调整解题思路，分配心理资源等；操作成分表现在任务的执行过程，是指接受刺激，将信息保存在短时记忆中，并进行比较，它负责执行元成分的决策；知识获得成分是指获取和保存新信息的过程，负责接受新刺激，作出判断与反应，以及对新信息的编码与存储。在智力成分中，元成分起着核心作用，它决定着人们解决问题时所使用的策略。

成分智力理论是三元智力理论中最早形成和最为完善的部分，它揭示了智力活动的内部机制。根据这种理论编制的能力测验，能测量出人们是怎样解决问题的，因而对深入了解能力的实质，促进能力的训练与培养，都有重要意义。

情境智力是指个体获得与情境拟合的能力。在日常生活中，智力表现为有目的地适应环境、塑造环境和选择新环境的能力，这些能力统称作情境智力。一般来说，个体总是努力适应他所处的环境，力图在个体及其环境之间达到一种和谐，当和谐的程度低于个体的满意度时，就是不适应。当个体在一种情境中感到不能适应或不愿意适应时，他会选择能够达到和谐的另一种环境。在这种情况下，人们会重新塑造环境以提高个体与环境之间的和谐程度，而不只是适应现存的环境。

经验智力是指个体修改自己的经验从而达到目标的能力。它包括两种能力，一种是处理新任务和新环境时所要求的能力，另一种是信息加工过程自动化的能力。应对新异性的能力和自动化的能力是完成复杂任务时两个紧密相连的方面。当个体初次遇到某个任务或某一情境时，应对新异性的能力就开始了，在多次实践后，人们积累了任务或情境的经验，自动化的能力才开始起作用。

显然，斯腾伯格的三元智力理论与传统上把智力仅视为学习知识的认知能力的狭义概念有较大的差异。该理论强调适应环境和创造经验亦为人类智力的重要表现。这对于在学校情境下引导学生学好课堂内外知识，让学生接触现实生活以培养其适应环境和创造新经验的能力，颇具实践意义。

```
                            智力的三元理论
            ┌───────────────────┼───────────────────┐
         成分亚理论            经验亚理论            情境亚理论
            │                    │                    │
    1.元成分            1.应对新异性的能力        1.适应
    2.操作成分          2.自动化加工的能力        2.选择
    3.知识—获得成分                              3.塑造
```

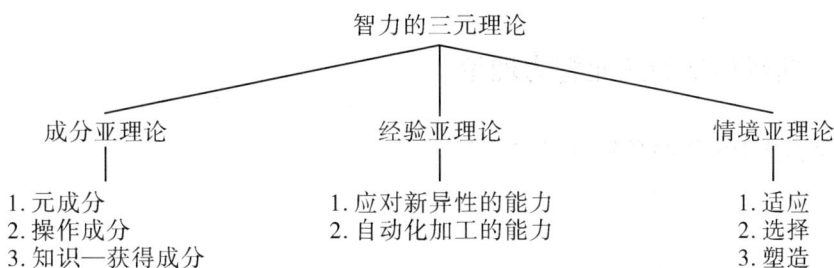

图 3 - 5　斯腾伯格的三元智力理论

三、卡罗尔的观点

卡罗尔在 1981 年提出了他的智力理论。卡罗尔认为智力由 10 种认知成分所组成，它们分别是：

（1）监控。这个成分是一个认知群或决策倾向，即在任务执行阶段驱动对其他加工的操作。

（2）注意。这个成分激活个体期望在任务完成过程中呈现刺激的数量和综合的类型。

（3）理解。这个成分用来在感觉缓冲器中登记刺激。

（4）知觉综合。这个成分用来知觉刺激，并且将其同先前的记忆表征进行匹配。

（5）编码。这个成分是用来形成刺激的心理表征，根据任务的需要，对其属性、联系或意义进行解释。

（6）比较。这个成分是用来决定两个刺激是否是相同的或至少是同一集合的。

（7）共同表征形式。这个成分是用来建立记忆中新的表征，并将其同已存在的表征联系起来。

（8）共同表征检索。这个成分是用来发现记忆中特定的表征，该表征与依据一些规则或其他联系为基础的表征发生联系。

（9）转化。这个成分用来转化或改变某一种心理表征。

（10）反应执行。这个成分用来操作一些心理表征而产生一种外显或内隐的反应。

卡罗尔认为这 10 种认知成分只是一个初步看法，还需要进一步完善。但它已经能说明完成许多智力活动时所需要的认知加工成分。

第三节　大智能观点下的智力结构理论

一、加德纳的多元智力理论

美国心理学家加德纳（H. Gardner，1998）在瑟斯顿等智力多因素说的研究基础上，提出了多元智力理论（multiple-intelligence theory，1983）。加德纳通过对脑损伤病人的研究及对智力特殊群体的分析，提出人类的神经系统经过一百多万年的演变，已经形成了多种智力。加德纳认为，智力的内涵是多元的，它由七种相对独立的智力成分所构成，包括言语智力、逻辑—数字智力、空间智力、音乐智力、身体运动智力、社交智力、自我认知智力。按传统的智力概念，这七种智力只有前三种才算真正意义上的智力。这一理论还重视社会文化对智力的影响和人们的社会适应能力，呈现出智力理论发展的新趋势。近年来，加德纳又提出了自然智力，即人们辨认自然的能力，达尔文就是一个典型的例子。他还提出其他两种智力即精神智力和关于存在的智力。每种智力都是一个单独的功能系统，它们相互作用，产生外显的智力行为。

加德纳并没有给智力一个明确的定义，但他却用下列方法阐述了自己的观点：①智力与感觉系统并非是一样的，智力绝不会完全依赖单种感觉系统；②因把智力看成是某种普遍性层次上的统一体，它们比具体运算机制要宽泛，又比大多数普遍能力如分析、综合或自我感等狭窄；③智力不可能用评价的方式来看待，因为人们没有理由认为智力会用于好的目的；④最好是撇开特殊的行动计划来看智力，只有当我们把智力当作是某种潜力来看待时，对智力的属性才得到最准确的考虑。

（一）加德纳多重智力观的内容

1. 语言智力

语言智力就是人对音韵、句法、语义实效等语言要素的掌握能力。语言在人类社会中有突出的重要性，具体表现在如下四个方面：

（1）语言的口头运用方面，即我们使用语言去说服某人，而使之从事某项行为的能力。

（2）关于语言的记忆潜力，即使用语言作为工具，去帮助一个人记忆信息的能力。

（3）语言的解释作用。

（4）语言有解释其自己活动的潜力，即用语言反省语言的能力。

2. 音乐智力

加德纳认为，在个体可能具有的所有天赋当中，音乐天赋是最早出现的。音乐智力成分中最主要的因素是音高（或旋律）、节奏、音色。音乐智力的发展过程如下：2个月的婴儿能模仿其母亲歌曲中的音高、音响和旋律轮廓；4个月的婴儿还能模仿节奏的结构；1岁半时，儿童开始独自发出探测某种小停顿的点状音的序列，二度音、小二度音、大三度音和四度音，还发明了难以记录的自发歌曲；3～4岁时，主导文化的旋律便取得了胜利，自发歌曲的产生和探索性声音的游戏一般便消退了；8岁左右是儿童音乐表演技能持续发展的阶段。

3. 逻辑数学智力

加德纳认为逻辑数学智力同语言和音乐智力形成了对照，它并非发源于听觉或发声的领域。它起源于人与对象世界的相互接触之中，即对客观对象的安排与重新安排，在确定它们的数量时，此种智力是人类智力的核心，它是指导人类历史、人类照应、人类难题、人类可能性，还包括人类终极建设性或破坏性命运这些进程的一种智力。

4. 空间智力

加德纳认为这种智力的核心能力是准确地知觉到视觉世界的能力。包括：①一个人对最初所知觉到的那些东西进行改造或修正的能力；②重造视觉经验的某些方面的能力。

5. 身体—运动智力

加德纳认为这种智力指一个人对身体运动的控制能力和熟练操作对象的能力。

6. 人格智力

人格智力也就是信息加工能力。它包括两种能力，其中有一种指向内部，称为内省智力，指个人感受生活（即个人情感或情绪范畴）的能力，在该能力的原始形式中最多不过是区分快乐与痛苦感受的能力。最高层次则是能监控复杂的、高度分化了的感受，并使之符号化。另一种指向外部，称为人际智力，即发现其他个体间差异并作出区分的能力。尤其是在情绪、气质、动力和意向上进行区分的能力。人格智力中关键因素是自我感的出现。

加德纳对这六种智力的含义进行阐述后总结道：①与对象相联系的智力形式有空间智力、逻辑数学智力、身体—运动智力，这些属于一种类型的控制。这种控制实际上是由于个体所接触的特殊对象的结构与功能所施与的，如果我们的物质世界有不同的结构，那么这些智力便会呈现出不同的形式。②不与对象相联系的智力形式有语言智力、音乐智力，这些智力并不由物质世界所控制或支配，但它们反映了特殊语言与音乐的结构。它们还会反映出听觉与发声系统的特征，虽然语言和音乐也许会——至少从某种程度上说——分别在没有这些感官形态的情况下发展。③人格智力反映了一组有力的、竞争的压制性因素：一个人自己的存在，其他人的存在及其文化对自我的呈现与释义。任何一种人格感或自我感都会有其普遍性的特征，但也会有大量的细微文化差异存在，它们反映出一大群历史因素及个体化因素。

（二）多重智力理论各成分的发展

加德纳认为，多重智力理论在其形式上牢固地安置了一大套人类智力。所有的个体，只要他是人类成员，便都具备这些智力。由于遗传、早期训练的作用，由于这些因素之间不断交互作用的缘故，某些个体在某些能力方面的发展就比其他个体要好得多。然而，每一个正常的个体，只要他稍有一点机会，便都会使其每种智力得到某种程度的发展。在正常的发展过程中，这些智力实际上从生命的开始就相互作用、相互铺垫了，而且它们最终都被调动起来，以适应各种不同的社会角色及社会功能。同时加德纳认为在各智力的内核中肯定存在着一种运算能力或信息加工设备。对于这种信息加工设备的含义，加德纳解释说：正常的个体，其身体的构成就足以使他对某种信息内容很敏感。当这种特殊的信息形式呈现到他面前时，他的神经系统的各种不同机制使其激发起来，对之进行特殊的运算，对这些不同的运算设备进行反复的运用和拓展，通过它们之间的交互作用之后，最终便形成了"智力"的认识形式，它们包括常识判断、独创能力、隐喻能力、智慧和自我感。

二、斯腾伯格的成功智力理论

1996 年，斯腾伯格在其《成功智力》一书中集中阐述了成功智力理论的内容。他所谓的成功意味着个体在现实生活中达成了自己的目标。这里的"目标"是个体通过努力能够最终达成的人生理想，成功智力就是用以达成人生主要目标、对现实生活产生重要影响的智力。

成功智力包括分析性智力、创造性智力和实践性智力，三者相互联系而构成一个有机的整体。分析性智力用来解决和判定思维成果的质量，它指的是主体"有意识地规定心理活动的方向以发现一个问题的有效解决办法"的能力。分析性智力是成功智力三要素中唯一与传统智力测验有所重叠的部分。但分析性智力并不能简单地和智商画等号，传统智力测验仅仅测量出了分析性智力的一部分，而分析性智力的领域远远超出了学校的情境，它涉及现实生活的各个方面。

创造性智力可以帮助人们从一开始就发现问题并形成好的想法，它是一种超越已获得的知识和信息，产生出新异思想的能力，是一个使智力的三个基本方面——创造性、分析性和实践性都得到均衡和运用的过程。创造性智力是一座沟通分析性智力和实践性智力的桥梁。

实践性智力指的是个体在实际生活中获取"经验知识"和背景信息，定义问题实质及解决问题的一种能力，它可以较好地预测个体未来的工作表现。斯腾伯格认为，具有成功智力的人的显著标志就是容易获得和使用经验知识。所谓经验知识是指个体自己领会、体验得到的，而不是他人教会的或从书本上直接就能学到的知识，它不同于某种观念或抽象的理论思考，这类知识通常带有行动导向，利于个体解决问题、实现目标。斯腾伯格将解决实际问题的能力作为实践智力的核心，认为经验知识是成功智力的一个方面，它可以帮助人们适应周围的环境。成功智力是一个有机的整体，只有在分析能力、选择能力和实践能力三方面协调、平衡时才最为有效。并强调在具备三方面素质的同时，要选择恰当的时机以适当的方式加以运用，才能获得成功。

我们认为，成功智力理论对智力概念的新界定，是对传统智力测验的又一次超越。首先，成功智力理论从分析性、创造性和实践性三方面来划分智力，建构出智力结构的崭新框架，较三重智力结构理论更直观、更容易让人理解。而且，斯腾伯格已注意到成功智力三方面之间的联系，并正确地处理了整体与部分之间的关系，认为三者缺一不可、协调均衡才能获得成功。成功智力中的分析性智力已褪去了智力测验涉及的学业智力所具有的呆滞色彩，它不仅指与学校有关的那部分，而且涉及现实生活的各个方面。其次，成功智力理论将创造力纳入智力范畴，尽管这样可能引发诸多争议，但这无疑丰富了原有智力概念的内涵，使人们对智力的认识不再局限于言语理解、空间或逻辑推理等相对狭隘的范围。另外，斯腾伯格重视实践性智力，将解决实际问题的能力归为智力，在一定程度上改变了人们对学习能力的理解，因为学习能力不只表现在学习明确的书本知识和接受他人经验的过程中，它还包括在实际生活中主动学习、领悟、体验不明确知识的能力。

第四节 生态文化的智力结构理论

一、智力的生物生态学模型

在智力的生物生态学模型中，塞西提出，智力是先天的潜能、环境（情境）和内在动机相互作用的产物。塞西[①]相信人具有多种由特殊的情境所培养的天生潜能，个体可能在某些智能上很强，而在另一些智能上很弱。

生物生态学模型在本质上是发展性的和具有过程倾向的。塞西通过对智力发展的研究提出了生物生态学模型的四个理论假设：智力是一个多种资源系统。也就是说，个体存在多种部分上由遗传决定的认知潜能。根据生物生态学理论，每个人的天生能力都来自于一种生物资源库系统，这些多种资源库在统计上是彼此独立的。

---

① Ceci, S. J., Bruck, M. The Bio-ecological Theory of Intelligence: A Developmental-contextual Perspective. In: Detterman DK (Eds). Current Topics in Human Intelligence: Vol4. *Theories of Intelligence*. Norwood, NJ: Ablex, 1996.

每种系统能控制人的不同方面的信息加工能力，如对比、觉察技能、记忆能力和视觉旋转能力、生物潜能与环境力量的相互作用。

塞西认为，生命伊始就存在着生物潜能（如储存、扫描和提取信息的能力）与环境力量的相互作用，与环境资源的相互作用决定了一种先天的认知潜能的发展是否成功。特定领域的认知过程、知识和一个人的情境有助于形成和发展他的生物学倾向。反过来，一个人的生物学倾向又有助于塑造他的情境。这个不断相互作用的过程导致了潜能与情境不断地渐次变化。二者发生相互作用的具体时间对于智力发展有时是很关键的。在发展的敏感期，如果一些神经联系没有获得特定的环境刺激，这些神经联系就会消失；当神经联系丧失时，特定的潜能就不会充分地发展。同样地，特定的环境经验能导致丰富神经联系的形成，这些神经联系又可以促进个体认知能力的发展。

适宜的最近过程是智力发展的引擎。个体的环境资源具有相互联系的两种类型：一种类型叫最近过程（proximal processes），它包括发展中的儿童与周围环境中其他的人、物体、活动和符号之间的持久性的、互补性的相互作用。这些积极的相互作用可使儿童逐渐形成更为复杂的智力行为方式。此外，适宜的最近过程因个体的发展状态而有所不同。比如，对婴儿而言，最近过程可能是其与照料者之间的一种活动；而对小学生来说，最近过程则可能是其与教师或同学之间的活动。塞西认为，最近过程是推动智力发展的引擎，是将基因型转换为表现型的机制。这与心理测量学派的观点相似。另一种资源类型叫远端资源（distal resources），它包括影响最近过程的方式和质量的个人环境方面。许多稳定的远端资源（像书和邻里关系）更有利于最近过程。而高水平的最近过程是与高水平的智力行为相联系的。例如，父母的背景、父母类型和应激水平是远端资源，它们有助于塑造能导向相关最近过程的亲子之间的相互作用。长大后，在婴儿期形成安全依恋的儿童比那些没有形成安全依恋的儿童更有可能在学校中有较好的表现。

根据生物生态学的观点，考察儿童所处的生态或环境维度是很重要的，因为环境在两个方面制约着最近过程的作用。首先，环境包含着可输入最近过程以使其最大限度地发挥作用的资源。其次，大些的环境提供了从最近过程中获益所必需的稳定性和必要性。大量的研究表明，如果不考虑个体的社会阶层、所属民族或能力水平，那么环境越不稳定，个体的发展结果就越差。

生物生态学观点的一个重要特点在于把动机作为一个关键成分整合进了模型中。动机驱使个体去利用他们天生的能力和独特环境的优势。当人们在特定领域被动机所驱使时，他们倾向于精心操作和这些领域有关的信息的心理表征。这些心理表征的操作会导向更有效的认知加工，如果信息是在某些与高动机相伴的知识领域背景之下，个体就能更好地加工和恢复信息。研究表明，动机存在与否以及动机强度如何，对个体智力的发展和在智力任务上的表现都有重要的影响。例如，塞西和里克（Ceci & Liker, 1986）发现，那些在赌赛马中非常成功的人为预测赛马优胜者而产生的复杂的心理策略并不能说明他们在其他情境下能够有同样复杂或同样类型的推理。实际上，这些人的 IQ 还稍低于平均水平的 IQ。跨知识领域的智力操作的不一致是由于动机的原因。类似地，给定知识领域的知识也会影响一个人的心理加工和推理技能，于是导致了跨知识领域的智力操作的不一致。

在解释为什么人类的智能操作经常是在某些情境中较高而在另一些情境中较低时，智力的生物生态学模型强调智力行为的广泛性、适应性和复杂性。通过这种强调，它超越了狭窄的、静态的智力概念。尤其是这一理论有助于解释心理能力是如何跨越时间和情境而发展和变化的。它不像某些传统的智力理论，生物生态学模型注意到了广泛的、生理的、认知的和发展的研究。

智力的生物生态学模型在先天与后天问题上有所突破。在塞西的理论中，先天是指生物潜能，后天是指生态。传统的先天概念是指遗传素质，主要指脑及神经系统。而生物潜能并不仅限于此，包括储存、扫描、提取信息等受生物学影响的认知潜能，其中的核心概念就是遗传力。传统的后天概念是一种一般的、狭义的概念，主要指物理环境、社会文化等。而生态概念是一个丰富的、整合的概念，包括最近过程和远端资源，涉及儿童与周围环境的相互作用和环境中影响最近过程的形式和质量的方面。

塞西的智力模型扩展了斯腾伯格的理论，从更深的角度强调情境的作用。智力的生物生态学模型强调遗传与环境的相互作用在智力发展中的作用。塞西强调生物潜能与环境力量的相互作用，力图以动态、整体的观点去全面把握人的智力的本质。他创造性地提出了最近过程的概念，赋予智力发展中的相互作用以新的含义，也使得相互作用更加具体化。这一理论以一种相互作用的观点，从发展和情境这一全新的视角对已有的关于智力的生物学方面和认知方面的研究结果进行了重新审视，这有助于我们更全面地理解智力及其发展。

从塞西的智力生物生态学理论的基本观点我们可以看出，他的观点接近于衍生论的观点，认为遗传结构本身在变、在构造、在逐步显现，强调前面建构对后面建构的影响，因此这一观点也属于后成基因型，而不是传统意义上的预成型。所不同的是，塞西将儿童置于更广泛的社会背景上。塞西将动机整合到智力发展中，这使我们对智力的认识更加全面。塞西提出动机在智力发展中起着非常重要的作用，这是他的一个创新。动机概念的提出，体现了塞西在个体智力发展中强调主体的能动作用，个体在动机的驱使下不断发展、丰富着自己的智力。因而更可看出他的智力观是一种动态的观点。生物潜能、情境（背景）、知识三要素的统一是该理论的特点。

二、斯腾伯格的智慧平衡理论

1998 年，斯腾伯格提出了智慧平衡理论。该理论认为，构成实践性智力的经验知识被用于平衡人内部的、人与人之间的和人以外的利益，取得对情境反应的平衡，通过适应、塑造、选择环境以达到维护公共利益的目标。其中，价值观在人们应用经验知识、平衡利益和反应时起中介作用。

在智慧平衡理论中，经验知识是核心概念，这一概念在成功智力理论中已有所涉及，它是关于个人自身、他人和所处情境的知识，这类知识不是他人教会的或从书本上直接就能学到的知识，而是个体自己领会、体验得到的，它具有行动导向的作用，有利于个体解决问题、实现目标。经验知识具有三种特性：一是程序性，即关于如何去行动；二是与实现个人认为有价值的目标有关；三是这种知识主要靠自己领会，无须他人帮助。斯腾伯格认为，经验知识是实践智力的一个主要方面，或者说是运用智力的各种信息加工成分的能力，其目的是适应、塑造和选择环境，经验知识随生活经验的积累有增加的趋势，它相对独立于学业能力。

在智慧平衡理论中，智慧被定义为经验知识的特定运用，且具有经验知识的三种特征。智慧是程序性知识，它是关于在困难和复杂的情况下要做什么的知识，智慧与公共利益目标的实现有关。智慧也是对环境反应的平衡，为获得公共利益而适应、塑造和选择环境。智慧与实践智力关系密切。实践智力的应用是追求个体和集体的最大利益。各种利益之间的关系可能是竞争性甚至是相互冲突的，平衡各种利益之间的关系需要智慧。智慧的人一方面要为自身利益着想，同时又要顾及他人或集体的利益。在平衡利益的过程中，价值观起中介作用，它影响人们对公共利益的认识和理解。在自身利益、他人利益和个人以外的利益发生矛盾冲突之际，价值观就在利益平衡中发挥重要作用。

智慧平衡理论是斯腾伯格对其成功智力理论的发展，特别是对实践性智力的进一步阐明，它详细地分析了智慧和实践性智力之间的关系。智慧是实践性智力的核心，实践性智力在智慧平衡理论中包括了智慧的含义。智慧平衡理论更加突出了实践性智力的地位。斯腾伯格在智力研究领域首次引入道德成分，以此扩大智力的内涵，加重智力理论研究的社会性色彩，是对智力问题认识的突破和进步。

从三元智力理论、成功智力理论再到智慧平衡理论，都强调个体智力的环境因素、人的实践及人与环境的相互作用，摒弃了传统智力测验中强调内部世界和学业智力的作风，有力地促进并深化了智力问题的研究，充实和更新了智力理论的框架，为教育改革和在教育实践中培养高素质人才提供了更为丰厚的理论基础。

三、结构—功能角度的智力理论

系统论认为系统乃是结构与功能的统一体。智力活动就是认知结构及其功能的变化。弄清了认知结构内部的构造及其功能也就明白了智力有两种理论形式，其一是从传统的认识过程来探讨智力的结构及功能。我国心理学家燕国材、林崇德的五要素论和六要素论承认智力是一种需要各认知要素综合的认知活动，同时又承认各要素的不同作用。林崇德认为思维是智力的核心，而燕国材则认为思维是智力的方法和核心。其二是从认知心理的信息加工和调控观点出发，认为智力由直接处理信息的操作结构和对操作结构进行调控的结构及两个结构相互作用表现出的认知风格亚结构构成。李红从智力是认知活动、认知活动由认知结构支配的假设出发，认为智力由操作性亚结构、控制性亚结构和认知风格亚结构构成。这是一种涉及智力的元水平的研究。

这两种形式的理论从结构和功能相统一的系统观点看待智力，结合智力的内部心理结构和外部功能来说明智力的方法论。而智力处于不同序列关系之中，在序列关系中应给智力以结构和功能的相互分析。

第五节　神经功效模式的智力结构理论

认知神经科学的任务是阐明认知活动的脑机制，揭示人类智慧的奥秘。由认知神经心理学、认知生理心理学和计算机科学组成的学科群对智力进行探索，但仍未形成系统的智力理论。比尔诺德结合神经形态学、生物学、神经生理学等多学科来说明脑机制。特别是神经电位的研究使脑机制研究焕发出勃勃生机。

神经功效模型认为，智力的核心实际上是大脑，所以一定能够发现心理能力的神经生理基础；只要找到心理能力的神经生理基础，就能正确理解和测量智力行为。神经功效模型的潜在假设是智力水平高的人相对低智力的人而言，其大脑的操作更快更准确。

1992 年，安德森（J. R. Anderson）根据瑟斯顿等人提出的一般智力的观点发展出智力与认知发展的理论（theory of intelligence and cognitive development）。

安德森的理论认为，智力的个别差异和发展变化都可以用不同的机制来解释。智力的差异来自于进行思维的"基本加工机制"（basic processing mechanism）的差异，而这又进而影响知识的获得。个体的差异取决于基本加工的速度。因此，一个具有较慢的基本加工机制的人，很可能比一个具有较快的基本加工机制的人更难获得知识，也就是说低速加工机制导致较低的一般智力。

然而，安德森也指出，存在一些无个体差异的认知机制。例如，先天愚型的人可能不会计算 2 加 2，但却能辨识其他人具有的某些观念并进行运用。提供这类共有的能力的机制是一些"模块"（module），每种模块独立运行，进行复杂的运算。模块不受基本加工机制的影响，它们实际上是自动化的。按照安德森的观点，不断成熟的新模块能解释发展过程中认知能力的提高。例如，一个用于语言的模块的成熟能解释用完整语句说话的能力的发展。

根据安德森的观点，除了模块之外，智力还包括两种"特殊能力"。其中之一涉及陈述性思维（语言数学表达），另一种具有视觉和空间功能。安德森认为，与这些能力有关的任务由一些"特定加工器"（specific processors）来完成。与模块不同，这些加工器具有非常特殊的功能，都涉及各种各样的问题或知识，而且也与模块不同，特定加工器受基本加工机制的影响。一种高速加工机制使人能够更有效地运用特定加工器，从而在测验中获得高分，在现实中也更加成功。

安德森由此认为，获得知识有两种不同的"路线"（routes）。第一种包括使用基本的加工机制，通过特定加工器的操作，从而获得知识。按照安德森的观点，这就是通过"思维"所得到的东西，是智力的个别差异的例证（在他看来，这也就是知识的差异）。第二种路线包括使用模块去获得知识。基于模块的知识，如三维空间知觉，在模块有效成熟时会自动形成，这是智力发展的例证。

安德森的理论能够用一个被称为 MA 的 21 岁的男人的例子来论证。MA 小时候得过惊厥病，后来又被诊断为孤独症。作为一个成人他却不会讲话，在心理测验上得分很低。但是，他被发现具有 128 的 IQ，并具有一种觉察基本数字的非凡能力，甚至比一个具有数学学位的科学家做得还好。安德森总结说，MA 具有完整的基本加工机制，这使他能思考抽象的符号，但他的语言模块受到损害，这阻碍了他日常知识的获得和与人交往。

神经功效模型目前非常有吸引力，其原因有二：一是以科学的观点看，它将智力看成是一种简单的生物现象，这就使得人们可以直接研究与智力相联系的器官，而不必借助行为测量去推论大脑；二是从实践的观点看，神经生理学的测量给智力的文化公平测量带来了一丝光明和希望。

但是，该模型也存在一定的问题。首先，实验证据不一致。有研究表明生理测验与 IQ 有高相关，而有的研究则没有。其次，其实验证据是假设各种智力测验的结果都是有效和稳定的，它是以用来作为比较生理测验的标准。但是，大量证据表明 IQ 并不是对智力的完全测量，所以还不清楚各种 AEP、CGMR 以及 NCV 是否和广义的智力测验相关。尽管有研究表明神经生理测验和学校中的学习能力相关，但并不清楚是否和成年人的非速度型智力成就也相关。同时，还需进行跨文化研究，以确定是否在不同文化背景下神经生理测验和智力之间都存在相关。再次，该模型解释不充分。目前还不清楚大脑中导致神经功效的机制是什么。另外，在因果关系的方向还不清楚的情况下，就得出大脑功效是高智力的潜在原因，这是一种冒险的做法。由于相关并不能解释因果关系，因此需要进行不同的实验去阐明大脑功效和个体智力行为之间的关系。

第六节　智力结构研究的展望

将因素分析和信息加工结合起来考察"智力层面"取向的出现，这是对智力实质及其结构研究的新发展。这种新发展要求在智力结构的研究中既要考虑结构的组成因素或成分，又要探索过程变化及其运行机制。

一、智力研究应注意的方向

（1）在进行智力的测量学研究时，应注重智力的内部心理结构分析，并把心理结构与智力行为结合起来增加测量学的智力理论的效度，如跨文化效度、预测效度、内容效度、构想效度等。

（2）单维度研究智力与智力的多维度事实不符。智力是一种多维度的心理现象，是由一系列独立而又相互联系在一起的侧面组成的复杂系统，单维度从某几个维度来研究智力只是揭示了智力的相应内容，而未做到多维度的研究。多维度研究建立在系统思维的基础上，即把智力分析成独立的相互作用的存在，同时又以综合系统论的眼光揭示智力的整体特性。

（3）承认智力的潜能和纯净的智力行为的支配与被支配关系，也应该承认智力的潜能受非智力因素的影响，复杂的智力行为的产生乃是非智力因素与智力因素相互作用的结果，单纯地承认某一方面而忽略另一方面都会降低智力的理论效度。

（4）单层次的智力研究并不足以揭示智力的多层次性。每一层次的研究各有其侧重点。智力研究史上有以下几个层次：①大脑的生理结构和功能层次，重在揭示智力活动的神经定位和神经活动特性；②智力的心理层次，包括心理结构和功能两方面，回答智力与哪些心理因素有关，具有哪些功能；③社会心理层次回答智力的社会文化机制，智力的社会功能。每一层次的研究都只是侧重某一方面。

（5）分清智力的本质和智力形成与发展条件，不能把二者等同。在智力研究中存在把智力条件等同于智力本质的观点。如遗传素质是智力形成和发展的条件，但它本身并不是智力。

二、智力研究新趋势

在分析了智力研究史上的教训及研究现状后，可以看出，智力研究还将不断深化和扩展，由于不同学科的导入和心理学的繁荣与发展，智力将在分化和融合研究中前进，未来的智力研究将出现以下新趋势：

（1）研究领域系统化。未来的智力研究将走向系统化。关于智力的发生和发展机制将着重在生理机制、心理机制和社会心理机制上研究；对于智力行为的研究将结合智力的心理结构，在区分智力行为类型的基础上区分相应的心理结构。

（2）研究取向多元和综合。智力的多维和多层次性使智力研究的思维方式应在分析上综合，在多元和综合中促进统一理论模式的建构。未来的研究从学科角度看主要有神经生理学、心理测量学、认知心理学、人类心理学等方面；从心理层次上应从生理心理、心理层次、社会心理层次对智力的本质、心理结构和功能综合给予解释。

（3）研究方法综合化。研究智力单一的方法并不能揭示智力的多侧面性。传统的智力测量理论从智力行为来说明智力，不能说明智力的内部心理结构；认知心理学采用反应时法和开窗法研究智力，重视元素分析，但也忽略了整合。这里单一的方法往往不能奏效。因此，需要把多种研究方法相结合：理论探讨与实验研究相结合；定性与定量相结合；元素分析与整体综合相结合；自然实验的生态法与实验测量相结合；精确统计与模糊统计相结合；生理心理研究方法和心理机制研究方法相结合。

（4）研究人员合作化。智力在社会环境与遗传相互作用下发展起来，智力作为心理现象，处于与物理系统和社会系统、生物系统的交叉部位。在与三个系统的关系之中，智力处于不同的序列关系之中，在不同的序列关系中研究智力，需要不同的专业人员的参与。要从整体上揭示智力的复杂性和多样性，需要不同专业人员的合作，需要心理学家、人类学家、神经生理学家、教育家、计算机专家、医学家、社会学家、数学家、系统论专家等的共同参与、合作。

（5）智力训练是智力研究走向实用的途径之一。随着智力研究的深入，发现智力具有可塑性。以往本着有能者增智、无能者开智、延缓智力衰退的原则开展了大量的智力训练，形成了不同的智力训练模式。比如单纯从认识的某一方面而进行的训练如记忆力训练、思维训练、想象力训练、言语训练等；从智力测验的拓展进行的学习潜能开发模式；以思维为智力的核心开展的思维训练，如儿童哲学教程；以元理论为指导进行的元水平训练，如元技能、元言语训练等。此外，还有从情绪智力角度进行的训练，如生物反馈法、情绪调节法训练。以智力训练开发智力、增长智能是未来智力研究的重大领域，是研究由被动向主动的转化。

参考文献

1. Flavell, J. H. Metacongnative development. In: Scandura&rainerd（Eds）. Strutrual. *Process Theories Complex Human Behavior*. Alphen aan den Rijn: Sijthoff & Noordhoff, 1978. 213–245.

2. Kluwe, R. H. Cognitive Knowledge and Executive Control: Metacognition In: D.

R. Griffin（eds）.

3. Brown, A. L. Bransford, J. D. et al. Learning Remembering and Understanding. In：Flavell, J. H., Markman, E. M.（Eds）. *Handbook of Child Psychology*：Congnitive Development New York：John Wilky & Sons. Chien, Maw-fa, 1974. 70 – 170.

4. Wittrock, M. C., Baker, E. L. Testing and Cognition. *Prentice Hall*, 1991, 11.

5. Davidson, J. E., Downing, C. L. Contemporary Models of Intelligence. In：Sternberg, R. J.（Eds）. *Handbook of Intelligence*. New York：Cambridge University Press, 2006.

6. Sternberg, R. J. Metaphors of Mind. New York：Cambridge University Press, 1990.

7. Eysenck, H. J. Gevoked Potentials. In：Sternberg R. J.（eds）. *Encyclo-pedia of human intelligence*. New York：Cambridge University Press, 2006.

8. Horn, J. L. Theory of Fluid and Crystallized Intelligence. In：Sternberg R. J.（eds）. *Encycl Opedia of Human Intelligence*. New York：Cambridge University Press, 2006.

9. Messick, S. Multitle Intelligences Or Multilevel Intelligence Selective Emphasis on Distinctive Properties of Hierarchy：On Gardner's Frames of Mind and Sternberg's Beyond IQ in the Content of Theory and Research on the Structure of Human Abilities. *Journal of Psychological Inquiry*, 1992（1）：305 – 384.

10. Anderson, M. Intelligence and Development：Acognitive Theory. ford：Blackwell, 1992.

11. 黄白．智力结构理论新研究述要．河池师专学报（自然科学版），2002（4）.

12. 董奇．论元认知．北京师范大学学报（社科版），1989（1）.

13. 张庆林．当代认知心理学在教学中的应用．重庆：西南师范大学出版社，1995. 249.

14. 林崇德，辛涛．智力的培养．杭州：浙江人民出版社，1996. 129 ~ 131.

15. 董奇，周勇，陈红兵．自我监控与智力．杭州：浙江人民出版社，1996. 43 ~ 46.

16. ［苏］А. Р. 鲁利亚．神经心理学原理．北京：科学出版社，1983.

17. 李其维．破解智慧胚胎学之谜：皮亚杰的发生认识论．武汉：湖北教育出版社，1999. 87 ~ 91.

18. 王垒．综合智力：对智力概念的整合．人大复印资料心理学，1999（6）：1.

19. ［美］丹尼尔，戈尔曼．情感智力．上海：上海科技出版社，1997.

20. 张春兴．现代心理学．上海：上海人民出版社，1994.

21．斯腾伯格．成功智力．上海：华东师范大学出版社，1999.

22．李红．关于智力研究的几个理论问题．西南师范大学学报（哲学社会科学版），1997（5）.

23．吴效和．智力理论概述及展望．内蒙古师范大学学报（教育科学版），2001（6）.

24．林崇德．智力结构与多元智力．北京师范大学学报（人文社会科学版），2002（1）.

25．井维华，闫春平．斯腾伯格智力理论发展评介．临沂师范学院学报，2003（4）.

26．项成芳．现代智力研究的两种视角——PASS 模型与三元理论．宁波大学学报（教育科学版），2003（2）.

27．白学军．智力心理学的进展．杭州：浙江人民出版社，1997.

权，然后知轻重；度，然后知长短。物皆然，心为甚。

——孟子

第四章　智力的测量

如何了解一个人的智力，怎么才能分辨谁更聪明，这一直是人们感兴趣的问题。人们在这个问题上进行了大量的尝试。在心理学成为一门独立的学科以后，用智力测验的方法去测量智力成为人们了解智力、判断个体智力差异的主要方法。智力测量是人们认识了解智力的基本工具与途径。研究智力，自然离不开对智力的测量。

第一节　心理测量的原理

智力测量是心理测量中的一项重要内容，也是科学的心理测量中发展得最早的一个领域。要认识智力测量，我们首先要对测量和心理测量有所认识。

一、测量的含义及水平

（一）测量的含义

测量是人们在社会生活实践中为了认识事物而经常进行的一种活动，如量长度、称重量、测温度等都是测量活动。这些形式不同的测量活动的共同特征是什么？到底什么是测量？

美国测量学家史蒂文斯（S. Stevens）对测量作出了这样一个定义："测量就是按照法则给事物指派数字。"从这个为人们所认同的测量的定义中，我们可以看到测量有三个基本的要素：①事物及其属性。测量活动就是认识事物的活动，总是有其针对的事物或事物属性，事物及其属性就是测量的对象。②法则。法则就是对测量的程序和规则的规定，它是人们如何对事物指派数字的依据。任何测量活动总有一定的法则，无论其简单或复杂，清晰或模糊。③数字。这是测量结果的表示形式。在测量活动中，人们用数字的形式来对所观测的事物属性作说明。如以 1.8 米来对人的身高作说明，或用智商 120 来对人的智力作说明等。

依照史蒂文斯对测量的定义，相当多的活动都可以被视作测量。如一个统计员在进行人口普查统计时，按照预定的规则，对人的性别赋予"男性＝1"，"女性＝2"的数字；或者一个售货员用秤称量出一袋水果的重量，这都是测量。显然，在这种广义的测量中，测量的准确性是很不一样的，有些测量相当粗糙，而有些测量比较精确。这种区别主要来自于两个方面，即测量是否有绝对的零点和是否具有确定的相等的单位。

要对事物进行数量上的确定，必须有一个计算的起点，即参照点。理想的参照点是绝对的零点，即当数值为零时，意味着事物不具备该属性，例如在量长度、称重量时，零就是绝对的零点。但在有些测量中，零并不代表绝对的零点，并不是没有该属性，例如在测量海拔高度时，高度为零并不是没有高度，这样的零点就是一个相对的零点。

单位是测量的基本要求，没有单位，测量结果的数量大小、多少就无法表示。好的单位必须具有确定的意义和相等的单位，这样才便于对测量的结果进行比较。例如在测量物体的长度时，国际标准单位"米"就是一个好的单位；而在古埃及，当时人们使用肘尺，因为其并不具有一致性、相等性，不是一个好的长度单位。

按照测量是否具有绝对的零点和相等的单位，我们可以把测量分为四种不同的水平。

（二）四种不同水平的测量

（1）类别测量。类别测量的特点是，在这种测量中，依据法则指派给事物的数字仅仅是事物的符号或称呼，没有数量大小的意义。例如，在进行人口统计时，对人的性别按照"男性＝1"，"女性＝2"的方式进行赋值分类；或对一个班级的学生，按照其姓名的姓氏笔画顺序赋予学号，这都是一些类别测量的活动。在类别测量中，所得到的数字并不具有数值的意义，没有等级性、序列性，只起到对事物作分类或赋予代号的作用。

（2）等级测量。等级测量的特点是根据法则指派给事物的数字具有等级性和序列性，但不代表数与数之间具有相等的距离。例如，老师根据班上学生的考试成绩对学生排名次，这就属于一种等级测量的活动。在这种情况下，我们都知道，第1名比第2名好，第2名比第3名好，但是第1名和第2名的差距往往并不等于第2名和第3名的差距。在这种测量中，数字具有了大小的关系，但不具有相等的单位。

（3）等距测量。在等距测量中，根据法则指派给事物的数字不但具有大小关系，而且具有相等的单位，但没有绝对的零点。即在等距测量中，数值0并不是意味着没有某种事物的属性，而只是一个相对的参照点。例如，在测量温度时，0℃并不是没有温度，而只是一个人为设定的零点。

（4）比率测量。比率测量中，数字不但具有相等的单位，而且具有绝对的零点。例如量长度、称重量等常见的物理测量都属于比率测量。在这些测量中，如果结果为零就意味着事物不具备某种属性，无法进行测量。

这四种不同的测量,其精确性显然是不一样的。比率测量是一种最理想的测量形式,可以得到最精确的测量结果,而类别测量则是相当简单、粗糙的。

二、心理测量的含义、性质与水平

(一) 什么是心理测量

所谓心理测量,就是依据一定的心理学理论,使用一定的操作程序,给人的行为确定出一种数量化价值的活动。① 它是人们为了了解人的心理特性、行为特征而在心理学领域中开展的测量活动。在心理测量中,人们所要了解的事物或事物属性就是人的某些心理特质和行为特性,所依据的测量法则就是根据各种心理学理论所制定的操作程序。而心理测量的结果最终往往是用一个数字化的结果来对人的心理特质、行为特性进行说明(如用智商说明人的智力水平)。

(二) 心理测量的性质

心理测量与我们平时所熟悉的物理测量都属于测量活动,二者有许多一致性,但心理测量也具有其独特的性质和特点。

1. 心理测量的间接性

心理测量的对象是心理现象,心理现象本质上是一种意识现象,不具有有形的实体,是看不见摸不着的。那么,对于这些看不见摸不着的心理现象能不能进行测量?要怎样进行测量呢?心理学家认为,心理特质是可以被测量的。因为心理现象尽管是无形的,但它有外在的表现,就是人的行为。行为是一些外显的、物质或物质化的现象。心理与行为之间有着密切的联系,人的行为通常是受心理的支配的,行为是心理的外在表现或客观的物质指标。因此,我们可以通过对行为的测量来间接了解人的心理特质,也就是说,心理测量实际上是以行为为中介的间接的测量。例如,智力是人们抽象、假设出来的一种心理结构,是无形的意识现象,人们无法对智力本身进行直接的测量。但我们认为人的许多活动表现是受智力支配的(例如抽象思维的表现、言语活动等),因此通过对这些行为的测量,我们就可以间接地了解人的智力水平和特征。

对于心理测量的间接性特征,有人会怀疑,通过这种间接的测量,我们所得到的结果到底是不是我们所希望了解的心理特质的结果?这种间接的测量可靠吗?其实,间接性的研究在科学研究中是很常见的,例如在巴甫洛夫(I. P. Pavlov)所进行的著名的经典条件反射实验中,就是用狗的唾液分泌情况来间接推断其脑中的高级神经活动的情况的。只要中介物与我们的研究目标之间存在着因果关系,那么由中介物这个"果"间接地推测研究目标的"因"就是合理的、有效的。心理与行为

---

① 金瑜. 心理测量. 上海:华东师范大学出版社,2005.28.

之间存在着因果关系，因此通过对行为的测量来推测心理特质符合科学研究的基本要求。

当然，由于心理测量是一种间接的测量，因此增加了心理测量的难度。我们要想得到准确、有效的结果，就必须对某种心理特质会影响哪些行为，什么行为可以反映、代表该心理特质进行研究、确定。只有找到了能代表该心理特质的典型行为，这种对行为的测量才能真正反映我们所希望了解的心理特质的水平和特点。

2. 心理测量的相对性

心理特质是没有绝对的零点的（例如，即使某人在一个智力测验中得了0分，我们也不能说他是没有智力的，这显然不符合逻辑），也没有绝对的标准（例如，什么样就是聪明，什么样就是笨，没有确定的标准）。因此心理测量的结果本身没有确定的意义，只有把测量的结果与一个相对的标准（例如多数人的表现）作比较之后，测量的结果才具有了意义。也就是说，在心理测量中，我们关心的其实只是一个测量的结果在某种连续的行为序列中的相对位置或与某种确定标准的相对关系。例如，要了解一个人的智力，我们只有把他的测量结果与同他相类似的人在该测验上的结果作比较，看看他与同类人相比较，比多少人表现得好，比多少人表现得差，他的成绩处在一个什么样的位置上，这样我们才能判断他的智力水平是怎样的，而仅看测量的分数是不能说明任何问题的。既然测量的结果要与一个相对标准比较后才有意义，确定心理测量的比较标准就是心理测量中一项很重要的工作。

3. 心理测量的时空性

人的心理是极其敏感的，容易受各种内外因素的影响。同时，人的心理现象又都具有发展变化的特性，会随人的成长而发生变化。所以心理测量的结果与物理测量相比较，具有更强的时空性。即心理测量的结果更容易受时间、情境因素的影响和制约。一个1米长的物体，无论什么时候去量，它都是1米长。而心理测量的结果却比较容易发生变化，它不是一个永恒的结果。对于同样的心理特征，在不同的时间进行测量，在不同的情境下进行测量，其结果往往不同。也就是说，每次心理测量的结果只是一定的时空条件下人的心理特征的反映，不能把它作为一个固定不变的结果来看。例如，一次智力测验的结果并不能说明儿童一生的成就。经过适当的教育与个人的努力，儿童的智力情况是可以发生变化的。忽视了时间、情境因素去看待心理测量的结果，往往会得到错误的结论。

（三） 心理测量的水平

前面我们谈到，按照是否具有绝对的零点和相等的单位，可以把测量分为四种水平，那么，心理测量属于什么水平的测量呢？

人的心理特质是难以确定绝对的零点的，因此心理测量显然不是最理想的测量形式——比率测量。心理测量的结果能在某方面将人分出高下优劣（例如我们都认为智商120的被试比智商80的被试要聪明），因此心理测量显然也不是最简单最粗糙的类别测量。那么在心理测量中是否具有相等的单位呢？在心理测量中，测量的结果（分数）往往只表示在某种心理特质上的等级序列，要得到相等的单位是困难的（例如我们用 50 个题目测量被试的智力，得 20 分的被试与得 30 分的被试的心理差距，往往并不等于得 30 分的被试与得 40 分的被试的心理差距，因为尽管同样是相差 10 分，从 20 分到 30 分，往往只要求被试答对 10 个相对容易的题目，而从 30 到 40 分则要求被试要做对 10 个相对难的题目）。所以一般来说，心理测量是等级测量水平的测量。

尽管心理测量从本质上来说是一种等级测量，但是在实际的测量中，为了统计、解释的方便，心理学家往往会把测量的分数转化为具有相等单位的分数（如标准分），即把心理测量的结果表现为等距测量的形式。

三、心理测量与心理测验

按照上述心理测量的定义，相当多的活动都可以被视作心理测量活动，但一般而言，心理测量（psychological measurement）是专指以心理测验的形式进行的测量。所谓心理测验（psychological test），美国著名测量学家安娜斯塔西（A. Anastasi）将其定义为"对行为样组的客观和标准化的测量"，即把心理测验视作一种标准化的测量活动。而测量学家布朗（F. G. Brown）则将心理测验定义为"对行为样组进行测量的系统程序"，即把测验视作进行测量的工具，在这种意义上，测验可视为量表（scale）的同义语。

无论如何定义，心理学家们都认同心理测验具有三个基本的特性：

（1）对行为样本的测量。人们所希望认识的心理特质往往具有很多表现，我们不可能也没有必要对所有行为表现都进行测量。例如我们要了解一个人的智力，智力的表现可以说是无穷无尽的，我们不可能对所有能体现智力的行为都进行测量，而只能挑选一些我们认为比较典型的、有代表性的能体现人的智力的行为进行测量（例如挑选 50 种我们认为最能体现智力的行为构成题目进行测量），这些被挑选出来的行为就是我们所要测量的智力这种心理特质的一个行为样本。心理测验就是通过对行为样本的测量来达到我们测量的目的的。

（2）标准化。标准化是指心理测验在实施、评分时的一致性。这种一致性包括测验所使用的材料、对测验的指导、测验的时限、测验的情境以及在计分标准上的一致性。另外，测验还应建立作为测验分数参照标准的常模。只有实现了测验的标准化，不同的接受测验的人的测验结果才可以进行比较。

（3）客观性。客观性是测量结果科学性、正确性的重要保证。一个心理测验为保证其客观性，要求具有较高的信度、效度。信度是测验结果的一致性程度。一个测验要成为一个好的测验，首先要求用同一测验对同一组被试进行两次施测时测验结果要具有较高的一致性。信度反映了在测量中随机误差的大小，随机误差越小，则测验的信度越高。在心理测量中，根据估计测验信度的方法不同，信度主要有重测信度、复本信度、内在一致性信度、评分者信度等几种。效度是测量目的的达成程度，即我们在多大程度上测量到了我们所想要测量的东西。在某种意义上说效度是一个比信度更重要的测验指标。测验的效度不仅受测量的随机误差的影响，而且更重要的是受测量中系统误差的影响。测验的效度根据估计方法的不同分为内容效度、结构效度、准则关联效度（也称效标效度）等几类。只有具有了较高的信度和效度，一个测验才是可信的、可以接受的。

四、心理测验的分类

心理测验的种类繁多，用不同的标准可以把测验分为不同的类别。

（一）从测量的目标分，可分为极限行为测验与典型行为测验

极限行为测验的目的，是要了解个体在某种心理特质或行为表现上的最佳水平如何，即了解被试"最好能干得多好"。在这类测验中，要求被试要尽量作出最好的表现，表现出自己的最高水平。这类测验通常都有统一的评判对错的标准，以得分的高低来表示被试水平的高低。如智力测验、成就测验等都属于极限行为测验。

典型行为测验的目的，是要了解被试在某种心理特质或行为上最一般、最具有代表性的表现是怎样的，即了解被试"最经常会怎么做"。在这类测验中，要求被试按照自己最经常的表现来对题目进行反应。这类测验的评分不存在对错的标准，被试的得分也只表明其心理特征、倾向的不同，不代表水平的优劣。如人格测验、兴趣测验等就属于典型行为测验。

（二）从施测时被试的人数分，可分为个别施测测验与团体施测测验

个别施测测验即在施测时一个主试同时只能对一个被试施测。如智力测验中的韦氏测验、人格测验中的罗夏墨渍测验等都是个别施测的测验。这种测验的形式往往对主试的要求较高。因为是一个主试面对一个被试，这种测验有利于主试对测验情境的控制，便于观察、发现测验中的一些特殊情况。但这种测验显然效率较低，难以满足大规模测验的要求。

团体施测测验即在施测时一个主试可以同时对多个被试进行施测。如智力测验中的瑞文测验、人格测验中的卡特尔 16 种人格因素测验（16PF）等都是团体施测的测验。这种测验形式具有较高的效率，能在较短的时间内完成对大样本的测验。但在这种测验中主试无法对每个被试的具体情况进行细致的观察，有时会忽略、遗漏一些影响测验结果的偶然因素。

（三）从测验的构成材料分，可以分为语言文字测验与非语言文字测验

语言文字测验的内容以语言文字材料为载体，常要求被试在阅读文字材料或听取主试的语言问题后进行回答。这类测验往往具有较明显的社会文化偏向性，被试的受教育程度、对某种社会文化的认识理解程度往往对被试在测验中的表现有较大的影响。

非语言文字测验以图形、操作等作为测验内容的载体，不涉及语言文字内容。这种测验更有利于体现测量的文化公平性，方便进行跨文化的比较研究。

当然，有些测验是兼有语言文字和非语言文字的材料的，韦氏智力测验就是一个典型的例子。

（四）从对测验结果的解释方法分，可分为常模参照测验和标准参照测验

常模参照测验是将被试测验结果的分数与常模分数相比较来解释被试的成绩。即在常模参照测验中，我们所关心的是被试的表现与其他相似的人相比较处于一个什么样的位置上，比多少人表现得好，比多少人表现得差。例如高考就是一种常模参照测验。

标准参照测验是将被试测验结果的分数与一个既定的标准比较来解释被试的成绩。即在标准参照测验中，我们关心的是被试的表现是否达到了某个划定的标准，达到了就通过测验，达不到就不能通过测验。至于被试的表现比多少人更好或更糟，这并不重要。例如各种职业资格考试（如驾驶员的资格考试）就是一种标准参照测验。

此外，测验从其作用来分，还可分为描述性测验、诊断性测验、选拔性测验和预测性测验等；从被试的反应形式分，可分为纸笔测验、操作测验、口头测验和电脑测验等。在此不再一一赘述。

第二节　智力测验的产生与发展

在大约一个世纪以前，智力测验一词几乎还不存在于人们的日常用语中，但现在智力测验已经成为人们所熟知并感兴趣的一项活动（许多人对心理学的最初兴趣往往就来自对智力测验的兴趣，尽管人们对智力测验的认识不见得都是正确的），也成为临床、教育、组织心理学家工作的重要内容之一。现在心理学上一般认为科学的智力测验始自1905年法国心理学家比奈和他的助手西蒙所编制的比奈—西蒙量表。但人类试图了解和测定智力的历史则长远得多，在科学的智力测验诞生之前，人们已经就如何更有效地了解智力作了大量的尝试。

一、智力测量的早期尝试

（一）中国古代的智力测量

心理测验的故乡在中国，这是国内外心理学者的共识。中国古代的思想家早在几千年前就对心理测量的可能性进行了阐述，在中国古代几千年的文明发展史中，各种对能力的测量、鉴定的实践活动也在不断进行。

中国儒学创始人、伟大的思想家孔子早在2 500年前就肯定了人的个别差异性，提出了"性相近也，习相远也"的观点①。孔子还将人按照智力的水平，分为"上智"与"下愚"，认为"中人以上可以语上也，中人以下不可以语上也"②。肯定人的心理的个别差异性，是进行心理测量的重要的思想基础。另一位伟大的儒学思想家孟子则明确提出了心理测量的可能性，认为"权，然后知轻重；度，然后知长短。物皆然，心为甚"③。这种肯定心理可测性的阐述，与现代西方心理学中心理特质可测的假设，如桑代克认为"凡客观存在的事物都有其数量"和麦柯尔（McCall, 1922）的"凡有数量的东西都可以测量"可以说是异曲同工，但前者的提出比后者早了2 000多年。三国时期的刘邵被誉为中国第一位人才学家，他在其著作《人物志》中，一开篇就提出"夫圣贤之所美，莫美乎聪明；聪明之所贵，莫贵乎知人。知人诚智，则众材得其序，而庶绩之业兴矣。"④这里所谓的知人，就是要对人的能力、性格进行鉴定。而之所以可以对人进行能力、性格上的鉴别，是因为人的能力和性格都有外在的行为表现。刘邵认为可以从神、精、筋、骨、气、色、仪、容、言九个方面对人的心理进行了解，谓为"九征"。刘邵还提出了一套进行人才鉴别的系统方法，即所谓的"八观五视"："一曰观其夺救，以明间杂。二曰观其感变，以审常度。三曰观其志质，以知其名。四曰观其所由，以辨依似。五曰观其爱敬，以知通塞。六曰观其情机，以辨恕惑。七曰观其所短，以知所长。八曰观其聪明，以知所达。"⑤"居视其所安，达视其所举，富视其所与，穷视其所为，贫视其所取。"⑥ 这俨然就是一套系统、严谨的心理鉴别的法则了。

中国古代除了具有丰富的心理测量的理论思想，也存在大量的心理测量特别是能力测量的实践活动。据《礼记》记载，我国在周代就已经用"试射"这种形式来进行官员选拔。我国著名心理学家林传鼎先生认为，试射就是一种特殊能力的单项测验。西周的国学教育对考试的时间、内容、标准都作出了明确的规定："古之教

---

① 《论语·阳货》。
② 《论语·雍也篇》。
③ 《孟子·梁惠王上》。
④ 《人物志·序》。
⑤ 《人物志·八观》。
⑥ 《人物志·效难》。

者，家有塾，党有庠，术有序，国有学，比年入学，中年考校。一年，视离经辨志。三年，视敬业乐群。五年，视博习亲师。七年，视论学取友，谓之小成。九年，知类通达，强立而不反，谓之大成。"① 这是有史料记载的最早的学业成就测验和能力测验。南北朝时期的学者颜之推在其《颜氏家训》中记载了当时在江南盛行的"周岁试儿"的风俗："江南风俗，儿生一期，为制新衣，盥浴装饰。男则用弓矢纸笔，女则刀尺针缕，并加饮食之物及珍宝服玩，置之儿前，观其发意所取以验贪廉智愚，名之为试儿。"② 这可看作是现代儿童发展测验的一种原始形式。我国明清时期在民间流行的七巧板、九连环和现在的发散思维测验、解决问题测验十分相似。七巧板、九连环等后传入西方，受到推崇，著名心理学家伍德沃斯（R. S. Woodworth）就把九连环称作"中国式的迷津"，七巧板则被称为"唐图"（Tangram），即"中国的图板"之意。七巧板类型的拼图任务在当代许多的智力测验和创造力测验中都有所使用。而始于隋朝，在中国延续了 1 300 年的科举考试制度，将中国古代的心理测验实践推向了最高水平。科举考试在考试的制度、内容、形式、命题、评判标准、反作弊措施等方面形成了一整套完整的制度，被认为是现代标准化测验的始祖。科举考试制度被介绍到西方后，产生了深远的影响，欧洲的文官考试制度就移植自中国的科举考试。科举考试制度也被称为中国古代继四大发明之后对人类文明产生重大影响的第五大发明。

　　中国古代测量能力的一些尝试往往是在实际的生活情境中进行的，其结果广泛被应用于人员的选拔、评价中，这对现代心理测验的发展有着重要的影响和启发。

（二）近代西方智力测量的尝试

　　在西方，尽管早在古希腊，哲学家柏拉图就在他的著作《理想国》中提到"没有两个人长得完全一样，每个人都以自己的自然素养而区别于另一个人"，从而肯定了人的个别差异性，但在中世纪以前的欧洲，对人的心理考评几乎是不存在的。中世纪的欧洲，人的社会活动都由其社会阶层所决定，个性的表达和发展都受到了极大的限制。文艺复兴之后，个人主义获得发展，人们开始重视个人自由和个体价值，对人的能力、人格的个别差异的科学研究才真正开始。而直到 19 世纪，智力测量才在欧洲得到重视，科学家们开始进行智力测量的尝试。

　　智力测验在 19 世纪的欧洲得以萌芽不是偶然的。一方面，当时的社会需要是促使智力测验出现的重要外部动力。19 世纪的欧洲，随着工业革命的完成，资本主义自由竞争出现，各国对劳动力的需求急剧增加，人们需要利用更有效的手段进行人员的选拔。该时期欧洲政治上的民主思想使人们对待弱智人士和精神病患者的态度有了很大的改变，各地建立了一些专门的医院对精神病人进行治疗和护理，这就在

---

① 《礼记·学记》。
② 《颜氏家训·风操篇》。

客观上迫切需要一些有效的方法对弱智和精神异常进行鉴别。另一方面，个别差异心理学的研究和心理学研究方法上的科学化、实证化倾向在心理学内部为智力测验的出现提供了基础。1859年，达尔文（C. R. Darwin）出版《物种起源》一书。在这部惊世骇俗的著作中，达尔文明确提出了个体差异的概念，并点燃了科学上的相关研究兴趣。19世纪早期出现的一批实验心理学家尽管并不关心个体差异的研究，但他们在实验观察中需要严格控制实验条件，在标准化的条件下对所有被试的行为进行观测，这种标准化的程序对后来的心理测量影响极大，标准化成为心理测验的重要特性之一。同时，当时实验心理学家在实验室中主要研究的是各种感觉感受性以及简单的反应时，这种对感觉现象的重视对第一批智力测验也有着重要的影响。

在19世纪的智力测验尝试中，英国心理学家弗朗西斯·高尔顿作出了突出的贡献。高尔顿是一个博学多才的科学家，在地理学、气象学、生物学等方面都有所建树，他开发了第一套指纹鉴别的实用方法，是一个成功的发明家。而高尔顿最终的兴趣落在了心理学上。高尔顿是达尔文的堂弟，他深受达尔文进化论思想的影响，试图将达尔文的进化论思想应用于人类智力的研究中。1869年，高尔顿出版了《遗传的天才》一书，提出人的能力是由遗传而来的。该书极大地影响了后来有关能力测验的理论、方法和实践。高尔顿第一个提出了关于智力测量的四个重要思想：①智力差异可以根据智力的程度来度量，即智力的水平是可以数量化的。②智力的差异是呈正态分布的。即多数人的智力水平是中等的，只有少数人是天才或智力滞后者。③智力可以由客观测验测得。④两套测验成绩之间的相关程度可以由相关的统计分析来确定，这是用科学方法对测量的结果进行分析的最早尝试。这些思想被后来的研究和实践证明是具有长久的价值的。高尔顿不但提出了丰富而睿智的智力测量的思想，他还积极进行了大量的智力测量的尝试。在1884年的伦敦国际健康展上，高尔顿设立了一个名为"人体测量研究室"的展台，对参观者的反应时、视力和听力灵敏度、色彩辨别力、判断长度的能力、拉力和拧力、吹气的力量、身高、体重、臂长、呼吸力量和肺活量等十三种行为和身体特征进行了测量，在展览会上以及其后的六年时间里，高尔顿共对17 000多个被试进行了测量，收集了大量的数据。尽管高尔顿希望通过这样一些测量来对智力进行鉴别的简单尝试后以失败而告终，但他的工作无疑对智力测验的发展起到了巨大的推动作用。因为通过他的测量活动，向世人展示了通过标准化的程序得到有意义的客观测量分数的可能性。

在19世纪的智力测验尝试中，另一个作出了卓越贡献的心理学家是美国人詹姆斯·麦基恩·卡特尔。卡特尔是冯特（W. Wundt）的学生，并在冯特的实验室中完成了关于反应时的博士论文。在卡特尔对反应时进行研究的过程中，他已经发现了人们在反应时上的个别差异性。但冯特并不支持卡特尔进行个别差异研究的建议。获得博士学位后，卡特尔曾到英国的剑桥大学任教，并在期间认识了高尔顿（其后卡特尔描述高尔顿为"我所认识的最伟大的人"）。高尔顿给予卡特尔很大的影响，并坚定了卡特尔进行个别差异研究和测量的决心。回到美国后，卡特尔致力于智力测验的实践和传播工作。1890 年，卡特尔发表《心理测验与测量》一文，首次提出了"心理测验（mental test）"的概念，并对心理测验在心理学中的作用给予了充分的肯定。他认为"心理学若不立足于实验与测量上，绝不能够有自然科学之准确"。他又说："心理测验若有一普遍的标准，则其科学与实际的价值一定可以增加不少。"他当时就极力主张测验手续和考试方法应有统一规定，并要有常模以便比较。这些都是心理测量上的重要观念，对智力测验的发展有积极影响。1921 年，卡特尔帮助建立了美国心理公司（Psychological Corporation），旨在"推动心理学的进步，促进心理学的应用"。直到今天，美国心理公司仍活跃在心理测量和评估的领域中，为社会提供相关的服务。卡特尔在哥伦比亚大学任教期间，提出测量大学生的智力可以预测学生学业成绩，并对大学新生进行了智力测验的尝试。他当时测量的内容包括握力测量、动作速度测量、触觉两点阈测量、引起痛觉的最低点测量、辨别重量最小差别的能力测量、对声音反应时的测量、说出颜色的时间测量、将 50 厘米的线平分、对 10 秒钟时间的判断、复述听过一次的字母数目的测量。但研究的结果发现，测量的结果与学生的学业成绩之间没有任何关系，卡特尔对智力测验的尝试也以失败告终。卡特尔充分肯定了心理测验的作用，把智力测验带到了实验室之外，运用于实际的情境中，丰富了智力测验的内容，增加了一些测量高级心理机能的项目，这为科学智力测验的产生提供了借鉴。

二、科学智力测验的诞生

高尔顿、卡特尔等智力测验的先驱者进行了大量的智力测验的尝试，但都未获得成功。他们的失败在今天看来是很容易理解并被认为是理所当然的。因为他们都试图从测量简单的心理机能（如感觉）入手来对智力进行说明。而现代心理学的研究表明，智力和低级的心理过程没有多大关系。只要不是十分低能的儿童，在感觉、反应时等方面和普通的儿童相差并不多。智力落后儿童与普通儿童的区别主要在于像思维、言语等高级心理机能上。正是敏锐地看到了这一点，法国心理学家阿尔弗雷德·比奈在 1905 年编制了世界上第一个可实际使用的智力测验，开创了科学智力测验的先河。

比奈在早年曾尝试用"测颅术"（即通过测定头颅的大小来确定人的智力）、高尔顿的感觉测量法等方法来测量智力，但都没能成功。这些研究使比奈逐渐认识到只有用直接的方法——哪怕这种方法是粗糙的——对智力进行测量，才能得到对智力的认识，简单的感觉测量是不能鉴别智力的高低的。1904 年，比奈接受了法国公共教育部的一个任务，要找出一种方法鉴别低能的儿童，以使这些儿童接受更适合的专门的教育。比奈和他的助手西蒙很快就将他们的设想付诸实践。他们编制了一系列题目，让 3 ~ 12 岁的儿童尝试去完成。对这些儿童，有些教师认为是一般的，有些是中下等的，还有些被认为是低能的。比奈和西蒙删除和修改了一些被认为是不合适的题目，留下了 30 个题目，并将其发表在 1905 年的《心理学学刊》中。这就是著名的比奈—西蒙智力测验，世界上第一个可实际使用的智力量表。比奈将这个量表描述为"一系列越来越难的测试题，从可以观察到的最低难度水平，到最后以普通的智力题结束。系列中的每组测试对应于某种不同的智力水平"。

比奈的测验方法有四个重要的特点：①他将测验的分数解释为对当前操作的评估，而不是对天生智力的测量。②他想使测验分数应用于确认需要特殊帮助的儿童，而不是污蔑他们。③他强调训练和机会可以影响智力，而且他也在寻找可以帮助弱势儿童的方法。④他是用经验来编制测验，而不是试图根据某一种智力理论来编制。

比奈—西蒙智力量表的发表，开创了科学智力测验的历史。比奈认为，对智力的测量应从高级的心理机能入手，而不应局限于对简单心理机能的测量，这种思路成为智力测验的普遍共识。比奈在测验中以年龄作为衡量智力水平的原则（当某些儿童表现为智力落后时，比奈认为这些儿童是没有达到他的年龄应有的智力水平的，而以较低年龄儿童的水平在作反应），测量一般智力的思想（即测量的内容不应与特定的学习和训练内容有关），将测验题目按照从易到难排列的测验组成方式，都成为后来新发展的智力测验普遍效仿的测量模式。

表 4 - 1　最早的比奈—西蒙量表的 30 个题目

1. 视觉协调
2. 感受触觉刺激
3. 感受视觉刺激
4. 食物识别
5. 困境中寻找食物
6. 履行简单指令
7. 实物识别（日常熟悉的事物）
8. 图画识别
9. 图片命名
10. 线段比较
11. 听觉记忆（三个数字）
12. 重量比较
13. 联想
14. 给日常事物命名
15. 句子记忆
16. 根据记忆说出日常事物的区别
17. 图片记忆

（续上表）

18. 根据记忆绘画
19. 听觉记忆（三个数字以上）
20. 根据记忆说出日常事物的相似之处
21. 线段辨析
22. 五个砝码排序
23. 缺失砝码的发现
24. 节奏
25. 补全词汇
26. 造句
27. 回答问题
28. 时间识别
29. 照图绘画
30. 抽象词汇辨析

三、智力测验的发展

当比奈—西蒙智力测验鉴别智力落后儿童的有效性得到教育部门和社会的认可之后，智力测验得到了蓬勃的发展。智力测验被介绍到世界各地，其应用也从教育部门推广到了军事、商业、管理等多个领域，并极大地影响了人类的生活。在 20 世纪 80 年代，美国《科学》杂志将智力测验列为 20 世纪对人类影响最大的 20 项科技成果之一。

从第一个智力测验发表至今，智力测验已经走过了一个世纪的发展历程，智力测验也在以下方面发生了巨大的变化：

（一）智力测验的标准化、科学化水平不断提高

用现在的眼光来看，比奈—西蒙量表是一个相当粗糙的测验，其题目取样的适当性存在问题，缺少标准化的常模团体，施测和计分的程序没有完全标准化，题目按难易进行排列时顺序也不完全合理。后来的心理学家们充分意识到了这些问题，在发展新的智力测验时注重在标准化、科学化方面进行提高。比奈—西蒙量表被介绍到美国后，斯坦福大学的心理学教授推孟对其进行了大幅度的修订，删去了很多不合理的题目，增加了题目的内容，对各年龄组的题目进行了调整，制定了详细的施测指导和评分标准，并建立了 1 000 多人的常模团体。这些工作使斯坦福—比奈

量表迅速成为智力测验中的经典，被人们广泛认同和接受，并成为衡量一个智力测验质量的重要参照指标。

（二）智力衡量指标的发展

在比奈—西蒙智力测验中，比奈创造性地提出了智龄的概念，以智龄作为衡量智力水平的指标。所谓智龄，即是用相当于多少岁儿童的智力来表示一个儿童的智力水平。在1908年和1911年，比奈对其智力测验进行了两次修订。在新修订的测验中，不同难度的测验被分配到不同的年龄组中。当儿童可以完成某年龄组的题目时，我们就认为这个儿童的智力相当于该年龄儿童的智力（例如，一个8岁的儿童只能通过6岁组儿童的题目，则我们认为该儿童的智力只是和6岁的儿童相当，即其智龄为6岁）。

智龄的概念容易为人们所理解，容易传达测验的信息，但智龄这个指标不方便对不同年龄儿童的智力相对水平作比较，而且不具有相等的单位（同是智龄相差一岁，从6岁到7岁的差距显然要比从14岁到15岁大）。因此，当1916年美国斯坦福大学教授推孟对比奈—西蒙量表进行修订，发表了斯坦福—比奈测验时，一个重大的改变就是引入了智商（IQ）的概念。智商这个概念来自于德国心理学家斯腾（Stern）所提出的心智商数，即以智力年龄除以实际年龄的商数（MA/CA）。推孟将心智商数改名为智商，并扩大100倍以消除小数（MA/CA×100）。因为这种智商是根据智力年龄和实际年龄的比率计算得出的，因此这种智商也称为比率智商。

比率智商的提出，方便了对智力的相对水平的比较。但是比率智商有一个假设前提，即智力年龄是和实际年龄一起增长的。而心理学的研究表明，这个假设并不成立，人的智力水平并不会随年龄的增长而不断增长，人的智力都有一个增长、高峰、衰退的发展过程。因此比率智商只适用于对处在增长期的儿童的智力进行衡量，当用于对成人的智力进行解释时，就会得到一些不合理的结论。为了解决这个问题，美国心理学家大卫·韦克斯勒1939年在编制韦克斯勒—贝勒维智力测验时，率先引入了离差智商的概念来表示智力水平。离差智商的原理是把各年龄段个体的智力看作是正态分布的，其平均数就是该组个体的平均智力，定为100。某一个体的智力水平则以他的得分与平均数之间的距离来表示，这个距离以标准差为单位来进行计算，即：

$$IQ = 100 + 15\frac{X - M}{S}$$

在公式中，X是某个体的得分，M是年龄组的平均分，S则为该组被试得分的标准差。

离差智商比较好地解决了智龄、比率智商在衡量智力水平时所存在的问题，成为现在智力测验中普遍使用的智力分数形式。

（三）从个别测验发展到团体测验

比奈—西蒙智力测验是一个个别施测的智力测验，每次只能对一个被试施测。这种个别测验的模式曾是智力测验的典型模式，但随着智力测验在社会上应用的增加，个别测验效率较低的问题就暴露了出来，当需要对大样本进行智力测验时，个别测验显然无法胜任。1917 年，美国参加了第一次世界大战，需要根据智力水平对大约 150 万新兵进行评价、分类。这个任务显然是个别施测的智力测验所难以完成的。当时的美国政府邀请了一些著名的心理学家，包括桑代克、推孟等主持编制一个可胜任该任务的新智力测验。心理学家们认为，这个新的智力测验必须符合这样一些要求：①可以团体施测；②信度和效度要高；③测量的内容广泛；④评分客观；⑤评分简便快速；⑥测量时间要短；⑦少书面回答；⑧内容有趣。心理学家们参考了当时的测验材料，经过努力，最终一个以多项选择题等客观性题目为主要题目形式的测验产生了。这就是著名的军队甲种、乙种测验（其中甲种测验适用于有文化的被试，乙种测验适用于没有文化和不懂英语的被试）。这个测验在新兵选拔中获得了巨大的成功，因此在战后也被广泛应用于企业的员工选拔中，并且这个测验也成了多数团体智力测验的模型。团体智力测验的出现，扩大了智力测验的应用范围，对智力测验的发展起到了推动的作用。

（四）从普通智力的测量发展到特殊能力的测量

早期的智力测验如比奈—西蒙量表和斯坦福—比奈量表都是对普通智力（即 G 因素）进行测量。随着社会实践的发展需要，逐渐又发展出了特殊能力的测验（或称能力倾向测验）。第二次世界大战期间，美国空军为了选拔飞行员、投弹手、无线电操作人员等，编制了许多特殊能力倾向测验。战后，多重能力倾向测验也广泛应用于教育咨询、职业咨询以及人员选拔、分流等活动中。人们逐渐认识到特殊能力倾向测验和普通的智力测验能够在不同广度水平上对人类的能力进行评价，因此出现了将两种测量方法相结合的趋势。

第三节 一些重要的智力测验

一、斯坦福—比奈智力量表

当比奈—西蒙量表被介绍到美国后，出现了多个英译本和修订本，其中以 1916 年斯坦福大学推孟教授所修订的版本最为出名，斯坦福—比奈测验也成为最受认可的智力测验之一。

（一）斯坦福—比奈测验的发展概况

斯坦福—比奈测验是在比奈—西蒙量表的基础上修订发展而来的，并在产生后又多次进行了修订。表4-2是斯坦福—比奈量表大致发展过程的一个概括。[①]

表4-2 斯坦福—比奈测验的发展

年份	测验名称	作者	简单介绍
1905	比奈—西蒙测验	Binet, Simon	只有30个项目的简单测验
1908	比奈—西蒙测验	Binet, Simon	引入了智龄的概念
1911	比奈—西蒙测验	Binet, Simon	扩展到对成年人的测量
1916	斯坦福—比奈测验	Terman, Merrill	引入了智商的概念
1937	斯坦福—比奈测验第二版（S-BⅡ）	Terman, Merrill	首次使用了复本的形式（L题本和M题本）
1960	斯坦福—比奈测验第三版（S-BⅢ）	Terman, Merrill	使用了现代的项目分析方法
1972	斯坦福—比奈测验第三版（S-BⅢ）	Thorndike	对S-BⅢ在2 100人的常模样本中进行了重新标准化
1986	斯坦福—比奈测验第四版（S-BⅣ）	Thorndike, Hagen, Sattler	把测验重新结构化形成了15个分测验
2003	斯坦福—比奈测验第五版（S-BⅤ）	Roid	智力五因素的测量

1916年第一版的斯坦福—比奈测验共有90个题目，与比奈—西蒙量表相比较，题目的数量增加约1/3，而且对原来的很多题目进行了修改，对各题目所归属的年龄组进行了重新调整。这个版本的测验尽管仍有许多缺点（例如缺乏有代表性的标准化的常模样本），但这个测验也有许多重要的革新。这个测验第一次引入了智商的概念来作为衡量被试智力的指标，第一次提供了详尽的测验操作和计分的指引，第一次引入了替代项目的概念（替代项目只在某些特定的情况下被使用。如一个测验者没有正确操作某个常规项目时，就可以使用替代项目）。

从1926年开始，推孟和他的同事就开始着手对第一版的斯坦福—比奈测验进行

[①] ［美］罗伯特·格雷戈里. 心理测量：历史、概述与应用（英文版）. 北京：北京大学出版社，2005. 195.

修订，并历经 11 年完成了修订工作，在 1937 年推出了斯坦福—比奈测验的第二版。S–BⅡ最大的变化是出现了两个等值的平行复本——L 题本和 M 题本［据说这样命名是为了纪念测验的两个主要作者推孟和梅雷尔（Maude Merrill）］。每个题本各有 129 个题目。这些题目分别被按照难度安排在 2~14 岁的 16 个不同的年龄组（2~5 岁以半岁为一组）中和 4 个成人组中。S–BⅡ与第一版相比，包含了更多操作测验的内容，常模样本也更标准化，更有代表性。

斯坦福—比奈测验的第三版发于 1960 年。这个版本取消了平行复本的形式，而从 1937 年测验的两个复本中选取了最佳的测题来组成一个测验，称为 L–M 型。这个版本将每个年龄组的题目统一为 6 题（普通成人组例外，是 8 个题目），以方便对测验的管理。S–BⅢ最大的一个变化是不再采用前两版中一直使用的比率智商的概念，而引入了离差智商的概念来对智力水平进行说明。这解决了对成人智力水平解释的难题。但 S–BⅢ没对常模资料重新进行标准化，仍然沿用了 1937 年的资料。

1972 年，心理学家桑代克等人对 S–BⅢ用新的、更具有代表性的常模样本重新进行了标准化，更新了测验的常模资料，但对测验的内容未作修改。

纵观斯坦福—比奈测验从第一版到第三版的发展，尽管测验已经发生了很大的变化，但这几个版本的测验都具有以下共同的特点：

（1）在测验的构成方式上，这几个版本的测验都是一种年龄量表（age scale）结构的测验。所谓年龄量表，即测验是将题目按照所适应的年龄段进行分组的，在一个组的题目中，可能包括各种不同内容、不同形式的测验题目。被试在接受测验时，按照年龄组的顺序依次作答。

（2）在测验的实施方式上，这几个版本的测验都具有适应性测验（adaptive testing）的特点。所谓适应性测验，即对每个被试只进行与其水平最相适合的一些题目的测试，而不是要求每个被试都完成一样的全部题目。也就是说，不同年龄或水平的被试，他在测验中的起点是不一样的，结束测验的终点也不一样。适应性测验常会从一个对被试来说具有中等难度的题目开始，如果被试能顺利地回答，则继续出现更难的题目；如果被试不能顺利回答，则呈现一些难度较低的题目。适应性测验具有以下一些优点：①这样的测验不会一开始就让被试觉得很难而产生挫败感，也不会让被试觉得很容易而不认真对待；②它能让测验者用最少的时间收集到最大量的信息；③它能尽量减少测验者因为操作过多的项目而可能出现测验疲劳等现象。

（3）在测验分数的报告上，这三个版本的测验都只能报告一个总的智商，这也是由年龄量表的测验结构特点所决定的。

在 1986 年和 2003 年，斯坦福—比奈测验又相继推出了第四版（S–BⅣ）和第五版（S–BⅤ）。这两个版本与前几个版本相比较，有了巨大的变化，使斯坦福—比奈测验这个"老"测验展现出全新的面貌，焕发出新的生命力。

（二）斯坦福—比奈测验第四版（S-BⅣ）

从 1979 年起，桑代克、黑根（E. Hagen）、沙特勒（J. Sattler）等心理学家开始着手对斯坦福—比奈量表进行新的修订，历时 8 年得以完成，并在 1986 年出版了斯坦福—比奈测验的第四版。这个新的版本与以前的斯坦福—比奈测验相比较，在测验的理论基础、组织结构、测验管理、计分、解释方面都有了很大的不同。

1. 斯坦福—比奈测验第四版的理论基础

斯坦福—比奈测验第四版以智力分层模型为其理论基础。这种理论把智力界定为三种不同层次的能力。第一层是一般能力（G）；第二层是三种主要的能力——晶体能力（crystallized abilities）、流体—分析能力（fluid-analytic abilities）和短时记忆（short-term memory）；第三层是三种特殊能力——言语推理、数量推理和抽象—视觉推理。斯坦福—比奈测验第四版中的 15 个分测验，分别对言语推理、数量推理、抽象—视觉推理和短时记忆四个领域进行测量。如图 4-1 所示：

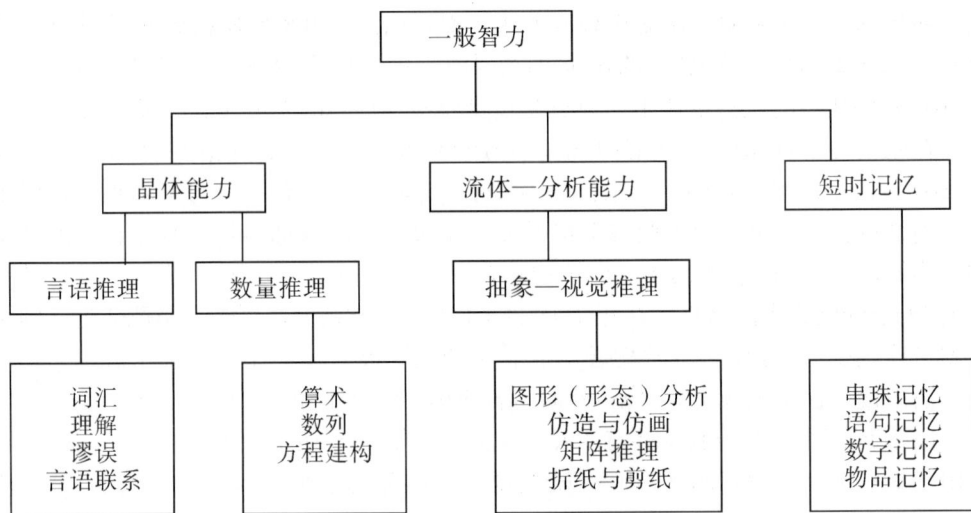

图 4-1　斯坦福—比奈测验第四版的理论模型和测验构成

2. 斯坦福—比奈测验第四版的特点

斯坦福—比奈测验第四版继承了以往各版本测验的主要优点，如仍然保留了适应性测验这样一种较高效且准确的测验形式。但新的版本也有了一些重大的变化，和以往的斯坦福—比奈测验相比较，S-BⅣ具有以下主要特点：

（1）测量的内容更加全面。S-BⅣ在测试内容上有更广的涵盖面，包括了言语、数量、空间及短时记忆等方面，言语内容的比例有所降低，改变了早期版本较偏重言语内容的倾向。

（2）测验的组织结构形式有了根本的改变。S－BIV在测验的组织结构形式上放弃斯坦福—比奈测验传统上一直采用的"年龄量表"的形式，而代之以"项目量表"的组织形式。所谓项目量表，即将测验的题目以测试的内容为依据组织成不同的分测验，分别对不同的智力内容进行测试。

（3）测验能提供更全面而详细的信息。S－BIV可以向测试者提供三个层次的分数结果。第一层次是15个分测验的分数。15个分测验的分数可以被转化成平均分为50、标准差为8的标准分数。测试者可以据此了解被试在各个分测验中所测量的内容上的表现。第二个层次是四个领域（言语推理、数量推理、抽象—视觉推理、短时记忆）的分数。根据各个领域中对应的3～4个分测验的原始分总和就可以得到四个领域的原始分数，该原始分数可以转换成平均数为100、标准差为16的标准分。据此测试者可以了解被试在四种特殊能力上的表现。最后，四个领域的分数可以组合成全量表分数（平均数为100、标准差为16）。全量表分数可以揭示被试的一般智力表现。

3. 斯坦福—比奈测验第四版的施测方法与内容介绍

斯坦福—比奈测验适用的年龄范围从2岁至成人。整个测验的施测时间约需75分钟（随被试的年龄和水平的不同而变化）。和一般个别施测的智力测验一样，S－BIV对使用者有较高的要求。只有受过高度专业训练的人员才能准确使用。

在施测时，首先要进行定向测验（routing test）以决定其他测验的起点（在S－BIV中，定向测验是词汇测验）。定向测验的起点是根据被试的实际年龄来确定的。当被试在定向测验上连续两个水平都不能通过时就停止测验（其中较高的水平称为临界水平）。根据被试在定向测验中的临界水平和实际年龄，就可以确定其在其他14个分测验中的起点。在每个分测验中如果连续两个水平被试不能通过，则该分测验停止测试，转入下一个分测验，直至测验结束。

斯坦福—比奈测验15个分测验的内容简单介绍如下：[①]

（1）词汇。这个分测验共有46题，分为两大类：①图画词汇（第1～14题），适用于3岁至6岁的年幼儿童。主试呈现一些物品的图画（如汽车、书本），要求儿童回忆再认并说出名称。②口语词汇（第15～46题），适用于7岁以上被试。主试问："什么叫做信封（鹦鹉、升迁、钱币……）？"由被试解释词的意义，被试可以字典上的定义或同义词加以说明。

词汇分测验是每个被试的例行测验，被试在这个分测验中的表现决定被试在其他分测验的起点，因此这个分测验在施测的过程中扮演着极其重要的角色。

（2）串珠记忆。这个分测验共有42题。测验的材料是4种形状（圆球体、圆锥体、长椭圆体、圆盘体）的珠子，每一种形状又有三种颜色，即蓝色、白色及红色。①水准A～E共有10题，由主试呈现一至两粒珠子若干秒（如红色的圆锥体、

---

① 金瑜. 心理测量. 上海：华东师范大学出版社，2005. 52～53.

白色的圆球体），再出示印有珠子的卡片，让被试指认。②水准 F～V 共有 32 题（第 11～42 题），实施的方式为呈现卡片范例若干秒，然后拿去卡片让被试凭记忆来穿置珠子。

（3）算术。本测验共有 40 题，主要测量被试的数量概念及心算能力。①利用骰子计算点数（第 1～12 题）。②利用图画卡片进行的计算题（第 13～30 题）。如主试问："在卡片中有两位小朋友在玩球，又来了一位小朋友，那么现在一共有多少位小朋友？"③另外 10 题是心算为主的应用题（第 31～40 题）。如"小明以 200 元买了一箱苹果，在运动会中出售，每个卖 8 元，当运动会结束时还剩 8 个苹果，而小明净赚了 120 元，问这箱苹果原来共有多少个？"

（4）语句记忆。本分测验共有 42 题，是一种有意义材料的记忆。主试念 2～22 个字长的句子，如"喝牛奶"、"汽车跑得快"、"马戏团到镇上来了"、"我的风筝上的线断掉了"等。被试照着复诵，按回忆的程度评分。

（5）图形（形态）分析。这个分测验共有 42 题。有两种类型测题：①水准 A～C 有 6 题，被试需要将一些形块安置在形板的凹槽内。②水准 D～U 有 36 题，要求被试将一些黑白对称的方块组合成几何图案。

（6）理解。共有 42 题。①水准 A～C 有 6 题，主试出示一张印有小男孩的图片让被试指认身体的各部位。②水准 D～U 有 36 题，主试问一些问题，如"为什么在医院中人们要安静？""为什么人们要用雨伞？""当你肚子饿的时候，该怎么办？""为什么开车的人要有执照？"要求被试回答。

（7）谬误。这个分测验共有 32 题。主试呈现卡片，如"一个小女孩在湖中骑脚踏车"或"秃子在梳头"等，让被试指出图画中不合理的地方。

（8）数字记忆。这个分测验有 26 题，包括两大类：①顺背数字，有 14 题；②倒背数字，有 12 题。

（9）仿造与仿画。这个分测验有 28 题，分为两大类：①仿造测验：水准 A～L 有 12 题，如主试用绿色方块示范垒成"桥"的样子，让被试仿造。②仿画图形：水准 G～N 有 16 题，主试呈现图片，让被试仿画，如仿画菱形。

（10）物品记忆。这个分测验有 14 题。主试依次呈现一些常见的一般物品，如鞋子、汤匙、汽车等（每次呈现一件），要求被试照着顺序把刚刚呈现的物品从印有这些物品的图画卡片上指认出来。

（11）矩阵推理。共有 26 题。它是一种非文字的推理测验，在 2×2 或 3×3 的矩阵中缺少左下角的一格，要求被试根据已知的图形间的关系，在可供选择的图形中找出一个最适当的填补上去。

（12）数列。共有 26 题。呈现一列数字，其后留下两个空格，如："0，16，12，8，__，__"或"1，2，4，__，__"，要求被试根据每列数的排列规则填补上所空缺的数字。

（13）折纸与剪纸。共有 18 题。每题一幅图画，上排图画显示折纸的方式及剪去的部分，下排是其摊开的图形的选项，要求被试从下排选项中选出正确的答案。

（14）言语联系。共有18题。每题有四个词，如"报纸、杂志、书本、电视"或"牛奶、水、果汁、面包"，要求被试根据前面三个词的特征说出事物的相似之处，以便与第四个词作出区别。

（15）方程建构。这个分测验有18题。主试呈现一组含有数字、运算符号及等号的资料，如"5，+，12，=，7"，要求被试根据这些资料，建立一个等式，如"5＋2＝7"等。

（三）斯坦福—比奈测验的最新发展——斯坦福—比奈测验第五版（S-BV）

斯坦福—比奈测验可以算是历史最悠久的智力测验，而这个"老"测验随着社会的发展也在不断地变革、前进。在斯坦福—比奈测验第四版对传统的斯坦福—比奈测验进行了大量的革新后，2003年，斯坦福—比奈测验又推出了其最新版本——第五版。

斯坦福—比奈测验的第五版以卡特尔、霍恩（Horn）、卡罗尔等人的现代认知理论为其理论基础，将智力划分为五种主要的因素，分别为流体推理（fluid reasoning）、知识（knowledge）、数量推理（quantitative reasoning）、视觉—空间处理（visual-spatial processing）和工作记忆（working memory）。这五种智力因素分别跨越言语和非言语两个领域，在这两个领域中各由一个分测验进行测量。因此斯坦福—比奈测验第五版形成了五因素、二领域、十个分测验的组织结构。如表4-3所示：

表4-3 斯坦福—比奈测验第五版（S-BV）的结构

	言语	非言语
流体推理	语言类比（verbal analogies）	物体序列/矩阵（object series/matrices）
知识	词汇（vocabulary）	图画谬误（picture absurdities）
数量推理	语言数量推理（verbal quantitative reasoning）	非语言数量推理（nonverbal quantitative reasoning）
视觉—空间处理	位置和方向（position and direction）	形状板（form board）
工作记忆	句子记忆（memory of sentences）	延迟反应（delayed response）

斯坦福—比奈测验的第五版和以前的版本一样，仍然采用了适应性测验这种施测形式，对不同水平的被试定有不同的测验起点，测验的起点由定向测验的成绩所决定。但和S-BIV的不同之处在于，在S-BV中，定向测验有两个，言语和非言语领域各一个（言语领域为词汇，非言语领域为物体序列/矩阵）。

斯坦福—比奈测验适用的年龄范围非常广，可用于对2～85岁的个体施测。S-BV根据美国2000年人口普查的资料，选取了4 800人的样本作为常模样本，常模样本的选取考虑了性别、年龄、民族、种族、地区、社会经济条件等因素，而且还考虑了宗教信仰因素。这也是历史上第一个在编制过程中考虑到宗教信仰因素的智力测验。

S-BV和S-BIV相类似，也可以得到不同层次的分数来了解被试的智力。第一个层次是10个分测验的标准分（其平均分为10、标准差为3）；第二个层次是五种因素的标准分；第三个层次是三个智商分数——总智商、言语智商和非言语智商（五种因素的得分和三个智商分数的平均分均为100、标准差为15）。

斯坦福—比奈测验第五版的编制以项目反应理论为依据，在信度和效度上具有上佳的表现。

（四）斯坦福—比奈测验在中国的发展历史

比奈测验于1922年传入我国。1924年陆志韦先生在南京发表了他所修订的《中国比纳西蒙智力测验》，这套测验是根据1916年的斯坦福—比奈量表修订的。当时这套测验仅适用于江浙一带的儿童。1936年，陆志韦与吴天敏对测验进行了修改，使之也适用于北方的儿童。该修订本共有54个项目，涉及语言文字、数量、解图、技巧等内容。测验采用年龄量表的方式组织，以智商作为测验的分数形式。

1982年，在中国心理测验开始复苏的大背景下，吴天敏先生再次对《第二次订正中国比纳西蒙测验》作了修订，称作《中国比内测验》。测验共有51题，适用于对2～18岁的儿童施测，以离差智商分为测验的分数形式。在当时国内智力测验工具极其匮乏的情况下，这个测验对中国智力测量工作的复苏、开展起到了积极的作用。

二、韦克斯勒智力测验

韦克斯勒智力测验是另一个非常优秀的个别智力测验，在科学研究和实际工作中有着非常广泛的应用。美国心理学家对1991—1997年的心理学成果中所引用的智力测验进行过统计，韦克斯勒智力测验的应用量遥遥领先于其他各类智力测验。[①]

（一）韦克斯勒智力测验的发展历史

韦克斯勒智力测验的出现，最初是韦克斯勒为了满足工作上的需要。1932年韦克斯勒来到曼哈顿的贝勒维医院工作后，迫切需要一种适合对成人进行智力鉴定的工具。当时可得到的一些智力测验（如斯坦福—比奈测验）主要是针对儿童而设计的，这些测验往往加上一些系统类型较难的题目后，改为对成人使用。但成人对这些测验的内容往往不感兴趣。另外，大多数测验过分强调速度，这往往也不利于年

---

① ［美］Lewis，R. Aiken. 心理测验与考试. 张厚粲译. 北京：中国轻工业出版社，2002. 201.

龄较大的被试。同时韦克斯勒认为，当时的测验中语言使用的题目所占比重过大，这也是不恰当的。当时智力测验中普遍采用的比率智商的分数形式也并不适合对成人的智力进行解释。正是为了解决这种种问题，1939 年韦克斯勒在借鉴当时的一些智力测验（包括斯坦福—比奈测验，军队甲、乙种测验等）的基础上，编制完成了韦克斯勒智力测验的最初形式——韦克斯勒—贝勒维智力测验Ⅰ型（Wechsler-Bellevue Intelligence Scale FormⅠ，W－BⅠ）。这个测验为后来所有的韦克斯勒智力测验确定了一种基本的模式，以后各版本测验都是在此基础上不断改进的。1947 年，韦克斯勒对 W－BⅠ进行了修订，发表了 W－BⅡ。1949 年，韦克斯勒将测验向低龄化延伸，形成了韦克斯勒儿童智力量表（Wechsler Intelligence Scale for Children，WISC），适用于对 6～16 岁的儿童进行测验。儿童量表后来历经多次修订，形成了 WISC－R（1974 年）、WISCⅢ（1991 年）、WISCⅣ（2003 年）等多个版本。1955 年，W－BⅡ被韦克斯勒成人智力量表（Wechsler Adult Intelligence Scale，WAIS）所取代，适用于对 16 岁以上的成人进行测量。WAIS 也在 1981 年、1997 年被修订，分别形成了 WAIS－R、WAISⅢ等版本。1967 年，韦克斯勒智力测验所适用的对象再次向更小的儿童延伸，出现了韦克斯勒幼儿智力测验（Wechsler Preschool and Primary Scale of Intelligence，WPPSI），适用于对 4～6.5 岁的儿童进行测量，并先后修订产生了 WPPSI－R（1988 年）、WPPSI－Ⅲ（2002 年）的版本。韦克斯勒智力测验在近七十年的发展历程中，共产生了 12 个不同版本的测验，可称得上是智力测验领域中"人丁兴旺"的大家族。

（二）韦克斯勒智力测验的特点

韦克斯勒智力测验与斯坦福—比奈测验相比较，它们具有一些相同的特征，都是个别施测形式的智力测验，而且都具有适应性测验的特点。但韦克斯勒智力测验具有自己鲜明的一些特征。

（1）韦克斯勒智力测验是由一系列测验所组成的测验家族。韦克斯勒智力测验实际上包括了既相互独立又相互衔接、适用于不同年龄段的三个测验。这样的系列测验，既保证了测验具有广泛的适用性，同时又保证了对不同年龄段的被试的针对性，有助于提高测验的质量。

（2）韦克斯勒智力测验采用了项目量表的结构形式。与斯坦福—比奈测验最初所采用的年龄量表不同，韦克斯勒智力测验从最初的版本开始就采用了项目量表这种测验结构形式，将同一形式、同一测量内容的题目组合在一起，构成多个分测验。这种项目量表的结构形式，更方便测试者对测验的管理与指导，同时也为对不同的智力因素进行比较提供了便利。

（3）韦克斯勒智力测验最早引入了离差智商的概念。这解决了对成人的智力测验结果进行解释的难题，能更准确地反映成人的智力特点。

（三）韦克斯勒智力测验的结构与内容

韦克斯勒智力测验的各个版本采用了基本相同的结构形式，整个量表被分成两部分——言语分量表和操作分量表。在每个分量表中又包含若干分测验。适用于不同年龄段的三个量表在分测验的内容上也具有很高的一致性。这种特点对于量表的使用者来说具有很大的便利性，当测验者掌握了一种量表的使用方法后，很容易能迁移到其他两种量表中，从而缩短学习使用所需的时间。表4-4列出了三种韦克斯勒智力量表的内容构成。①

表4-4　韦克斯勒智力量表内容一览表

	WPPSI－Ⅲ	WISC－Ⅳ	WAIS－Ⅲ
常识（information）	√	√	√
理解（comprehension）	√	√	√
类同（similarities）	√	√	√
算术（arthmetic）		√	√
词汇（vocabulary）	√	√	√
接受词汇（receptive vocabulary）	√		
图片命名（picture naming）	√		
背数（digit span）		√	√
字母—数字序列（letter-number sequencing）		√	√
填图（picture completion）	√	√	√
图片排列（picture arrangement）			√
积木（block design）	√	√	√
拼图（object assembly）	√		√
译码（coding）	√	√	
符号搜索（symbol search）	√	√	√
矩阵推理（matrix reasoning）	√	√	√
数字符号（digit symbol）			√
词汇推理（word reasoning）	√	√	
图片概念（picture concepts）	√	√	
划消（cancellation）		√	

注：黑体部分表示在三种量表中共有的"核心"分测验。

---

① ［美］罗纳德·科恩等．心理测验与评估（英文版）．北京：人民邮电出版社，2005. 283.

下面对几种"核心"的分测验进行简单介绍：

（1）常识（information）。常识分测验要求被试回答一些普通人在正常的社会生活中所会接触到的关于任务、地点、日常现象等的知识。例如，在儿童测验中，这些问题可能像"你有几只眼睛？""谁发明了电话？"等。在成人测验中，问题的性质也相似，但难度更高，诸如"空气中最普遍的元素是什么？""世界的人口有多少？"等。常识分测验主要考查学习和记忆的能力，从正式和非正式的教育中获取知识的能力等。

（2）理解（comprehension）。理解分测验要求被试对一些现象、问题进行解释。例如"人为什么要穿衣服？""为什么（美国）最高法院的法官任命是终身的？"此分测验从某种意义上说是对"社会智力"的测量，分测验中许多题目是考查被试对社会和文化惯例、习俗的理解。

（3）类同（similarities）。类同分测验要求被试说出两个事物之间的相似之处。例如"衬衫与袜子有什么相似？"这个分测验考查被试区分重要和非重要的相似之处的能力和抽象概括的能力。

（4）词汇（vocabulary）。词汇分测验要求被试对给出的一些词汇进行详细的解释。例如"什么是茶杯"等。在成人测验中，所要求解释的一些词汇对被试是很具有挑战性的。因为人的词汇都是在阅读或谈话中获得的，所以这个分测验考查被试对新信息的敏感性以及对所遇到的词汇根据上下文线索进行理解的能力。词汇分测验被证明是对整体智力进行测量的最好的分测验之一。

（5）填图（picture completion）。填图分测验是给被试一些图片，要求被试说出图片中所缺的重要部分。例如一个简单的题目可能是图片上画着一张缺了一条腿的桌子，要求被试说出缺少的是什么。这个分测验考查被试的长时记忆能力、对物体形态的辨别能力、区分物体的重要和非重要特征的能力等。

（6）积木（block design）。积木分测验要求被试用彩色的立体积木拼出一个给定的平面图案。这个分测验考查被试的空间关系、视觉—运动协调、推理和问题解决能力等。积木分测验的成绩在大部分的年龄组中与操作智商有着最高的相关度。

（7）符号搜索（symbol search）。符号搜索是韦克斯勒智力测验中较新的一种分测验形式。此分测验要求被试迅速地判定目标符号是否存在于所给出的符号系列中。图4-2是与韦克斯勒测验题目相似的一个例子：

图4-2　符号搜索测验例题

符号搜索测验是一个典型的速度测验，主要考查被试的加工速度。测验发现脑外伤经历对符号搜索测验的成绩有着非常显著的影响。

（8）矩阵推理（matrix reasoning）。矩阵推理测验也是韦克斯勒智力量表中较新的一种分测验形式。该分测验要求被试确定在给出的一行图形（较简单的形式）或3×3矩阵图形（较复杂的形式）中所缺少的图形是什么。图4－3是与韦克斯勒测验题目相似的一个例子：

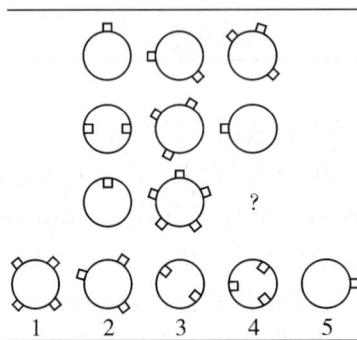

图4－3　矩阵推理测验例题

矩阵推理分测验是韦克斯勒量表中唯一没有时间限制的分测验，其测量的是流体智力。完成这个分测验要求被试要进行完形、类比推理和序列推理，这是一个考查形象归纳推理的良好测验。

（四）韦克斯勒智力测验的结果

韦克斯勒智力测验可以为测试者提供丰富而详细的信息。根据测验的结果，通常我们可以得到三个不同层次的分数。

第一个层次的分数是各分测验的分数。韦氏智力测验中各分测验的原始分被转换成平均分为10、标准差为3的标准分。根据这些标准分，测试者可以对被试在智力中的优势和弱点进行了解。

第二个层次的分数是言语智商和操作智商。把言语分量表和操作分量表中各测验的得分累加，可以转换成言语智商和操作智商（其平均分为100、标准差为15）。这两个智商分别表示被试在以语言为载体和以操作为载体的智力活动中的水平。韦克斯勒认为，如果个体的言语智商和操作智商具有显著的差异，则具有临床诊断上的意义。他认为当言语智商显著高于操作智商时，往往显示被试具有脑的器官病变、精神病或情绪失常。而青春期精神病、轻微的智力迟钝则会导致操作智商显著高于言语智商。

第三个层次的分数是全量表智商。这个分数可以显示被试总体的智力水平。

除了这些传统的测验分数以外，在WAIS－Ⅲ中，测验还被分成四个因素，即言语理解、知觉组织、工作记忆和加工速度。这四个因素各由一定的分测验所构成，如表4－5所示：

表 4 - 5　WAIS - Ⅲ 的因素构成

	言语理解	知觉组织	工作记忆	加工速度
分测验	词汇	填图	算术	数字符号
	类同	积木	背数	译码
	常识	矩阵推理	字母—数字序列	符号搜索

　　根据各因素所包含的分测验的成绩，我们可以得到四个因素的分数（其平均分为 100、标准差为 15）。在言语理解因素中，因为并未包含在测量注意中较敏感的分测验（如背数、算术等），所以言语理解分数（verbal comprehension index）比言语智商（verbal IQ）更直接地测量到了语言理解的能力。同样，知觉组织分数（perceptual organization index）比操作智商（performance IQ）更少受速度因素的影响，因此知觉组织分数是对流体推理、视觉—空间问题解决的更准确的测量。

（五）韦克斯勒智力测验在中国的发展

　　20 世纪 80 年代后，韦克斯勒智力测验的三种量表都被介绍到中国并进行了修订。其中较有代表性的修订版本包括：由龚耀先主持修订的中国修订韦氏成人智力量表（WAIS - RC，1982）、中国—韦氏幼儿智力量表（C - WYCSI，1985）和中国修订韦氏儿童智力量表（C - WISC，1993），由林传鼎、张厚粲等主持修订的韦氏儿童智力量表中国修订本（WISC - CR，1986），由上海第六人民医院等 52 个单位协作完成的韦克斯勒学龄儿童智力量表的修订本（WISC - R，1986）等。这些修订本在测验内容的中国化方面都做了很多工作，建立了中国被试的常模资料。这些测验在中国得到了较广泛的应用，在社会实践和科学研究工作中发挥了巨大的作用。

　　但是，随着时间的发展，原有的这些测验在使用中也逐渐暴露出一些问题。①测验内容的陈旧、过时。在某些版本中所问及的一些问题，如"苏联的首都在哪里？""南斯拉夫在哪一个洲？"等，已明显不符合当今世界发展变化情况，被试（特别是儿童）根本无法作答。②国内现有的韦氏测验版本常模资料普遍过于陈旧。智力心理学的研究已经发现，人们在一个智力测验中的得分，会随着时间的发展出现普遍的增高现象，即存在着所谓的弗林效应（Flynn Effect）。因此，对测验的常模资料进行周期性的更新是非常必要的，使用过于陈旧的常模资料，会导致对被试智力不准确的估计与解释。③国内的韦氏测验修订本，其原型基本上是韦氏测验中较陈旧的版本。例如，韦克斯勒儿童智力量表现在已经推出了第四版（WISC - Ⅳ），而国内的修订本多数还是以第二版（WISC - R）为原型进行修订的，无论是测验的理论基础还是测验所能提供的信息都显得相对滞后、简陋。要想在社会实践和心理学研究中更好地利用韦氏智力量表这个工具，解决以上问题是十分必要而且迫切的。

第四节 智力测验的发展趋势

一、对传统的智力测验的争论与反思

从比奈—西蒙智力测验发表至今，在智力测验所走过的一个世纪的风雨历程中，智力测验接受过人们的崇敬甚至是膜拜，也承受着人们的非议和指责。到今天，关于传统智力测验的争议仍然是存在的。这些对于传统智力测验的争议，概括起来主要集中在两个方面：一是传统智力测验的正确性，二是传统智力测验的公平性。

对传统智力测验的正确性的质疑，主要表现为：

（1）认为传统的智力测验与实际的情景脱节，智商并不能准确反映或预测一个人的成就。例如，著名心理学家斯腾伯格认为传统的智力测验脱离了社会文化因素，对智力的实践性或现实性品质重视不够，过分强调了在实际情景中并不是太重要的绝对速度在智力中的重要性。因此，斯腾伯格认为传统智力测验测量的只是"呆滞的智力"，高智商除了意味着在智力测验中得了一个好分数外，在实际中并没什么作用，不少在智力测验中得到高智商的学生在走入社会后并不能取得好的成绩。智商并不能预测人的成就。

（2）认为传统的智力测验未能涵盖智力的内容。例如，美国心理学家加德纳提出的多元智力理论认为，智力包括语言能力、数理逻辑能力、空间能力、音乐能力、身体运动能力、人际关系能力和自知能力等。传统的智力测验只是测到语言能力、数理逻辑能力和空间智力，相当多的智力内容没被有效反映。将智力定义为"适应环境的能力"的心理学也认为传统智力测验内容太狭窄，因为有研究表明，智力测验的结果并不能很好地解释个体的社会适应（只能解释约1/6的职业成就差异）。据此看来，智力测验显然远未测量到全部的智力。加拿大心理学家戴斯认为传统的智力测验只能反映真正智力本质的较少部分。传统的智力测验从大的方面分，可以分为言语测验、非言语测验、记忆和序列测验、加工速度测验等，而人们对智力的认识远不仅此。

对传统智力测验的公平性的质疑则认为传统智力测验的内容过多地反映了一个人的社会背景和教育文化因素，而不能测量"真正的智力"。例如，斯腾伯格认为传统智力测验未能很好地控制知识和经验因素的作用，所测得的是个体在某方面的暂时成就水平，因此智力测验总是对某种文化背景和教育水平的个体有利。这种传统的智力测验并未能公平地显示不同个体的真实智力水平和发展潜力，甚至会成为种族歧视的工具，引起社会阶层的对立与分解。

对于以上的争议，我们认为，争议的核心仍在于如何定义智力，如何确定智力的本质。只有明确了这个问题，才能解决智力测验应该测什么、应该能预测什么的问题。我们认为，智力，究其本质来说，还是应该将其定义为个体在认知上的特性，智力就是个体在认知活动中的性能的表现。从这样的角度来理解智力，那我们就不会、也不应该要求智商要能预测个体的成功（因为决定成功的因素绝不仅仅是智力），也不会要求智力测验要能对音乐能力、身体运动能力等去做测量了。要求智力测验扩展其测量的范围是对的，这也应该是智力测验发展的目标，但这种扩展更应该注重的是在智力内涵上的深入，而不是在智力外延上的随意扩大。否则，智力就几乎等同于心理了。如果这样，要求心理学家们用一个智力测验就可以把人的心理特性都反映出来，显然是要求太高了。

至于智力测验的公平性问题，我们认为智力测验确实要避免系统教育的知识经验的影响，否则智力测验就会成为知识测验。但知识和智力关系非常密切，要在智力测验中完全排除知识经验的影响十分困难，在个体完成一定的智力作业任务时（例如完成一道智力测验的题目），其知识经验不可避免地会对个体的反应产生影响。就算是在一些所谓文化公平测验中——如瑞文智力测验，一个受过教育、习惯用逻辑思维去解决问题的儿童与一个原始部落中的儿童的反应恐怕也是大不相同的。有研究表明，在一般智力测验得分低的团体，在文化公平智力测验中的得分也会偏低。美国心理学会的研究也发现，美国白人和黑人之间的智力差异并没有明显的证据表明是测验偏差的结果，智力的差异也不仅仅反映社会经济地位的差异。这些研究给予我们一些启示，一个智力测验中使用了非系统教育的知识经验时，其产生的所谓测验不公平性，恐怕并不是我们所想象的那么大。

事实上，尽管传统的智力测验存在这样或那样的不足，但它对人类社会实践所产生的积极作用仍然是我们所不能忽视的。美国在一战时通过智力测验来对新兵进行筛选分类，极大地提高了征募新兵的效率，使部队迅速成为一支具有战斗力的队伍，这就是体现传统智力测验的价值所在一个极好的例子。有研究也表明，尽管智商只能预测一个人学业成绩变异的1/4，但这已经是影响学业成绩的众因素中最有预测力的因素了。因此，传统智力测验模式的存在和发展是有其合理性和必要性的。

二、智力测验发展的一些新趋势

（一）以智力等级层次模型为主流，多种理论基础并存的多元化趋势

从理论基础来看，传统的智力测验主要是以因素分析的方法作为其构建方式，以单一因素理论作为其理论基础。因此传统的智力测验主要强调对一般智力因素（即G因素）的测量。20世纪90年代以后，越来越多的智力测验在并不否认G因素的前提下，注重对多种智力因素的测量。即现在的智力测验似乎已经不再争论测验到底应该测量的是单一因素还是多因素，而更多地以智力的等级层次模型作为其基础。例如，两个最具有代表性的个别智力测验——斯坦福—比奈测验和韦克斯勒

智力测验，在其最新修订版（2003 年的 S – B Ⅴ 和 WISC Ⅳ）中都采用了 Cattell-Horn-Carroll 的智力理论（CHC theory）作为其理论基础。在这些测验中，除了能得到传统的一般智力分数外（即对 G 因素进行测量），还能分析个体在语言理解、知觉推理、工作记忆、加工速度等智力因素上的表现。

另外，随着认知神经心理学的发展，基于神经心理学理论的智力测验也不断出现。戴斯和纳格利尔里等人以鲁利亚的脑三级机能联合区的理论为基础，提出了智力的 PASS 模型，认为应从认知活动的特性上重新认识智力。他们在 1997 年发表一个新智力测验 D – N 认知评估系统（Das-Naglieri Cognitive Assesment System，CAS）正是以 PASS 模型为基础而构建的。20 世纪 80 年代发表的考夫曼成套儿童判定测验（Kaufman Assessment Battery for Children，K – ABC）也是以神经心理学和认知心理学的研究成果为基础，对同时性加工和继时性加工的任务，对个体解决问题以及信息加工处理方式的过程进行考察。这些基于神经心理学基础的智力测验，为人们提供了一个新的视角。

（二）在智力测验的方法上，动态评估成为一个新的发展方向

传统的智力测验主要是一种静态测验。所谓传统静态测验（static tests），是指主试依照标准化的程序组织测验，被试立刻或在规定的时间内对相继呈现的测验题目作答，而在整个施测过程中，主试与被试之间没有交互活动，即主试不提供任何反馈或任何类型的指导，只记录被试的反应情况，测验结果以报告单的形式给出被试的最后得分（一个总分数或一套包括各子测验得分的分数）的测验范式。[①] 这种静态测验是以人的智力是一种静止稳定的结构实体，所有的个体在社会基础知识和基本生活经验方面没有太多的差异等理论假设作为前提来构建的，所得到的是对个体的一种终结性的评价。这种静态测验的模式在智力测验发展的早期，因其在客观化、量化等方面的良好表现，得到人们的认可并成为智力测验的主要模式。但随着智力测验的应用不断增加，静态测验对个体的教育、训练结果预测不足，因欠缺文化公平性容易导致社会阶层对立、种族歧视等弊端逐渐暴露出来。因此，越来越多的心理学家认为智力测量在方法上必须有所改进。而动态评估的方法被认为是自比奈智力测验以来，心理测量领域中少有的突破之一。

所谓动态评估是指一种更加质化的智力评估方法，是用来描述动态交互的一类测验施测程序的统称。它立足于智力的发展观，以个体的学习和认知结构为研究智力的切入点，并创造性地将教学与评估相结合，运用主试与被试之间交互的方法，从动态历时发展的视角对个体的认知、元认知过程进行评估，旨在促进个体认知能力的改变并对其发展潜能进行评价。[②] 即在智力测验中，不仅重视对个体当前智力

---

① 范兆兰．动态评估理论与应用研究——智力测验的新进展．南京师范大学博士学位论文，2006.
② 范兆兰．动态评估理论与应用研究——智力测验的新进展．南京师范大学博士学位论文，2006.

的评价，而且对个体的发展潜能进行预测。

维果斯基（Lev Vygotsky）的"最近发展区"理论是智力动态评估的重要理论基础。最近发展区是指在有指导的情况下，凭借成人帮助所能达到的解决问题的水平与在独立活动中所能达到的问题解决水平之间的差异。最近发展区的意义在于揭示了通过教学和训练提高儿童能力的可能性和重要性。动态评估就是通过交互活动探索被试的最近发展区，当研究者成功地探索出了这一最近发展区，评估也就最大限度地接近了认知发展过程本身。

动态评估的方法很多，其中较有代表性的方法包括福伊尔施泰（Feuerstein）的学习潜能评估工具法、布多夫（Budoff）的学习潜能测验法、古特克（Guthke）的过程学习测验法、斯旺森（Swanson）的认知加工测验法等。[①] 其基本的做法都是在多次测验中嵌入一个教学干预环节，以揭示个体潜在的能力以及潜在能力和个体已经发展的能力之间的关系。

动态评估的方法为我们认识智力和智力测验提供了一种新的视角，这种动态的方法能提高智力测验的社会效度，更符合人们对智力测验的期望。但从现阶段看，动态评估的方法概念还比较模糊，测验的效度、信度还不能令人满意，评估的主观性还比较大，标准化程度较低，评估结果的可行性差。因此，动态评估的方法可看作对传统静态测验的一种有益补充，但还不能取代传统的静态测验。

（三）计算机的应用丰富了智力测验的方式，提高了智力测验的效能

从测验的手段看，随着社会的发展和科技水平的提高，计算机在智力测验中的应用越来越广泛。计算机技术在智力测验中的应用，不仅仅是简单地呈现刺激、记录数据，它还使一些手工操作难以实现的技术得以实施，从而丰富了智力测验的形式，提高了智力测验的效能。例如，根据项目反应理论（Item Response Theory, IRT）实施的计算机自适应测验，计算机可根据被试对题目的作答情况，从试题库中自动调取难度与被试能力水平相当的题目进行施测。这样的测验，所需测试的题目数量减少了，但因为每个题目都是与被试的能力水平相适应的，信息量大，误差小，测验反而会更为有效。以评分者的评分模式为基础开发的电子评分计算机系统，可以提高评分的信度，并且可能使论文题等这样一些原先因为难以标准化而长期被排斥在智力测验形式以外的题目形式重新回到智力测验中，这可以解决智力测验中大量运用选择题等客观题型所带来的局限性。

三、一个现代智力测验——认知评估系统

认知评估系统（CAS）量表是以 PASS 模型为理论基础而编制的一个新型的智

---

① 王穗萍，陈新葵，张卫. 动态测验：当代智力测验的新发展. 教育理论与实践，2003，23（11）：50~53.

力测验量表。这个量表的编制，使得 PASS 模型这种重新将智力定义为认知特性的现代智力理论具有了可操作性，经受住了实践的检验。

CAS 是一种个别施测的智力测验，适用于 5～18 岁的儿童。量表由四个分量表组成，分别对计划、注意、同时性加工、继时性加工四种认知进行测量。在每个分量表中包括三个分测验。CAS 的构成如表 4-6 所示：

表 4-6 认知评估系统（CAS）的构成

计划	注意	同时性加工	继时性加工
数字匹配 （Matching Number）	表达性注意 （Expressive Attention）	矩阵 （Matrices）	单词序列 （Word Series）
计划编码 （Planned Codes）	视觉选择注意 （Visual Selective Attention）	同时词汇 （Simultaneous Verbal）	句子复述 （Sentence Repetition）
计划连接 （Planned Connections）	接受性注意 （Receptive Attention）	图形记忆 （Figure Memory）	言语速度 （Speech Rate） （适用于 5～7 岁） 句子问题 （Sentence Questions） （适用于 8～18 岁）

CAS 的最后结果主要可分为三个层次：一是综合分数，二是四种认知过程分量表的分数，三是 12 个分测验的分数。CAS 测验的分数表达没有采用传统测验中惯用的智商分数，而是采用了标准分、百分等级等分数形式。

CAS 与传统的智力测验相比较，除了具有选拔、预测等功能外，还具有很突出的诊断性功能。即通过测验，可以非常清楚地发现被试存在的认知薄弱状况，根据发现的具体薄弱环节可以分析被试学习上实际存在的认知缺陷，设计具体的补救措施。李长青等将 CAS 与韦氏儿童智力量表进行了比较研究，认为在结构层面上，CAS 量表比韦氏儿童智力量表更加系统，更加能够反映被试智力发展的全貌；在预测层面上，CAS 总分数的预测力明显好于韦氏儿童智力量表的言语 IQ；在诊断层面上，CAS 分数依据 PASS 理论进行的诊断更准确、具体，更有说服力。[1]

CAS 等新智力测验的出现，为人们认识智力、评估智力提供了新的视角和方法。但总的来说，目前这些新测验的相关研究资料还不多，对这些新测验的价值和可能存在的问题，还需作进一步的深入研究。

---

[1] 李长青. PASS 理论及其认知评估系统（CAS）与传统智力测验的比较研究. 首都师范大学硕士学位论文，2003.

参考文献

1. 〔美〕罗伯特·戈雷戈里. 心理测量：历史、概述与应用（英文版）. 北京：北京大学出版社，2005.

2. 〔美〕罗纳德·科恩等. 心理测验与评估（英文版）. 北京：人民邮电出版社，2005.

3. 〔美〕Lewis，R. Aiken. 心理测量与评估. 张厚粲等译. 北京：北京师范大学出版社，2006.

4. 〔美〕Robert，M. Kaplan，Dennis，P. Saccuzzo. 心理测验——原理、应用和问题（英文版）. 北京：世界图书出版公司，2007.

5. 〔美〕安娜斯塔西等. 心理测验. 缪小春等译. 杭州：浙江教育出版社，2001.

6. 〔美〕斯腾伯格. 超越 IQ——人类智力的三元理论. 上海：华东师范大学出版社，2000.

7. 金瑜. 心理测量. 上海：华东师范大学出版社，2005.

8. 戴海崎等. 心理与教育测量. 广州：暨南大学出版社，1999.

9. 丁秀峰. 心理测量学. 郑州：河南大学出版社，2001.

10. 〔美〕Lewis R Aiken. 心理测验与考试——能力和行为表现的测量. 张厚粲译. 北京：中国轻工业出版社，2002.

11. 〔美〕理查德·格里格，菲利普·津巴多. 心理学与生活. 王垒等译. 北京：人民邮电出版社，2003.

12. 金瑜，李其维. 传统比奈式智商测验和智力测验的新发展. 内蒙古师范大学学报（哲社版），1996（2）：1~8.

13. 王穗萍，莫雷，张卫. 当代智力测验的进展及特点. 华南师范大学学报（社科版），1999（6）：69~78.

14. 王穗萍，陈新葵，张卫. 动态测验：当代智力测验的新进展. 教育理论与实践，2003，23（11）：50~53.

15. 漆书青. 能力测量发展中的若干新趋势. 江西师范大学学报（哲社版），2005，38（5）：107~109.

16. 李群英. 当今智力测验面临的问题与争论. 山东师范大学学报（人文社科版），2003，48（2）：129~131.

17. 马天梅. 关于 IQ 测验的预测力. 上海教育科研，2003（3）：19~21.

18. 夏惠贤. 智力测验：争论问题述评. 人大复印资料（心理学），2005（9）.

19. 杨韶刚，于力. 智商于能力关系研究新论. 人大复印资料（心理学），1998（11）.

20．范兆兰．动态评估理论与应用研究——智力测验的新进展．南京师范大学博士学位论文，2006.

21．李长青．PASS理论及其认知评估系统（CAS）与传统智力测验的比较研究．首都师范大学硕士学位论文，2003.

22．揭水平．从智力理论看传统智力测验的局限．高等函授学报（哲学社会科学版），1999（3）：16～17.

23．张阔，胡竹菁．略论当代智力测验的发展趋势．江西师范大学学报（哲社版），2000，33（1）：28～32.

24．杨海丽．西方心理测验的历史综述．太原教育学院学报，2004，22（4）：8～12.

25．张卫，王穗萍，莫雷．西方智力测验的现状与趋势．心理科学，1998，21（6）：556～557.

26．金瑜．再评传统的比奈式的智商测验．心理发展与教育，1995（1）：22～25.

27．龚耀先．在恢复和发展中的我国临床心理测验工作．心理科学进展，1985（1）：80～83.

28．周振朝，章竞思．智力理论和测验整合发展的基本走向．山西大学学报（哲社版），2002，25（6）：7～11.

29．龚耀先，蔡太生．中国修订韦氏儿童智力量表．中国临床心理学杂志，1994，2（1）：1～7.

30．修订韦氏成人智力量表全国协作组．韦氏成人智力量表的修订．心理学报，1983（3）：362～370.

31．全国WISC－R常摸制订协作组．韦克斯勒学龄儿童智力量表全国城市常模制订报告．实用儿科杂志，1987，2（6）：327～328.

32．戴晓阳，龚耀先．长沙—韦氏幼儿智力量表（C－WYCSI）的编制．心理科学，1986（2）：23～30.

33．朱月妹等．韦氏学龄前儿童智力量表（WPPSI）及在上海市区的试用．心理科学，1984（5）：22～29.

34．张积家．评现代心理学中的智力概念和智力研究．教育研究，2001（5）：27～32.

智力是一种适应……从某种意义上说，在心理演进初期，智力适应比生物适应更受限制，但随着生物适应的延伸，智力适应就无限地超越了它。

——J. 皮亚杰（J. Piaget）

第五章 智力的发展

皮亚杰认为，生命是一种不间断的创造，它创造越来越复杂的形式；生命也是一种平衡，它使得这些形式与环境之间逐渐实现平衡。智力则从心理上建构某些能适应环境的结构，并由此去延伸这样一种创造。所以，智力伴随着物种进化过程，存在着演化发展，而且从个体的生命历程来看，智力也有发展的特点。

第一节 智力发展概述

一、发展的实质

发展，从哲学上讲就是运动变化的一种特殊形式，即指事物由简单到复杂，由低级到高级的前进、上升运动。发展与变化有着本质的不同。变化指事物不仅有量的运动，也有质的飞跃，既包括前进上升的运动，又包括倒退的运动。因此变化的范围要比发展广泛得多。而发展的实质是新事物的产生和旧事物的灭亡。

人的发展和哲学所讲的发展有所不同。它指的是人类身心的生长和变化，即个体从生命开始到生命结束这段历程中的系统的连续性和变化。人类的发展具有以下特征：

（1）人类的发展是一个过程，这个过程既是持续的，又处于逐渐的变化过程中。人的发展是个开放的系统，在生命的过程中没有绝对的起点，也没有绝对的终点，因此发展是不能截然分开的，具有连续性。但由于受到各种因素的影响，人的发展又表现出明显的阶段特征，每个阶段都在心理上表现出质的差异。阶段性和连续性是对立统一的，连续性是在运动上的量的积累，而阶段性是发展的质的飞跃。

（2）人类发展的各个方面是相互联系的，具有整体性的特征。曾经有发展学家把人类心理的发展分为生理的成熟与发展、认知的发展和心理的社会层面的发展三个方面。但从联系的观点来看，某个方面的发展对其他方面的发展也是具有重要意义的。比如，个体社会认知的发展，不仅是社会认知的发展，它也有赖于生理的成熟与发展。

（3）发展受到社会文化和历史背景的制约。在研究人类心理发展时，并没有哪一个发展模式能够运用到所有的社会文化或种族中去。我们都知道，每种文化、亚文化都具有传递功能，它把特定的信仰、价值观、风俗习惯等向下一代传递，并且对个体的个性和能力有相当大的影响。社会变化也会影响到发展，比如科技的发展、历史事件的影响。每一代人都有自己生活的社会历史背景，他们都以自己的方式发展，但同时又对下一代人的发展产生影响。我们不能轻易地认为在某个文化背景下取得的研究成果是较优秀的，也不能用发展的成果运用于另一个时代或别的文化背景。

智力的发展作为人类发展的一个方面，也具有和人类发展相同的特征。智力的发展主要包括两个方面，一是指个体在成长过程中进步的量与质的变化，二是指个体智力衰退的质与量的变化。

二、智力发展的研究方法

在智力研究中，研究者们都希望清楚地得知智力是如何发展变化的。那么对于这个问题，人们应该如何设计一些研究来描述智力发展的趋势呢？下面介绍智力发展研究的主要方法——横断研究和纵向研究。

横断研究就是在同一时间里对不同年龄段的被试的智力进行测查并进行比较的研究设计。横断研究设计是智力研究中经常使用的方法，比如智力量表的制定、修订和常模的建立都需要运用这种研究方法。琼斯（Jones）和康纳德（Konrad）最早用横断法研究智力的年龄差异。这种方法的优点是研究者能在较短的时间内从不同年龄段的被试那里收集到大量数据资料，成本低，费用少，省时省力。但是，横断研究也有自身的缺陷。我们都清楚，在横断研究中，被试都是来自不同群体的人，这种群体间的差异很可能是受到了被试不同的生活经历、社会文化背景的影响，因而这种方法不能区分研究中的年龄差异是由年龄和发展造成的，还是由文化和历史因素造成的，难以确定两者之间的因果关系。另外，这种方法仅仅提供了个体在某个时间点上的智力状况，表示的只是一种静态的特征，而不能告诉我们个体发展的动态情况。

纵向研究是在比较长的时间内，对同一个体或群体进行系统的定期的研究，也叫做追踪研究。这种研究方法要求在所研究的发展时期内反复观察和测量同一个体或群体。因此，它能系统、详细地了解个体与群体心理发展的连续过程，有助于确定发展中的个体差异，从而确定发展的量变、质变规律。其局限性在于：①选择性损耗。由于纵向研究需要经历较长的时间，随着研究时间的推移，部分被试可能由于各种原因而流失，导致非代表性样本的产生，使得研究不能再继续下去。②练习效应。纵向研究反复地测量和访谈被试,使得被试对测验的内容越来越熟悉,这样会降低测验结果的可靠性,导致与正常发展模式不一致的相关。同时反复测量也可能影响被试的情绪,进而影响某些数据的可靠性。③跨代问题。长期追踪要经历时代、社会、环境的变化,这通常会造成变量的增多。因而在一个较长的时间里限制了对那些被试所作出的结论,使这个结论不能推广到其他的群体中去。

从以上内容可以看出,两种方法都有其优缺点。在智力研究中,我们一般把这两种方法结合起来,互相弥补,取长补短,使研究中既能看到智力发展的共同点,又能看到个体智力发展的连续性,既有静态,又有动态,同时也有助于了解影响智力发展的外部因素和内部因素的辩证关系。

第二节 智力发展的趋势

一、智力水平的年龄变化趋势

智力发展水平的变化主要是指个体随年龄的增长而表现出智力发展的规律性的趋势。个体智力的发展不是等速的,一般是先快后慢,到了一定年龄则停止增长,随着人的衰老,智力开始下降。

智力在个体中的发展一般经历三个阶段:增长期(0~18岁)、高峰期(17~36岁)和衰退期(36岁以后),具体如图5-1所示。

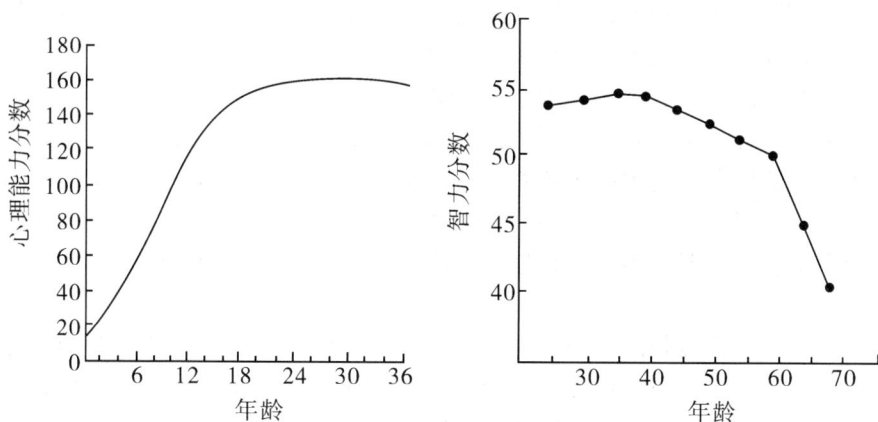

图5-1 个体智力发展的年龄变化

第一个时期是增长期。在这个阶段,个体智力的各个方面随着年龄的增长而发展起来。年龄较小的儿童由于不能完全控制自己的行为，表现在智力活动上的注意、记忆和想象，都有相当大的不随意性，智力活动有很大的不稳定性。到了 17、18 岁的时候，个体的抽象逻辑思维占据主导的地位，思维趋向成熟。个体的智力在不断发展的同时，某些智力在这个阶段已经达到了相当的程度。许多研究表明，个体出生后的几年内智力发展得很快，因而人们讨论了幼儿期是智力发展的关键期的问题，不同的心理学家有不同的看法。如，皮亚杰认为出生到 4 岁是智力发展的关键期；美国心理学布鲁纳（J. S. Bruner）经过多年的研究认为，从出生到 5 岁是智力发展的最快时期。

第二个时期是高峰期。智力的总量虽然没有显著地增长，但某一方面的智力还在继续增长着。这个时候智力的发展水平达到了前所未有的高度。一些研究也支持了这个观点。1970 年贝利（N. Bayley）采用纵向研究的方法，发现智力发展的最高峰是在 26 岁，这个高峰一直持续到 36 岁；而沙依（K. W. Schaie）根据智力测验的结果发现，一般人的智力在 35 岁达到最高峰。人们都运用这个智力发展的高峰期获得了成就。

第三个时期是衰退期。这个时期个体的智力随着衰老而开始不断地下降。卡特尔的流体智力和晶体智力理论认为，流体智力随着机体的衰老而衰退。

二、智力各侧面的年龄变化趋势

研究发现，智力除了在年龄上表现出不同的水平变化趋势之外，它的各个组成部分的发展变化也是不同的。

迈尔斯（Miles, 1944）等人研究了智力不同方面的发展，发现它们的发展和衰退是不同的。知觉能力发展较早，但下降也较早；其次是记忆能力，其发展的顶峰年龄约为 18 ~ 29 岁；然后是思维能力，比较与判断能力在 80 岁时开始迅速地下降，具体见表 5 - 1。

表 5 - 1　智力结构的年龄变化

年龄	10 ~ 17	18 ~ 29	30 ~ 49	50 ~ 69	70 ~ 89
知觉	100	95	93	76	76
记忆	95	100	82	83	55
比较与判断	72	90	100	87	69
动作与反应	88	100	97	92	71

韦克斯勒用韦克斯勒成人智力量表测量了年龄在 16 ~ 75 岁之间的 2 052 个被试，结果表明，言语和操作方面的智力都在 25 岁左右达到高峰。但随着年龄增长，言语方面的智力下降较慢，操作方面的智力下降较快。

第三节　智力发展的年龄特征

一、学前期儿童智力发展的特点

学前期儿童主要是指 6 岁以前的儿童。从出生到 6 岁这段时间经历的发展阶段是婴儿期和幼儿期。

（一）婴儿期智力发展的特点

对于婴儿期智力发展有什么特点，人们也经常用智力测验来评定。由于婴儿还不具备当前智力测验所需的言语技能和注意力，因此人们经常采用"贝利婴儿发展量表"来预测婴儿的智力。但测出来的发展商数甚至不能预测婴儿晚期的发展商数，结果的预测性较低。到目前为止，发展心理学家还不能根据婴儿 2 岁时的智力测验成绩预测他在儿童期或成年期的智力发展。其中可能的原因是：婴儿的发展相对不稳定；智力测量和婴儿测验所测量的能力是不相同的；婴儿期个体的智力差异还没有表现出来。

在婴儿期，智力各方面的发展主要体现在感知觉、记忆等，这个阶段感知觉的发展速度最快，也占据主导地位。

在感知觉发展方面，2~4 个月的婴儿，其颜色知觉已发展得很好；3 个月大时具有分辨简单形状的能力；4 个月以前已经具有了大小知觉的恒常性，4 个月时已表现出对某种颜色的偏爱，其颜色视觉已经接近成人水平；6 个月的婴儿表现出深度知觉，并能辨别大小；8 个月时获得形状恒常性。

在记忆能力发展上，人们认为记忆发生在新生儿初期。诺韦科利尔（Rovee-Collier）的研究已经证实了这个观点。他利用操作性条件反射来研究婴儿的记忆能力，发现新生儿末期确实具有了长时记忆的能力。他在 6 周大婴儿的床周围挂一些玩具，这些玩具与婴儿的腿相连。实验者摇动这些玩具，婴儿听到玩具发出的声音和玩具的动作后，也兴奋地活动自己的腿。经过几次这样的练习，婴儿能很快学会自己动腿来使玩具发出声音。间隔两周，再将婴儿放置在同样的环境中，结果发现，婴儿能立即表现出动腿的动作来。显然，6 周大的婴儿有了记忆的能力，能够记住所学的内容。

在这个时期，婴儿是在初步的活动中发展自己的智力的。1 岁前的儿童只有感知而没有思维，发展到出现直观概括的动作思维。也就是说，3 岁前儿童进行思维的时候往往都是对物体的感知，思维也是伴随动作进行而发展起来的，如果离开了动作和实物的支撑，思维也就停止了。

（二）幼儿期智力发展的特点

幼儿期智力测验结果的预测性较高。随着年龄的增长，他们在智力测验成绩与其以后的智力测验成绩的得分相关性就越高。研究者发现，4 岁以后，个体智力测验间的相关度达到 0.70。[①] 但对于哪个时期是相关显著增长的关键年龄，却有不同的说法。有人认为，4 岁左右相关最大，也有人认为 5、6 岁的时候相关最大。

无论是在哪个时间个体的智力测验相关最高，人们都发现，幼儿的智力测验都呈现出一个特点：其智力测验成绩随着年龄的增长而升高，符合正态分布。许多研究也证明了这点。比如一项研究发现，学龄前男女儿童智商水平有随着年龄增长而增高的趋势（$P < 0.001$）。[②] 而另一项对 324 名 4 ~ 6 岁儿童进行的研究结果表明，智商水平也呈现增高的趋势。智商处于正常边界以下和超常以上的比例分别为 4.83%、11.36%，其他的处于中间状态，智商水平等级分数呈正态分布。[③]

幼儿的智力发展可以体现在以下方面：

首先是观察力方面，观察的有意性还比较低。对于小班儿童的观察，其观察缺乏系统性，观察容易发生遗漏现象，中班儿童已经有一定的系统性和精确性，大班儿童能系统地进行观察，观察也细致，基本上不会遗漏细节问题，说明幼儿的观察力在不断发展，有意性不断提高。

其次，在记忆能力方面也表现出了显著的增长，如幼儿的记忆容量显著增加，无意识记忆和有意识记忆、记忆策略和元记忆都得到了发展。

一般认为，成人的短时记忆容量是 7 ± 2 个组块，而幼儿一般达不到这个水平。尽管如此，儿童的短时记忆容量的发展趋势是随着年龄增长而增加的。在幼儿初期，儿童以无意识记忆为主，凡是他们喜欢、感兴趣、印象深刻的事物就容易记住。有意识记忆和追忆的能力是在教育的影响下，在幼儿晚期才逐渐发展起来的。有意识记忆最初是被动的，它的出现标志着儿童记忆发展的一个质变。研究发现，无意识记忆和有意识记忆的识记效果也都随着年龄增长而增长。

在整个幼儿期，儿童的记忆带有很大的形象性，形象记忆占主要地位。运用语词的逻辑识记的能力还很差，随着语言的发展，这个阶段幼儿的语词记忆也在逐渐地发展。沈德立对幼儿的语词记忆进行了初步的研究，结果表明，不论是再认还是再现，其保持量都随着幼儿年龄的增长而增加。

幼儿记忆的发展还表现在记忆策略和元记忆的形成与发展上。记忆策略是人们为有效地完成记忆任务而采用的方法或手段。个体的记忆策略是不断发展的。一般说来，5 岁前的儿童没有策略，5 ~ 7 岁处于过渡期，记忆策略在形成与发展中，10

① ［美］David R. Shaffer. 发展心理学. 邹泓等译. 北京：中国轻工业出版社，2005. 2.
② 陈靖. 187 名学龄前儿童智力水平及其影响因素分析. 中国全科医学，2005，8（22）：1848 ~ 1849.
③ 梅玉蓉. 324 例儿童智力测定结果及其影响因素分析. 江苏预防医学，2003，14（1）.

岁以后记忆策略逐步稳定发展起来。元认知就是关于记忆过程的知识或认识活动，幼儿也有一定的元认知。左梦兰等对幼儿的记忆策略发展进行研究发现，幼儿可以在其知识与经验范围内选择适当的记忆策略，4岁是幼儿形成记忆策略的萌芽时期，5岁幼儿的记忆策略进入加速发展期。

在思维发展上，幼儿思维的主要特点是具体形象性以及不随意性，进行初步抽象概括的能力和随意性都刚刚开始发展。幼儿由于知识经验贫乏，语言还不够发达，因而主要是凭借事物的具体形象或表象来进行思维。他们虽然能够进行初步的抽象逻辑思维，但还是具有很大的形象性。在整个幼儿期，儿童的思维水平是不断提高的。幼儿初期，儿童更多地运用直觉行动思维；幼儿中期以后，抽象逻辑思维开始萌芽。5~6岁的儿童是在直觉行动水平上解决问题，依据物体的感知特点和情境进行分类，但依据功能和概念来加以分类在逐步发展。6~7岁儿童开始突破具体感知和情境性的限制，大多数人能依据物体的功用及其内在联系进行抽象概括，但对物体本质属性的抽象概括能力还只处于初级阶段。

也正是由于他们知识经验和言语水平的限制，幼儿还不能有意识地控制和调节自己的行为，幼儿的观察、记忆和表象，都带有很大的随意性，因而造成智力活动常带有很大的不稳定性。在整个幼儿期，言语在幼儿思维中的作用越来越重要。思维活动起初主要依靠行动进行，后来才主要依靠言语来进行，并开始带有逻辑的性质。

二、中小学生智力发展的特点

中小学生的智力测验成绩具有相对稳定的预测性。有学者经过研究发现确实如此，具体如表5-2所示[①]。

表5-2 学前期与幼儿中期IQ分数的相关及10岁和18岁智商的相关

儿童年龄	与10岁时IQ的相关	与18岁时IQ的相关
4	0.66	0.42
6	0.76	0.61
8	0.88	0.70
10	—	0.76
12	0.87	0.76

资料来源：Honzik，Macfarlane & Allen，1948.

---

① Sigelman，C. K.，Shaffer，D. R. *Life-Span Human Development*. California：Books/ Cole Publishing Company，1991.

表 5-2 的数据表明，两次测试间隔的时间越短，儿童 IQ 分数之间的相关度就越高。随着年龄的增长，两次测试的 IQ 分数之间的相关保持在一个相对稳定的水平上。儿童在 6 岁时的 IQ 分数与他们在 18 岁时的 IQ 分数的相关已经非常稳定了。

在中小学阶段，儿童、青少年的智力发展在绝对水平上是不断增长的，并且在青少年时期达到最高峰。

（一）小学生智力发展的主要表现

第一，儿童的思维具有过渡性，即从具体形象思维过渡到抽象逻辑思维。但这种抽象逻辑思维仍然带有很大的具体性，就是说它仍然是与直接、感性的经验相联系的。这个时期儿童对事物的概括能力有所发展，初步掌握了包括一定本质特点的概念，并能掌握有关概念之间的联系与区别。他们也能够理解一些具体的材料，也能开始理解抽象的材料。

第二，随着年级的增加，小学儿童的观察力、观察品质都得到了发展。同时，记忆的目的性、方法和内容都在发生变化。在目的性方面，一年级的儿童随意性较差，三年级、五年级的学生已经有所改善。从记忆的方法来看，有意识记忆还不占优势，随着年龄的增长日益转变为主导的方法，机械记忆非常发达；在记忆内容上，具体形象记忆优于抽象记忆逐步发展到抽象记忆优于具体形象记忆。此时儿童的想象力也迅速增长，想象中的创造成分日益增多，想象逐步以现实为基础。

第三，儿童的智力发展过程中存在着不平衡性。虽然儿童智力发展具有一般的趋势，但在不同智力成分的发展上表现出很大的不平衡性。

（二）青少年的智力特点

在前一阶段智力发展的基础上，处于青少年期的中学生的智力发展又有了新的进步。这种智力发展可以体现在质和量两个方面上。在量的方面，主要表现在青少年各种基本智力因素的进一步提高和完善。在质的方面，主要体现在抽象逻辑思维处于主导的地位。在中学阶段，青少年的思维能力得到迅速发展，他们的抽象逻辑思维处于优势地位。但初中生和高中生的抽象逻辑思维又有一些不同。初中生的逻辑思维需要感性经验的直接支持，他们能初步掌握辩证思维，而高中生能够运用理论作为指导来分析综合各种事实材料，基本上掌握了辩证思维。

中学生的智力发展表现在以下方面：

（1）抽象逻辑思维是通过一种假设进行的、形式的和反省的思维。这种思维具有五个方面的特点：一是通过假设进行思维；二是思维具有计划性；三是思维具有计划性；四是思维活动中的自我意识或监控能力的明显化，即"元认知"明显化；五是思维能跳出旧框架，追求新颖的、独特的因素，追求个人的色彩、系统性和结构性。

（2）青少年抽象逻辑思维的发展存在着关键期和成熟期。在青少年期，抽象逻辑思维已经占据主导地位。但这种抽象逻辑思维又分为两种水平：一种是直接经验的支持，另一种则是从经验上升为理论，又用理论来指导获得具体知识的过程，这是更高级的抽象逻辑思维。如果说前面那种是经验型的逻辑思维的话，那么后一种就是理论型的逻辑思维。

初中阶段的青少年多处于经验型的逻辑思维阶段，而高中阶段的青少年则处于理论型的抽象逻辑思维阶段。这两个阶段的划分并不是以初中和高中阶段为分界的，而是以初二为分界点的。从初二开始，青少年的抽象逻辑思维开始从经验型向理论型转化。到了高二，这种转换就基本完成。初二明显表现出"飞跃"、突变和两极分化，高二则趋于稳定。前者是一个关键期，而后者则意味着思维的成熟。各种思维的成分基本上趋于稳定状态，思维的可塑性也大大减少，与成年期的思维水平基本保持一致，个体间思维差异也已经趋于稳定。

（3）青少年的智力发展存在不平衡性。和儿童一样，青少年的智力发展也同样存在着不平衡性。这种不平衡性体现在智力发展过程的个体差异，主要又表现为个体在思维品质上的差异。

三、成人智力发展的特点

成人的智力特点主要体现在对知识的应用上，这一特点从成年期就开始表现出来，正是由于知识的获得及应用在这个年龄阶段形成了良好的有机结合，才使得成人个体智力结构中的诸要素在基本保持稳定的同时，显示出了高于前几个发展阶段的特点。

第一，在观察力方面，具有主动性、多维性及持久性的特点。他们既能把握对象或现象的全貌，又能深入细致地观察对象的某一方面，而且在实际的观察中，观察的目的性、自觉性、持久性进一步增强，精确性和概括性明显提高。

第二，记忆力方面，有意记忆、理解记忆占主导地位，而且记忆容量很大。

第三，想象力方面，想象中的合理成分和创造性成分明显增加，克服了前几个发展阶段中所表现出的想象过于虚幻的情况，使想象更具实际功用。

第四，思维方式以辩证逻辑思维为主。成人逻辑思维中的绝对成分逐渐减少，辩证的成分增多，既能看到事物之间的区别，也能对事物之间的联系作出判断；既能反映事物的相对静止，也能反映相对运动，在强调确定性和逻辑性的前提下，承认相对性和矛盾性。同时，这个时期是表现创造性思维的重要时期。有人做过研究，发现不同领域的创造性思维达到高峰的时间都是在成年期。虽然各个领域达到高峰的时间不相同，但相对于以后的各个年龄阶段，20岁前后尚未进入创造性思维的高峰期。

第四节　智力发展的影响因素

在智力发展的研究中，智力主要是先天遗传的结果还是后天教养的产物？血缘关系如何影响智力？早期的环境以及家庭因素在智力发展中到底起怎么样的作用？这些问题引起了人们激烈的讨论。在众多的讨论中，人们所持的主要有三种观点：遗传决定论、环境决定论和遗传环境交互作用论。由于智力发展是极其复杂的过程，与许多因素都有密切联系，只有具备一定的基础条件，智力发展才会成为可能。

一、先天遗传及成熟因素的作用

遗传就是父母把自己的性状结构和机能特点传给子女的生物现象。基因就是遗传的基本单位。遗传的生物特征称为素质，指有机体生来具有的解剖生理特点，主要是神经系统、感官的特征，特别是大脑的生理解剖特点。成熟是生理的成熟，指生理特征的发育过程。

我们认为，良好的遗传素质和成熟是个体智力正常发展不可缺少的物质基础。如果没有这个物质基础，智力发展也就无从谈起。人与人之间的遗传素质和生理成熟都有明显差异，但对大多数人来说，这种差异不会太大，因此遗传因素是智力发展的一个重要因素，或是重要条件，但不是决定条件。研究者通过智力落后的父母与其子女智商之间的关系进行了研究，结果发现智力落后与遗传因素显著相关，在某种程度上表明遗传是智力发展的影响因素之一。

有关智力发展的遗传因素研究，一般采用以下几种方法：家谱分析法、双生子研究和收养研究。

（一）家谱分析法

家谱分析法，就是选出一个具有某一特征（如低能或某种特殊才能）的对象作为指标，然后以这个指标作为出发点，调查其家族史中出现相似特征的对象的数目。高尔顿是第一个用家谱分析法研究遗传与智力关系问题的人。他调查了几百个名人的血缘关系，发现在名人亲属中成为名人的显著比普通家庭中的多。在1786—1868年的82年间英国的首相、将军、文学家以及科学家共977人的家谱中发现，其中89个父亲，129个儿子，115个兄弟共333人也很有名望。而在一般老百姓中4 000人才产生一个有名望的人。因此，他坚定地认为遗传因素对智力发展起着决定性作用。

但是，家谱分析的方法仅仅看到了遗传的作用，割裂了智力的发展和后天环境可能的关系，更不能说明环境所起的作用，单纯使用这种方法也不可能正确地解决遗传与智力关系这个问题，因此后人都较少使用此方法进行研究。

（二）双生子研究

在进行双生子分析时，我们首先要区分是同卵双生子还是异卵双生子。同卵双生子之间的遗传基因完全相同，异卵双生子或普通兄弟姐妹的遗传基因只有50%的相似性，比同卵双生子的遗传相似性程度低，因此可以通过考察同卵、异卵双生子在智力上的相关程度，揭示遗传因素的影响作用。

基姆林（E. Kimerling，1981）对双生子的系统研究发现，不同性别的异卵双生子在同一环境下长大者，智力的相关系数平均为0.50。同性别的异卵双生子在同一环境下长大者，智力的相关系数平均为0.60；同卵双生子在不同环境下长大者，智力的相关系数平均为0.75；同卵双生子在同一环境下长大者，智力的相关系数平均为0.88。这一结果说明，无论是否在同一环境下长大，同卵双生子智力的相关都要高于异卵双生子，这在一定程度上说明了遗传完全一致的同卵双生子，其智力相关程度要高于异卵双生子之间的相关，遗传越相近，相关系数就越高。

国内学者的研究也发现了相似的结果。林崇德教授在1981年以24对同卵双生子（幼儿、小学生和中学生各8对）和24对异卵双生子（幼儿、小学生和中学生各8对，且同性异卵和异性异卵各占一半）的智力进行了研究，发现他们在运算测验能力和智力品质等方面存在差异，都呈现出遗传因子越相近，智力各个方面的相关就越高。[1]

欧阳凤秀等认为视觉—运动反应时是反映儿童大脑皮质机能的一个指标，与儿童智力水平有密切关系，可用来预测儿童的智力。[2] 他们的研究发现不同性别、不同卵双生子反应时的偶内相关系数均有显著性意义，同卵双生子偶内相关系数均大于异卵双生子，其遗传度为0.903 6，说明反应时受到遗传因素的影响较大，进而也可以说明智力受到遗传因素的影响较大。

另外，李晶等对双生子进行的瑞文智力测验研究结果表明，瑞文智力总分平均偶内差比较同卵双生小于异卵双生，对内相关比较同卵双生高于异卵双生，且差异具显著性，表明同卵双生对内差异明显小于异卵双生，同卵双生相似性要高于异卵双生。瑞文智力总分估计遗传度在0.532 3~0.721 2之间，表明智力受到遗传及环境因素的双重作用，但主要受到遗传因素的影响。[3]

① 林崇德. 教育与发展. 北京：北京师范大学出版社，2000.
② 欧阳凤秀. 142 对双生子的智力研究. 中华儿童保健杂志，1996，4（3）：144~146.
③ 李晶，陈莉，马凤兰，刘根义. 遗传及环境因素对儿童智力影响的双生子研究. 济宁医学院学报，2001，24（3）.

（三） 收养研究

遗传对智力发展产生的影响也可以从收养研究中得到验证。

斯考尔等（Scarr & Weinberg, 1978）的研究发现，幼年时，被收养孩子的智商与他们亲生父母的智商（表明了基因影响）有一定的相关，也与他们养父母的智商呈一定的相关（表明了共享的家庭环境的作用）。但到了青少年期，与亲生父母间的相似性仍然很明显，但是不再与他们的养父母在智力上相似，表明遗传对智力的影响作用。

洛林（Loehlin）的研究表明，被收养儿童的一般智力水平和他们的亲生父母、养父母智力水平的相关分别为 $r = 0.13$ 与 $r = 0.23$，被收养儿童与养父母智力的相关要高于其与亲生父母的智力相关水平。在被收养 10 年以后，被收养的这些人仍显示出与其亲生父母智力水平的一定程度的相关，保持了原先的相关水平；但与养父母的相关却下降到了 0.05。

这些研究表明，由于被收养的孩子与他们的亲生父母有相同的遗传基因，他们之间的智力水平相关能够保持不变，甚至是越来越高；而被收养儿童的智商与他们养父母的智商之间的相关却随着时间的推移而显示出不再相似。这些研究结果显示了遗传的影响作用。

以上研究都表明智力受到遗传因素的影响，从现在的研究结果来看，智力具有中度可遗传性：遗传基因大约解释了人类智力分数总变异的一半。但是，遗传基因和环境对个体智力成绩差异的影响是否可能随着时间的变化而改变，是否在生命的早期基因更为重要？随着年龄增长，遗传因素的作用将逐渐地减小，在家庭和学校经历方面的差异将成为个体智力差异的主要原因。但事实上，普洛闵（R. Plomin, 1997）等人认为，随着儿童的发育成熟，基因对个体智力发展将起到更大的作用，而不是更小的作用。他的这个观点可以从一些研究中得到证实。前面洛林的研究就能够说明，随着年龄的增长，环境对智力的影响是越来越小的。

另外，罗兰德·威尔逊（1978，1983）的系统研究也能够说明普洛闵的观点。他对双生子的智力发展进行纵向研究发现，在对 1 岁婴儿进行的智力发展测验上，同卵双生子智商的相关并不比异卵双生子更高。然而，到了婴儿 18 个月时，遗传基因的影响就开始显露出来了。不仅同卵双生子在测验成绩上比异卵双生子变得更相似，而且从一个测验到下一个测验的分数变化也是同卵双生子比异卵双生子更相似。假如同卵双生子其中的一个在 18 个月到 24 个月之间智力有了很大进步，另一个可能也在同样的时间里显示出相似的进步。因此，看来好像基因现在既影响婴儿的智力发展过程，又在影响其发展速度。

从 3 岁到 15 岁，同卵双生子在智力成绩（平均 $r = +0.85$）上保持着高度的相似性。相反，异卵双生子 3 岁时智力的相关系数 $r = +0.79$ 最高，而随着年龄增长差异逐渐变得越来越大。到了 15 岁。他们在智力上的相关为 $r = +0.54$，并不比非双生子兄弟姐妹有更高的相似性。事实上，从婴儿到青少年，这些双生子样本里的智力遗传性是增加了。

斯考尔曾经指出，人所需要的环境与他们的基因类型相匹配，因此，同卵双生子所选择和生活的环境往往比异卵双生子或同胞兄弟姐妹的更相似。这就是同卵双生子为什么在一生中的智力水平都很相似，而异卵双生子或同胞兄弟姐妹智力方面的相似性越来越小的原因。

这些研究能否说明人的基因类型是决定环境、影响智力发展的最本质的因素呢？不是的。一个喜欢应对智力挑战的孩子，如果生活在单调的环境中，几乎没有智力活动的机会的话，他的智力不会发展得很高。相反，一个没有这方面倾向的孩子，如果生长在一个有丰富刺激的环境中，并且能不断获得富有挑战性的认知任务，他的智商就会达到平均水平或更高。

（四）生理成熟的作用

在智力的发展过程中，离不开脑的发育和生理的成熟，离不开生理机制或物质基础。个体的生理变化的规律性，例如，脑重量的变化、脑电波逐步发育、脑中所建立的联系程度的程序和过程，这就是智力发展年龄特征的生理基础。

从以上的讨论可以看出，遗传和生理成熟在人的智力发展中的基础作用是十分明显的。

二、后天环境与学习因素的作用

智力的发展还受到个体所处的社会生活环境的制约。生物前提只提供智力发展的可能性，而环境则把这种可能性变成现实。

居住在同一家庭但没有血缘关系的两个儿童，在智力上都有小到中等程度的相似程度。因为他们没有任何相同的遗传基因，这种相似性，只能理解为在同样环境中长大的缘故。

（一）早期环境刺激对智力发展的影响

戈德法布（Goldfarb）对两组生活在不同环境里的儿童智力发展进行了比较。[1]一组儿童从婴儿早期就住进福利院，一直到 3 岁左右，然后被人收养。另一组是直接被人收养。这两组儿童都有很相似的遗传背景。结果发现，长期住在福利院的儿童，其心理损害更大。这两组儿童智力落后的比率分别是 37.5% 和 7%。国内王季

---

① 白学军. 智力发展心理学. 合肥：安徽教育出版社，2004.

鸿等人对上海市家庭寄养的 124 例孤残儿童的精神和神经发育现状进行了研究。[①]被试为上海市福利院的 124 名儿童，对他们进行的智力测量后发现，被寄养的时间越长，儿童的智力发展越好。

吴凤岗等人在 20 世纪 80 年代从中国民俗育儿方式方面对儿童智力发展的影响进行研究。[②] 中国民俗育儿方式有沙袋养育、篓筐、背巾育儿和船舱养育等。这些育儿方式由于不能给儿童提供一个刺激丰富的发展环境，因而培育出来的儿童比一般方式养育的儿童的智力水平要低。

国内外的研究已经发现，早期的家庭刺激质量对智力的影响在半岁左右表现出来。戈特弗里德（Gottfried, 1984）等发现，提供适当玩具对 1 岁儿童的智力发展有利，而提供刺激多元化的机会对 2 岁儿童的智力发展更为重要。万国斌采用 HOME 家庭环境量表及贝利婴儿发展量表为工具，对 211 名 6~8 个月婴儿进行了研究，发现家庭环境刺激质量对儿童智力发展的影响在婴儿期就已经存在。[③] 寄养的方式不同，如在幼儿园和学校，由于能够接受更多信息，学习更多知识，因而对儿童的智力发展是十分重要的。

有关这方面的研究都显示出，早期环境刺激越丰富，对儿童的智力发展越有利，反之则越不利。

（二）家庭因素对智力发展的影响

家庭是儿童发展的第一个场所，父母是孩子的第一任老师，家庭及父母在儿童的成长过程中占据着重要的地位，因此，家庭因素对儿童的智力发展起着不可低估的作用。家庭中能够影响儿童智力发展的因素有很多，下面具体从家庭环境、父母特征和父母教养方式三个方面进行论述。

1. 家庭环境的作用

家庭环境可分为家庭物质环境和家庭心理环境两大类。前者主要指为儿童的发展提供所需的玩具、书籍等物质条件；后者指家庭为儿童提供的活动刺激、指导及家庭的一般心理氛围。

一般来说，丰富有益的家庭物质环境，可以为儿童的智力发展提供可能性，而积极健康的家庭心理环境，则是使儿童智力发展的可能性转变为现实性的重要保证。因此，这里主要阐述家庭心理环境对儿童智力发展的影响。

和谐融洽的家庭环境可使儿童获得安全感，心理活动较为稳定，情绪开朗稳定，而且可以使儿童乐于接受教育。家庭感情亲密会使儿童很重视家庭父母的分量，父

① 王季鸿，钱冬梅，唐彩虹，朱佳静. 上海家庭寄养124例孤残儿童精神神经发育现状调查. 中国民政医学杂志，2001, 13（6）：337~340.
② 白学军. 智力发展心理学. 合肥：安徽教育出版社，2004.
③ 万国斌. 家庭刺激质量对6~8个月婴儿智力发展的影响. 中国心理卫生杂志，1998, 12（1）：22~24.

母能对儿童产生感化作用，借助于这种作用对儿童的教育是十分有力的。反之，不良的家庭心理氛围则不利于儿童智力的发展。如父母关系紧张、不和甚至离异，将直接影响儿童的心理稳定性，导致其消极情绪的产生，同时父母关系紧张可能会导致教育方式中的不良倾向产生。这也会影响儿童对父母教育的接受。一方面，孩子可因父母冲突及家庭关系紧张而产生焦虑、恐惧等消极情绪。这些消极情绪能直接影响到儿童的智力操作活动，使儿童注意力不集中、观察不仔细、思维不灵活、自控能力差，于是智力潜能得不到充分发展；另一方面，家庭关系紧张，儿童得不到父母的关心、安慰和爱护，产生不安全感，形成心理防御，无心学习，出现智力水平得不到提高的局面。这种不安全感如果泛化到家庭外的事情，儿童变得怀疑、冷漠和畏缩，不主动去观察、去思考，将会失去很多发展智力的机会。

国外的萨梅尔洛夫（Sameroff）及其同事通过对家庭心理环境因素进行研究（见表5-3），发现在导致4岁儿童智商较低的10种危险因素中，9种是儿童的家庭或家庭成员的特征。[1] 这10种危险因素的每一种都与儿童4岁时的智商有关系，而且多数因素对儿童13岁时的智商都有预测作用。另外，影响儿童的危险因素越多，儿童的智商就越低。母亲对孩子没有积极的情绪，对4岁儿童智商的影响最大。

表5-3 与低智商相关的10种环境危险因素及是否处于危险环境的4岁儿童的平均智商

危险因素	4岁儿童的平均智商	
	处于危险因素中的儿童	未处于危险因素中的儿童
少数民族儿童	90	110
家长没有工作，或者只是技能很低的工人	90	108
母亲没有高中学历	92	109
家里有4个或4个以上的孩子	94	105
家庭中没有父亲	95	106
家庭经历多次应激生活事件	97	105
父母有严厉的育儿价值观	92	107
母亲高焦虑或压抑	97	107
母亲心理不健康或诊断为心理失常	99	107
母亲对孩子没有积极情绪	88	107

资料来源：Sameroff等，1993.

从以上论述可以看出，儿童的智力发展与家庭心理环境有极其密切的关系。要

---

[1] Sameroff, A. J. et al. Stability of Intelligence from Preschool to Adolescence: The Influence of Social and Family Risk Factors. *Child Development*, 1993, 64 (1): 80-97.

促进儿童的智力发展，其中一个可行的办法是优化家庭的心理环境，建立和谐幸福的家庭环境，使儿童充满安全感，让儿童在这种环境下能够积极主动地去探究周围的世界，促进智力的发展。

2. 父母的受教育程度和职业对儿童智力发展的影响

父母的受教育程度和职业对儿童的智力发展有着间接的稳定的影响。一般认为，父亲的文化程度对儿童的语言智商具有最重要的影响，其次为母亲的文化程度；对儿童的操作智商最重要的是母亲的文化程度。

许多研究已经证实了父母素质对儿童智力发展具有重要影响这个观点。如韦晓等以 2 830 名 6.5～12.5 岁儿童为被试，调查了他们父母的受教育程度、职业对其子女智力发展的影响作用。[①] 结果发现，家长的职业类型不同，儿童的智商存在显著的差异。在促进子女的智力发展方面，主要从事脑力劳动的家长比主要从事体力劳动的家长更有优势，母亲的职业差异对子女智商差异的影响更大。在该研究中也发现，父母的受教育程度对子女的智力发展也具有差异性。家长的受教育程度越高，则其子女的智商越高。

林晓霞等人以广东省五个地区的 8～15 岁中小学生为被试，每个年龄段取 50人，计算了父母的受教育程度与子女智商之间的相关系数，也发现父母的受教育程度越高，其子女的智商也越高。当父母的受教育程度相同时，母亲的受教育程度对子女智商的影响作用更大。[②] 有人对影响学龄前智力水平的因素进行了分析，发现父亲的职业和母亲的文化程度是影响儿童智商水平的重要因素。[③] 有人对秦皇岛市 7～10 岁小学生智商进行测试，也发现了类似的结果。[④] 无论是对学龄前儿童还是小学生的许多研究都发现，母亲的文化程度都具有重要影响，并且母亲的文化程度对儿童智力的影响比父亲文化程度对儿童智力影响更大。

为什么父母的文化程度和职业会和子女的智力密切相关呢？我们认为父母的文化程度和职业对子女智力发展的影响主要是通过家庭教养方式和家庭氛围起作用的。

首先，父母是子女的第一任老师，可以通过日常生活中的接触为其子女提供学习的榜样。我们都知道，儿童很容易受到父母的影响，儿童会模仿父母的一言一行，很依赖父母。文化水平高的父母一般有较浓厚的学习兴趣，重视文化知识的作用，更可能具有探索真理的科学精神，父母会以自身的知识和强烈的求知欲去影响孩子，为其提供模仿的榜样，使其产生学习的动力，最终促进其智力的发展。

其次，父母文化程度影响到其教育能力和教育水平。一般来说，文化素质越高的父母，越重视智力开发，更重视培养儿童复杂的认知技能操作，并且他们有能力

---

① 韦晓，窦刚，宋志一，张锋. 家长职业类型及文化程度与儿童智力发展相互关系的研究. 云南师范大学学报，2000，1（5）：18～24.

② 林晓霞，徐浩峰，聂少萍. 某些因素对少年儿童智商的影响. 中国学校卫生，1994，15（5）：371～372.

③ 徐贵文，李小斌，雷一平. 学龄前儿童智力影响因素分析. 实用临床医学，2004，5（2）.

④ 朱福英. 秦皇岛市 7～10 岁小学生智商测试结果分析. 中国校医，1992，6（3）.

并有相当的知识去教育引导子女，促进子女的智力发展。同时，文化水平高的父母一般也会采取较为民主的教养方式，与孩子建立民主、平等、合作的关系，更重视子女自信心的培养，因此更加注意教养方式的运用，不会采取打骂、训斥等消极方式进行教育，更多的是采用激励的方式激发儿童的内部动机，增强儿童的自控能力，这些都为儿童的智力发展提供了良好的条件。

最后，父母的文化水平和职业会影响到儿童的成就动机水平。文化程度高的父母一般具有较高的成就动机，当然也希望其子女能有较高的成就动机，因此他们对子女的要求较高，但这个较高要求并不是不看实际情况的盲目要求，而是依据儿童的实际需要在家长心里所产生的一种期望，这种期望会有意无意地在各种活动中表现出来。儿童在完成家长期待的活动过程中，家长会更多地看重活动的过程而不是活动的结果，这样就能保持儿童较高的成就动机水平。当儿童成功地完成家长期望的活动时，家长的表扬方式也变得很重要。家长不应该在儿童失败的时候批评孩子笨而在其成功的时候夸他聪明，而是在成功与失败的情境下都要对成功和失败进行合理的归因，这样才有利于儿童的成就动机水平的提高。文化素质高的父母确实会在这些方面做得比较好。通过父母对儿童的表现进行评价以及父母本身的示范作用，产生强化作用，儿童产生较高的成就动机水平，从而为智力发展提供根本的动力。此外，家长的期望也会对儿童产生直接的期待效应，儿童会顺应家长的期待，去探索更多的谜底，从中实现智力的发展。

3. 家庭教养方式

家庭教养方式是家庭内外众多因素影响儿童智力发展的重要中介，并直接影响儿童智力的发展。家庭教养方式按类型可分为专制型、放任型、溺爱型和民主型。

专制型的父母有自己的一套行为标准，并用这套标准去要求和改变孩子，不管这些标准是否符合儿童的实际。采用专制型教养方式的父母崇尚服从，相信惩罚可以控制孩子的行为，不允许孩子对行为标准的正确性有所怀疑，结果是亲子之间不能得到有效的沟通，父母不能真正了解孩子的情况和发展特点。而孩子常因违背父母的意志而受到惩罚，对父母产生惧怕心理，时常感到焦虑，需要花费大量精力进行自我防御，因而不能自由自在地去观察、探索，不利于智力的发展。

放任型的父母对子女采取不闻不问、放任自流的态度。由于缺乏父母的关心教育，孩子与父母之间没有直接的情感沟通，孩子成功地完成某项活动而得不到及时的鼓励，因此，在这种教养方式指导下的孩子缺乏探索行为和完成任务的想法。

在溺爱型的家庭中，父母常对孩子偏爱，不能正确地看待孩子的优缺点，只看到孩子的优点，而不见缺点。

民主型家庭教养方式的父母对子女是温和、关心的，亲子之间的关系是和谐、平等的。父母与子女相互尊重，相互信任，关系亲密，在家庭中具有一种和谐宽松的心理气氛，使孩子有"心理安全感"。父母鼓励孩子大胆地去探索周围的事物，让孩子有一个独立活动的空间，孩子可以自由自在地和父母讨论问题，提出自己的意见和看法，父母不会轻易否定孩子的看法，但会提出参考性的意见，让孩子经过自己的思考作出最后的决定。父母对孩子精心培养，爱而不惯，严而不拘，信任尊重，民主平等，循循善诱，启发开导，孩子行动和学习的自主性和积极性得到充分发挥。在这种方式的教养下，孩子的好奇心和求知欲得到了保护和激发，儿童的学习兴趣和主动探索精神也得到了培养，儿童的自我监控能力得到了提高，从而产生了儿童发展的内部动力。

在一个实证研究中发现，随智商变化最大的三种父母教养方式类型是父母保护或过度替代、专制虐待、民主，"过度保护或过度替代"与"专制虐待"两种父母教养方式类型和智商呈负相关，"民主"或"过分严格"和智商呈正相关的关系，就是说，父母越是采用民主的教养方式，就越能促进子女的智力发展，而父母采取溺爱和专制的教养方式则不利于智力的发展。①

在另一个实证研究中也发现，后天的家庭教养方式也会对儿童的智力发展产生影响。教育型（包括说服、民主、鼓励、宽容和情感）的家教方式下的儿童智商最高。教育型儿童智商优秀率为58.54%，高于严厉型（包括惩罚、打骂、羞辱、拒绝和专制）和放任型（包括过度保护、包办、溺爱和不管不问）33.33%、10.53%，教育型教养方式有利于儿童智力的开发。②

尽管父母的教养方式能够对儿童智力的发展产生持久的影响，但当前的很多研究都发现母亲对儿童智力发展的影响超过了父亲。③ 这可能和性别角色分工有关。我国传统的家庭都是"男主外，女主内"，女性担负更多的养育责任。虽然现代中国这个局面有所改变，但女性担负教养孩子的责任在很大程度上还是没有改变，女性和孩子的接触机会更多，通过教养方式对孩子施加的影响更大，因而会产生母亲对儿童智力发展的影响更大的这个结论。为了提高儿童智力水平，提高女性的素质也是非常重要的。

而父母在对儿童进行教养的过程中也应该注意其一致性，研究发现，如果父母采取的教养方式不一致，会使儿童的自信心严重受挫，导致心理和社会成熟障碍，明显地影响儿童智力的发展。

此外，还有研究发现家庭中的子女数量会影响儿童的智力发展。有人发现，独生子女的智商往往高于非独生子女。④ 由于独生子女能享有比较优越的家庭生活环境，而且其父母有更多的时间和精力来教育培养他们，对他们采取的促进智力发展的措施也要比非独生子女多一些，因而导致独生子女的智商比较高。

从以上内容可以看出，家庭中的很多因素都对儿童智力的发展有着持久而深刻

---

① 傅安球，史莉芳. 离异家庭儿童心理. 杭州：浙江教育出版社，1993.

② 薛慧等. 家庭教养方式对儿童智力发育和非智力因素的影响. 中国公共卫生，1998，14（4）：212 ~ 213.

③ 王烈，姚江，才淑阁. 学龄儿童智力发展影响因素的研究. 中国医科大学学报，2000（8）：7 ~ 8.

④ 朱福英. 秦皇岛市7 ~ 10岁小学生智商测试结果分析. 中国校医，1992，6（3）.

的影响。我们应从中受到启示，创设良好的家庭环境氛围，提高父母的文化素质，特别是母亲的文化素养，提倡科学的教养方式对儿童的智力发展具有重要的意义，为了促进儿童智力得到更好的发展，我们应该积极地创设这些条件，使儿童的智力沿着健康的轨道发展。

（三）教育对智力发展的影响

后天的学习与智力发展的关系可以通过教育与智力的关系得到体现。可以说，教育对人的智力发展的影响是不言而喻的。

教育的作用可以首先从早期教育谈起。有人以 4~6 岁儿童为被试，考察早期教育对儿童智力发育的影响，结果表明散居的儿童比上幼儿园的儿童智力低，且有显著差异。[①] 有人也从做过系统的研究中发现，三种幼教环境：散居、日托、全托，日托儿童智力测验得分最高，全托组儿童次之，散居最差，差异显著，表明接受正规教育的儿童比不接受正规教育的儿童智力发展要好。[②]

大学教育对大学生的智力发展也有一定的影响，通过后天的教育，智力可以得到改变。吴福元等人对大学生智力发展进行了追踪研究。[③] 结果发现，经过两年的大学学习，40 名被试中有 39 名智商得到了提高。

表 5-4 经两年大学学习后第二次测验 IQ 提高的情况

IQ 提高程度（分）	人数	占百分比
1~5	9	22.5%
6~10	15	37.5%
11~15	10	25.0%
16~20	3	7.5%
21~25	2	5.0%
合计	39	97.5%

资料来源：吴福元. 大学生智力发展的追踪研究. 教育研究，1984（12）.

同样，教育训练能对智力发展产生影响。林崇德以中小学生为对象，开展了以思维品质来培养学生智力的实验研究。[④] 通过对被试实施思维品质训练的教学指导，并对照一般的教学，实验的结果显示：实验组被试和对照组被试在思维的敏捷性、灵活性、深刻性和独创性等方面存在差异，经过思维品质训练的被试明显优于对照

① 娄晓民. 养育环境对学龄前儿童智力发展的影响. 郑州大学学报（医学版），2004，39（1）：106~108.
② 白学军. 智力发展心理学. 合肥：安徽教育出版社，2004.7.
③ 吴福元. 大学生智力发展的追踪研究. 教育研究，1984（12）.
④ 林崇德. 教育与发展. 北京：北京师范大学出版社，2000.

组被试。此外，冯忠良以结构—定向教学理论为基础展开了对学生智力发展的培养研究，吴天敏的"动脑筋练习"实验研究，刘育明以费厄斯坦工具性强化训练法中的点的结构、分类和空间定向三部分为基础，对小学四年级的学生进行了实验研究。[①] 这些研究都一致地表明，这些教育上的训练对于学生的智力开发有显著的效果。

此外，有人研究了教师的期望对智力发展的影响。[②] 研究者以美国一所名为 OAK 学校的 1~6 年级的学生为被试。首先，以一般能力测验（test of general ability，TOGA）为测试工具，对全体学生进行智力测验。为了使实验效果更明显，研究人员告诉老师所进行的测验是哈佛变化性获得测验（The Harvard Test of Inflected Acquisition），根据这个测验的成绩可以预测一个学生将来在学业上能否取得成功。就是说，研究人员让老师相信，如果一个学生在哈佛变化性获得测验上取得了高分，就能预测他们在一年以后在学习上取得的进步（实际上这个测验没有这个功能）。最后的实验研究结果发现，在低年级的学生上，老师的期待效应比较明显，而随着年级的逐渐升高，老师对学生的了解多了，期待效应就不明显了。

从大量的研究中可以看出，后天的环境和学习也对智力产生影响。

第五节 智力发展的理论

关于智力发展的理论很多，在此介绍几种比较重要的发展理论。

一、皮亚杰的智力发展理论

（一）智力的本质及其影响因素

皮亚杰首先把智力定义为帮助有机体适应环境的一种基本生命功能，从这个观点中我们可以看出他明显地受到自己生物学背景的影响。智力的本质就是它的适应性。在适应的过程中，皮亚杰认为主要的影响因素有四个：一是神经系统的成熟，这是智力发展的重要因素，其作用主要体现在生命的前几年。二是物理环境，即个体在动作连续中得到的经验，但这个因素也不起决定作用。三是社会环境，指人与人之间的相互作用和社会文化的传递，也是智力发展的一个重要因素，但不是充分条件。四是平衡过程，指调节个体（成熟）和环境（物理环境和社会环境）之间的交互作用，从而引起认知图式的一种新的构建，引起智力的发展，是智力发展的决定因素。

---

① 白学军. 智力发展心理学. 合肥：安徽教育出版社，2004. 7.
② Hock, R. R. *Forty Studies that Changed Psychology*. New Jersey：Prentice Hall, 2002.

（二）智力发展阶段的特征

皮亚杰认为，智力是按一定的阶段顺序发展的。智力发展的阶段，是从低到高的，有一定的顺序，前一个阶段是形成后一个阶段的基础，后一个阶段是前一个阶段质的飞跃，两个阶段之间有着质的差异，尽管如此，两个阶段不是截然分开的，而是有一定的交叉的。儿童进入特定阶段的年龄存在很大的个体差异，由于受到文化及其他环境因素的影响，可以促进或延缓儿童智力发展的速度，因而达到各阶段的年龄可以提前或推迟，但阶段的先后顺序不变。

（三）智力发展的阶段理论

皮亚杰通过研究认为，儿童青少年智力的发展经历了四个阶段：

1. 第一阶段：感知运动阶段（0~2岁）

婴儿在出生后头两年里，从一个仅有有限知识的反射有机体，发展成有计划的问题解决者，并且对其自身、同伴及日常生活中的物体和事件有了更多了解。婴儿的认知发展非常迅速，因此皮亚杰又把感知运动阶段划分为六个亚阶段：

（1）感知运动阶段（0~1个月）。在此期间，婴儿仅在练习先天的反射活动，他们将新异刺激同化到已有的反射图式中，并改变反射图式，顺应新刺激。皮亚杰认为，同化是心理发展的一个基本原则，心理机能就是通过同化构成的。同化保证了新与旧的协调。

（2）初级循环阶段（1~4个月）。反射练习的结果就是使婴儿的心理发展进入第二个阶段。婴儿偶然发现，自己能够作出和控制各种反应，如吮吸手指、用视线追踪物体等。他们对此感到很满足，一再重复这些动作。从适应的角度看，循环反应是同化与顺应积极活动的结果。

（3）二级循环阶段（4~8个月）。此阶段，婴儿发现除自己的身体外，还能使物体变得有趣，如挤压一只橡胶鸭子，让它发出声音。由于这些动作能够给婴儿带来乐趣，因而也一再被重复。二级循环反应并不完全是有目的的，产生这种有趣结果是偶然发现的，并不是最初行为所要达到的目的。

（4）二级模式间的协调阶段（8~12个月）。这时的婴儿行为有了一定的目的，但还缺乏达到目的的手段。因此，婴儿为了达到简单的目的，必须协调两种或两种以上的动作。例如，如果把一个有趣的玩具放在枕头下面，此时婴儿会把大人的手拿开，并指向物体的方向，或者让大人把枕头拿开。

（5）第三循环反应阶段（12~18个月）。婴儿在此阶段开始积极地作用于客体，并试图找出新的问题解决方法，或再现有趣的结果。这个阶段的婴儿有了强烈了解事物的动机。

（6）符号问题解决阶段（18~24个月）。婴儿能够寻找到新的方法，能将自己的行为图式内化为心理符号或表象，达到突然的理解或顿悟。这是感知运动阶段的最高水平。

2. 第二阶段：前运算阶段（2~7岁）

皮亚杰认为，儿童在两岁时，他们的活动不再以主动的身体为中心，这个阶段的儿童的认知开始出现象征（或符号）功能，如能凭借语言和各种示意手段来表征事物。正是由于这种自身中心的过程和具备象征的功能，才使得表象或思维的出现成为可能。但在这个阶段，儿童的智力还是自我中心主义的，即只注意到自己的观点而没有注意到他人的观点，还不能形成正确的概念，他们的判断受到直觉思维的支配。因此，在这个时期的儿童还没有运算的可逆性，因而也没有守恒性。

3. 第三阶段：具体运算阶段（7~12岁）

皮亚杰认为，7~8岁这个年龄一般是儿童概念性工具发展的一个决定性转折点。这个阶段的儿童获得了诸如去中心主义。儿童逐渐学会了从他人的角度看问题，意识到他人可能持有与自己不同的观点和看法。同时儿童也获得了可逆性这样的认知操作能力，这使得他们的思维变得可操作化，思维具有可逆性和守恒性，并表现出过渡性。但这种思维运算仍然是根据具体对象进行的推理，不能根据假设进行推理，即他们的逻辑性还离不开具体事物的支持。

4. 第四阶段：形式运算阶段（12岁左右）

该阶段是智力发展的最高阶段。在该阶段，具体运算阶段的局限性被克服。解决问题时，能运用多种不同的认知运算和策略思维，推理高度灵活，能触类旁通，并能从多种角度和观点看待事物。该阶段智力发展最突出的特点之一是思考假设的问题，即可能是什么的问题，同时思考真实性问题的能力得到了发展。

二、费尔德曼的智力发展理论

（一）智力发展阶段的变化机制

费尔德曼（R. Feldman）认为，皮亚杰将儿童青少年智力发展分为具有质的差异的四个阶段，但皮亚杰将发展阶段间质的差异绝对化了，他认为阶段实际上是一个不断发展的过程，新的行为特点总是在旧的发展阶段完成之前就出现了。在同一时间里，儿童可以同时表现出几个不同发展阶段内的行为特点。

关于这种具体发展的过程，费尔德曼提出了三个与发展过渡状态有关的概念。

（1）众数水平。表示一个儿童的大多数反应都落在某一发展水平上，其余反应则以逐渐减少的频率出现于这一发展水平的两侧。研究表明，高于众数水平的教育干预能够促进智力发展，低于众数水平的教育干预很少导致智力的发展与变化。

（2）混合水平。指儿童显示了多于一个以上发展水平的倾向，它代表儿童智力各因素之间竞争的一个指数，反映儿童认知系统一般的不稳定性。一般来说，混合水平越高，儿童从事一系列相关任务时表现出的冲突就越大，反映了发展过程中的不平衡性，也为儿童的继续发展作了准备。

（3）偏离指数。所谓偏离是指非众数水平反应相对于众数的分布。如果多数反应居于众数水平之上，称为正偏离；如果多数反应居于众数水平之下，称为负偏离。

（二）认知发展的连续线

在个体的发展过程中，有许多领域的知识，既不是每个社会成员所必需或可能达到的，也不一定独立于教育环境的影响，但它们是发展的。为此，费尔德曼提出了一种新的认知分类，就是在一条从普遍性到独特性的连续线上进行的认知。这种认知分类认为可以把人类的认知分为四类：①普遍性范畴。强调人类认知的共性是人类社会每个成员都可以获得的文化性范畴，包括读写、算术、理论政治、经济体制等知识，是某一特定文化中的所有人都应该也可以在一定水平上掌握的。②学科性范畴。指掌握某一特定学科的知识领域，其特点是掌握的人比较少。③专门性范畴。指某一专业领域的一个分支，能够掌握的人比学科性范畴的人更少。④独特性范畴。指个体有时可以在一个领域的内部建立一个新的组织水平，或超越现有学科领域的特点，建立一个新的领域，即取得创造性成就。

从普遍性到独特性范畴的连续线给人们呈现了一个全新的概念，即：发展过程不仅存在于那些人类所有个体都可以掌握的普遍性认知成就中，也存在于那些没有或不能为社会所有个体获得的知识领域中。

三、凯斯的智力发展阶段及转换机制论

（一）智力发展的阶段论

凯斯（R. Case）和皮亚杰一样，也划分了智力发展的阶段。他的智力发展阶段和皮亚杰的阶段论有些不同。

（1）感知运动运算阶段（0~1.5岁）。

（2）关系运算阶段（1.5~5岁）。在该阶段儿童的表象是持续、具体的内部映象，他们的动作可能导致附加的外部映象。

（3）维度运算阶段（5~11岁）。该阶段儿童能抽象地再现刺激，而且他们还能够更复杂地表现对这些信息的迁移。

（4）矢量运算阶段（11~18岁）。该阶段儿童青少年不但能抽象地再现刺激，而且还能够更复杂地表现对这些信息的迁移。

（二）智力发展的转换机制

对于智力发展的四个阶段，它们之间是如何进行变化的呢？也就是说智力发展的转换机制到底是什么？凯斯认为，儿童的智力发展取决于他们的短时记忆能力以及对这种智力发展所需能力的符合程度。

儿童在一定的时期内其短时记忆容量是一定的，改变的空间不大，那么该如何

才能进行发展的转换呢？凯斯认为，可以通过两种形式来进行转换：①自动化，即用越来越少的注意来执行认知加工的能力，这主要通过练习来达到认知自动化。②髓鞘化，指一种影响沿脑神经的电冲动传导的生理过程。髓鞘在神经冲动的传导过程中起绝缘作用，可使神经冲动传导更准确和高效。髓鞘化的过程持续到青春期，因此凯斯也把它当作智力发展的一个可能的原因。

四、维果斯基的社会文化发展理论

维果斯基的理论强调社会和文化对智力发展的影响。他提出，我们应该从儿童环境相互作用的四个紧密联系的层面来评价发展，即种系发生学、微观发生学、个体发生学和社会文化层面。每种文化都把信仰、价值观、习惯的思维或问题解决方法即它的智力适应工具传递给下一代人，因此文化教会了儿童思考什么以及如何去思考。

儿童在与更有经验的人的合作中获得了文化的信念、价值观和问题解决策略，儿童在最近发展区完成认知的过程中，将他人给予的指导逐渐内化。当有较强能力的人提供适当的引导时，儿童的学习效果最好。这个过程包括了去情境学习（在西方文化中），这种学习在日常活动情境中也可能发生（在传统文化中最为常见）。

维果斯基不像皮亚杰那样认为儿童的自我交谈和自我中心语言在建构新知识时没什么作用，他主张儿童的自我言语转变为认知自我指导系统，这一系统会对问题解决活动进行调整，并最终内化为内部言语思维。近来的研究更支持维果斯基的观点，表明语言在儿童智力发展中起着非常重要的作用。

维果斯基的理论使我们认识到，只有把智力发展放到个体所处的社会和文化情境中去研究才能得到最好的理解。尽管这个理论得到了很好的发展，但它也不得不像皮亚杰的理论那样面临严格的检验。

参考文献

1. Shira Yalon-Chamovitz et al. Ability to Identify, Explain and Solve Problems in Everyday Tasks: Preliminary Validation of A Direct Video Measure of Practical Intelligence. *Research in Developmental Disabilities*, 2005, 26 (3): 219 – 230.

2. Johannes, E. A. Stauder et al. Age, Intelligence, and Event-related Brain Potentials During Late Childhood: A Longitudinal Study. *Intelligence*, 2003, 31 (3): 257 – 274.

3. Mike Anderson et al. Developmental Changes in Inspection Time: What a Difference A Year Makes. *Intelligence*, 2001, 29 (6): 475 – 486.

4．Hayne，H．，Rovee-Collier. The Organization of Reactivated Memory in Infancy. *Child Development*，1995，66（3）：893－906.

5．Hock，R. R. *Forty Studies that Changed Psychology*. New Jersey：Prentice Hall，2002．

6．Sameroff，A. J. et al. Stability of Intelligence from Preschool to Adolescence：the Influence of Social and Family Risk Factors. *Child Development*，1993，64（1）：80－97.

7．［美］David，R. Shaffer. 发展心理学．邹泓等译．北京：中国轻工业出版社，2005. 2.

8．叶奕乾等．普通心理学．上海：华东师范大学出版社，1997. 8.

9．白学军．智力发展心理学．合肥：安徽教育出版社，2004. 7.

10．娄晓民．养育环境对学龄前儿童智力发展的影响．郑州大学学报（医学版），2004，39（1）：106～108.

11．王烈，姚江，才淑阁．学龄儿童智力发展影响因素的研究．中国医科大学学报，2000（8）：7～8.

12．侯淑晶，王玮．家庭因素对儿童智力发展的影响．山东教育，2002（3）．

13．蔡太生，戴晓阳．儿童智力发展的年龄特点．国外医学精神病学分册，1999，26（4）：217～220.

14．陈雨亭，宋广文．国外关于婴儿智力发展的最新研究．学前教育研究，2002（4）．

15．张朝，于宗富，李慧娟．父母文化和职业因素对婴儿能力发展的影响．中国心理卫生杂志，2002，16（11）：733～735.

16．韦晓，窦刚，宋志一，张锋．家长职业类型及文化程度与儿童智力发展相互关系的研究．云南师范大学学报，2000，1（5）：18～24.

17．申继亮，陈勃，王大华．成人期智力的年龄特征：中美比较研究．心理科学，2001，24（3）．

18．王季鸿，钱冬梅，唐彩虹，朱佳静．上海家庭寄养124例孤残儿童精神神经发育现状调查．中国民政医学杂志，2001，13（6）：337～340.

19．欧阳凤秀．142对双生子的智力研究．中华儿童保健杂志，1996，4（3）：144～146.

20．梅玉蓉．352例儿童智力测定结果及其影响因素分析．江苏预防医学，2003，14（1）．

21．李晶，陈莉，马凤兰，刘根义．遗传及环境因素对儿童智力影响的双生子研究．济宁医学院学报，2001，24（3）．

22．陈靖．187名学龄前儿童智力水平及其影响因素分析．中国全科医学，2005，8（22）：1848～1849.

23．袁秀琴．衡阳市学龄前儿童智力水平及影响因素调查分析．衡阳医学院学报，1999，27（4）：386～387.

24. 袁秀琴，陈雄新，李程. 衡阳市 7～13 岁儿童智力发展水平及影响因素. 实用预防医学，1998，25（2）.

25. 万国斌. 家庭刺激质量对 6～8 个月婴儿智力发展的影响. 中国心理卫生杂志，1998，12（1）：22～24.

26. 张烈民，徐海青，谭志华. 社会环境因素对儿童智力影响研究. 中国优生与遗传杂志，1999，7（5）：98～98.

27. 薛慧等. 家庭教养方式对儿童智力发育和非智力因素的影响. 中国公共卫生，1998，14（4）：212～213.

28. 郑玉梅等. 早期教育和社会环境对儿童智力发育的影响. 贵阳医学院学报，1999，24（1）：67～69.

29. 吴福元. 大学生智力发展的追踪研究. 教育研究，1984（12）.

30. 徐贵文，李小斌，雷一平. 学龄前儿童智力影响因素分析. 实用临床医学，2004，5（2）.

31. 林晓霞，徐浩峰，聂少萍. 某些因素对少年儿童智商的影响. 中国学校卫生，1994，15（5）：371～372.

32. 裴菊英，闫承生，张英奎，邢利霞. 不同教养方式对儿童早期发展影响的研究. 中国妇幼保健，2004，20（15）：1904～1907.

33. 王芳芳. 学龄前儿童智力发育影响因素的分析. 中国校医，1992，6（3）.

34. 朱福英. 秦皇岛市 7～10 岁小学生智商测试结果分析. 中国校医，1992，6（3）.

35. 徐铭. 福安市畲族中小学生的智力状况调查. 中国校医，2000，22（1）：222～223.

36. 左梦兰，傅金芝. 4～7 岁儿童记忆策略发展的实验研究. 心理科学，1992（2）：8～13.

37. 沈德立等. 关于幼儿视、听感觉道记忆的研究. 心理科学，1985（2）.

38. 傅安球，史莉芳. 离异家庭儿童心理. 杭州：浙江教育出版社，1993.

39. 林崇德. 教育与发展. 北京：北京师范大学出版社，2000.

从根本上说，发展就是人的发展，就是个体对自己潜能的不断挖掘。

——罗伯特·S. 麦克纳马拉 （Robert. S. McNamara）

第六章 智力的开发与教育

在今天，高素质人才的竞争即智力的竞争，培养人才和开发智力已成为当今世界各国发展的核心问题。有识之士一致认为，公民的智力水平就是国力的标志[①]，智力开发具有很大的教育意义和实践价值。

智力开发是一种与资源开发相对的比喻性提法。所谓智力开发[②]，是指最大限度地发掘个体的智力潜能的过程，它是一个长期、全面提高个体的认知能力的过程。它具有如下三方面的特点[③]：①智力开发具有广泛的迁移性。智力开发是对潜在的一般能力的开发，一般能力的提高应体现在个体生活的各个方面，所以具有广泛的迁移性的认知训练才是最佳的智力开发方案。②智力开发是潜力开发，不是超前发展。潜力开发的结果可能会导致超前发展，但潜力开发的目的不是超前发展。潜力开发应使个体的能力得到质的提高。③智力开发是促进能力发展，不是增长知识和技能。智力开发能够提高个体各方面的知识和技能的提取效率，使个体多方面的能力都能得到提高。

第一节 潜在的智慧能量

现实生活中，人们往往惊叹于人类或个体已经表现出来的智慧，对人类运用智慧创造出高度发达的科学技术和灿烂的文化感到骄傲。那么我们不禁会问，人类的智慧水平是不是发挥到了极致？究竟还有多大程度的发挥余地？现代的心理学、生理学、人类学等最新科研成果表明，人类自身所具有的真正智慧能量远远没有得到发挥，对自身智慧的了解也远远没到尽头，恰恰相反，对于人类自身的智慧潜能的实践和理论研究显得极其不足。在不断探索客观世界的同时，千百年来，对自身的

① 林崇德，辛涛. 智力的培养. 杭州：浙江人民出版社，1996.
② 阴国恩，郑金香，安蓉. 智力开发的聪明理论. 心理与行为研究，2005，3（2）：151～155.
③ 阴国恩，郑金香，安蓉. 智力开发的聪明理论. 心理与行为研究，2005，3（2）：151～155.

了解一直是人类的最高追求。毫无疑问，对于自己的最核心——智力的陌生，是人类一种最大的悲哀。正如美国心理学家 J. O. Lugo 在其《生活心理学》一书中所言："我们最大的悲哀不是恐怖的地震，连年的战争，甚至也不是原子弹投向日本广岛。而是千千万万的人们活着然后死去，却从未意识到存在于他们自身的人类未开发的巨大智能……吾等芸芸众生不知自己究竟是什么人，或可以成为什么人；如此之多的吾辈尚未经历足月的心理和社会的诞生，却已经衰老死亡。"①

随着心理学研究的不断发展，特别是智力研究的不断深入，心理学界已经充分认识到智力不仅具有显性的表现，即现实智力，同时还有隐性的本质，即具有潜在、内隐的性质。显然智力开发正是源于人们对智力潜在性的力量越来越深刻的认识。

一、人类智慧潜能表现

所谓的智慧潜能②是泛指健康个体与生俱来的生理、心理条件与脑的潜在能力，是一种尚未开发利用的、没有实际化与外显化的智慧能力的总称，是相对于人的现实智力能力而言的。一般包括人的生理潜能与心理潜能，它与人的遗传因素紧密相连。人的生理潜能主要包括视觉潜能、听觉潜能、味觉潜能、记忆潜能、思维潜能、创造潜能；心理潜能主要包括情感、意志、兴趣、爱好、自信心、好奇心等方面的潜能。还有学者提出了与之相关的还有语言、艺术、交往、内省等方面的文化心理潜能。

早在 20 世纪初就有专家学者对智慧潜能作了专门的论述。美国心理学家詹姆士（W. James）曾提出假设：一个正常健康的人只运用了其总体智慧的 10%。后来又有学者玛格丽特·米德（Margaret Mead）撰文，认为不是 10% 而仅仅只有 6%。而社会心理学家奥托（H. Otto）则估计，个人所发挥的能力，只占他全部智能的 4%。一些对杰出科学家的智力研究也表明，那些在科学上作出卓越成就及大家公认具有极高智力的人，他们所运用的智力，也不超过其全部智能的 30%，如爱因斯坦（A. Einstein）。不管这些研究所列举的具体数据的精确程度如何，但却非常形象地说明了人的潜能的蕴藏量是巨大的，都试图说明一个共同的实质：人类的智慧表现和对智慧的运用程度，仅仅为其潜在能量中的极少部分，其发展的可能性和潜在的能量远远超过我们对自身的传统估计③。

显然，智慧潜能为智力开发的可能性提供了前提条件。随着心理学、生理学和人类学研究的不断发展和深入，人们越来越深刻地认识到智力的潜在能量。正因如此，人们才会愈来愈多地把注意力集中在如何开发这些潜能上。在现实社会生活中，

---

① 蔡笑岳. 智力的激励与开发. 成都：四川人民出版社，1989.
② 徐振寰，李俊庆，田茂胜. 潜能与创造力开发. 北京：中国人事出版社，1999.
③ 蔡笑岳. 智力的激励与开发. 成都：四川人民出版社，1989.

我们很容易接触到人类巨大的智慧潜能的种种表现，了解其种种的表面迹象。但人的潜在的智能，由于尚未展露和表现，往往不仅不容易被别人所认识、承认、重视，甚至连自己也难以了解，因而稍微忽略就会被埋没。那么，我们的智慧潜能表现在哪里呢？

1. 人类早期、晚期的智慧潜能

胎儿和幼儿从某种意义上讲代表着人类的童年。从胚胎开始，人们就表现出了非凡的能力。大量研究发现，胎儿具有听觉能力。在另外的研究中也发现，出生刚一周的婴儿就已能辨别母亲的气味和其他人的气味（Macfarlane, J. A., 1975）[①]。另有研究[②]表明，三四个月的婴儿能采用综合整体的模式极其准确地辨认、识别出母亲与其他陌生人的面孔、声音（Langlois 等，1987；Rubenstein, Kalanis & Langois, 1999），这种识别能力是现代人工智能所无法比拟的。同样，两三岁的儿童采取整体模式展露其语言天赋。他们不需要理解语法，也不需要分析外语句子中各种字母、单字、小节的拼法，就能接受完整的外语句子；甚至同时学习三种外语，他们也不会发生很大的语言困难，在不同的场合下也不会发生语种混淆。理论上，从人的智慧能量看，两三岁的儿童认识几百甚至上千汉字是极为平常的事，三岁以下的儿童只要加以指导，完全可以将各种汉字作为具体的整体模式而加以识记[③]。现实生活中，三岁左右的儿童经常表现出令人惊叹的记忆力，其速度、准确性是成年人完全意想不到的。婴幼儿的这种超人想象的认知能力，并不是天才儿童所特有的智慧，而是人类自然智慧的正常显露，由于绝大多数成人没有重视这种人类智慧的早期表现，在得不到进一步激励和培养的情况下，这些可能会高度发展的认知能力便受到了压抑。因为我们智力的发展规律是遵循递减规律的。

在童年时期，我们人类也表现出高度发展的感知和理解非言语性暗示的能力。也许我们都曾有过如此体会：父母走进屋子，一言不发，然而自己就已经预感到他们将说什么，什么事情将会发生。对于父母和小伙伴的种种暗示，如一个眼神，一种面部运动或身体姿势，在我们童年的时候更容易心领神会。但这种能力到成年后却逐渐消失。当然，这种极为敏感的能力在成年期通过专门的感知觉训练后能够再度获得[④]。

少年儿童中为数众多的人体特异功能者和遗觉表象者，也是人类智慧潜能的早期表现。具有特异功能的儿童以一种使人不可捉摸的非认知方式与现实发生联系，从而达到认识客观现实的认识。遗觉表象者在没有直接感知刺激的情况下，能对感知过的事物获得如同看到、听到一样鲜明、清晰的表象，确实令人惊讶不已，然而

---

① 刘金花. 儿童发展心理学. 上海：华东师范大学出版社，1997.

② ［美］David, R. Shaffer. Developmental Psychology—Childhood & Adolescence (6th Edition). 北京：中国轻工业出版社，2005.

③ 蔡笑岳. 智力的激励与开发. 成都：四川人民出版社，1989.

④ 蔡笑岳. 智力的激励与开发. 成都：四川人民出版社，1989.

可惜的是这些以特殊方式表现的智慧潜能因得不到进一步训练，在这些儿童步入成人队伍时，这种能力基本消失。另外，古今中外数不胜数的"天才儿童"所表现出来的非凡的智慧和卓越的成就，实际上是人类具有巨大智慧潜能的又一例证①。

在生命的最初阶段，我们人类展露出自身的智慧潜能，同样，在处于衰老或生命的最后时期，我们还能绽放出智慧的光芒。社会心理学家奥托（H. Otto）称之为"摩西老母效应"②。奥托在调查研究中发现，许多人一直到垂暮之年，才忽然发现自己有这样或那样的能力。这种能力过去从未被发现，只是到了老年才派上用场。奥托在一个被他称为"退休村"的地方进行访问时，发现了具有各种各样才能的老人，在暮年之际发挥着自己的才能。他在《人类潜在能力的新启示》（1980）一文中提到，美国著名的艺术家摩西老母在她晚年才发现自己有惊人的艺术才能。这类与神童现象相对的大器晚成的现象、例子不胜枚举，众所周知的列夫·托尔斯泰（Lev Tolstoy）——82 岁；雨果（V. Hugo）——83 岁，巴甫洛夫（I. P. Pavlov）——87 岁，第欧根尼（Diogenes）、德谟克利特（Demokritos）和米开朗琪罗（Michelangelo）表现出的创作活力都年逾八旬大关；萧伯纳（George Bernard Shaw）的创造生涯直到 94 岁……这些例子都说明了这一事实：我们人类的智力潜能远远超出习以为常的界限，跨越了时空概念。

2. 原始居民的智慧潜能

在对未开化民族的研究当中③，我们可以得到另一个人类潜在智慧能力的例证。有心理学家发现，美洲印第安人有着非常敏锐的意识。通过地上的鹿蹄印，他们就可以作出诸如鹿离开的时间以及鹿的高度与体重等判断。在大晴天，巫医能够嗅出一个小时之内的暴风雨即将来临的天气预测，其超感觉能力是我们现代文明人根本无法比拟的。研究发现，许多未开化的部落人都有异常发达的嗅觉。通过对澳大利亚土著的研究，科学家们还发现，这些人具有超人的感觉能力。他们能够在很远距离以外以非物质的方式传递信息，即使在严格限定的条件下也能进行。苏联科学家称这种特殊的心灵感应现象为"脑电波传感"。

3. 特异功能与潜能

特异感知，包括遥视、遥听、透视、显微放大、思维传感等，如果范围再扩大的话，还应包括预测未来和洞察过去，这属于超越时间接受信息。同样体现了我们人类的智慧潜能。

对特异感知，我国古代《道德经》中第四十七章写道："不出户，知天下；不窥于牖，可以知天道。其出弥远，其知弥绌。是以圣人不行而知，不见而明，不为而成。"这其实是说人在高度入静状态下，获取到体内外的各种信息，从而具有特

---

① 蔡笑岳. 智力的激励与开发. 成都：四川人民出版社，1989.
② 马斯洛等. 人的潜能和价值. 北京：华夏出版社，1987.
③ 马斯洛等. 人的潜能和价值. 北京：华夏出版社，1987.

异的感知能力，是导引家练功达到的高级状态。《史记·扁鹊传》中也记载了名医扁鹊经长桑君传授，三十日后便能隔垣视物，洞见人体之五脏六腑。据报道，苏联一位 11 岁的女学生薇拉·彼得洛娃，能够用皮肤的不同部位透过坚实的墙观察东西。1979 年，记者张乃明首次报道了四川儿童唐雨以耳朵认字的功能。一时间，全国各地类似事件不断被发现。1966 年，苏联生物物理学家尤达·卡门斯基在莫斯科与 3 000 公里之外的西伯利亚的科学城之间进行了一次"思维传感"实验。被试者卡尔·尼克拉耶夫较准确地接受了从莫斯科方面发出的图像信息，实验获得成功。

1973 年，美国中央情报局以两名具有特异感知能力的人进行了一次"千里眼"遥测、遥视实验。试验中两人准确描绘出正在印度洋加尔西西岛上秘密兴建的美军基地的情况。接着又对隐蔽在乌拉尔山脉里的苏联导弹基地进行"窥视"实验。结果两人所提供的情报比美国间谍卫星拍摄的照片更为详细。

所有的这些尚未被科学所解释清楚的各种超感觉能力或心灵感应，都属于未被人们开发和认识的潜在能力，本质上就是人类的智慧潜能的表现。

4. 超强的智能

记忆力是智力的重要组成部分，没有记忆力就没有卓有成效的智力活动。古今中外有很多强记之人，如文学巨匠茅盾可以背诵整部《红楼梦》，桥梁专家茅以升直到 80 岁高龄还能将圆周率背诵到小数点后百余位而不出差错。荷兰的威克莱茵，以其非凡的记忆力获得了"人脑计算机"的称号。他可以记住 100×100 以内的乘法表，1 000×1 000 以内的平方根表；对 150 以内数字的对数表，能记到小数点后面 14 位；能说出历史上任何一天是星期几。印度曼加罗的拉詹·马拉德万在孩提时代，就能背诵考尔卡特火车站的全部时刻表和写出《吉尼斯世界纪录大全》中所有编辑的名字。有人建议他去背诵圆周率，他于 1981 年 7 月 5 日，以 3 小时 39 分时间将圆周率背诵至 31 811 位数，中间没有出现任何差错。在我国，有一些速记中心，对人以特定方法训练一段时间后，可以背出整部字典的大有人在。就是我们普通人在一生中也能记录数百万个事件和印象。有报道，波兰某俱乐部的一名普通售票员利奥波德·赫尔德不仅记得每次比赛的结果，而且记得该俱乐部每次比赛的全部详细情况，包括比分、比赛日期、门票收入、现场观看比赛的球迷数、进球者的名字等。儿童青少年对自己感兴趣的东西表现出来的超强记忆力的事例经常见诸报道。一名 11 岁男孩李洪彬，在北大表演正背倒背《老子》81 章，据他自己称"我背诵时就好像照着大脑里的一张图念下来，没有你们想的那么难"。除了痴迷背《老子》外，他还能背诵圆周率（《新京报》2006 年 7 月 2 日）。这样不可思议的事例太多了。

图 6-1　李洪彬表演正背倒背《老子》81 章

在超常智能方面，除超常记忆力外，快速运算能力也是常见的。国外一名叫戴维的人，能迅速而准确地心算六位数加法，他可以站在铁路、公路交叉处将汽车牌号加到 70 位数而毫无差错。有资料报道，一位速算专家，可以用心算进行各种多位数的整数、分数、小数的加减乘除、乘方、开方。他曾用心算与计算机进行比赛，最后题目出到了天文数字：625 的 9 次方等于多少？他报出了长长的一串数字，共计 26 位数，比用计算机计算的速度还要快得多。我国的王维和史丰收表演出来的记忆和心算能力也同样令人目瞪口呆①。

这样高度发展的记忆能力和计算能力作为智慧在记忆和计算方面的表现，同样说明人类智慧的巨大潜能。

现实生活中，我们常常还可以看到一些超常的生理能力，武术、硬气功之类表演的内容可谓多种多样，诸如以手砍砖劈石、以头撞断石碑、钢枪刺喉、叉尖推磨、足踏利器等，令观赏者目瞪口呆，叹为观止。许多人在惊叹之余，多认为自己与此"神功"无缘。但实践告诉我们，以特定的办法训练，普通人亦可以练出这些"神功"。再如辟谷，笔者认为应该归入超常生理能力之列。它是指几十天、几百天甚至几年不吃任何食物而照常生活。印度练瑜伽功有成就者曾做过多次"活埋"实验，一度轰动世界。如瑜伽师电罗多·巴柏，经十余年时间练成一种旷世奇功。他可以随时进入不眠、不休、不食的状态。在一次试验中，将他关闭于箱内，埋入地下十英尺，箱内除一些被褥外，绝无水、食物之类，甚至连空气也是缺少的。他在这样的环境中闭目打坐，一个月后才被挖掘出来。印度各界人士经过多次验证，称他为"国宝"。

5. 创造力与潜能

毫无疑问，创造力是人类潜能的突出表现。在创造过程中，人们常常会表现出一种特别的直觉和灵感，犹如神灵的召唤或自身智慧之外的感应。现代心理科学证

---

① 蔡笑岳. 智力的激励与开发. 成都：四川人民出版社，1989.

明，这其实是人类智慧潜在能量的突然迸发，直觉和灵感使人们对复杂的事物作出压缩、迅速的认知，并在艰巨的智力活动中处于思维极其活跃、灵敏、亢奋的状态。所有的人都有惊人的创造力。有人断言："人人皆天才。"就人类的智慧潜能而言，只要参加了创造力的训练，那么我们的创造力就会比以前更旺盛。心理学家在谈到智慧潜能时，还常常提到阈下意识和人的精神潜力。

作为人类的成员，一切伟大的科学家、思想家，包括特异功能者，并不是天生的神人，他们虽然表现出了超常的智慧，作出了常人无法比拟的卓越成就，但实践与理论证明，他们的智慧并不会超出人类这种自然物种本身所应有的能量，与平常人的智慧潜能相差无几。应该说伟人们表现出的卓越的成就既标志着人类智慧的巨大潜能，也向我们展示了这种潜能充分发展的可能性[1]。

二、人脑的潜能

当今，作为生物进化的最高智慧产物——人的内部宇宙、不可思议的人脑越来越成为人类智慧潜能研究的关注焦点。众所周知，大脑是智力活动的物质机构，通常把智力看作大脑的一个特殊机能，一般大众——包括心理学家，认为智力实际上就是脑力的同义词。世界上的一切物质财富、精神财富和一切最精密的仪器都是大脑的产物。人类之所以被誉为万物之灵，就是因为人有高度发达的大脑。现代科学已经证明，人脑是一个巨大的宝库，孕育着取之不尽、用之不竭、魅力无穷的智慧。对此有很多的专门论述。苏联学者指出："人类学、心理学、生理学、逻辑学的最新发现，人具有巨大的潜能。一旦科学的发展能够更深入地了解脑的结构和功能，人类将会为储存在脑内的巨大能量所震惊。"[2] 美国科学进步促进协会前主席肯尼思·波尔丁（Kenneth Boulding）曾指出："人的脑容量（指储存和处理信息的能力）真是不可思议的巨大。""假如每个大脑的150亿神经细胞都只具备两种状态（开启和关闭），那么他的能力将是2的1 000万次幂。"[3] 美国加州大学从事脑研究的科学家艾迪（Addie）博士等发现"脑功能非常微妙、复杂，几乎无所不能"；"就实用的目的而言，脑的创造力是无穷无尽的"。现代人类学研究表明，人的形态演变过程已基本停止，人的发展不再依赖于生物形态的数代人的缓慢进化。人脑作为生物界最高级的进化产物具有惊人的信息储存和处理能力，换句话说，人类已经具备了在无止境的社会历史发展中所必需的一切生物形态的特点。

现代脑科学、脑神经学、现代心理学、现代思维科学业已证实，大脑作为智能

① 蔡笑岳. 智力的激励与开发. 成都：四川人民出版社，1989.
② 萧静宁. 论人脑潜力的开发. 北京：人民出版社，2004.
③ 朱长超. 挖掘大脑中的财富：创新与全脑开发. 上海：上海科学普及出版社，2001.

的物质基础，蕴藏着巨大的潜能①。

（1）人脑的一个十分明显的潜能，就是它的信息容量。构成脑的基本材料和功能单位是神经元，人脑由1 011亿个神经元组成，相当于整个银河系星体的数目，另外还有为数更多的神经胶质细胞等。脑是智力的中枢，同时也是生命的中枢。从维持生命的要求讲，生命对神经元数目的要求不是很高。一些没有大脑的生物，照样兴旺发达。昆虫就是没有大脑的生物，另外如蜜蜂、蚂蚁，都是成功的社会性生物。生命进化的阶梯上比较低级的鱼类的大脑最原始，甚至没有大脑皮层，但它们在水中的运动、感觉却相当完美。小小的鱼脑对于回游、觅食、繁殖等功能来说，已经绰绰有余了，鱼脑足以完成其生命所需要的各种基本功能②。对于人类而言，除维持生命之外，大量的神经元似乎不仅是一般的多余，而且是"超剩余"。即使在35岁之后人脑可能每天死亡数以万计的神经元，这也并不会对人类寿命和智力造成威胁。就是说人脑存在着非常强大的与现实生活和智力活动无关的"多余神经元"。按照进化论的观点，大自然总是经济的，既不会浪费，也不会无缘无故地进化出大量多余的神经元。神经组织的超剩余性，保证了人脑具有巨大的潜能。脑科学研究表明，神经元的机能活动并不是一个线性的系统，而是由千千万万神经元相互联系，构成了庞大的神经网络。人脑中一个神经元都可与数千个以上的其他神经元建立联系，人脑总的突触数可达1 014比特③。最新研究表明，神经元对信息的储存、处理活动具有全息的性质，大脑的同一功能区、同一细胞群甚至同一神经元的机能都是多种多样的，它们既可以分别处理、整合不同的信息又可以吸收储存和整合同一信息，这样人脑的信息储存量又大大增加。

（2）人脑的另一个巨大的潜能，就是它蕴藏着生物电反应量。人的大脑是通过神经介质和其他化学物质进行工作的。塞缪尔（D. Samule）研究指出，大脑每分钟实际要发生10 000～1 000 000种不同的化学反应。为此，美国加州大学洛杉矶分校的脑科学家——迈克尔·菲尔普斯（Michael Phelps）把它戏称为"一个虔诚的复杂系统"，可见，这其中蕴涵着无穷无尽的潜能。

（3）人脑曾被忽视的一个潜能，就是它蕴藏着两半球互补功能。传统上将左半球视为具有全面优势和绝对优势的所谓优势半球或主半球，而认为右脑是个沉默的大脑，被视为进化上落后的从属的劣势的半球。1981年诺贝尔生理或医学奖获得者、美国加州理工大学心理生物学教授罗杰·斯佩里（Roger Sperry）关于"裂脑人"的研究突破了优势半球的传统偏见。研究表明，人脑好比两套信息加工系统、两半球的功能高度专门化了，分工明确，各具优势。一般说来，左半球擅长语言功能、逻辑分析推理思维数学运算，即侧重于抽象思维；右半球擅长非语言、非数学、

① 刘奎林. 大脑潜能的蕴藏方式的研究. 哈尔滨学院学报，2005，7（1）.
② 朱长超. 挖掘大脑中的财富：创新与全脑开发. 上海：上海科学普及出版社，2001.
③ 蔡笑岳. 智力的激励与开发. 成都：四川人民出版社，1989.

非逻辑的空间关系、知觉辨认、完形综合、艺术想象、情绪知觉，即侧重形象思维。也就是说，左半球主要处理一维串行信息，即线性相互作用关系为主；右半脑主要解决空间结构的并列信息，即网络的非线性相互作用关系为主。可见，大脑两半球的功能不是对称的，而是互补的。两半球在信息加工中的相互支持的互补性告诉我们，人脑具有巨大的潜能。

（4）人脑的一个重要潜能是蕴藏在额叶部位的智能。人们的智力活动不仅在于接受前人的智慧成果，更为重要的是在此基础上进行发明创造。现有研究发现，一切创新活动都与大脑的额叶关系密切，额叶占大脑皮层的1/3，而且是大脑最迟发育成熟的部位。

第二节　智力开发的基本途径

智力开发的途径多种多样，概括起来有三种：生理补充、生物技术、教育训练。

一、生理补充

1. 营养素与智力开发

微量元素与智力的关系证明了营养的重要性。因此现在有个普遍流行的观点认为：人的聪明是吃出来的。虽然其科学性还有待考察，但也说明营养对人的智力发展的影响之大。现代科学研究表明，一个人的营养状况是影响大脑发育与智力发展的重要因素。

脑是智力活动的物质基础，大脑的发育状况直接影响智力的发展，而营养水平又是影响脑发育的关键因素之一。构成人体最小的单位是细胞，每个细胞都是一个小小的生命体，有着独特的生存能力，需要进行新陈代谢，需要一定的营养素来补充。现代医学表明，胎儿从受精到出生，从仅重 0.000 5 毫克的受精卵发育到体重 3 000 克左右的新生儿，历时 270 天，充分说明胎儿在孕育期间要求的营养物质数量之大，质量之高。越来越多的证据表明，胎儿和婴儿的营养状况影响他们的脑细胞的数量，进而影响他们的智力[①]。

现有研究表明，脑比身体的其他器官的发育速度快、成熟早。5 月的胎儿已能记录脑电活动，7 月的胎儿大脑皮层主要沟回已经显示出来，出生时脑重量相当于成人的1/3，脑细胞已接近成人。与传统观点相反，现代生理医学认为，只要有足够的营养供给，出生一年左右的婴儿的脑细胞仍能增多，但如果营养不足，就会影

---

① 王晓萍，胡世发，毛明川，梁丰. 心理潜能. 北京：中国城市出版社，1998.

响甚至减少胎儿和婴儿脑细胞的数目，而且还会影响脑细胞体突触的伸展、髓鞘的形成以及突触之间的联系。这在某些动物实验中得到证实。有生理心理学研究表明，给孕鼠食物中蛋白质只有正常营养的 1/10，生下来的仔鼠体重只及正常的 77%，脑细胞数少 20%~30%，脑中生化物质如核糖核酸、蛋白质等含量都比较少；在心理行为方面，表现为反应迟缓、记忆力差，对新异事物缺乏敏感度[1]。

许多研究表明，儿童智力落后与婴儿长期缺乏营养有关。有人做过调查，列举了众多的非洲儿童因营养不良而严重影响了心理机能的事实。这些儿童表现为感觉迟钝，动作不灵活。对许多儿童和动物的实验也表明，在幼儿期即使轻度营养不良也会引起智力落后，如果营养不良的情况不太严重或时间不很长，以后能获得充分的营养，他们的智力可能会很快恢复，假如时间过长或过于严重，那就不可挽回了[2]。另外，据报道，妊娠后期及出生时患有营养不良的胎儿和新生儿，在学龄期有 30% 患有神经和智力方面的疾病。英国学者发现，缺乏营养的儿童缺乏好奇心和探究精神，记忆力差。"二战"中，在集中营生活的犹太人，由于食物中蛋白质少，几乎无脂肪，儿童从小患营养不良症，因而记忆力低，难以集中注意，智力水平差，不时精神异常[3]。实验证明，蛋白质与中枢神经系统高级部位的功能有密切关系。近年来人们对于生物高分子在脑细胞功能活动中的作用有较为深刻的认识。科学家进一步证实了蛋白质对神经细胞功能的影响。著名的澳大利亚神经生理学家埃克尔斯（Eccles）以高超的生物技术对神经突触及单个细胞活动进行大量而细致的研究。他发现反复刺激神经细胞时，所发生的神经冲动都是沿着同样的通路迅速传递，于是引起突触的生长，使传入效率提高，这时就引起了回忆。这是由于突触生长需要合成新蛋白质，而蛋白质的合成又需要核酸等营养素参与。还有一些临床实验，在病人大脑注射某种高分子化合物，可使病人回忆往事，若阻断某种蛋白质的合成，则会影响记忆。因此，营养素可促进神经系统的功能。许多的动物实验证明，学习与训练等智力活动会促进脑的发育，而脑的发育需要营养素的补充。另外，在进行极度紧张的智力活动时，其他的营养素如碳水化合物、脂肪、维生素等的代谢过程加强（但在热量消耗方面并不增加或稍微增加），也说明智力活动需要各种营养素的增加与补充。

有学者研究发现，加强营养能促进脑的发育，改善因营养不良而造成的智力落后。而且年龄越小，效果越好。他们把 2~9 岁的儿童分为两组，一组在营养不良的条件下长大，一组在营养条件较好的情况下长大。之后同时进行"营养治疗"，结果发现，第一组中的原来智力发展落后的儿童智力成绩提高了 10 分，原来发展正常的成绩提高 18 分；第二组营养本来就好的，尽管加了营养，其智力水平却没有显著

① 王晓萍，胡世发，毛明川，梁丰．心理潜能．北京：中国城市出版社，1998.
② 王晓萍，胡世发，毛明川，梁丰．心理潜能．北京：中国城市出版社，1998.
③ 姜晓辉．智力全书．北京：中国城市出版社，1997.

的变化。有人通过对头发中微量元素含量的分析来区别正常儿童和低能儿童，准确率高达98%。学习好的儿童与差的儿童相比，学习好的儿童头发中锌、铜的含量较多，而铅、碘的含量较低。这说明了微量元素与智力及学习成绩有着密切的关系。儿童青少年生性活泼好动，能量消耗快，而储备相对不足，因此作为家长应在食物中补充较多的蛋白质，以保护其脑力，发展其智力。我们可以借用某营养专家的话说："在某种意义上讲，智力是吃进去的。""民族的命运取决于他们吃什么和怎么吃[1]。"

2. 健康与智力开发

人体是一个不可分割的整体，人的神经系统和身体的其他部分有密切的联系。身体健康，意味着各个器官、组织发育良好，体质好，免疫力也就增强了。健壮的体魄有利于人的智力发展，反之，身体素质差，抵抗力弱，经常生病，就会在不同程度上影响神经系统的功能，阻碍其智力的发展。要智力正常，就要拥有正常的神经系统和健康的身体。

研究证明[2]，大多数疾病，无论是急性的还是慢性的，如流行感冒、喉炎、肺炎、伤寒、结核病、风湿病等，都会对儿童大脑皮层的功能产生不良影响。急性病会引起儿童神经系统紊乱，使脑力工作困难。一般认为，中枢神经系统功能的恢复与临床恢复不是同时实现的，前者要比后者晚些。如上呼吸道感染病愈7~8天后，才能恢复神经的功能。儿童患了风湿病，大脑皮层的兴奋性急剧下降，条件反射形成很缓慢，反射的强度大大下降，易疲劳，学习感到困难。某些慢性病如扁桃腺炎、蛔虫病等会长期折磨儿童，从而影响代谢过程，进而影响大脑皮层和其他器官的功能。一些后天的小儿痴呆症，就是发生在疾病之后的。因此，除加强营养外，还要适当地参加体育锻炼，增强体质，以保护正常神经功能的运行，同时要建立合理的卫生保健制度和作息制度，这样才能更好地发挥和发展智力潜能。

3. 休息与智力开发

睡眠质量对智力活动来说是很重要的。智力活动长时间地进行，大脑会产生疲劳，从而需要休息。休息的最好方式就是睡眠。有人[3]对智力活动与睡眠的关系做过实验，将被试分成四组：①睡前疲劳的时候；②给30分钟睡眠时间后；③给6小时后；④给8小时后。实验结果表明，前两种条件下回忆的成绩几乎同样不好，经过6小时睡眠以后的回忆成绩是前两种的两倍以上，睡眠8小时以后的回忆成绩最好。遗忘曲线的情况，记住内容以后，睡眠与不睡眠的遗忘率不同，前者要比后者遗忘得慢些。可见，充足的睡眠是保证大脑皮层正常活动与正常发育的必要条件，是展开智力活动的必要前提，睡眠充足时，神经系统得到休息与保护，因而神经功

① 姜晓辉. 智力全书. 北京：中国城市出版社，1997.
② 王晓萍，胡世发，毛明川，梁丰. 心理潜能. 北京：中国城市出版社，1998.
③ 王晓萍，胡世发，毛明川，梁丰. 心理潜能. 北京：中国城市出版社，1998.

能得到充分发挥，智力得到充分发展。

二、生物技术

生物技术主要是针对智力的生物特性和大脑的物质本性，通过生物学的渠道和方式对智力所进行的开发工作①。一般地讲，广义的生物技术的智力开发有多种形式，不过，概括起来最主要体现在两个方面：一是上述生理补充，即运用生物物质补充的方法从外部进行作用，以提高智力的活力和大脑的遗传态势；二是运用基因改良和生育优化的方式从内部进行作用，以提高智力素质，即本节所要谈论的狭义生物技术。

有学者提出②，智力开发直接有效的方法就是提高人口的自然素质。这里之所以把改善人口的自然素质当作根本的智力开发措施对待，是基于两方面的认识：①人口素质与智力开发有着直接的关联性，即人口的自然素质提高了，那么智力素质必然会相应地提高。正如笛卡尔所言："如果想有健全的大脑，就要爱护自己的身体。"身体好了，头脑也会好。②智力在本质上具有生物学的性质，它的基本素质主要通过生物学的方式进行传递。遗传是人口素质改善的基本渠道，而遗传的最好方式是搞好优生优育，即应用优生学的原理，对人类的生育行为进行主动和正面的干预，以使人们能够获得一个良好的自然遗传资质，从而达到在整体和根本上提高和改善种群的生物学水平和生理学素质的目的。优生学是以改变和改善整个人类遗传本性为任务的一门学科。创立者高尔顿在 1883 年这样定义优生学："对于在社会控制下的能从体力方面或智力方面改善或选择后代的种族的各种动因的研究。"1960 年美国学者斯特恩（Sterne）将优生学分为演进性优生学和预防性优生学。1971 年巴杰·马特（Badger Matt）又在对遗传咨询、产前诊断、选择流产等几个方面进行深入研究的基础上建立了优生学理论。

1. 演进性优生学与智力开发③

演进性优生学就是增加人类表型等位基因的频率，促进优良个体繁衍的一门学科。采用演进性优生学来开发智力就是运用一些技术性手段对人类的生育活动进行积极的干预，以增加优质个体的出生率。目前已普遍运用的方法主要有人工授精、精子银行（世界第一位"诺贝尔"儿童多龙就是用美国加利福尼亚精子储存中心的第 28 号精子孕育的）、试管婴儿（世界上第一位试管婴儿已经在 1978 年诞生，而且其也马上就要面临着生育后代了）、胚胎移植、单性生殖等方法，这对于改善生育质量都起到了很好的作用。另外，还有民间流传的一些有关优生的土方法，如

---

① 于大海．智力论．哈尔滨：黑龙江人民出版社，2001.
② 于大海．智力论．哈尔滨：黑龙江人民出版社，2001.
③ 于大海．智力论．哈尔滨：黑龙江人民出版社，2001.

"老夫少妻"的说法就广为流传，有学者也已通过比较研究证实了这个问题。甚至德国学者德米特里·乌沙科夫（D. Ushakov）提出了一个特别的公式："妻子的年龄应该是丈夫年龄的一半加七岁。"毋庸置疑，这些都是实现优生、开发智力的好办法，但也绝不是带有普遍意义的做法。自然生育的形式应当还是目前主要的方式和正当的方法。

2. 预防性优生学与智力开发①

所谓预防性优生学就是降低和消除人群中不利表型等位基因的频率，减少严重遗传病儿的出生的一门学科。采用预防性优生学进行智力开发，体现在两方面：首先是通过防止近亲婚姻和避免婚圈过窄（所谓远亲不如近邻）的方法，来尽量避免不良个体的出生。数据调查已经证明，世界上由于近亲婚配所生育的智力缺陷婴儿的比率非常高，世界卫生组织的一份调查称，相比非近亲婚配的子女，近亲婚配子女患智力低下、先天畸形遗传性疾病率高出 150 倍。近亲婚配问题，一直受到人类思想上的高度重视。古希腊的柏拉图和亚里士多德就有国家对婚姻关系加以控制和调节的主张。在我国春秋战国时期的典籍《左传》中也有着"男女同姓，其殖不蕃"的说法；在《礼记·内则》中就有："娶妻不娶同姓"的认识。19 世纪美国人类学家摩尔根明确提出："没有血缘亲属关系的氏族之间的婚姻创造出在体质和智力上都更强健的人种。"19 世纪末期，高尔顿将这个问题提升到理论水平上进行研究，由此创立了优生学说。在实践上，人们同样十分重视优生问题，尤其体现在法律规范上。在古代犹太人的宗教中就有对近亲婚配进行限制的戒律；现代社会大多数国家在法律上对婚姻行为和优生优育都有专门的规定。我国婚姻法明确规定，直系血亲和三代以内的旁系血亲禁止结婚。美国印第安纳州在 1907 年制定出世界上第一部有关优生方面的法律。另一个预防性优生学开发智力的方法就是使用基因工程，以控制不良婴儿的出生，即在萌芽状态下就解决有重大遗传疾病隐患的胚胎，或人工流产，或基因矫正。2006 年 6 月，被喻为"生命天书"的人类基因组草图已经完成，这意味着通过基因疗法和基因重组更换出现缺陷的基因提高优良个体的出生率变为可能。不过这些方法不易实施，还涉及伦理道德等问题，同时并非方便易行和简单操作。切合实际的做法是在目前条件下和自然的状态下做些力所能及的事情，如加强宣传，提高自觉意识，进行行政干预等。

另外，智力开发也开始采用生化的方法，也就是运用生物生化的方法，调节、平衡集体和大脑神经系统的生化物质水平，以达到改善智力状态和治疗智力疾患的目的。几十年来，在改善人的记忆和情绪方面，科学家通过生物和生化的方法已经取得重大进展，如神经肽制剂能较好地提高人们的记忆力。对智力异常者采用生化开发也取得了一定成效，如抑郁症和老年性痴呆症。不过，以人为的因素来提升智力潜质毕竟是短期行为，并且可能导致某些负面效果，因而一般情况下，还是不主

---

① 于大海. 智力论. 哈尔滨：黑龙江人民出版社，2001.

张通过生化物质的补充来提高智力①。

三、教育训练

尽管有人质疑教育对智力开发的功效，但我们认为，教育是开发人类智力潜能的主导方面。这是基于对智力开发与人的发展和教育密切联系的认识。发展的内涵就是人最大限度地实现自身的内在潜能。就人的精神潜能而言，它的发展包括智慧潜能的开发与人格的健全。教育作为一种培养人的活动，其根本职能在于帮助与促进人的发展。在开发人的精神资源方面，教育的根本宗旨就是充分实现受教育者的智慧潜能，完善和健全受教育者的人格。由此，教育的宗旨与人的发展相符合，开发智力应与教育的根本宗旨相联系②。

智力与教育的关系是如此紧密，以至梅耶（2000）激进地认为智力就是儿童的教育③。21世纪的今天，国与国之间的竞争已经演变为高素质人才的竞争，通过教育最大限度地提高国民的智力水平，无疑具有很大的理论意义和实践价值。因此，要充分开发人的智慧潜能，必须充分地考虑教育的作用，把教育看作开发智力的最直接、最有效的重要途径。教育对智力开发的基本途径主要表现在两个方面：知识的培养和心理训练。

1. 知识培养与智力开发

著名科学家、思想家、哲学家培根曾说过：知识就是力量。基于此，一直以来我们都持这样的观点：知识的增长与智力的增长成正比，智力教育的主要任务是要在最短的时间内，完成最大限度的知识积累。客观上讲，这种观念在相当时期内为人们智力的提高起过重要作用。但随着社会发展和知识体系的迅速膨胀，这种理念及该理念下的教育机制也日渐凸现其弊端。针对这种情况，有理论认为：单纯的知识增长与智力增长并不是完全的线性关系，智力不是知识的简单叠加，智力教育也不等于知识教育。知识的培养不是单纯为了掌握前人的智慧成果，更为重要的目的是为了培养出自己的智慧。

以往的智力理论或以智力类型，或以智力的结构为出发点，相对静止地描述什么是智力，然后编制智力开发的训练内容。近年来，心理学界从信息加工过程出发，认识到在某种意义上，知识本质上是人们心理活动以具体形象、语词和概念形式的信息表征或外部载体的信息记载。因此，知识的培养表现在两个方面：首先是学习具体的前人智慧成果；其次是对学习过程进行有针对性的训练，即激活认知。因而

① 于大海. 智力论. 哈尔滨：黑龙江人民出版社，2001.
② 蔡笑岳. 智力的激励与开发. 成都：四川人民出版社，1989.
③ Richard, E. Mayer. Intelligence and Education. In：Sternberg, R. J. *Handbook of Intelligence*. New York：Cambridge University Press, 2000.

要提高智力水平，就要探讨信息加工各个阶段的认知成分及其相互关系，从而提高认知基本成分的效能，达到开发智力潜能的目的。知识的培养不再是简单地教授前人的智慧成果，在本质上就是激活认知，尤其是对元认知的开发与培养，这样才能真正地提高智力，开发智力。有学者（董奇，1990）提出[1]，元认知与思维的各项品质（深刻性、灵活性、批判性、独创性、敏捷性）存在着显著或非常显著的相关关系。元认知能使人在认知活动中更好地做到事前计划、优选方案、及时发现认知过程中的问题并作出相应的调整，大大加强了认知活动的目的性、自觉性、灵活性，减少盲目性、冲动性，提高认知效率和成功的可能性，这些均说明了元认知在智力活动中所起的重要作用。

当前元认知已经成为智力开发的中心环节。元认知是20世纪70年代由弗拉维尔（Flavell）率先提出的。1985年他在《认知发展》一书中指出："元认知是指主体对自身认知活动的认知，包括对当前正在发生的认知过程（动态）和自我的认知能力（静态）及两者相互作用的认知。"目前一般认为，它包括认知知识、元认知体验和元认知监控三种成分，三者相互联系、密不可分。加迪纳（Gardena，1983）提出的自我意识和斯腾伯格（1985）的元成分在功能上与元认知是一样的，都是智力的核心成分。元认知的培养训练对智力开发的作用是不言而喻的。当前，科学家在元认知的理论探索和建构方面取得了丰硕的成果。同时在开发智力过程中，人们在元认知培养训练方面也展开了大量具有现实意义的尝试，主要是对元记忆的训练及理解监控的实验研究。一些学者如布莱克（Black，1982）等人和波尔科夫斯基（Borkowski，1976）等人对元记忆的训练问题进行了研究，结果表明，采用此类训练可以有效地改善个体的元认知水平，提高个体智力水平。理解监控能力训练的代表性方案主要有自我解释（Meichenbaum & Bommarito，1979）、阅读监控训练（Smith，1973）和探查训练（Markman）等[2]。

近几十年来，随着认知心理学的兴起，一批学者在通过培养元认知来开发智力方面作了不少研究，取得不少有益的成果。如爱金森（Atkinson，1975）提出一种外语单词学习的精加工策略——关键词法；霍尔汉（Hallahan，1979）提出对学业不良者注意力的改善策略；康尔纳（Conner，1983）成功运用"导向教学法"来改善学困生的记忆力。国内学者在这方面也有不少成果。如张履祥等人（2000）在小学四年级进行了为期一学期的策略训练，效果与学生的原有智力水平与学业成绩存在交互作用，特别是对中低水平智力和学习中的后进生作用更为明显[3]。庞宏（1993）、杨心德（1996）等人也对策略训练进行了有益的探索，结果都表明元认知的训练能不同程度地提高智力的水平。此外，国外研究者还针对特殊儿童进行了开发智力的

---

① 董奇. 儿童创造力发展心理. 杭州：浙江教育出版社，1993.
② 林崇德，辛涛. 智力的培养. 杭州：浙江人民出版社，1996.
③ 张履祥，钱含芬. 小学生学习策略训练效应的实验研究. 心理科学，2000，23（1）：103～104.

元认知训练实验研究，如夏皮罗（Shapiro，1983）、拉姆森（Ramson，1985）等人和奇（Chi，1989）等人①。许多研究者如加拉汉姆（Graham，1989）、索耶（Sawyer，1992）和武勒（Wuller，1995）试图通过对学习障碍的儿童的元认知训练来改善他们的学习状况，提高其学业成绩，从而最终开发其智慧潜能。国内的辛涛（1996）发展了一套认知训练方案，共七个步骤，包括：①任务选择阶段；②认知模拟；③明显的外部指导；④外显的自我指导；⑤模仿悄声的外部指导；⑥联系外部的悄声自我指导；⑦内隐的自我指导。从效果来看，能有效地促进学习障碍儿童学习状况的改善。齐建芳（1997）也建立一套新的认知训练方法，实验结果表明，能够提高学习的自我监控能力，因而改善学生的认知状况，有助于智力的开发和提高。在元认知的培养方面，也有人结合具体学科进行研究试验，如数学、物理、生物等的教学过程中，如张庆林等（1996）②、刘晓明等（1999）③、程素萍等（1999）和方平（2000）。这些研究说明了元认知训练是影响智力开发的关键因素。目前越来越多的学者把元认知作为智力开发的手段和桥梁。它对人的智力活动起着监控、调节作用，其发展直接影响着人的智力、思维的发展水平。元认知的培养是改善认知能力结构的关键。

2. 心理训练与智力开发

这一途径主要是就认知性心理机能而言，属于一种智力开发的辅助性训练，是发展智力的间接途径，主要包括非智力因素和策略的训练。

（1）非智力因素的训练。非智力因素包括需要、动机、态度、抱负水平情绪、意志和性格等，这些因素不直接参与对事物的认知，不具备处理信息的机能，主要是对认知心理机能系统起着维持调节作用。

非智力心理因素对智力开发具有重大意义。心理学认为，人的心理活动具有整体性，各种心理因素在活动中相互渗透、密切联系。智力因素可视为认识活动的操作系统，而非智力因素可视为认识活动的动力系统。没有操作系统，智力活动无法贯彻完成；没有动力系统，智力活动也难以维持和坚持下去。非智力因素在智力活动中起着非常重要的作用。可见在一定意义上讲，智力开发就是要优化个性。因此，学者们乃至社会各界人士都十分重视非智力因素的培养问题。有学者指出，非智力因素对智力活动起着动力作用、定型作用和补偿作用，即定向、发动、维持、调控和强化作用。它对开发智力具有三种功能：①调潜与激励；②维持与强化；③补充与代偿④。

① 胡志海. 元认知在学习策略中的作用述评. 渝州大学学报（社科版），2002，19（2）.
② 张庆林，管朋. 小学生表征运用题元认知分析. 心理发展与教育，1997（3）.
③ 刘晓明，陈彩期. 幼儿数学策略运用的发展特点及元认知的影响. 心理发展与教育，1999（3）.
④ 蔡笑岳. 智力开发与智力教育. 西南师范大学学报（哲学社会科学版），1993（3）.

（2）策略训练。主要包括思维的训练和学习策略的训练。

思维力是智力的集中表现，因此开发智力的关键在于培养人们正确的思维模式。有代表性的是英国剑桥大学的学者德波若（Edward de Bono）创立的柯尔特思维训练。他在《思维的训练》中明确提出"教人思维"，甚至激进地认为"教育就是教人思维"①。柯尔特思维训练共由六个部分组成：广度、组织、相互关系、创造力、信息和感觉、行动。该思维训练最早在委内瑞拉的小学四、五、六年级共120万人中进行了实施，智力开发效果非常明显。现在已在美国、澳大利亚、新西兰、加拿大、西班牙、马耳他和尼日利亚等国的5 000所学校进行，效果比较理想②。20世纪70年代，罗马的国际思考库俱乐部提出了一种创新学习法③。在我国也进行了这方面的探索和试验，如吴天敏等人的实验研究表明，智商是可以通过动脑筋练习而得到提高的④。

第三节　智力开发的实验研究

纵观历史，智力开发的实验研究存在着两种模式，一种是采用一定的程序在较短的时间里对智力进行系统的集中开发，称为智力开发的训练模式，又称系统式智力训练；另一种是把智力开发融入日常学习工作中，称为辅助式智力训练，又称智力开发的教学模式。在早期的研究中，这两种智力模式都有着丰富的内容。近年来，智力开发实验研究的热点主要围绕三个方面的主题：以加德纳的多重智力理论为基础的实验研究；以斯腾伯格的三元智力理论为基础的研究；教育教学中两个基本能力：阅读理解和问题解决⑤。

1. 理论实验研究

自加德纳提出多重智力理论以来，一直受到教育界和社会各界的广泛关注。由此带来了学校的课程改革、学生咨询的方式方法及学生的评估等一系列变化。许多学者以加德纳的多重智力理论为基础做了不少探索性实验。影响较大是梅塔等人（Mettal et al，1998）的报告。该研究旨在更好地发展出言语和逻辑智力之外的其他六种智力。研究结果显示，老师、家长和学生都持积极肯定的态度，学生的自信心增强了，兴趣增加了，学生第二年的标准化学业成绩也获得了很大的提高。尽管如

① 袁劲松等．智能拓张．青岛：青岛出版社，2000.
② 袁劲松等．智能拓张．青岛：青岛出版社，2000.
③ 蔡笑岳．智力开发与智力教育．西南师范大学学报（哲学社会科学版），1993（3）.
④ 吴天敏．提高智慧的再研究．心理学报，1985（1）.
⑤ 曹雪梅，方平，姜荣敏．智力开发的最新研究及发展趋势．首都师范大学学报（社科版），2002（2）.

此，加德纳自己认为许多实验控制得不够好，因此很难说成功来自于什么①。

斯腾伯格认为人类的智力包含三种成分：分析、创造和实践。1995、1996 年，斯腾伯格等人试图对三元智力理论和加德纳的多重智力理论进行整合。为此在耶鲁大学对大学生进行了一次专门的夏季训练，结果发现，与学生能力相匹配的指导比不相匹配的指导有效。1998 年，斯腾伯格又在日常的课程教学中采用三元智力理论辅导学生。在小学三年级儿童的实验研究中发现，接受三元智力理论的学生在作业评估中要优于另外两种指导模式②。

2. 与问题解决相关的智力开发实验研究

关于问题解决技能的训练一直存在两种思路，一种思路是训练一般的问题解决策略，认为一般策略有助于问题解决；另一种思路是从专家与新手在解决问题中的不同思维模式出发，认为只有使受训者学会掌握结构完备的专业知识，他们的问题解决能力才可能得到提高。前者思路的代表性训练方案是科温顿（Covington，1966）等人提出的"创造性思维训练"；后一种思路的代表性训练方案是梅耶（1975）提出的"样例"训练③。

目前，与问题解决有关的智力开发研究主要集中于数学能力的训练。1995 年，格里芬（Griffin）等人采用数字线指导策略来提高学生的数学能力。这一策略共有四十个游戏，每次历时半个小时。研究结果表明，接受指导的学生在数字线思考技能上有很大提高，并对数学能力帮助很大。1997 年，梅拉里奇（Mevarech）和卡拉马斯基（Kramarski）基于元认知的理论提出了 IMPROVE 方法。IMPROVE 包括七个步骤，即 I（introduce），对全班学生介绍新材料；M（metacognition），用元认知问题提问不同水平的小组成员。元认知问题包括理解问题、寻找联系、使用策略；P（practice），实践；R（review），复习；O（obtain），获得要点；V（verification）证实；E（enrichment），丰富④。1999 年，梅拉里奇（Mevarech）的研究报告证实了元认知训练对数学问题解决在合作学习情境下的效果。

1989 年，奇（Chi）等人在研究中发现自我解释有助于人们完成各种认知任务，即自我解释效应。随后，纽曼（Neuman，2000）等人对自我解释的含义进行了操作性界定：在问题解决过程中推理新知识、对问题进行分类和摆出活动理由的言语活动。在以初中生为对象的研究中证实了自我解释在问题解决中的效果，提出自我解释可分为分类（clarification）、推理（inference）、给出理由（justification）、规则（regulating）、监控（monitoring）。同时发现自我解释是问题解决的成绩的一个很好的预测源，高水平和低水平的问题解决者自我解释的模式是不同的。

---

① 曹雪梅，方平，姜荣敏. 智力开发的最新研究及发展趋势. 首都师范大学学报（社科版），2002（2）.

② 曹雪梅，方平，姜荣敏. 智力开发的最新研究及发展趋势. 首都师范大学学报（社科版），2002（2）.

③ 曹雪梅，方平，姜荣敏. 智力开发的最新研究及发展趋势. 首都师范大学学报（社科版），2002（2）.

④ Mevarech, Z., Kramarski, B. IMPROVE: A Multidimensional Method for Teaching Mathematics in Heterogeneous Classrooms. *American Educational Research Journal*, 1997, 34 (2): 365 - 394.

从 1978 年开始，我国学者林崇德展开了"中小学生心理能力的发展与开发"的教学实验。实验以日常教学内容为媒介，以思维品质的敏捷性、灵活性、深刻性、批判性、独创性的开发为突破口，来开发学生的智力，提高其水平，取得了良好的效果。林崇德的教学实验班由一个班扩展了 2 300 多个，遍及全国各地，引起国内外的普遍关注。现在已经遍及全国各省份①。

此外，从 20 世纪 70 年代末开始，刘静和做了"现代小学数学教学实验"的课题，开展了小学儿童认知发展的大量研究，编写了《现代小学数学》教材，在研究儿童概念、类概念、乘除概念的基础上，系统探讨了儿童对部分和整体的关系发展，发现构建儿童良好数学知识结构要以数和部分与整体关系做主线。经过几轮的教学实验，取得了良好的效果，为促进学生思维的发展和智力的开发作出了贡献。刘范的"儿童认知发展的研究"认为儿童的认知发展就是认知结构的运动变化。查子秀开展了"超常儿童心理发展的研究"，进行这项研究的成果具有很高的使用价值，尤其是他们编制的《鉴别超常儿童的认知能力测验》现在已经在全国范围内应用推广。卢仲衡的"自学辅导教学实验"已有二十多年，并遍及全国各省市，规模较大，效果较好②。

3. 和阅读理解有关的言语能力的实验研究

阅读理解是一种对文字材料的细节、顺序、意义的理解和保持的能力。阅读理解能力是小学教育中的一个重要组成部分。代尔·罗斯（Dale Rose，2000）③ 作了以想象为基础、运用戏剧技术手段提高学生阅读理解能力的实验。目前越来越多的研究证实了艺术教育可以提高阅读理解能力和空间—时间的推理能力。在实验中，采用了以下三项技术作为戏剧指导的基础：对阅读的内容产生视觉想象（Bell，1991）；把故事分成最小的有意义的单元（Anderson，1990）；精细制作阅读的内容，这样可以把信息加工得更深入（Stein，Bransford）。学生分成两组，一组为实验组，接受了 10 个星期、20 小时、每周两次、一次一小时的戏剧指导训练；另一组为控制组，按常规的指导如填空、完成句子等方法进行阅读相同的文章。最后用 ITBS（基本技能测验的阅读理解分册）进行测试 。结果发现实验组的成绩大大高于控制组。此外，有学者④研究集中于认知学徒式的关系来帮助学生发展某一领域的认知过程。在认知学徒式的关系中，教师和学生共同面对一个真实的专业任务，如解释一篇文章，在此过程中，教师只是作为顾问，扮演施工者的角色，为学生提供适当的策略，以帮助其完成任务。如帮助学生学习基本的阅读理解过程，怎样总结一个

---

① 袁劲松等．智能拓张．青岛：青岛出版社，2000.

② 林崇德，辛涛．智力的培养．杭州：浙江人民出版社，1996.

③ Dale Rose，Michaela Parks，Karl Androes，Susand Mcmahoh．Imagery-base Learning：Improve Elementary Students Reading Comprehension with Drama Techniques．*The Journal of Education Research*，2000，94（1）．

④ Dale Rose，Michaela Parks，Karl Androes，Susand Mcmahoh．Imagery-base Learning：Improve Elementary Students Reading Comprehension with Drama Techniques．*The Journal of Education Research*，2000，94（1）．

段落，预测下面该说什么，找出一个潜在的阅读困难，或产生一个能用这篇文章回答的问题。在此过程中，教师和学生轮流领导大家。结果表明，阅读理解的过程是可以学会的，因而显示出言语智力是可以提高和开发的[1]。

智力开发研究具有重要的理论意义和实践价值，因此被世界各国教育和心理学家所重视。通过对国内外智力开发发展概况的综合，有学者总结了智力开发发展趋势的三个特点[2]：

首先，梅耶（2000）把智力看成是各个部分技能的一个综合体[3]。智力不再被看成是单一维度的心理概念，它还蕴涵了更多的技能。完成一个复杂的任务时，智力活动需要多种技能。因此要开发提高智力技能，就要通过把智力分解成几个更小的部分，通过训练这些小的部分技能才能达到目的。如前面所述通过戏剧技术来提高阅读能力的实验，这个技术的理论基础来自通过提高学生的记忆力和想象力来提高阅读能力。托米奇（1995）的归纳推理训练，把归纳推理能力分为类推、概括、区分、元认知监控四个过程，通过六种任务来训练这四种认知过程，从而达到提高学生归纳推理能力的目的[4]。

其次，把智力技能的开发定位于某一专门的领域[5]。这与当前的智力理论是相一致的，特别是多元智力理论的影响，认识到智力活动是与活动任务相联系的。

最后，帕斯利（Pressley，1990）把智力开发集中于认知过程的训练指导，尤其是关注学生的元认知能力的开发[6]。该趋势深受当前认知学习理论的影响。尤其是建构主义理论的兴起，认为有效的学习者应当是一个积极的信息加工者、解释者和综合者，他使用各种的策略存储和提取信息，最终达到学会学习的目的。正是在这样的理论背景下，智力开发的训练采用认知过程的指导，体现了智力研究由特征分析向内部、动态认知过程转化的趋势。

参考文献

1. Mettal Gwendoly, Jordon Cheryl, Harper Sheryll. Attitudes Toward A Multiple

---

[1] 曹雪梅，方平，姜荣敏. 智力开发的最新研究及发展趋势. 首都师范大学学报（社科版），2002（2）.
[2] 曹雪梅，方平，姜荣敏. 智力开发的最新研究及发展趋势. 首都师范大学学报（社科版），2002（2）.
[3] Richard, E. Mayer. Intelligence and Education. In：Stenberg, R. J. *Handbook of Intelligence*. New York：Cambridge University Press, 2000.
[4] Weiko Tomic. Brief Research Report Training in Inductive Reasoning and Problem Solving. *Contemporary Education Psychology*, 1995（20）：483－490.
[5] Richard, E. Mayer. Intelligence and Education. In：Stenberg, R. J. *Handbook of Intelligence*. New York：Cambridge University Press, 2000.
[6] Preeley, M. Cognitive Process Instruction that Really Improves Children's Academic Performance. Michigan：Brookline Books, 1995.

Intelligence Curriculum. *The Journal of Educational Research*, 1998, 10（2）：115 − 122.

2. Mevarech, Z., Kramarski, B. IMPROVE：A Multidimensional Method for Teaching Mathematics in Heterogeneous Classrooms. *American Educational Research Journal*, 1997, 34（2）：365 − 394.

3. Yair Neuman, Liat Leibowiwtze, Baruch Schwarz. Patterns of Verbal Mediation during Problem Solving：A Sequential Analysis of Self-explanation. *The Journal of Experimental Education*, 2000, 68（3）：197 − 213.

4. Dale Rose, Michaela Parks, Karl Androes, Susand Mcmahoh. Imagery-base Learning：Improve Elementary Students Reading Comprehension with Drama Techniques. *The Journal of Education Research*, 2000, 94（1）.

5. Richard, E. Mayer. Intelligence and Education. In：Sternberg, R. J. *Handbook of Intelligence* . New York：Cambridge University Press, 2000.

6. Weiko Tomic. Brief Research Report Training in Inductive Reasoning and Problem Solving. *Contemporary Education Psychology*, 1995（20）：483 − 490.

7. Preeley, M. *Cognitive Process Instruction that Really Improves Children's Academic Performance*. Cambridge：Brookline Books, 1995.

8. ［美］David, R. Shaffer. Developmental Psychology—Childhood & Adolescence (6th Edition). 北京：中国轻工业出版社, 2005.

9. 于大海. 智力论. 哈尔滨：黑龙江人民出版社, 2001.

10. 林崇德, 辛涛. 智力的培养. 杭州：浙江人民出版社, 1996.

11. 阴国恩, 郑金香, 安蓉. 智力开发的聪明理论. 心理与行为研究, 2005, 3（2）：151 ~ 155.

12. 蔡笑岳. 智力的激励与开发. 成都：四川人民出版社, 1989.

13. 徐振寰, 李俊庆, 田茂胜. 潜能与创造力开发. 北京：中国人事出版社, 1999.

14. 刘金花. 儿童发展心理学. 上海：华东师范大学出版社, 1997.

15. 马斯洛等. 人的潜能和价值. 北京：华夏出版社, 1987.

16. 萧静宁. 论人脑潜力的开发. 北京：人民出版社, 2004.

17. 刘奎林. 大脑潜能的蕴藏方式的研究. 哈尔滨学院学报, 2005, 7（1）.

18. 王晓萍, 胡世发, 毛明川, 梁丰. 心理潜能. 北京：中国城市出版社, 1998.

19. 姜晓辉. 智力全书. 北京：中国城市出版社, 1997.

20. ［美］肯·理查森. 智力的形成. 赵菊峰译. 上海：三联书店, 2004.

21. 董奇. 儿童创造力发展心理. 杭州：浙江教育出版社, 1993.

22. 张履祥, 钱含芬. 小学生学习策略训练效应的实验研究. 心理科学, 2000, 23（1）：103 ~ 104.

23. 胡志海. 元认知在学习策略中的作用述评. 渝州大学学报（社科版），2002，19（2）.

24. 张庆林，管朋. 小学生表征运用题元认知分析. 心理发展与教育，1997（3）.

25. 刘晓明，陈彩期. 幼儿数学策略运用的发展特点及元认知的影响. 心理发展与教育，1999（3）.

26. 蔡笑岳. 智力开发与智力教育. 西南师范大学学报（哲学社会科学版），1993（3）.

27. 袁劲松等. 智能拓张. 青岛：青岛出版社，2000.

28. 吴天敏. 提高智慧的再研究. 心理学报，1985（1）.

29. 曹雪梅，方平，姜荣敏. 智力开发的最新研究及发展趋势. 首都师范大学学报（社科版），2002（2）.

要理解高度复杂的人类意识形态，就必须超越人类的生物性。必须要寻找意识活动的根源……它不在人脑的沟回里，也不在精神的深处，而在生活的外在条件。首先，这意味着要在社会生活的外部过程、人类生存的社会和历史形式中寻找根源。

——L. 维果斯基（L. Vygotsky）

第七章　智力与文化

人类智力与其产生的社会文化背景之间的关系问题，是心理学史上古老的问题，同时也是困扰跨文化心理学界的一个问题。包括人类学家在内的许多学者都对此作了大量的研究。随着人类学和跨文化智力研究深入以及智力研究本土化的出现，智力心理学家们日益明确地意识到社会文化对智力、智力发展及智力特征的制约性。智力的发展要受外部环境的影响，这包括了种族文化和社会文化的影响。而社会文化就其本质而言，是一种生态文化，社会文化和生存环境中的文化成分影响着人的智力形成与发展。

第一节　社会文化视野中的智力

文化是一个复杂的概念。从最广泛的意义上来讲，文化包括主观与客观两个方面。客观的文化是人为的自然物质，如道路、房屋等；主观的文化则表现为特定群体大部分成员所共有的、占主导地位的信念、理想、态度、规范、价值观、风俗习惯和意识形态等。而作为意识最高形态的人的智力，无疑与文化有着千丝万缕的联系，甚至有时候，智力本身就可以看作是一种主观的文化形式。在讨论智力的文化属性时，人们往往从两方面入手：一可以称之为智力的社会意识形态，即将智力看作是一种社会意识形态存在；二可以称之为智力的社会功能，强调的是社会交往的复杂性。

一、作为社会意识形态的智力

人的智力总是在一定的社会文化背景下产生的，自智力产生伊始，就是一种社会意识的产物。因此，智力往往反映社会一定阶级或阶层的社会政治需要。正如布鲁纳所言，人们对于理智和思维过程的看法有着深刻的文化和意识形态根源。也许自社会阶级产生之日起，智力就成了社会意识形态和政治托词的载体，而维护特权则始终是一种意识形态规则。19 世纪，恰在重新强调天生不平等观念（导致智商测验的产生）的同时，英国对内重新进行社会分化，对外实行帝国主义。斯宾塞拼命论证殖民剥削有理，因为叙述稍有复杂，劣等人种就反应不过来。同时，穷人恰恰因为贫穷而证明自己是不适应的，理当被剥夺所有的社会福利和正常的生育权，活该自生自灭。

英美智力测验的始作俑者多为顽固的遗传论者或优生论者。智商测验是他们手中用来推进其社会主张的重要工具。这些人及其追随者如拉什顿等在经济上都有先锋基金会作后盾。该基金会成立于 20 世纪 20 年代，是一个鼓励研究"种族"差异的组织，该组织的许多成员均毫不隐瞒其种族主义、优生论和亲纳粹的观点。

为了支持狭隘的社会特权而扭曲学术研究，这在哪个领域都不是什么新鲜事。不难料想，在智力研究等思维研究领域这个问题尤为严重。

1994 年，赫恩斯坦和默里（R. J. Herrnstein & C. Murray）在《钟形曲线》提出的主要论点之一便是认为人类平等的民主观点过于天真。[①] 该书描述了一群生来优越者如何毫不费力地升到社会上层，有权有势，而下坡路走到底的则是一群不断堕落的生来劣等阶层。于是智商测验成了一种筛选工具，成了在教育和工作中分配优待权的根据。他们还鼓吹说，试图改变这种局面的人并不懂其起因：他们的努力用心良苦，但过于天真。难怪许多心理学家都同意斯腾伯格的观点："赫恩斯坦和默里的社会政策主张……并非建立在数据的基础上，而是一种单独的意识形态声明。"

其他作家如马格尼（Magne）等论证说，智力的整体概念只能理解为一种社会表达，它像"性别"（gender，而不是生物意义上的）一样是个社会概念。其功能是给复杂的社会存在找到合理依据。他们说："如果智力存在，那么它便是某一特定文化的历史产物。与童年的概念异曲同工。"作为论据，他们列举了各种例证，说明智力的内涵因文化不同而大异其趣。即使在同一种文化中，对于不同年龄的孩子，智力的含义也会随着时间推移而改变；对个人而言，它还随着社会阅历的不断积累而变化。斯腾伯格的观点也很相近：智力是造出来的……与其说它什么也不是……不如说它是各种成分复杂的混合物……这种创造物是社会性的。[②]

---

① Herrnstein, R. J. & Murray, C. *The Bell Curve*：*Intelligence and Class Structure in American Life*. New York：Free Press, 1994.

② Sternberg, R. J. The Concept of Intelligence and Its Role in Lifelong Learning and Success. *American Psychologist*, 1997, 52（10）：1030 – 1037.

二、智力的社会功能

很多理论家都强调，人以社会集团的方式生活、行动，使用共同的语言、技术、生活规则等共同的文化工具。因此他们认为，置身于文化中的人，其智力形式、个人间智力差异与群体间智力差异在根本上都受到文化的深远影响。在这个领域的研究中，有的专门观察文化的各方面在各进化阶段和历史时期的变化演绎。例如，人类从200万年前到10万年前的进化明显地表现在生产力和工具精巧程度的大幅提高方面，当然在过去几千年里的文化进步就更可观了。

还有一种研究则把注意力集中在社会交往的复杂性上，在20世纪的最后20年开始流行，如"智力的社会功能"假说。这种理论认为，在集体团结和个人需求之间取得平衡的需要促生了一种新型的个人机智与聪明，这正是构成人类与其他灵长类动物智力的主要因素。近些年对于其他灵长类动物如黑猩猩的社会能力的观察显著增多，有时这些观察被比喻为通往人类智力的桥梁。但又如伯尼（Bony）所指出的，"任何这一类的桥梁都不过是能自圆其说的假设而已"。

尽管有人认为人类文化与其他灵长类动物的文化在质上是相似的（在量上有所不同），但也有人认为两者有本质的区别。例如，维果斯基在比较研究的基础上作出结论：猿人绝对不具备人类儿童可以发育出的心理功能。许多当代心理学家曾论证过，文化并非仅仅是智力的花样百出的表达，它是智力的构成要素，决定着智力的形式及其变体。例如，在其他文化中进行简单的逻辑等智商测验表明，其他文化的人们并非是智力上有缺陷，而是他们的智力形式与我们有着很大不同。关于这一点我们将在后面进行详细阐述。

另一个问题是在不同的文化中可以找到对智力的不同理解。现在我们知道通过观察不同人群怎样在日常生活中使用智力一词或有类似含义的词语，可以发现他们所指的含义与西方社会的智力含义有所不同。这样又回到了智力测验是否具有文化偏向这个老问题上。智力测验的文化偏向是指由于对试题的编排、语言与内容的熟悉程度不等等缘故，测验题可能会对某些人群较有利，而对另外的人群不利，因而产生不公正的现象。这个问题我们也将在下面作详细讨论。

第二节 智力与文化关系的理论

一、文化与智力的早期研究

研究者很早就注意到文化与智力的关系，不同的智力心理学家从不同的角度、立场出发，提出了各自的观点。

（一）西方学者的早期研究

西方学者对文化与智力的关系研究最早可追溯到古希腊时期。在从古希腊时期到19世纪末的漫长历史过程中，西方先哲们对智力进行了种种界定，并对智力的本质、发展及社会文化在这个过程中的作用作了阐释与说明。如亚里士多德认为，人的灵魂具有统一性、整体性和主动性，并提出了著名的"蜡版说"。他认为灵魂就像蜡版一样，外物在上面印下痕迹，就是感觉，而感觉必须上升到理性认识，只有理性思维才能把握一般性和必然性的知识。洛克（Locke）则提出了"白板说"，认为后天的环境才是智力发展的根本因素。

进入近代社会以后，心理学家们更是从不同的角度对这一问题作了阐述，主要有以下几种观点：

1. 列维·布律尔的缺陷理论

在早期欧洲人对非欧洲人的智力进行研究时，一个基本的假设是非欧洲人在人种上是劣等的，智力上的差别是由于他们先天存在着某种缺陷。[①] 持这种观点的代表人物是法国学者列维·布律尔（L. Bruhl），他认为非欧洲人的思维特征是"前逻辑"（pre-logical）。布律尔并没有亲自做过任何田野调查工作，他的依据主要是传教士和探险家的报告。前逻辑思维并不是逻辑思维的前一个阶段，而是全部思维的一个重要特征，他们不能理解矛盾的二元逻辑。例如不能区别梦境和现实。在图腾崇拜的社会里，人们认同一个特定的动物作为他们共同的祖先，他们缺乏对个体同一性的清晰认识，认识不到个体的存在，区分不清个体和群体之间的关系。欧洲人对这些原始人的研究是通过他们的群体表征来推论个体的认知功能，群体的表征主要表现在图腾崇拜、祭祀活动、神秘的宗教等方面，它独立于个体存在。由此，布律尔认为原始人的心理活动很少有个体之间的差异，不仅在智力或认知活动中如此，情绪和动机等方面也是如此。这种神秘的不可思议的群体表征，使得原始人不可能像欧洲人一样精确、理性地把握事物的本质，前逻辑思维是这一类人思维的本质特征。

2. 19世纪的文化进化论

自1859年达尔文（C. R. Darwin）发表《物种起源》之后，摩尔根和泰勒（Morgan & Taylor）不久便提出了文化和社会也是不断进化的理论。他们根据社会和技术的发展水平，把人类社会划分为从野蛮到原始再到文明等一系列的阶段，并断定所有的社会群体都遵循同样的进化模式，不同的社会在进化过程中可能处在不同的阶段上。文化进化论反映了帝国主义殖民时期的特征，它"科学地"证明了文明的欧洲人对野蛮和原始人类进行征服的合理性。文化进化论对当时的社会科学的研

①　万明纲. 文化视野中的人类行为. 兰州：甘肃文化出版社，1996.8.

究具有广泛的影响，如在人类思维发展的研究中突出地反映了文化进化论的倾向。许多学者在考察个体发展时，把思维的发展看作是一个直线发展的过程，把个体从童年到成年的发展类推为从原始到文明的发展，"个体发生重现种系发生"是这一观点的著名论断。发展心理学家霍尔（G. S. Hall）把欧洲以外的其他人类看作是"人类种族的童年"。文化进化论为种族主义观点提供了依据，为什么野蛮人和原始人没有与欧洲的文明人同步进化，是因为他们存在发展上的障碍，他们原始的思维方式与文明人有着本质的区别。列维·布律尔的缺陷理论和 19 世纪的文化进化论的结合，成为那个时期欧洲人判断其他人类群体优劣的标准。

3. 波亚士的人类统一性观点

人类心理统一性学说可以追溯到 18 世纪的启蒙运动，尤其是在爱尔维修（Claude Adrien）的著作中就有所表述，但作为一种系统的理论则是波亚士（F. Boas）在其现代人类学中提出来的。这一观点的核心在于强调人类无论其种族和社会形态如何，心理的发生、发展都遵循着共同的规律，心理的差异并不表明他们本性的差别。当代在智力操作方面所进行的绝大部分跨文化研究，都进一步证明了波亚士早期的人类统一性的观点。斯克里·本纳（C. Benner）等人分析了跨文化心理学家和人类学家近三十年来重要的研究文献，结果发现，这些研究所涉及的所有的种族群体，都具有记忆、概括化、概念形成、逻辑推理的能力。引起人类不同种族在认知能力上的差异主要是因为各自存在其不同的社会与生态环境之中；某个文化群体中，人们特殊的认知过程可能会与其他文化群体不同，这主要是因为人们在特定的文化背景中更专注于特殊的认知操作。

（二）我国古代学者的研究

我国古代学者对文化对智力的影响也有过论述，但没有形成系统的研究，大多散见于有关的书籍，如教育、历史等。很多学者都认为，智力的产生和发展受不同社会文化的影响，提出了以下观点。

1. 智力的形成和发展与环境密切相关

孔子创立的儒家学派是中国古代思想史上影响最大的一个学派。由于这个学派从孔子开始就有重视教育的传统，因而在其理论中包含了丰富的有关智能的思想，阐述了社会文化对个体智力发展的影响。

（1）孔子提出了"性相近，习相远"的观点。他认为，在人的本性中，与生俱来的东西是相似的，但由于后天学习的结果，因而显出了很大的差异。在这里，孔子看到了人的本性，即自然本性。同时，也看到了人的习性，即在后天社会环境中形成的社会本性，而后者在个体的发展中起了更大的作用。因此，孔子更看重后天因素对人发展的作用。

在教育实践中，孔子强调"学而知之"。在评价自己时，他指出"吾非生而知之者，好古敏以求之者也"①。他教育弟子"学而时习之"、"学而不厌"、"敏而好学，不耻下问"，并强调"少而不学，长无能也"，这些都表明孔子强调"学而知之"。

（2）荀子提出了"形俱而神生"、"精合感应"的著名论断。"精合"是指精神同外物相接触遇合；"感应"是指外物作用于人，人因此产生反应，人的精神和心理活动是由于外物的作用而产生的反应。

依据这种观点，荀子明确提出了智力和能力的后成性质。他指出："所以知之在人谓之知。知有所合谓之智。所以能之在人者谓之能。能有所合谓之能。"② 在此，"合"指的是符合和接触，因此，在荀子看来，人的认识能力和本能在接触和反映外界事物中表现出来，并形成智力和能力。可见荀子对后天环境在个体智能发展中的作用作了积极的肯定。

同时，在智力形成的根源问题上，荀子也指出了后天环境即社会文化环境的作用。他指出，（人）"可以为尧、禹，可以为桀、纣，可以为工匠，可以为农贾，在势注错习俗之所积耳"③。在这里，荀子强调了环境影响和习俗熏陶对人的智力和品性的重大作用。荀子的"性伪说"则把先天因素和后天环境结合起来论述人的才智和品德的形成。他说："性者，本始材朴也；伪者，文理隆盛也。无性则伪之无所加，无伪字性不能自美。性伪合，然后成圣人之名，一天下之功于是就也。"④ 荀子还重视实践对智能发展的作用。他说："不闻，不若闻之；闻之，不若见之；见之，不若知之；知之，不若行之，学至于行而止。行之，明也，明之，为圣人。"⑤ 荀子充分强调了实践的重要性，认为通过实践可以获得真知和智慧。

这种智力是人在后天环境教育的影响下，通过实践逐渐形成的观点，对中国智力观的发展有着重大影响，至今也有其理论意义。

（3）东汉的王充也论述了有关后天的社会文化环境对智力概念和发展的影响。王充肯定智力的生物基础，但并不认为这种基础可以决定一切。人的智力发展还取决于后天的社会文化环境和学习经验。他提出"智能之士，不学不成，不问不知……人才有高下，知物由学，学之乃知，不问不识"⑥。在这里，他充分肯定了后天社会文化环境因素在智力发生与发展中的作用。

除此之外，刘劭、王夫之等人也对这个问题作了论述，充分肯定了社会文化在个体智力发展中的作用。

---

① 《论语·述而》。
② 《荀子·正名篇》。
③ 《荀子·荣辱》。
④ 《荀子·礼论》。
⑤ 《荀子·儒效》。
⑥ 《论衡·实知篇》。

2. 不同的环境会影响智力的发展

我国自古代起，就重视社会文化环境对个体的影响。早在春秋时期，就有关于"胎教"的记载，认为孕妇的思想、行为及接触的环境都会对胎儿的智能发展产生影响。同时在民间传说、童谣里也有这样的思想，如"孟母三迁"的故事，这些都表明了人们对社会文化环境在个体发展中所起作用的认识。

二、智力的人类学理论

智力研究发展至今，大多数心理学家往往将注意力集中于智力的物质基础，将智力看作是认知能力的代名词。当然也有一些学者更注重考察社会文化背景的诸多因素是如何影响人类个体的智力发展问题。这些研究者侧重于考察文化背景对儿童智力发展的影响，我们通常将他们看作是人类学派的，他们研究智力发展的主要任务是弄清"文化因素规定了人在什么年龄该学什么"。因此，不同的文化环境导致了不同形式的能力的发展。

持有人类学理论的研究者认为，是文化因素而不是其他因素影响了智力的本质，这也是他们根据文化在智力发展中不同的作用程度认同而得出的结论。

有一些研究者否认不同文化间存在着心理学上的普遍性。因此，他们只寻求特定文化系统中的行为概念，尤其是关于智力的概念。他们认为应该寻求认知能力的本土概念。显然，根据这种观点，在一定文化背景下的某个超常的个体在另一文化背景下可能被看成是白痴。

根据这种主张，重要的是理解个体所在的环境如何使智力定型。有学者描述了影响智力及其受评价的四种环境：最高一级是生态学环境，这种环境包括为人类活动的背景提供所有永久的特征，也就是人们生活的自然的文化栖息地。第二种是经验性环境，在生态环境下周期性发生的经验形式，这种形式是个体学习和成长的背景。当前绝大多数跨文化研究通常在经验性的环境中进行，也就是研究经验性的环境特征对个体行为的影响。第三种是在上述两种环境之下的造作环境。这种环境更确切地说是一种情景，环境中的一些事件影响了特定的时间和地点发生的特定的行为。最后一种是实验环境，或实验情景。这种情景是由心理学家或其他人为了引发特定的反应或测验分数设置的具有一定环境特点的情景。尽管人们希望通过实验的方法了解大环境的影响，但实验情景往往很难确切而真实地反映人们生活的真实条件。

查尔斯·沃斯（Charles Worth，1979）在研究智力时强调智力的"另一部分"，即智力行为发生在日常生活中，而不是在测验情景中，以及这些情景是如何与发展变化相联系的。凯庭（Keating）在他的研究中揭示了如何通过一系列认知心理的范例来研究智力。但后来他发现，对于理解认知是如何与文化发生相互作用等问题，这些范例显得毫无意义。鲍迪斯（Baltes）认为，同时考察智力的机制和现象是很有必要的。他指出，离开了个体发展的环境就不可能理解智力。

条件性比较学派是一个持有人类学理论的学派。持有该理论的人相信研究者可以通过一些事件性的比较来理解不同的文化是如何组织一个人的经历并影响其一系列行为，如写作、阅读和计算等。当然，这种比较只有在研究者认为对作业的操作或需要研究的任务是一种成就时才有可能。持这种观点的学者，如美国人类认知实验室的米歇尔·卡尔（M. Carl）及其同事，他们认为激进文化相对论的观点并没有考虑到文化相互影响的事实。他们假设，学习是环境特定的，而环境特定的智力成就是智力发展的重要基础。他们不否认各文化间行为的共性存在。但他们指出，这种文化间的共性是次级现象，其中文化的经验组织起着主要作用。也就是说，在文化背景中的任一经验都与特定的任务操作相联系，不存在能调整经历和行为的中心过程或一般能力，学习被看成基本的事件。超常个体就是能成功地获得以文化为背景的知识和技能的人。

三、智力的文化特性

以往关于不同种族群体智力差异的研究都基于以下两种假设：其一，人类的不同文化群体都以相同的方式定义或理解智力；其二，在不同的文化群体中智力都能被有效测量。[①] 基于这些假设，心理学家们认为智力测验所测得是某种天生的能力，这种能力在个体或群体之间表现出量的差别而无质的不同。事实果真如此吗？下面我们以中外学者的研究为例探讨这一问题。

（一）跨文化心理学研究
跨文化心理学是通过比较不同文化群体的心理与行为，揭示人类行为的共同性和差异性及其与文化背景相联系的心理学分支学科。

跨文化心理学研究最早源于民族心理学与民族研究，就国际范围而言，1859年，魏茨（Weiz）《自然民族的人类学》一书较早对这一问题作了专门的论述。他认为种族智力间存在差异是因为种族主义偏见的存在。此后，在1900—1920年间冯特的10卷《民族心理学》的出现，使跨文化心理学逐渐成为一门独立学科，并为人们所接受。此后，以弗洛伊德、荣格等为代表的精神分析学家对原始风俗与宗教的深入分析促进了跨文化心理学的发展，也引起了以马林诺夫斯基（B. K. Malinowski）与米德（M. Mead）等为代表的文化人类学家对不同文化功能的研究。这些研究掀起了20世纪30年代后文化与人格研究的思潮。"二战"后，精神分析学家与行为主义者相互结合，以美国为中心的跨文化心理研究出现了新的特征——

---

① Sperll, R. The Cultural Construction of Intelligence. In：W. J. , Lonner, R. M. Malpass（Eds）. *Psychology and Culture*. Boston：Allyn & Bacon, 1994.

即从各个民族影响的角度，重新考察各个民族性格等心理特征产生的本质规律，其中以耶鲁大学的怀特与查尔德（White & Child）等人的人类关系区域档案的研究最有影响。20世纪60年代后，跨文化心理学研究从人格问题的考察逐步过渡到对整个心理过程的研究，研究领域大大扩展，影响也日益扩大。

国外有关智力的跨文化研究由来已久。拜什沃（Biesheuvel）从20世纪40年代起致力于智力及其概念的文化特征的研究。在他的影响下，近三十年来，许多心理学家都强调对智力问题的跨文化研究。如20世纪70年代初，莱亚（Laya）等人对非洲尼日尔的逊哈人智力概念理解的研究；沃伯（Wober，1974）对乌干达的巴干达（Baganda）人的智力研究；吉尔和揩茨（Gill & Keats，1980）对马来西亚和澳大利亚人的智力研究，以及戴斯（Das，1994）对东方智力观点的研究等。这些研究从不同侧面描述了智力概念在不同文化中的表现。

跨文化心理学研究，不仅包括有明显文化差异的不同国家之间的跨文化比较，而且还包括在同一国家内的不同亚文化群体的跨文化比较。我国自古就是一个多民族国家，汉族与少数民族尽管在文化上有相似点和共同联系，但是各民族在政治、经济、文化各个方面都存在差异。这种民族文化的差异性和共同性、多元性和复杂性为我们进行跨文化心理学研究提供了有利条件。

也正因为如此，我国的跨文化研究有着悠久的历史。20世纪后，随着一批留学生归国，我国一些民族学学者开始介绍与研究跨文化心理学。如1928年童洞之的《论民族意识》，1942年阮镜清的《民族心理学的基本问题及其研究方法》等，都对跨文化心理研究作了阐述。

我国对智力的跨文化研究始于20世纪70年代末80年代初，主要集中在不同民族的智力差异研究。如万明纲等对西北少数民族的智力研究，郑雪等对海南少数民族的智力研究，蔡笑岳等对西南少数民族地区青少年智力概念的研究等。这些研究主要集中在智力的概念、认知操作及认知方式及智力与生态文化因素的关系等方面，我们将在下文详加论述。

（二）智力内隐概念的跨文化研究

对于"智力"这一概念，看起来好像人人皆知，但实际上却很难有一种完全令人满意的定义。一方面，每个人都明白智力是什么。换言之，对于智力，每个人都有自己的理解，这样形成的概念即智力的内隐概念。[1][2] 探讨智力的内隐概念有着重要的意义：①智力的内隐概念阐述了人们认识和评估自己与他人智力的方式。②智力的内隐理论可能提供某种框架或模式，从而对外显理论的出现产生推动作用。

---

[1] Sternberg, R. J. *Handbook of Intelligence*. New York：Cambridge University Press, 2000.
[2] 高山，白俊杰，李红. 智力内隐理论研究探析. 江南大学学报（人文社会科学版），2004（4）：17~19.

③理解智力的内隐理论有助于阐明智力对不同个体的发展差异以及跨文化的差异，从而使我们更全面地把握智力的内涵。

1. 国外的有关研究

拜什沃从20世纪70年代起就对西方主流心理学关于智力的假设提出了质疑，并致力于智力及其概念的文化特性的研究。

20世纪70年代初，莱亚等人首次对非洲尼日尔的逊哈人进行了研究，调查了这个部族对"拉卡"（逊哈语，相当于英语中的"智力"一词）一词的理解。这个概念意味着个体知道许多事情并具有做这些事的技能，同时他还应该是一个遵循社会规则的本分人。逊哈人认为"拉卡"是上帝的礼物，人生来就有，在7岁以前是看不出来的。当孩子知道如何计数到10的时候"拉卡"便出现了，儿童拥有了"拉卡"，他就能够理解许多事物，拥有良好的记忆力，能自发或迅速地去做社会所期待的事情；能尊重老人，遵守社会规则等。由此可以看出，"拉卡"这一概念有两个方面的含义：一方面涉及能力和技能，另一方面涉及社会能力和个人的特性。

沃伯研究了乌干达的巴干达人与智力相似的概念，巴干达人的智力概念除了表示个体的聪明程度外，还包括冷静、坚定、谨慎和友好的特征。沃伯还调查了生活在都市或受过学校教育的巴干达人，他们所理解的智力与西方人的理解是比较一致的。芒蒂·卡斯特（Mundy Castle）也曾专门撰文分析非洲人对智力的认知和社会两个维度的理解，他认为在西方社会中前一个维度受到重视，它涉及主体对客体的操作和对环境的控制。社会的维度所涉及的是人而不是物，强调人际关系甚于人与客体的关系，这一维度在非洲的传统文化和教育中都被认为是十分重要的一个方面。芒蒂·卡斯特进而认为在非洲的许多部族中，认知和社会的维度是整合的或相互协调的，例如，他们认为学校传授的知识和技能并不是智力的一部分，当把这些知识技能服务于社会群体而不是为了获取个人利益时，才成为智力的一部分。

强调智力的社会性维度，这与西方主流心理学中的智力概念是有一定区别的。那么在非洲社会以外的其他非西方社会中，人们是怎样理解智力的？克莱因在20世纪70年代曾多次研究危地马拉农村中的拉地诺（Ladino）人，这也是文献记载的唯一一项在拉美进行的关于如何理解智力的研究。在拉地诺人的语言中"Listo"一词与英语中的"智力"相似，它意味着生气勃勃、机灵、足智多谋等特征，具有"Listo"的孩子有能力表现自己、有良好的记忆力、独立性强、身体健康灵活等。

克莱因等人发现，成年人对儿童"Listo"的判断与这些认知发展的自然指标相关，例如，对女孩子的"Listo"的判断与她完成的工作量有显著的相关。在这个社会中孩子能否做某种事情，是父母判断他们的成熟水平或聪明程度的重要依据。

达森（Dassen）等人1985年对非洲萨哈拉地区的鲍尔人进行了研究，鲍尔人的语言中"n'glouele"一词与英语中的智力同义。如同在非洲的许多地方一样，这个概念有一个社会性维度，操作或认知的维度则是从属于社会性维度的。"n'glouele"概念包括许多不同的内容，人们常提到的一个内容是"Otikpa"（意为"助人为乐"）。如果孩子自愿提供服务或承担家务和农活，那么这个孩子就被认为聪明。鲍尔人的成年人在描述一个孩子的"Otikpa"时，常常讲"他帮父母干活而不去和同伴玩"，在父母并未要求的情况下主动地做家务，主动地照顾弟妹等。佩尔（T. Pel）等人在非洲的几十个种族群体中进行了类似的调查，结果也证明，助人为乐或利他行为是这些文化群体智力概念的重要内容。

齐茨（Chits, 1984）比较了中国人和澳大利亚人的智力概念，结果表明，两组被试所描述的智力概念既有相似又有不同[①]。

表 7 – 1　中国人与澳大利亚人的智力概念比较

国别	共同智力概念	一般智力概念	与智力有关的人格特征
中国	爱询问、有知识、创造性、独创性、解决问题能力	模仿性、观察力、思维准确、做事谨慎	坚持力、肯努力、决断力、社会责任感
澳大利亚		语言技能、交际能力	自信心、幸福感、有效的社会关系

此外，斯腾伯格（1997）对我国台湾的智力概念进行了研究，发现了有关智力理论的五个基本因素：①一般认知因素，与西方传统的智力测验中的一般因素极其相似。②人与人之间的智力。③个人内心的智力。④智力的自我主张。⑤智力的自我退避。

戴斯也研究了东方的智力观点，他指出，在佛教或印度教的哲学理论中智力不仅包括觉醒、注意、识别、理解，而且还包括决心、心理努力等，除了一般的智力要素以外，甚至还有感觉和意识，这些都与西方传统的智力观有所区别。

2. 我国的有关研究

我国古代不同文化派别在讨论智力的内涵时，从不同的文化背景入手，提出了对智力的不同理解。儒家创始人孔子在提到智力时从不同的方面给予了解释：①认识上的无疑问，"知者不惑"。②实事求是的认识态度，如"知之为知之，不知为不知，是知也"。③对人的识别能力，如樊迟问智，子曰"知人"。④思维的敏捷性和灵活性，如"智者乐水"。⑤学习和接受知识的能力。孟子则认为，"智"是人对外界事物及规律的认识和掌握，人如果能认识事物的规律并能够按规律行事，就是智的表现。荀子则认为，"知"是人生来就具有的能力，"知"与客观事物一致，就是智力。道家与儒家不同，他们强调要"超圣绝智"，老子认为"智"是对"道"的

[①]　郑雪. 跨文化智力心理学研究. 广州：广州出版社，1994. 12.

直觉把握，庄子则认为"且有真人而后有真知"。墨家重感觉经验，如墨子认为，"恕也者，以其知之也者，若明"，即智力就是明察事物，用已有的认识去分析探究事物，也就是认识事物的能力。

我国对智力内隐概念的研究比较少，主要有：

（1）学者张厚粲等人对北京普通居民智力观的研究。主要是通过对北京成人智力观念与不同国家群体的智力观念的比较，对中国人的内隐智力概念作了研究。

（2）学者蔡笑岳等人在对西南少数民族地区青少年智力发展的研究中，对西南少数民族地区青少年的内隐智力概念作了研究①，结果见表 7-2：

表 7-2　不同民族、不同年龄的青少年对智力特征重要性排序

	汉		苗		藏		傣		彝	
不同年龄两组被试（岁）	12	18	12	18	12	18	12	18	12	18
1. 反应快	1	12	3	5	2	4	4	5	1	7
2. 学习有方法	8	5	1	3	7	3	5	6	2	3
3. 想问题细致	7	11	6	11	8	5	6	7	5	12
4. 逻辑推理强	4	10	13	12	11	6	12	8	7	5
5. 善于分析问题	3	3	7	6	4	13	10	4	10	4
6. 勤奋	12	6	2	7	1	9	1	9	3	6
7. 善于创造	10	4	11	13	3	11	14	12	6	8
8. 能应用已有知识	15	14	5	9	5	10	8	11	9	15
9. 观察仔细	9	9	12	10	6	12	9	14	14	9
10. 不怕困难	14	13	9	4	12	7	3	13	15	11
11. 知识丰富	11	15	15	8	15	15	11	10	12	14
12. 爱思考	5	2	8	2	10	1	2	1	8	2
13. 思维敏捷	6	1	4	15	13	2	15	3	4	1
14. 想象丰富	13	8	10	1	9	8	13	2	11	10
15. 抓住问题要点	2	7	14	14	14	14	7	15	13	13

综合国内外的研究结果，我们可以发现，人类的不同文化群体并非以相同的方式定义或理解智力，对智力的理解在不同的文化模式下，或者说在不同的种族文化影响下，表现出了差异。

---

① 蔡笑岳，向祖强. 西南少数民族地区青少年智力发展与教育. 重庆：西南师范大学出版社，2001.9.

四、智力测验

智力测验是现代智力研究中的第一个模式，它是由英国著名学者高尔顿发起，而后由比奈、斯皮尔曼等心理学家大力提倡和推广。智力测验在国际上被广泛流传和运用的过程中，有的心理学家尝试用其来比较不同的民族和种族之间的智力异同，从而产生了以智力测验为主的跨文化智力心理学研究。在这些研究中，心理学家们假定，所有人类群体都具有相同性质的智力特征或智力因素，只不过每个群体所具有的智力因素在数量上有所不同。[①] 因此，心理学家们认为可以用相同的方法对不同群体的智力进行量上的测定和比较。

用这种方法进行的智力测验，大多发现非西方文化中个体的测验成绩或智商明显低于西方文化中的个体。如在讨论智力测验成绩差异时，一个可靠的结论是社会阶层效应：低收入家庭或工人阶级家庭的儿童与同龄儿童相比，标准智力测验分数低 10～15 分（Helms，1997），只有婴儿除外。因为，在对新生儿智商有预测作用的两个测验——新异刺激偏好与习惯化信息加测验（McCall & Carriger，1993）以及婴儿发展商数（DQ）测验中，都没有发现可靠的社会阶层差异。

智力还存在种族差异。在美国，非裔和印第安人儿童的标准化智力测验得分平均比欧裔儿童的分数低 12～15 分，拉丁裔儿童处于非裔与其他欧裔儿童之间，亚裔与欧裔儿童智商基本相同（Flynn，1991；Neisser，1996）。不同种族儿童在不同能力上的得分也存在差异：非裔儿童的言语智商比其他得分高，而拉丁裔和美国印第安人儿童在空间能力这类非言语项目上得分较高。

由智力测验所显示的智力差异究竟是什么原因造成的？我们试图从以下几方面进行分析。

1. 遗传的作用

早期的心理学家在谈论这个问题时，往往把这种差异归结为种族差异或种族间的遗传基因，而不是归结为文化差异。经过几十年的争论和实验研究，智力心理学家们逐渐抛弃了这种观点，认为这种智力差异的种族遗传论观点实际上反映了西方文化中心论或欧美白人种族主义的思想，因而遭到了心理学家们的一致批判。[②] 塞格尔（Segall，1976）根据实证材料，将反对遗传解释的理由归结为以下几点：

（1）在任何种族群体内部，遗传因素在人们的智力操作中起一定的作用，而种族群体之间的差异则完全是由非遗传的因素决定的。

---

① Lisabeth，F. Dilalla. Development of Intelligence：Current Research and Theories. *Journal of School Psychology*，2000，38（1）：3－7.

② Sperll，R. The Cultural Construction of Intelligence. In：W. J. Lonner，R. M. Malpass（Eds）. *Psychology and Culture*. Boston：Allyn & Bacon，1994.

（2）在某些种族群体中，智商可能更多地受环境因素的影响，而在另一些种族群体中则可能有所不同，对所有的种族群体来说，群体内部智商的可遗传性不是完全相同的。

（3）事实证明，环境因素对智商平均得分较低的群体影响作用更大。

（4）由于测验自身内在的偏向因素，当用于所谓的劣等种族群体时，比用于得分较高的种族群体更倾向于认为测验揭示了先天固有的能力。

（5）新近的遗传研究显示，个体之间遗传的多样性比不同种族群体之间遗传的多样性要大得多。

然而，1994年《钟形曲线》一书的发表，使有关智商种族差异的争论更加激烈。赫恩斯坦和默里认为，不同种族平均智力上的差异是由遗传差异造成的。

阿瑟·詹森（A. Jenson, 1985, 1998）也同意这种遗传假说。他指出，有两大类的智力能力在不同族群间是可以遗传的：第一水平的能力，如注意加工、短时记忆及对简单的机械学习重要的联想技能，在这一水平上，不存在任何民族和社会阶级差异；第二水平的能力，指抽象推理、运用词和符号形成概念和解决问题的能力。詹森认为，智力测验主要是测量第二水平的能力，它在不同种族和阶级之间都同样是由遗传得来的。

詹森发现，儿童在完成第一水平的测试任务上，不存在任何民族和社会阶级的差异。然而，在第二水平能力的测量上，中产阶级白人儿童的成绩比那些家境贫穷的非裔儿童高。由于这两个水平的能力在不同的种族和阶级间都是同样由遗传而来的，因此他认为，不同族群智力上的差异是由遗传造成的。

尽管詹森的观点听起来似乎很有道理，但遗传的证据只能解释智力的组内差异，而不能解释组间差异。理查德·卢恩廷（Richard Lewontin, 1976）用类比的方法对这一问题进行了清晰的解释。①假设基因是不同的玉米种子从袋子里倒出来，随机播种在两块不同的田地里，一块是贫瘠的，另一块是肥沃的。因为同一块田地的玉米的生长土壤相同，因此，植株在高度上的差异一定是遗传的结果。但是，如果肥沃的土地中植株的平均高度高于贫瘠的田地，这两块田地间的差异一定是土壤质量这一环境因素造成的。同样，尽管遗传可以部分地解释非裔和白人智商上的组内差异，但两个种族间智商的差异只能由他们所处的不同环境来解释。

对混血儿的研究结果也不支持遗传假说。有学者在研究中收集了父亲是非裔美国士兵与父亲是美国白人公务员的两组美—德混血儿童的智商。显然，如果混血儿童的非裔父亲的遗传基因中没有提高智力的成分，那么这些少数族裔的儿童的智商分数应该比同龄的白种儿童低。然而，结果发现这两组儿童的智商分数没有差异。同样，在美国，有白人血统的特别聪明的非裔儿童的比例也不高于纯非洲血统的儿童（Scarr 等，1977）。

---

① [美] David, R. Shaffer, 发展心理学——儿童与青少年. 邹泓等译. 北京：中国轻工业出版社, 2005. 2.

尽管有这些负面的证据，但遗传假说还是继续存在。比如，埃德华·里德（T. Edward Reed，1997）指出，对少数族裔混血儿童的研究在方法学上有问题，因此对研究结论提出质疑。另有研究者将头和大脑的体积差异（白人的头和大脑的体积大于黑种人），作为种族间智商差异是由遗传造成的有力证据。这种生理上的差异能否真的作为遗传证据来解释黑人和白人在智商上的差异呢？乌尔里克·奈瑟（Ulric Neisser，1997）认为，事实并非如此。他指出，头和大脑体积受出生前的营养与充分照料等因素的影响。这种环境变量在不同组群中有很大差异，会对儿童的智力产生重要影响。因此，尽管种族内部的智商差异是由遗传因素引起的，但由此得出"贝尔曲线"的结论还是有点夸大。总之，目前还没有找到能够表明种族间智力差异是由遗传决定的最终证据。

2. 测量工具的偏差

研究者逐渐把目光投向了智力测验本身，就是智力测验的效度问题。一般而言，跨文化心理学家在使用智商测验时都十分谨慎，尤其是当研究的对象不是该测验标准化的群体时，这种测验有可能对那个群体有偏向。在对测验的结果进行推论时更需谨慎，因为没有哪一种行为是单纯地由文化或遗传决定的。

有人认为，不同人群在智商上的差异是由于智力测验和测验过程本身人为因素造成的（Helms，1992）。为了说明这一观点，研究者指出，现在所使用的智力测验都是为了测量认知技能（如走迷宫）和一般信息（如一个747是什么）。这些都是中产阶级白人儿童在生活中就能够获得的。他们还认为，与那些中产阶级白人儿童相比，测量词汇和词语用法的分测验，对于那些经常使用不同英语方言的非裔和拉丁裔儿童来说要难。[①] 不同民族在语言使用方法上也有所不同。例如，白人父母会问儿童许多增长知识方面的问题（如小狗说了什么，爱斯基摩人住在哪里），回答这些问题跟回答智力测验中的问题一样，都需要简要的答案。相反，非裔父母更倾向于问儿童实实在在的问题（如今天你在学校干什么了），父母有时也不知道答案，回答这些问题需要像讲故事一样详细，与学校和智力测验中回答问题的要求有很大差异（Heath，1989）。因此，正如许多批评家所言，如果智力测验对白人文化的评估很有效，对少数族裔的儿童来说就存在缺陷。

我们认为，智力测验可以看作是对一小部分认知技能的有效测验，这些技能在美国社会及不同的文化群体中表现各异，意义也不尽相同。但在"主流"的观点中，则明显强调智力测验可以有效地测量智力结构的宽容性与普遍性。

正如斯腾伯格（2000）所言，智力的实质与智力的评估方法始终是当代美国社会论坛的争论核心。近来有关人员就智力测量技术的强势与局限性发表了两种答复：一种是"智力主流科学"论断；另一种是《智力：已知的与未知的》。在"智力主

---

① Sperpell, R. *The Significance of Schooling: Life-journeys in An African Society.* Cambridge, UK: Cambridge University Press, 1993.

流科学"中，作者声称，智力是一种一般能力，它不仅是一种狭隘的学术技能，更是一种能深入理解我们周围环境的能力，智力能被智力测验很好地测量，并不存在文化偏见。相反，"智力：已知的与未知的"初步揭示了当代智力范围的变动及应该如何测量，认为心理测量法已经被证实是最好的，但仍有许多有待改进之处。

奈瑟等人在《智力：已知的与未知的》一文中提到，智力测验存在文化偏见问题，并提出了"结果偏见"、"预测偏见"及"抽样偏见"的观点。[①]

"结果偏见"主要反映在少数群体较低的平均分上。如我们前面提到的社会阶层效应和种族差异。

"预测偏见"则是指预测教育情境中未来成绩时所表现出来的偏见。也就是说，在将测验用于教育选拔时，似乎不仅要考虑未来情境中的人物要求，也需要考虑先前情境中的学习机会。

比奈设计的智力测验最初就是用以测定儿童在学校的学习能力的，它的预测效果的确很好（R = 0.50）。而且，测验成绩与学校成绩之间的关系，似乎已经成为一种普遍的规律。无论在哪里研究这两者之间的关系都会发现，在智力测验中得分高的个体对所学知识的掌握远比他们同龄的低分儿童要好。尽管教学形式与学习指导方法会增强或减弱两者之间的相关程度，但迄今为止，仍没有发现任何可以稳定地减少这种相关的事实（Cronbach & Snow，1977）。

但是，研究者也发现，儿童的在校学习能力不仅取决于他们个人能力的高低，也取决于具体的教学实践与教学内容。最近，对不同国家在校小学生的学习成绩进行的比较，特别明显地说明了这一点。例如，在学生 IQ 得分相同的情况下，中国和日本的小学生比美国的小学生掌握了更多的数学知识。产生这种差异的原因是多方面的，包括对正规教育的文化态度、真正学习数学的时间以及学习的组织方式。

有些人认为，智商之所以能够预测学习能力，是因为两者都是对抽象推理能力的测量，即斯皮尔曼所说的一般智力或一般心理能力。然而，持不同观点的人认为，智力测验和学习倾向能力测验所反映的知识和推理技能都是文化价值观的体现。与此观点相符合的事实就是，学校教育本身在很大程度上就是文化价值观的一种反映，同时对智力测验成绩也有促进作用。这种促进作用是怎样产生的呢？在学习中，学生掌握的知识与测验题目是相联系的。他们的记忆策略和归类技能会不断地提高，这些也是智力测验的内容。学校教育对学生的态度和行为也有鼓励作用，他们在一定的压力下努力学习文化知识，这些对形成成功应对智力测验的技能会有促进作用。因此，所谓智力测验的差异也可以看作是后天训练形成的。

"抽样偏见"指主要的标准化智力测验中所包含的知识与能力样本可能更偏向于优势文化认为有价值的各种技能风格。

20 世纪 80 年代以来，以伯里（Bury）、霍华德（Howard）、格塞尔（Gesell）

---

① Neisser, U. Intelligence: Knowns and Unknowns. *American Psychologist*, 1996, 52（2）: 77 - 101.

等为代表的跨文化心理学家对传统的以西方主流心理学标准作为评判不同文化智力群体智力差异的尺度方法提出了质疑。他们认为西方主流心理学关于智力的理论及其定义并不具有跨文化的普遍性，把这些理论和方法（如心理测量）运用于非西方文化群体时，得到的是"强加的普遍性"（imposed catholicity），这种做法是不合适的。对少数民族群体是不利的，其结果只能得出少数民族群体文化缺陷的结论。这种文化缺陷理论夸大了种族间的差异，因为，测验的标准是人为的、不客观的，所测量的是操作（performance）而不是能力（competence），是内容（content）而不是过程（process）。

也许最引人注目的环境因素产生的影响是智力成绩普遍稳定地上升。从 1940 年开始，研究者发现，每过 10 年，各国公民的智商平均增长了 3 分，我们称之为"弗林效应"（James Flynn，1987，1996）。詹姆斯·弗林（James Flynn）对这一现象进行了系统的描述。

这种智力成绩的增长绝对程度是显著的，甚至还可能增长。比如说，荷兰 19 岁被试的智力测验得分在 1972—1982 年间增长超过 8 个百分点（超过了一半的标准差）。而且，这种增长的最大效果出现在那些不受文化影响的测试中（Flynn，1987）。其中就包括瑞文推理测验，许多心理学家都认为它是测量一般因素的一种很好的非言语测量工具。

对于这一增长有几种不同的解释，主要如下：

第一种解释建立在两代人的文化差异上。现今的日常生活和职业经验都似乎比我们父母和祖父母之间的那个时代更加"复杂"。人口越来越都市化，电视和网络给人们带来越来越多的信息，生活的复杂性可能会引起思维的复杂变化，由此引起某种心理能力的变化。

第二种解释则认为由于教育在世界范围内的进步，从而可能从三个方面对智商的提高起了作用，即教育使人们更会应对测验，使人们的知识更加丰富，使人们具备了更有效的解决问题能力。

第三种解释认为，20 世纪以来，人们营养与健康水平的提高是另外两个潜在的环境因素。弗林（1990）指出，IQ 增长的同时，营养水平也在大幅度地提高。很多人认为，营养与健康对大脑和神经系统的发育起到了积极的作用，从而提高了人们的智力成绩。然而，营养对智力本身的这种作用还无法确定。

最后，弗林认为，不论智力是什么，都不可能在过去的几十年里那样增长。例如，以达到 140 或更高分数的个体数量为例，在 1952 年参加 Dutch 测试的被试，智力分数超过 140 的只有 0.38%；到 1982 年，同样水平的被试有 9.12% 达到了这个标准。同样，在法国、挪威、美国以及其他国家也出现了同样的趋势。弗林认为，上升的不可能是智力本身，而只可能是"一种抽象问题解决的能力"。就像里查森（Richerson，1985）所说，生物进化的过程是十分缓慢的，文化的变迁则是相对较快的，人类文化群体之间的差异更多的原因是文化而不是由遗传决定的。

为了解决由于测验的文化偏差带来的问题，有人尝试编制了文化公平智力测验，如瑞文推理测验，要求被试按一定的规则，填充抽象图形中缺失的部分，使图形变得完整。这种测验不会使来自贫困或亚文化的少数族裔儿童首先就处于不利的地位。测验假设这些问题对于所有的社会阶层和所有组群都具有相同的熟悉度，没有时间限制，指导语也非常简单。然而，在这种文化公平测验中，中产阶级白人儿童的得分依旧比同龄的非裔儿童得分高。

非文字智力测验的出现大大推进了智力的跨文化心理学研究。但是，它没有从根本上解决跨文化测验的文化障碍问题。有研究者认为，非文字测验带有更多的文化负荷，因为图形也是一种语言，是一种象征性的绘画语言。不同的文化利用二维图形来表示三维物体的"语法"规则是不同的。而且，非文字测验常常需要相对抽象的思维过程和分析性的认知方式，这些特点与西方文化背景和正规学校教育的经验有关。对于非西方文化中的个体或缺少学校教育经验的个体而言，这种测验并不比语言测验更容易。在美国用韦克斯勒智力测验测试黑人儿童时，经常发现操作性测验比语言测验更困难。因此，不能够不加分析地把非文字测试当作跨文化智力研究的工具。

除了测验工具本身的原因之外，心理学家们也提出施测情景与被试的个人因素也许是造成智力成绩差异的其他原因。

莫尔（Moore，1986）等人指出，许多少数族裔儿童和青少年在正式的测验情景下倾向于不尽自己最大的努力完成测验，他们对不熟悉的施测者（多数的施测者是白人）或陌生的测验过程有很高的警惕性，为了克服这种不愉快的经历，他们更愿意追求速度，而不注重准确性。实验证明，在对测验程序进行调整，使参加实验的少数族裔儿童感觉更自在，使他们的恐惧感降低之后，结果就大大不同了。在他们与态度友好、耐心且能够提供支持的施测者先熟悉后再进行测验，他们的智力测验成绩比传统上由陌生的主试进行施测的得分要高出几分。即使是来自于中产阶级家庭的少数族裔儿童在程序改变后也有所收益。因为这种测验情景给他们带来的不自在比中产阶级的白人儿童程度要高。

再者，有人提出了消极刻板印象的影响。约翰·奥格布（John Ogbu，1994）指出，少数族裔儿童对他们智能的消极刻板印象，会使他们认为自己的生活状况受到不公平和歧视的限制。结果，他们会拒绝一些主流文化所认可的行为，如他们认为优秀的测试成绩与自己无关，或只把它们看作是"白人的行为"。

克劳德·斯蒂尔（Claude Steele，1997）进一步指出，一个少数族裔的个体，在测验情景下，都会受到如"黑人智商不高"或"拉丁裔的人很懒惰"这样消极的刻板威胁。这是少数族裔个体的一种潜在忧虑——社会上对他所在的群体刻板印象也许是真的，从而担心对他的评价会受到这种消极刻板印象的影响。这种担心一旦起作用，就会使学生产生焦虑，从而阻碍学生考试时水平的发挥。因此，斯蒂尔认为，尽管在舆论上，少数族裔的个体会说这是错误的，但实际上他们仍受到这种消极刻板印象的影响。

为了证明这一理论，斯蒂尔和约舒亚·阿伦森（Steele & Joshua Aronson，1995）编制了一个难度较大的适用于青少年晚期的谚语技能测验。施测时指导语分为两种：①测验的目的是为了评价个体的能力（这可能会激起那些少数族裔被试的刻板威胁）；②测验完全是研究者为研究所设计的（不会产生刻板威胁）。当被试认为测验是对自己的能力进行评价时，美国黑人的成绩较差；但认为是非能力评价时，他们的表现就好多了，测验成绩跟白人一样好。在进一步的研究中，他们发现，让黑人学生在测验手册上写出自己的种族这一简单的做法，可以有效地激活刻板威胁，并影响他们的测验成绩。

由此可见，刻板威胁会对少数族裔的学生产生消极影响，是造成智力和学业成就民族差异的重要原因。

为了克服测验本身的缺陷，持有人类学观点的研究者努力作了一些尝试。他们回避传统的智力测验，试图设计一些与文化相关的认知作业。这就与其他心理测量家的企图大不一样。他们不像一般心理测量家那样，希望编制能脱离文化的测验，也就是我们所说的文化公平测验，而是试图编制与文化密切相关的测验。如伯瑞（Berry，1974）认为狩猎文化有利于空间技能的发展。为了证明这种文化背景下人的视觉辨别和空间技能强的假设，伯瑞采取了一系列与狩猎经验有关的几何和空间概念，并将此与空间知觉测验的分数作比较。他发现与狩猎文化的关系越密切，测验的得分越高。因此，他认为，不同文化间操作上的差异是由于适应相应的文化所做的训练引起的，而不是由内在智力的不同引起的。

因此，当代跨文化心理学家已经放弃编制早期的心理学家所设想的"超文化的"、对一切文化都普遍适用的智力测验，而代之以适合特定文化的智力测验来测量不同文化和种族的智力发展状况。

3. 环境假说

对群体之间差异的另一种解释是环境假说，即贫困的环境和个别少数族裔群体环境，对智力发展的促进作用远远小于那些白人或中产阶级的环境。

最近，发展心理学家仔细考察了低收入或受贫困威胁的生活方式对家中孩子会产生怎样的影响。邓肯（Duncan）等人的研究结果都指向儿童智力的发展问题。

首先，一个贫困的家庭，过低的收入会导致这些家庭的孩子营养不足，这会阻碍大脑的发育，从而导致儿童的情绪低落或精神恍惚。

其次，经济困难会导致人产生心理压力。对现实生活的强烈不满，会导致低收入的成人急躁、易怒，对孩子的敏感性、支持性和卷入孩子学习生活活动的能力会降低。

最后，科勒班夫（Klebanov，1998）和班德利（Bradeley，1989）等人指出，一般低收入的父母本身受教育水平也比较低，他们既没有知识也没有钱为孩子提供与其年龄相符的书、玩具或其他有利于刺激儿童智能发展的家庭环境。低收入家庭的家庭量表得分显著低于中产阶级家庭。而且，儿童生活在收入最低、家境最贫寒的家庭中，接收到的刺激也最少。然而，当低收入家庭给孩子们提供了更多的刺激性家庭环境时，如积极鼓励孩子学习并让孩子不断地接受挑战，那么他们在智力测验中的表现将会大大改善。并且，像中产阶级家庭的儿童一样，他们也会对后来的学业产生稳定的兴趣。因此，已有充分的证据可以证明，不同的社会阶层智力上的差异，从根本上说是由于环境的作用。

一项详尽的跨种族领养儿童研究也得到了相似的结果。桑德拉·斯考尔（Sandra Scarr）和理查德·温伯格（Richard Weinberg，1983；Waldman 等，1994；Weinberg 等，1992）对100多个被白人中产阶级家庭领养的非裔或少数族裔儿童进行了研究。这些养父母的智商都高于平均分，他们都受过较高水平的文化教育，还有一些父母也有自己亲生的孩子。尽管研究者发现，领养的孩子智商一般比同一家庭中亲生的白人儿童的智商低6分左右，但在对跨种族领养儿童的整体智能表现进行考察后发现，这种种族差异并不明显。作为一个群体，这些非裔的被领养的儿童的平均智商为106分，比整体平均分高6分，比那些在低收入家庭社区成长的非裔儿童高15~20分。10年后，这些跨种族被领养的儿童的平均智商稍有下降（平均分为97）。尽管用这两个分数直接作比较也许不够恰当，因为童年时期使用的智力测验和10年后使用的测验不同。然而，这些来自低收入非裔家庭的被领养儿童在青少年时期的智商也一直保持在平均水平以上，他们的学业成绩也略高于全国常模。温伯格和斯考尔（1983）总结道："被领养的黑人和混血儿童较高的智商分数……表明：（a）遗传上的差异，并不是族群间智商差异的主要原因；（b）在中产阶级文化中长大的非裔美国儿童和混血儿童，在智力测验和学业测验中的成绩跟其他同样家庭的儿童相似。"

需要重点指出的是，斯考尔及其同事的这些观点并不能说明白人父母都是好父母，或者说把发育不良的儿童放在中产阶级家庭中，他们就会好起来。他们谨慎地指出，实际上我们要注意的重要信息是，通过跨种族领养的儿童研究，可以看到，人们所认为的种族因素引起的学业和智能上的很多差异，很大程度上反映了不同种族的社会地位不同。有数据表明，美国受到贫困威胁的人群中，白种人几乎占了2/3，他们的智商分数与那些贫困的少数族裔相似（美国人口普查局，1999）。另外，夏洛特·帕特森及其同事（Patterson et al.，1990）也发现，社会经济地位变量对非裔儿童和白人儿童学业成绩的预测力要比种族变量强（另见 Greenberg 等，1999）。

4. 教育

20世纪70年代早期，美国社会爆发了一次大规模的有关教育经验对个体智力发展影响程度的争论。争论的导火索是一篇题为"我们能将学生的智力与学业成绩提高到何种程度"的文章。杰森（Jeson）在这篇文章中声称，补偿性教育干预不能对出生于美国的社会经济地位低下的儿童的成绩产生任何影响。他认为智力是可以高度遗传的。此外，1994 年《钟形曲线》的发表，作者在其中引用了很多以心理测量标准化技术为基础的正态统计分布曲线图，试图说明智力具有高度遗传性，后天的教育改变不了黑人等少数族裔智力落后的现实，并强调社会较低阶层群体的较高人口出生率提高了天才群体的劣生威胁说。

这种论点无疑遭到很多智力心理学家的唾弃。然而，我们应该怎样看待教育在智力发展中的作用呢？在《智力：已知的与未知的》一文中，奈瑟等人对学校教育对智力的影响作了如下论述。

首先，学生在校的学习是影响智力的一个独立又不独立的因素。一方面，高 IQ 的儿童不易辍学，而且更利于升级，最终进入大学，接受更高的教育。因此，成人受教育的年限可以从他们早期的 IQ 得分上初步预测出来。另一方面，正规学校教育本身可以改变个体的心理能力，包括那些在智力测验中所测到的各种能力。这对于像 SAT 那样明显用于测定学校所学的测验来说，教育的影响是显而易见的。

其次，学校教育对 IQ 分数的影响有多种形式。年龄一致的儿童经过在校一年的学习后便会产生分化。那些在学校待的时间长的儿童有较高的 IQ 平均分；那些间歇性上学的儿童的 IQ 低于有规律上学的儿童，并且在一个暑假后，智力的操作水平有降低的倾向。

学校教育通过多种途径对智力产生影响，最明显的是通过知识的传授。像"《哈姆莱特》的作者是谁""水的沸点是多少"等都是学校学习的典型知识。对这些指示，有些学生学得较为容易和准确。此外，还有某些一般的技能和态度也对智力有重要的影响，如系统的问题解决方法、抽象思维、种类化、对那些没有兴趣的事物要求保持注意以及对基本运行和行为反复操作等。毫无疑问，学校使智力得到显著的发展并维持了这种发展的结果，从而使不同儿童间的差异更加增大。因为智力测验中包含了大量与之相同的技能，所以 IQ 能预测儿童的学习成绩及其在学校中的表现。

有人进行了一系列关于社会关系与认知关系的调查研究。这些研究以夏威夷本地学生、加利福尼亚和亚利桑那的少数民族的儿童为研究对象。学生所接受的教育大多为技能教育而不是价值观教育。研究发现，少数民族儿童的标准测验成绩显著高于同一地区的普通公立学校的学生。一般认为，少数民族儿童在学校中难以获得成功体验。但有研究表明，少数民族儿童无需放弃或贬低他们自己的文化背景就能在学校文化背景中获得成功发展，这表明教育能很好地服务来自各种不同文化背景的学生。

第三节　社会文化对智力的影响机制

前面分析表明，社会文化——个体怎样生活、有什么信仰、遵循什么样的行为规范——对个体智力的发展有着怎样的重大影响、社会文化是如何影响个体智力的发展的？智力心理学家从不同的角度对这一问题作了阐述。

一、社会经验、社会文化对智力发展的影响

苏联文化历史学派的代表人物之一维果斯基较早地提出了智力的社会经验属性等问题，是社会文化历史发展理论的创立者。他以独特大胆的思想，影响并促进着发展与教育心理学的研究。美国著名心理学家布鲁纳在其专著《认知心理学》的俄文版序言中指出："在过去的四分之一个世纪中，从事认识过程及其发展研究的每一个心理学家，都应该承认维果斯基的著作对自己的巨大影响。"

在谈到人类认识的发展时，维果斯基强调的是社会文化历史发展的观点。他指出，要理解高度复杂的人类意识形态，就必须超越人类的生物性。必须要寻找意识活动的根源……它不在人脑的沟回里，也不在精神的深处，而在生活的外在条件中。这意味着要在社会生活的外部过程、人类生存的社会和历史形式中寻找根源。[①]

他认为智力开始于社会环境，智力是将外部的社会经验逐步内化为个体内部经验的过程。他提出了人心理发展的两条规律。第一条规律是：人所特有的以语言和符号为中介的心理机能不是从内部自发产生的，它们只能产生于人们的协同活动和人与人之间的交往活动。第二条规律是：人所特有的新的心理过程结构最初在人的外部活动中形成，随后才可能转移至内部，成为人的内部心理过程的结构。这种从外部心理过程向内部心理过程的转化，实质上就是"内化"的过程。据此，维果斯基提出了儿童心理的一般发生法则："在儿童的发展中，所有的高级活动会出现两次：第一次是作为集体活动、社会活动，即作为心理间的机能而出现；第二次是作为个体活动，作为儿童的内部思维方式，以内部心理机能的面貌出现。正是在活动的外部的、展开的、集体的形式向着完成活动内部的、精简的、个体的形式的转化中，实现着人的心理发展。"这一法则同样适用于个体智力的形成与发展。

在个体的内化过程中，起决定性作用的是社会文化因素。维果斯基认为，个体的发展是在社会中完成的。个体从婴儿期开始，就生长在人类社会中，以后随着年龄的增长，经儿童期、青少年期以至成年期，个体一刻也离不开社会。社会的一切，诸如

---

① 麻彦坤. 维果斯基与现代西方心理学. 哈尔滨：黑龙江人民出版社，2005. 9.

风俗习惯、社会制度、行为规范等，构成人类生活的文化特性。社会文化既直接影响正在成长中的儿童的行为，也影响成人的行为，进而通过成人来间接影响正在成长中的儿童的行为。文化产生的直接和间接的影响使得个体认知由外化逐渐转换为内化，由出生时的自然人，逐渐变成社会人，最终成为一个符合当地文化要求的成员。

因此，社会文化环境在个体智力的形成和发展中起到了很大作用。个体在文化中的认知发展就是通过与社会关系的相互作用完成的。

此外，维果斯基还提出了"最近发展区"的观点，强调可能发展的重要性。他认为，传统的智力测验在测验标准化时就建立了年龄常模，往往按儿童答对题目的数量来评价儿童的心理发展水平或心理年龄。因此，这类测验通常至多只能测量儿童智力的实际水平而不能测量其智力发展的可能性。维果斯基的最近发展区的构想正是对传统心理测验的改进。在了解儿童的实际发展水平之后，进而根据其潜在的发展水平，找出其最近发展区，就能使儿童在成人的帮助下最大可能地发展其认知能力。这也为教育在个体智力发展中的作用提供了依据。

瑞典智力心理学家瑞文·费斯腾（Reuven Feuerstein）谈到这个问题时的基本假设是"智力是可变的"。费斯腾关于智力及其发展的一个关键概念是"间接的经验学习"。间接的经验学习是指环境发出的刺激被媒体所传播，媒体通常是父母、兄弟姐妹或其他护理人员，传播媒体在其意图、文化和情感投入的指导下为孩子选择和组织环境刺激，媒体选择最合适的刺激并对此重新设计、筛选和编排，媒体确定了一定的刺激出现或不出现，并将其作用于个体。同时，这种间接性的经验也可以通过一般的文化传播发生。

二、微观生态文化与行为的理论模式

贝利（Berry，1976）经过十几年的理论探索和实验研究，提出了生态文化与行为的理论模式。生态文化与行为的模式的基本理论假设是："生态力量是文化与行为的原推动力和模塑因素。生态变量限制、强迫和滋养文化形式，而文化形式转而塑造行为。"其理论包括两个大方面六个小部分。第一个方面用来说明生态文化如何塑造传统行为，而第二个方面则说明在外部文化的影响下，通过文化接触和文化融入过程导致传统行为的改变（图7－1）：[1][2]

---

① 郑雪. 跨文化智力心理学研究. 广州：广州出版社，1994. 12.

② Sternberg, R. J. *Handbook of Intelligence*. New York：Cambridge University Press，2000.

```
┌──────────┐      ┌──────────┐      ┌──────────┐
│ 生态因素 │◄───►│ 传统文化 │◄───►│ 传统行为 │
└──────────┘      └────┬─────┘      └──────────┘
                       │
                       ▼
                  ┌──────────┐      ┌──────────┐
                  │ 文化交流 │◄───►│ 行为变化 │
                  └────┬─────┘      └──────────┘
                       │
                       ▼
                  ┌──────────┐
                  │ 外部文化 │
                  └──────────┘
```

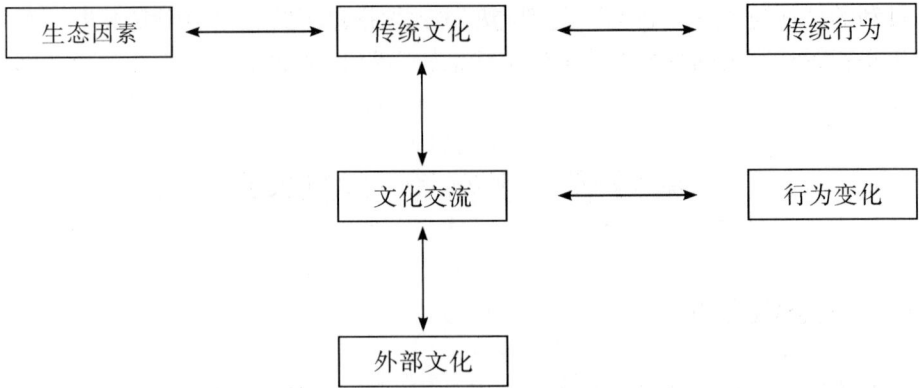

图 7 - 1　生态文化与行为的理论模式

　　第一个方面包括三个部分，即生态因素、传统文化和传统行为。人类生态是指人类有机体与其生存环境的相互联系、相互制约和相互作用的总和。其主要因素有气温、雨量、季节气候变化、地形、地貌、矿产、土壤以及动植物资源等生存环境因素，由生存环境制约的生产方式和食物存贮等经济可能性，以及由生存环境因素和经济可能性制约的居住模式和人口规模及分布。气候和资源等生存环境因素制约着经济可能性，进而制约人口密度和居住模式，从而对个体的心理特征产生影响。

　　从生态学的观点来看，生态、文化和行为三个部分的关系是相互联系、相互制约和相互作用的。图中的双箭头表示了这种相互作用的关系。从控制论的观点来看，生态和文化变量是输入变量，行为是输出变量，而行为又可以通过反馈作用于生态和文化。用通俗的话来说，就是一定的生态环境导致一定的文化形态，而一定的文化形态共同塑造人，使其产生一定的行为方式。这种行为方式进而使人能更好地适应生态和文化，甚至影响和改变他们。生态、文化和行为三者之间的关系，没有决定性和必然性的含义，而只有制约性和或然性的意义。也就是说，一定的生态和文化塑造一定的行为模式是很可能的，但不是必然的。从研究上，贝利把生态和文化变量看作是自变量，而把行为变量看作是因变量。

　　贝利理论模型的第二个方面包括外部文化、文化交流和行为变化三个部分。外部文化指一个群体自身文化之外的一切文化。在贝利的理论中，外部文化主要是指相对于某个群体传统文化和外来的现代文化，尤其是现代西方文化。文化交流是指群体自身的传统文化与外来文化的接触和交往。贝利着重考察了都市化程度、雇用工资制度和接受现代教育的程度等因素，认为这些因素是现代文化影响和改变传统行为方式的主要因素。行为变化是指在文化交流和文化融入过程中个体心理和行为发生的所有变化。传统文化与现代文化的接触和交流导致文化融入过程，这一过程使人的心理和行为发生种种变化，这些变化又使人适应或不适应变化了的生态与文化。

贝利的"生态文化与行为"的理论模式大大推进了跨文化的研究，并对社会文化及生态背景对智力的影响方式提供了理论和实践上的证明。

第四节 生态智力发展观

一、生态化运动

生态化运动（ecological movement）是指心理学研究应当在自然环境和具体的社会文化背景下探讨个人心理的一种研究取向。生态系统理论的最早提出者是美国心理学家布朗芬布伦纳（Urie Bronfenbrenner），他在自己生态发展的经典论著《人类发展的生态学》一文中，完整地阐述了这一理论趋向。[①] 他最早为人类发展生态学提出了如下定义：人类发展生态学是研究一个积极主动并不断成长的人类个体与最近情景（即发展的个体所生活的环境）变化的性质之间的相互适应，并且，这种适应过程受到了不同环境间关系影响，也受到了包含这些不同环境的更大情景的影响。这里所说的情景不同于行为主义所说的环境决定论。布朗芬布伦纳指出，环境与发展的个体是相互作用的，在这里，这种生态化系统包括系统和空间上的系统两个纬度。

在空间上，生态化系统指的是四个环境层次，从小到大包括微系统（micro-system）、中间系统（meso-system）、外系统（exo-system）和宏系统（macro-system）。他说的这四个系统"就像是俄罗斯娃娃玩具一样，是一层包一层的鸟巢形状的机制"。这种像洋葱一样的层层叠加的环境模型从微观环境到宏观环境把发展的个体逐层包裹起来。并且，个体与环境相互作用程度的大小，也是依据环境离个体生活范围远近来决定的。离个体生活最近的环境与其发展的互动作用最大。而且，尤为突出的是，这四个环境间还存在着交互作用，它们并不是孤立地存在、单独起作用的。例如，对于一个儿童来说，微系统是由儿童生存的环境和直接接触的人构成的（如父母与儿童的交往作用），但随着时间的改变，微系统会从以家庭为中心转向以学校为中心；中间系统是由微系统的各组成成分之间的关系所构成的（如父母与老师之间的关系对儿童的影响）；外系统是指个体不直接参与这些系统环境的互动，但是这些系统环境对个体发展有间接影响（如政府的福利政策、大众传媒等）；宏系统是指包含以上三个系统的大环境，它体现了某种社会文化的态度和观念。

另外，在时间维度上，他把这个模型称为长期系统。在时间的催化下，一方面

---

① 朱曛. 近50年来发展心理学生态化研究的回顾与前瞻. 心理科学，2005，28（4）：922~925.

个体本身随年龄增长而发展，另一方面它所处的周围的四个环境也在随着时代的变化而变化。所以，我们可以总结出，生态化运动的关键点就在于要考虑发展带给所处的环境以及自身的变化，要更全面地考虑可能影响个体发展的一切因素。

二、塞西与他的智力生物生态模型

20 世纪 80 年代以后，美国康纳尔大学的心理学教授塞西将生物生态发展观引入智力研究，1996 年提出了生物生态学智力理论。他强调智力是天生潜能、背景和内部动机的函数。塞西深信，由于智力的某方面机能受到关键期的影响，所以生物学因素在智力的发展中起着关键作用。同时，个体具有的动机、期望及重要的背景知识也会极大地影响人的行动，因此他提出了智力的生物生态学模型。他认为，智力是先天的潜能、环境（情景）和内在动机相互作用的产物。塞西相信人具有"多种由特殊的情境所培养的天生潜能"，一个个体可能在某些智能上很强，而在另一些智能上很弱。生物生态模型在本质上是发展性和具有过程倾向的统一。①

塞西通过对智力发展的研究提出了生物生态学模型的四个理论假设：

（1）智力是一个多资源系统。也就是说，个体存在多种、部分上由遗传决定的认知潜能。"塞西提出这一假设是基于不同个体在进行相同的认知操作时都会遇到特殊领域的难题和显示出跨任务的低相关性。"根据生物生态学理论，每个人的天生能力都来自于一种生物资源库系统（a system of biological resource pools），这些多种资源库在统计上是彼此独立的。"每种系统能控制人的不同方面的信息加工能力，如对比觉察技能、记忆能力和视觉旋转能力。"

（2）在个体智力的形成过程中，存在生物潜能和环境力量的相互作用。塞西认为，生命伊始就存在着生物潜能（如存储、扫描和提取信息的能力）与环境力量的相互作用。与环境资源的相互作用决定了一种先天的认知潜能的发展能否成功。特定领域的认知过程、知识和一个人的情境有助于形成和发展他的生物学倾向，反过来，一个人的生物学倾向又有助于塑造他的情境。这个不断相互作用的过程导致了潜能与情境的不断的渐次变化。换句话说，生物潜能与生态情境的相互作用所导致的一组变化对塑造每个人的发展产生了持续不断的作用。

（3）适宜的"最近过程"是智力发展的"引擎"。个体的环境资源具有相互联系的两种类型：一种类型叫"最近过程"（proximal processes），它包括发展中的儿童与周围环境中其他的人、物体和符号之间持久的、互补性的相互作用。这些积极的相互作用可以使儿童逐渐形成更为复杂的智力行为方式，并且，适宜的最近过程因个体的发展状态而有所不同。塞西进一步指出，最近过程是推动智力发展的引擎，

① Ceci, S. J., Bruck, M. The Bio-ecological Theory of Intelligence: A Development Al-contextual Perspective. *Current Topics in Human Intelligence.* Norwood, New Jersey: Ablex Publishing Corporation, 1994. 65–84.

是将基因转型转换为表现型的机制。另一种资源类型称之为"远端资源"（distal resources），它包括影响最近过程的方式和质量的个人环境方面。许多稳定的远端资源更有利于最近过程，而高水平的最近过程是与高水平的智力行为相联系。例如，父母的背景、父母的类型和应激水平属于远端资源，它们有助于塑造能导向相关最近过程的亲子之间的相互作用。而长大后，在婴儿期形成安全依恋的儿童比那些没有形成安全依恋的儿童在学校中可能有更好的表现。

根据这个观点，考察儿童所在的生态或环境维度是很重要的。因为环境在两个方面制约着最近过程的作用。首先，环境包含着可输入最近过程以使其最大限度地发挥作用的资源。其次，大的环境提供了能从最近过程中获益所必需的稳定性和必要性。大量研究证明，如果不考虑个体的社会阶层、所属民族或能力水平，那么环境越不稳定，个体的发展结果就越差。

（4）塞西指出，应该把"动机"整合到智力发展中。生物生态学观点的一个重要特点在于把动机作为一个关键成分整合到模型中。动机驱使个体去利用他们的天生能力和独特的环境优势。当人们在特定领域被动机所驱使时，他们倾向于精心操作与这些领域有关的信息的心理表征。而且，如果信息是在某些与高动机相伴的知识领域背景之下，个体经常能更好地加工和恢复信息。研究表明，动机存在与否以及动机强度如何，对个体智力的发展和在智力任务上的表现都有重要的影响。例如，塞西和里克（Ceci & Liker, 1986）发现，赌马赛中的成功预测产生于复杂或同样类型的推理。实际上，这些人的 IQ 还稍低于平均水平。

三、对智力的生物生态学模型的评价

智力的生物生态学模型在解释为什么人类的智能操作会在不同的情境中表现不一致时，更为强调智力行为的广泛性、适应性和复杂性。通过这种强调，它超越了以往狭窄的、静态的智力概念。尤其是这一理论有助于解释心理能力是如何跨越时间和情境而发生变化的，同时也注意到了广泛的生理的、认知的和发展的研究，将影响智力发展的先天和后天因素有机地结合起来，并有突破。

同时，在强调社会文化情境对个体智力影响时，它也注重考察遗传基因的作用，强调生物潜能与环境力量的相互作用，力图以一种动态的、整体的观点去全面把握人的智力本质。而"最近过程"的提出，为我们理解智力发展中的相互作用提供了一种新的视觉，也使相互作用更加具体化，从而为研究智力中遗传与环境的关系提供了一种新的思路。

与此同时，将动机整合到智力发展中使我们对智力的认识更加全面，体现了智力主体的能动作用。

但是，与生态化理论的其他观点相同，生物生态模型对诸多因素的考虑一方面提高了它的内部效度，另一方面也为实证研究带来了麻烦，研究结果的外部效度受到影响。此外，针对这个模型的实证研究数量也不多，模型还没有得到充分的验证，这些都是以后在智力研究中应该注意的问题。

参考文献

1. Lisabeth, F. Dilalla. Development of Intelligence：Current Research and Theories. *Journal of School Psychology*, 2000, 38（1）：3 – 7.

2. Sperll, R. The Cultural Construction of Intelligence. In：W. J. Lonner & R. M. Malpass（Eds）. *Psychology and Culture*. Boston：Allyn & Bacon, 1994.

3. Sperpell, R. *The Significance of Schooling*：*Life-journeys in An African Society*. Cambridge, UK：Cambridge University Press, 1993.

4. Sternberg, R. J., Conway, B. E., Ketron, J. People's Conception of Intelligence. *Journal of Personality and Social Psychology*, 1981（41）：37 – 55.

5. Sternberg, R. J. The Concept of Intelligence and Its Role in Lifelong Learning and Success. *American Psychologist*, 1997, 52（10）：1030 – 1037.

6. Sternberg, R. J. *Handbook of Intelligence*. New York：Cambridge University Press, 2000.

7. Herrnstein, R. J., Murray, C. *The Bell Curve*：*Intelligence and Class Structure in American Life*. New York：Free Press, 1994.

8. Neisser, U. Intelligence：Knowns and Unknowns. *American Psychologist*, 1996, 52（2）：77 – 101.

9. Ceci, S. J., Bruck, M. The Bio-ecological Theory of Intelligence：A Development Al-contextual Perspective. *Current Topics in Human Intelligence*. New Jersey：Ablex Publishing Corporation, 1994. 65 – 84.

10. 蔡笑岳，向祖强. 西南少数民族地区青少年智力发展与教育. 重庆：西南师范大学出版社, 2001.9.

11. 郑雪. 跨文化智力心理学研究. 广州：广州出版社, 1994.12.

12. 万明纲. 文化视野中的人类行为. 兰州：甘肃文化出版社, 1996.8.

13. 张文新. 青少年发展心理学. 济南：山东人民出版社, 2002.12.

14. 麻彦坤. 维果斯基与现代西方心理学. 哈尔滨：黑龙江人民出版社, 2005.9.

15. ［美］David, R. Shaffer. 发展心理学——儿童与青少年. 邹泓等译. 北京：中国轻工业出版社, 2005.

16. 叶浩生. 西方心理学研究新进展. 北京：人民教育出版社, 2003.6.

17. 李宇，李红，袁琳. 论智力的文化观. 西南师范大学学报（人文社会科学版），2005（1）：35～38.

18．蔡笑岳，苏静．智力心理学研究的人性审视．华南师范大学学报（社会科学版），2005（6）：117～122.

19．高山，白俊杰，李红．智力内隐理论研究探析．江南大学学报（人文社会科学版），2004（4）：17～19.

20．朱莳．近50年来发展心理学生态化研究的回顾与前瞻．心理科学，2005，28（4）：922～925.

21．朱莉琪，皇浦刚．生态智力——介绍一种新的智力观点．心理科学，2002，25（1）：118～119.

22．丁芳，李其维，熊哲宏．一种新的智力观——塞西的智力生物生态学模型评述．心理科学，2002，25（5）：541～543.

已被许多现代研究证实的经验现实（empirical reality），包括以磁共振影像为基础的现代研究，把身体大小考虑在内，经验现实真的存在于脑部大小与智力之间，既重要又有价值；而且，不同人种（races）的脑部大小确实也不一样。

——C. 默里（C. Murray）

第八章　智力与种族

关于种族①智力差别的研究，不仅是科学问题，也是敏感的社会问题。几十年前，包括科学家在内的欧洲人对于他们与非洲人享有共同的祖先的说法还极为反感。著名的古人类学家理查德·利基（Richard Leakey）曾写道："当 1931 年我的父亲告诉他剑桥大学的学术导师说他计划去东非寻找人类起源的化石时，他受到了很大的压力，因为导师要他把注意力集中在亚洲而不是非洲。"然而现在我们发现，那些带有强烈种族歧视色彩的观点基本上已经销声匿迹，这固然与生物学、考古学的研究有关，但也与种族主义为人类主流社会所唾弃有关。

现在，科学家和一般大众都倾向于缩小人类的种族差异，特别是智力这个领域。但是，人类学、遗传学以及心理学研究告诉我们：各个种族在心理特征及行为上存在着广泛的差异，其中智力差异是学者们关注最多、最感兴趣的问题。

第一节　智力的种族差异

智力有其惊人的多样性，它的多样性远胜于所有物种的其他特征。描述这种多样性及其由来是认知心理学的主要课题，也是众多智力理论所不能回避的问题。然而考虑到智力属性所包含的社会意义，因此对智力的阐释方式总是会引起该社会的争端。

经过多年岁月的洗礼，在多种智力观当中，智力测验及其所体现的智力观的影

---

① 中国人不太注意对人种（race）和种族（ethnicity）这两个词加以区别，一般将 race 翻译成"种族"或"人种"，而实际上 race 与 ethnicity 两者是有区别的。对此问题，读者可以参考其他的资料（例如，董小川，"美国人的人种和种族概念与观念"）。在本章中，笔者一般将 race 译成"人种"之意，此外在尊重参考资料的基础上，有时也使用"种族"一词。

响远胜于其他，可以说一直占据着统治地位。但当我们回顾智力测验这种研究方法引起的众多争议时我们会发现：最初，智力测验的拥护者们避开了科学研究的要求，仅仅把智力形容为一种生理能力。对他们来说，智力就像体力一样，是一种可以描述和测量的单纯变量，可以作为把人划分成三六九等的标准。当然，这种方法有其一定的前提基础，那就是，像体力的差异一样，智力的差异基本上是由生物因素决定的。

早在古希腊时，柏拉图就说过公民的社会阶层差异仅仅是公民的智力程度的反映，智力是上帝赋予人的生理构造的一部分[①]。事实上，这一理论直到 19 世纪下半叶被弗兰西斯·高尔顿拿来作为智力测验的基础才使它发挥到了极致。他认为，天然能力的差异所反映的仅仅是生物禀赋上的差异。他反复谴责"天然平等的虚伪性"，同时还赞成以改良社会为目的的优生计划，盼望能有测量天生能力的智力的科学方法来作为"优秀血统和种族的证据"。此时，高尔顿测验的模型或理论还没有明确的科学理论能解释其原理，只不过是用一套外加的指标（社会地位）替代真正的测量标准这一基本测试原则，但它却标志着智力测验运动的起源。

在 1904 年，比奈和西蒙设计出智力量表。与高尔顿的想法所不同的是，比奈测验的目的是为巴黎的学校筛选出由于各种原因需要特别辅导的学生。他的目的比较实际，所采用的手段侧重于实用性而非科学性，当然也没有什么强有力的智力理论做基础。除此之外，他也反对高尔顿及其追随者所谓智力是固定不变的观点，并指责他们是"残忍的悲观主义"。后来，德国心理学家威廉·斯特恩（W. Stern）于1912 年提出了用智力年龄与实际年龄的比值作为智力指标的智商概念。值得赞叹的是，在此后的几年内，这种智商测验通过翻译流传到了世界各地。

然而，几乎也就是从这个时候开始，智商测验作为明目张胆的种族主义工具发展起来。因为有一些智力测验推崇者发现，智力测验还有一个用途，那就是预测学业成就以及相关的社会阶级和"人种"。其中有些英裔美国心理学家，其代表人物有斯特曼（L. Terman）和戈达德（H. H. Goddard），他们同高尔顿一样是顽固的遗传论者。当大批移民涌入美国时，他们为美国"人种"的生物意义上的未来和智力而忧心忡忡。在他们的影响下，美国政府出台了有关移民控制的法律，许多追随他们的心理学家在流行期刊、杂志上撰文，把智商测验形容成衡量人的实际遗传价值的尺度。由此，这种观念便逐渐渗透到美国民众的意识之中，后来又波及英国。在那里，智商测验也因为被当成"人种"和阶级血统的测量手段而得到了大力支持与推广。

时至今日，当我们回顾发生在 19 世纪与 20 世纪之交的这场轰轰烈烈的智力测验运动时不禁会问：究竟不同的"人种"是否真如我们在智力测验以及其他证据中看到的那样存在差异？如果差异确实存在的话，那么，我们将通过怎样的证据来证

---

① ［英］肯·理查森. 智力的形成. 赵菊峰译. 北京：三联书店，2004. 24.

实测量这种差异存在的可靠性呢？事实上，正如许多心理学家们一直努力的那样，我们用不同测量方法得到了"人种"间存在差异的证据。下面，我们将介绍从不同的研究方法中得出的相关结论。

首先，让我们来看看不同的种族究竟有怎样的划分标准。

一、现代人种的定义和分类

最初，种族的定义建立在其表面特性上。作为一个生物学概念，人种指的是在体质形态上具有某些共同遗传特征的人群。一般认为，这些特征是在一定地域内长期适应自然环境而形成并世代遗传下来的。人种是"种"以下的亚单位，不同的人种之间，虽然在形体、肤色、发型颜色、血型等方面有显著差异，但并无有效的生殖隔离机制。显而易见，人种之间的划分是以明显的形体差异为基准的。

1923 年，人类学家克罗伊伯（A．L．Kroeber）在其出版的《人类学》一书里综合了多个生物学指标来对人类进行人种划分。这些指标有：①血型；②肤色；③眼睛颜色；④头发颜色；⑤头发质地；⑥鼻子宽度；⑦口唇厚度；⑧头壳指数。其中，头壳指数（CI）是一个比较常用的指标。

根据这些指标，克罗伊伯把人种分成以下三大类[①]：

（1）高加索人或印欧人种（Caucasoid or Indo-european）。这类人种一般指白人，主要包括生长在欧洲、美洲、亚洲和大洋洲部分地区的诺尔迪人（Nordic）、阿尔卑斯人（Alpine）、地中海人（Mediterranean）和印度人（Hindu）。

（2）蒙古利亚人种（Mongoloid）。这类人种一般指黄种人，包括蒙古人（Mongolian，中国人和日本人均属此类）、马来西亚人（Malaysian）、美洲印第安人（American Indian）。

（3）尼格罗人种（Negroid）或黑人人种。主要包括非洲和美欧的黑人（Negro）、大洋洲的美拉尼西亚人（Melanesian）、中非的矮黑人（Dwarf Black）。

由于还有不少人类群体难以归入上述三大类，克罗伊伯专门把它们列为一类，称"难以归类的人群"。

克罗伊伯提出的这种按显而易见的形态差异来划分的方法比较简便，99% 的人类都可以归属到上述几大人种中，容易为人理解，故后来大多数人都沿用了这一分类方法。但这种传统的分类法并没有把全部人类都包括在内，因为从不同民族、宗教、部落、语言和地区看，这三个人种内部之间还有很大的区别，有各种中间类型的存在[②]。从个别种族来看，似乎他们的体质特征明显不同，但如果把一切人种拿来比较，便可以发现所有的人类种族是彼此借着一系列不明显的、一个过渡到另一

---

① 吴江霖等．社会心理学．广州：广东高等教育出版社，2004．
② 赵晓明等．生物遗传进化学．北京：中国林业出版社，2003．445．

个的中间类型来互相联系的。例如，埃塞俄比亚人种（东非人种）和南印度人种的特征，介于黑人和白人之间。这种种族混杂的自然过程和中间类型的产生，即使是人为的社会障碍甚至恐怖措施，也难以完全遏制。

除克罗伊伯的划分方法之外，库恩（C. S. Coon，1950）等人在《种族：一个种族形成的研究》一书中提出了不同的分类方法，他们根据身体的特征把人种分成30类，但由于其分类方法太复杂，并没有多少人接受。

事实上，种族分类的定义最初并没有考虑可世代遗传的真正的生物因素——基因。至20世纪70年代，随着遗传科学的发展，种族划分不再像19世纪那样根据人的表面形状即表型，而是把基因作为种族划分标准的新方法。莫图尔斯基和沃格尔（Motulsky & Vogel，1979）在其出版的遗传学著作中提到了又一种公认的种族定义："一个种族就是一个共同基因数目极多的个体集合，这些个体可以根据这些基因与其他种族相区别。"那么，什么基因能辨别"个体的集合"呢①？

显而易见，肤色这个曾作为最早的种族原始分类标准的性状就遵循一种精确的遗传学决定论。事实上，与不同肤色相关的是数量而非颜色。因为不同的肤色基本上都是由表皮层黑色素的密度决定的，白种人、黄种人、黑种人的皮肤中都含有黑色素，只不过数量不同而已。黑人的皮肤产生黑色素的能力最强，黑色素数量最多，而且不像浅色肤种的黑色素那样主要分布于表皮的基底层和棘细胞层，黑人的表皮各层均可见到黑色素。虽然目前科学家们对于有关黑色素合成的基因了解还不多，但可以估计它们的数目为4对或5对基因，也就是说位于4个或5个位点②上的基因。因此，这种分类法根据负责合成黑色素的基因，而将人类分为两大分类群，把"黑种人"群体与"白种人"、"黄种人"群体区别开来。

另一个遗传性状同样可以把人类分为两大分类群，这就是持久的乳糖酶。对于大多数哺乳动物来说，在哺乳期间乳糖酶的活动频繁密集，有利于乳汁中乳糖的消化，哺乳期之后乳糖酶就降到一个极低的水平，这就造成了成年哺乳动物对乳糖的不耐受性。相反，在某些人类群体里，乳糖酶的活动在人一生中始终保持着较高的水平（为新生儿的75%），并且不存在任何乳糖不耐受性。这种似乎与一对基因有关的性状在北欧的居民中十分普通，在南欧略少，而在亚洲和非洲则十分罕见。比如，欧美白人能豪饮牛奶，而中国人喝牛奶过多就感觉不舒服，这就是前者体内乳糖酶较多，而后者体内缺少这种酶的结果。因此，根据与乳糖酶相关基因的频率，我们还可以将人类划分为两个分类群，即欧洲人和非欧洲人。

此外，还有人类的猕③抗原系统和白细胞抗原免疫系统。这种猕抗原系统受到

①　[法]阿尔贝·雅卡尔.科学的灾难？一个遗传学家的困惑.阎雪梅译.桂林：广西师范大学出版社，2004.78.
②　术语"位点"指一个染色体所处的位置，支配一种基本性状的基因就位于此。
③　Rheus猕，指人类红细胞上一种特殊的抗原，与猕红细胞上的抗原相似。

一些位于 3 个位点的基因所支配，并且每个位点都包含两类基因（忽略一些少见的变异），因此有 8 种可能的组合。其中一种被称为 R_0，只在非洲黑人中以高频率出现；另一种被称之为 r，在亚太地区十分罕见，而在非洲和欧洲众多群体中出现频率很高，而且又显著地恒定不变。另外，白细胞抗原系统与 4 个位点上的一些极为不同的基因有关。1977 年，格里纳克和德戈（M. Greenacre & L. Degos）对 48 个人类群体的可用数据进行总体分析之后，确定了一些相对同质的"群"，第一个是欧洲人和非洲人群体，第二个是亚洲人和爱斯基摩人群体，第三个是大洋洲人群体。基本上，这两个系统都成功地划分出相对的两类人种，一类是亚洲人和爱斯基摩人，另一类是印欧语系人和非洲黑人。

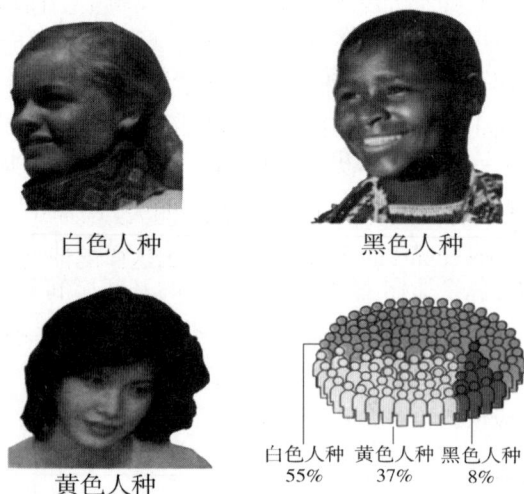

白色人种　　　　　　黑色人种

黄色人种

白色人种　黄色人种　黑色人种
55%　　　37%　　　8%

图 8-1　三大人种人口比例

以上我们简略地回顾了从生物学或形态学来看待人种或种族群体的情况。虽然以基因划分种族的方法还不成熟，但我们也不妨将它作为划分种族的方法之一。本章以下的内容基本上还是按照传统人种划分的方法——也就是说，在世界 65 亿人口中按照不同生理特征，将人种分为白种人、黄种人和黑种人——以此为基础进行讨论。

二、不同种族人群智力的跨文化研究

在智力测验研究中，跨文化研究一直是其主要论题之一。智力的跨文化研究主要是指对不同种族人群或不同国别、不同地区的人群间的智力进行比较研究。多年来的研究已经表明，不同种族间智力测验的成绩确实存在差异。尽管有研究者支持"文化论"，认为这种差异并非种族间智力水平的真正差异，而是由人为的测验工具的文化偏向性或不同社会人群的经济地位、教育状况等环境因素造成的。但是，文化公平测验却又反映了另一种事实。

例如，"无文化束缚"与标准智商两种测验的结果显示出同样的人种（race）差异。事实上，黑人在标准智商测验上的分数比文化公平测验的分数略高，这个结果与许多人偏爱的文化理论预测刚好相反。此外，黑人在口语测验上的分数比非口语测验的分数还略胜一筹，他们在学校知识测验上做得比推理测验还要好。在美国，从一到十二年级，一般情况是，黑人在学校的表现远远落后于白人，这与智商测验的结果相一致。另外，一些弱势群体，例如美国印第安人，他们的成绩都比黑人好，同样再次说明文化论预测有误[①]。

黑人与白人在测验中最大的差异体现在推理与逻辑上。简单记忆方面黑人表现好，例如，按听到的顺序重复背诵一连串数字的正向数字广度测验（forward digit span test）中，黑人与白人能力几乎相当；然而，在测验倒背能力方面的反向数字广度测验（backward digit span test）中，白人的能力要好得多[②]。在《一般智力的因素》（*The g Factor*）这本书中，詹森（Arthur R. Jensen）明白地告诉我们，文化偏见难以解释不同人种智商存在差异的现象。我们可以从最简单而且又无文化束缚的智力测验——反应时（reaction time）测验中寻找到这样的证据。我们将在第二节中对此进行详细的介绍。

下面，我们将提出更多在对不同种族人群智力的跨文化研究中发现的事实。

（一）人类学的研究

1. 现代人类的起源

人类智力和行为的进化同自然界的进化一样，遵循着"自然选择"和"适者生存"的法则。在远古时代，每当一个新的生态环境来临时，生存的需求就会迫使人类不断地在进化中提高自己的认知能力，其结果就是脑体积尤其是大脑皮质面积的逐渐增大和脑神经活动效率的不断提高，这也就是杰英迅（Jerison，1973，1982）提出的智力进化的一般原则。

追溯人类历史起源，开始是在非洲各地发现被称为南方古猿（Australopithecus）的最早的人属化石，后来则有人类祖先直立人（Homo erectus）的出现，然后是出现在非洲的现代人（Homo sapiens），可以说现代人是真正的人类。

关于现代人的起源有两种观点，一种是"多地区进化假说"，认为直立人群体在约两百万年前从非洲向外扩张，定居于整个旧大陆。因此，地区性群体之间的基

---

① J. Philippe Rushton. *Race*, *Evolution*, *and Behavior*: *A Life History Perspective*. 2nd Special Abridged Edition. Port Huron, MI: Charles Darwin Research Institute, 2000. 22.

② J. Philippe Rushton. *Race*, *Evolution*, *and Behavior*: *A Life History Perspective*. 2nd Special Abridged Edition. Port Huron, MI: Charles Darwin Research Institute, 2000. 23.

因交流在整个旧大陆维持着遗传的连续性，从而在有直立人群体的地方和谐地发生了朝向现代智人的进化趋势。另一种是"出自非洲假说"，则认为现代智人在 10 万～14 万年前产生于非洲，很快扩张到旧大陆的其余部分，取代了已存在于那里的直立人和远古智人①。

这两种假说的差别是很大的，"多地区进化假说"描绘了一种遍及旧大陆的朝向现代智人的进化趋势，有小群体的迁徙，而没有群体的替代；但"出自非洲假说"则认为智人以前的人群曾被取代过。如果按第一种假说，现代地理区的各人群（即被称为"人种"者）有着深的遗传根源，他们曾被分开达两百万年之久；而按第二种假说，这些人群的遗传根源较浅，均衍生自单一的较晚才在非洲发展出来的人群。近年来，来自史前人类化石考据、考古学（如产物、工具和艺术品）以及分子遗传学等研究的证据基本上都支持"出自非洲假说"。

因此，约在十万年前，现代人移居到了中东，然后散布至世界各地。他们开始在新的地域适应新的环境与气候，逐渐发展成今天我们所看到的人种特性。这就是人类历史上第一次分裂，留在非洲的现代人类就是现代黑人的祖先。约四万年前，离开非洲的这群人再次分裂，就是今天的白人与东方人。

2. 气候不同影响了智力的发展

非洲的热带草原与寒冷的欧洲北部地区或东亚人生活的更冷的北极地区是不同的。这些生态学差异不仅影响着人类的形态，而且影响着人类的行为。人类从非洲向北迁移得越远，他们就会遇到越多认知上的问题，从某种角度来看，气候不同影响了智力的发展。也就是说，白人和东方人的祖先都是在寒冷气候生存压力的驱使下才较快地发展了他们的认知功能。

在非洲，暖和的气候与美味的食物全年不缺，但缺乏安稳的住所，难以预期的干旱与严重的传染疾病快速蔓延整个非洲，许多非洲人年纪轻轻就因热带病死了。此外，生活在这种条件下的小孩也缺乏双亲照顾，因此在非洲生存很难，生存之道就是生育更多的孩子。如此，父母传递给小孩的文化变得很少，这样就降低了在文化功能上的智力需求，一代接着一代使得这一过程不断延续下来，形成了现在的遗传模式。

从非洲向北迁移到欧亚的人，为了在新的环境中生存并繁衍后代，他们必须更具独创性。举例来说，为了度过寒冬，他们需要制作复杂的工具与武器，用来捕鱼和猎取动物，也需要织衣与造屋来保护自己。久而久之，这些复杂活动使他们的智力水平得到了迅速发展。对于东方人的祖先来说，由于他们迁移到比白人祖先所处的欧洲地带更为寒冷的地区（亚洲东北部、喜马拉雅山北部和阿尔卑斯山东部一带），也就遇到了更为严峻的生存压力。特别是在大约 6 万年前，冰河时期的到来使得这个地区变得极为寒冷，食物的来源更加困难，生存的需求迫使他们更多地以狩猎为生。因此在不断搜寻和追踪动物、向动物准确快速地投掷石块或武器，以及

① 理查德·利基. 人类的起源. 吴汝康等译. 上海：上海科学技术出版社，1995. 67～74.

在集体猎取动物的有组织行动和为防避风寒而制作衣服、建造棚架的一系列较复杂的活动中，他们的智力水平得到了更迅速的发展。也可以说，正是这种自然环境变迁的巨大压力，迫使东方人的祖先在智力的进化中发生了又一次飞跃，其视觉空间组织能力尤其得到了充分发展。而至于为什么强的视觉空间组织能力与弱的言语能力相伴出现，这可能就像男女两性在智力进化中表现出的差异一样，可能是一种"交替换位"作用的结果，即较强的视空能力的获得是以部分言语能力的代偿性付出为代价。

总的来说，在现代人类进化为今天的欧洲人和东亚人时，生态压力选择了大的脑、较慢的身体发育和较低水平的睾丸素，以及随之而来的性能力、侵略性和冲动性的降低，家庭稳定性的增加、长远的计划、自我控制、遵守法令和长寿。而与白人和东方人祖先面临的环境不同，黑人的祖先由于栖居于赤道附近的热带地区，一年四季温暖的气候和充足的植物性食物使他们不必依靠猎取动物为生，因而也就没有必要去发展与狩猎以及在寒冷气候中与生存有关的认知功能。我们可以从表8-1中看到其他更为详细的特性。

虽然表8-1中的数据来自美国，但结合下文将要提到的一些现代科学显示的证据我们就会发现，在智力、脑的大小以及其他特性上遵循人种相异三特性模式（three-way pattern of race differences）。也就是说，平均而言，东方人身体的成熟度较慢、繁殖力较弱、个性较温和、脑部较大、智商也较高。黑人刚好相反，白人介于中间，但较倾向东方人。在这里，我们并不探讨人种里小族群的差异。当然，这些差异是平均值的，没有哪个族群完全好或完全坏、完全聪明或完全愚笨，每一人种内部都可以找到好与坏行为的整个分布范围。但是三特性模式是经过无数时间、在许多国家研究出来的精确结果，我们不应该忽略。值得相信的是，这种模式不仅在美国普遍存在，而且这一事实在国际上也是普遍存在的①。

表8-1　黑人、白人与东方人之间平均差异

特征	黑人	白人	东方人
智力：			
智力测验分数	85	100	106
文化成就	低	高	高
脑部大小：			
头盖容量	1 267	1 347	1 364
皮质神经（百万）	13 185	13 665	13 767

---

① J. Philippe Rushton . *Race*, *Evolution*, *and Behavior*: *A Life History Perspective*. 2nd Special Abridged Edition. Port Huron, MI: Charles Darwin Research Institute, 2000. 13.

（续上表）

特征	黑人	白人	东方人
繁殖：			
异卵双生（每一千次分娩）	16	8	4
激素水平	较高	介于中间	较低
性特征	较多	介于中间	较少
性交次数	较高	介于中间	较低
放纵程度	较高	介于中间	较低
性疾病传播	较高	介于中间	较低
个性：			
侵略性	较高	介于中间	较低
好奇心	较低	介于中间	较高
冲动性	较高	介于中间	较低
自我概念	较高	介于中间	较低
社会性	较高	介于中间	较低
成熟度：			
怀孕时间	较短	较长	较长
骨骼发育	较早	介于中间	较晚
牙齿发育	较早	介于中间	较晚
肌肉发育	较早	介于中间	较晚
初次性交年龄	较早	介于中间	较晚
初次怀孕年龄	较早	介于中间	较晚
寿命	最短	介于中间	最长
社会组织：			
婚姻稳定性	较低	介于中间	较高
遵守法令	较低	介于中间	较高
心理健康	较低	介于中间	较高

资料来源：J. Philippe Rushton . *Race*，*Evolution*，*and Behavior*：*A Life History Perspective*. 2nd Special Abridged Edition. Port Huron，MI：Charles Darwin Research Institute，2000. 13.

（二）智力测验中的人种相异三特性模式

虽然智力测验的编制大多以欧美文化为背景，但自东亚人在美国和亚洲测验得到的 IQ 值都高于白人这个观点公布以来，智商争论就扩展到了全世界（Lynn，

1977，1978，1982；P. E. Vernon，1979，1982）。研究表明，在全世界范围内，东亚人平均智商在106左右，白人在100左右，美国黑人是85左右，撒哈拉以南非洲黑人是70左右。早期，大多数智力测验的研究在美国进行，但也有一些是在加拿大和加勒比海进行的，如艾森克等（Eysenck，1971，1984；Jensen，1969，1973；Osborne & McGurk，1982；Shuey，1958，1966；C. F. Flynn，1980；Kamin，1974；Lewontin，Rose & Kamin，1984）。在美国，黑人智商分布的15%～20%超过了白人智商的中位数，可以说许多黑人的智商分数在白人平均智商之上。这种平均群体差异的相同顺序也表现在"文化公平"测验和反应时任务中。目前，对数百万人所作的大量研究已经证实了人种相异三特性模式的存在（Jensen，1998；Lynn & Vanhanen，2002；Rushton，2000）[①]。

其实，早在第一次世界大战时就已经发现智力测验的结果能反映出人种差异。当时美国用陆军甲种和乙种团体智力测验对入伍人员的智力水平作甄别，结果发现黑人的平均智商比白人低15个IQ值左右[②]。在后来有关黑人与白人的智力比较研究中，多数研究也都有类似的结果。然而有研究者认为，黑人和白人社会经济地位的差别以及智力测验编制的白人文化背景是黑人与白人平均智商差异的原因。因此，围绕着如何解释这两个种族在智力测验中表现的差异，就产生了争议。有些学者提出假设，如果社会经济地位和文化教育因素在智力的种族差异中起主要作用，则在同样环境中成长起来的不同种族的儿童都应具有相近的智力水平。为此，温伯格等（1976）对收养儿童进行了研究：他们比较了白人、黑白混血儿、黑人三组不同肤色，但都被条件优越的白人家庭收养的儿童，结果发现白人和混血儿两组间的智力测验成绩差异不明显，而黑人儿童组的成绩虽然比同龄黑人人群的平均智商高12个IQ值，但也比白人和混血儿组儿童低12个IQ值。后来，詹森（Jensen，1981）在上述研究基础上，又增加了一组由亲生父母抚养的非收养儿童的样本。结果显示：在同样条件的家庭背景下，非收养白人儿童组的IQ平均为116.7，黑白混血儿为109.0，黑人收养儿童为96.8，三组间差异显著。这两项研究的结果表明，生物遗传学因素和社会经济地位、文化教育等环境因素，都与个体的智力发展有关，至于何种因素起了主导作用，不同的研究者看法不一致。下文将对此有更详细的介绍。

在智力测验研究过程中，人们发现种群差异出现在个体生命的早期。例如，在斯坦福—比奈量表第四版标准化样本中，在性别、出生顺序和母亲的教育程度都匹配了之后（People，Fagan & Drotar，1995），黑人和白人3岁儿童智商平均数差异为一个标准差。同样地，在差异能力倾向区分量表的美国标准化样本中，黑人和白人2岁半到6岁的儿童智商平均数差异也是一个标准差。然而，在成套差异能力倾向

① J. Philippe Rushton & Arthur R. Jensen. Thirty Years of Research on Race Differences in Cognitive Ability. *Psychology*，*Public Policy*，*and Law*，2005，11（2）：240.

② 杨蕴萍等. 不同种族人群智力的跨文化研究. 国外医学（精神病学分册），1993（4）：210.

区分测验上，不到 6 岁的东亚儿童平均智商是 107，白人儿童是 103，黑人儿童是 89（Lynn，1996）。詹森（Jensen）指出，平均黑—白差异的大小在 3 岁及 3 岁以后的发展时期没有显著变化（1974，1998）。

当然，用于人种比较的测验有效性也引起了大家的关注。然而，因为这些测验显示了相似的内部项目一致性和对所有群体的预测效度，而且在相关的"无文化束缚"测验中也发现了这种差异的存在，所以许多心理测量学家已经得出结论，这些测验是人种差异的有效测量方法，至少对于那些与测验开发者共享同一文化的人是有效的（Jensen，1980；Wigdor & Garner，1982）。这一结论已经得到了美国心理学协会工作小组的认可："这些测验可以预测个体的未来成就，在这一点上似乎并不对非裔美国人存有偏见。"（Neisser，1996）①

事实上，关于测验的争议主要集中在撒哈拉以南非洲人低平均智商分数的效度上。林恩（1999）对 11 个研究进行了回顾，发现撒哈拉以南非洲人的平均智商是 70。林恩和万哈宁（Lynn & Vanhanen，2002）随后回顾了 20 多个研究，发现西非、中非、东非和南非人的智商是 70。例如，在尼日利亚，哈梅泽（Fahrmeier，1975）作了一个关于学校教育对认知发展影响的研究，他收集了 375 名 6～13 岁儿童的资料。研究发现，这些儿童在有色渐进推理测验上的平均分是 36 分中的 12 分，是 9 岁半儿童美国常模的第 4 个百分位，也就是说相当于平均智商 75 左右（Raven，1990）。在加纳，雅格比（Jacoby，1992）报告了一项世界银行的研究，该研究的代表性样本由全国取样的 1 736 名 11～20 岁个体构成，这些人都读完了小学，半数的人正在读中学。研究结果显示，他们在有色渐进推理测验上的平均分是 36 分中的 19 分，在 15 岁半美国常模的第 1 个百分位之下，相当于平均智商不到 70。在肯尼亚，斯腾伯格等人（2001）对 85 名 12～15 岁的儿童进行了有色渐进推理测验，他们的分数是 36 分中的 23.5 分，在 13 岁半儿童美国常模的第 2 个百分位左右，相当于平均智商是 70。在津巴布韦，津地（Zindi，1994）报告了 204 名非洲 12～14 岁儿童的平均智商，其中他们在韦氏儿童智力量表修订版（WISC - R）上的平均智商是 67，标准渐进推理测验上是 72。在南非，欧文（Owen，1992）发现，1 093 名非洲 12～14 岁高中学生完成了标准渐进推理测验上 60 个问题中的 28 个，在第 10 个百分位左右，相当于平均智商是 80。

在南非，黑人大学生也显示出相当低的测验平均分。北方、祖鲁兰以及福特哈尔黑人大学和南非医科大学的 63 名大学生在韦氏成人智力量表修订版上全量表智商是 77。维尔容（Viljoen）对南非北方省范达大学的一项研究发现，30 名四年制法律和贸易专业学生在标准渐进推理测验上平均分是 60 分中的 37 分，相当于美国常模平均智商是 78。范德（Vander，2001）对南非北方大学的研究发现，147 名一年级

---

① J. Philippe Rushton & Arthur R. Jensen. Thirty Years of Research on Race Differences in Cognitive Ability. *Psychology*, *Public Policy*, *and Law*, 2005, 11（2）：241.

数学和理科学生在标准渐进推理测验上得分是 60 中的 52 分，相当于平均智商是 100，这个结果可谓是当时得分最高的非洲样本。当然，可能因为他们是数学和理科学生，而且他们还是根据数—理选拔测验从 700 名大学入学申请者中挑选出来的，所以才会获得这样高的分数。

在南非金山大学，拉什顿（Rushton）及其同事在最佳测验条件下进行了四个独立运用瑞文渐进推理测验的研究，也得到了类似的结果。拉什顿（2000）发现 173 名非洲一年级心理学专业学生得到了相当于平均智商是 84 的分数。斯库伊（Skuy，2002）对另外 70 名心理学专业学生进行测验时发现，他们的分数相当于平均智商是 83 的分数。然而，这些学生经过教授他们如何完成推理项目的训练后，其平均分数就上升到相当于 96 的智商。拉什顿、斯库伊和弗里奇洪（Rushton，Skuy & Fridjhon，2002，2003）对近 200 名一年级工程学非洲学生进行标准和高级瑞文测验，结果发现在标准瑞文测验上他们的平均智商是 97，在高级瑞文测验上是 103，该研究的结果也是记录在案的得分最高的非洲样本。顺便提及，白人大学生在这四项研究中智商是 105 到 107，东部印第安学生智商介于中间，是 102 到 106[1]。

许多评论家认为，西方人开发的智商测验对于像撒哈拉以南非洲人这样不同文化的群体来说是无效的，例如，内尔（Nell，2000）。在他们看来，如果测验失败于预测非洲人的成就，那么这将成为该主张的主要证据。即使与非非洲人相比测验只是不完全地预测了非洲人的成就，这也还是说明测验的分数低估了他们的"真"智商分数。但是，肯德尔（Kendall，1998）的一篇评论却指出，非洲人测验分数的预测效度同非非洲人的差不多。例如，对学生学校成绩和员工工作绩效的预测效度是 0.20 ~ 0.50。这篇评论还指出，影响非洲人分数的因素中有许多与影响白人分数的因素是一样的，例如，无论是来自城市还是乡下、是理科还是文科、对测验有无经验等。同样地，斯腾伯格等人（2001）对肯尼亚 12 ~ 15 岁儿童的研究发现，智商分数预测学校成绩，平均相关是 0.40（$p < 0.001$）；当年龄和社会经济地位（SES）因素控制之后，平均相关则是 0.28（$p < 0.01$）。在拉什顿等人（2003）对金山大学的非洲和非非洲工程学学生的研究中，高级渐进推理测验的分数与 3 个月前测量的标准渐进推理测验分数的相关对非洲学生来说是 0.60，非非洲学生是 0.70，与 3 个月后学年末的考试分数的相关分别是 0.34 和 0.28。

此外，欧文（Owen，1992）对数千名高中生所作的心理测量研究以及拉什顿和斯库伊（Rushton & Skuy，2000）、拉什顿（Rushton，2002，2003）对数百名大学生所作的研究发现，非洲人、白人和东部印第安人在渐进推理测验上有同样的项目结构。一个群体认为难的项目对其他群体来说也是难的；一个群体认为容易的项目对其他群体来说也是容易的（平均 $rs = 0.90$，$p < 0.001$）。此外，非洲人、白人和东部

---

① J. Philippe Rushton & Arthur R. Jensen. Thirty Years of Research on Race Differences in Cognitive Ability. *Psychology, Public Policy, and Law*, 2005, 11（2）: 242.

印第安人的总项目分相关也相似，这说明在三个群体中，这些项目测量的是相似的心理结构（下文有非洲人和非非洲人 G 因素相似性的证据）。到目前为止，在这样一种广泛的文化中，发现的唯一可靠的偏见样本是词汇成分测验，其主观偏见是比较明显的。例如，对母语不是英语的群体来说，韦氏智力量表即是如此（Skuy，2001）。但是在这里，语言因素也仅仅解释了非洲人和白人之间的全部 2.0 个标准差变异中 1 个标准差的 0.5 左右[1]。

在此，也许大家迫切地想知道，非洲人在解决诸如瑞文测验上是否有较少的经验，与非非洲地区的人相比他们是不是较少有机会得到指导，这种情况是否影响了他们的测验成绩。当然，也有研究者致力于非洲人测验分数的改善研究。威文（Raven，2000）曾指出，被鼓励从事复杂认知任务的学生，其自我指导、理解力和能力都得到了提高。在南非，斯库伊和斯玛勒（Skuy & Shmukler，1987）应用福伊尔施泰因（Feuerstein，1980）的中介学习经验提高了黑人高中学生的瑞文分数。斯库伊（2002）对金山大学一年级心理学专业学生进行了一项干预研究，结果是非洲人和非非洲人的瑞文测验分数得到了提高。与他们各自的控制组相比，两个实验组都超过了基线分数，非洲人智商是 87 到 97，非非洲人智商是 103 到 107，非洲人组提高显著。可见，经验与训练等因素也影响着非洲人测验的结果。然而，问题仍然存在。目前，研究者对于掌握与项目有关的特殊知识这种干预程序的作用机制还不是很确切，对于它们仅仅只是提高了成绩还是也提高了像问题解决能力这种同样普遍存在于其他测验的一般智力（Te. Nijenhuis，Voskuijl & Schijve，2001）仍没有得到明确的答案。

另外，研究者对于其他影响非洲人测验结果的因素也存在争议。内尔（2000）认为，非洲学生对测验有较少的兴趣、有更多的焦虑、工作效率较低或在困难的项目上很快就放弃了。当然，这也许是因为这些问题对他们来说没什么意义而已。有四个研究却反对这种假设[2]：第一，拉什顿和斯库伊（2000）近距离观察了非洲人在测验时的行为发现，非洲人完成任务时非常认真、坚持不懈，比白人花更长的时间核对他们的答案。第二和第三个研究就是我们前面讨论过的预测效度和内部一致性的研究，它们也表明内尔的假设存在问题。最后一个实验就是有关反应时的研究，我们会在下一节中重点介绍，在那里我们可以发现更多与此种假设相反的证据。

当然，上面所讨论的智力测验研究只是众多研究中的一小部分，在本章下面的内容中将继续向大家介绍相关研究。在这里，我们只是想说明这些问题。

首先，最初的智力跨文化研究对象仅限于黑人和白人，有些学者把他们在智力

---

① J. Philippe Rushton & Arthur R. Jensen. Thirty Years of Research on Race Differences in Cognitive Ability. *Psychology*, *Public Policy*, *and Law*, 2005, 11（2）：243.

② J. Philippe Rushton & Arthur R. Jensen. Thirty Years of Research on Race Differences in Cognitive Ability. *Psychology*, *Public Policy*, *and Law*, 2005, 11（2）：244.

测验中表现出的差异主要归咎于两组人群社会经济地位的差别、测验工具的"偏白人文化"及历史上奴隶制对黑人后代的贻害等（Flynn, 1980; Scarr, 1982）。在对黑人和白人的比较研究持续多年之后，一些学者才把注意力转向了对黄种人的研究。罗德（Rodd, 1959）最先报告了他对台湾16岁学生的"卡特尔文化公平测验"的研究，结果显示台湾学生比白人同龄人平均智商高5个IQ值（平均IQ为105）。这一结果吸引了更多白人学者开始把目光转向这个领域的研究，研究覆盖了中国、中国台湾、日本、新加坡、美国、加拿大等地域。

其次，如果用社会经济地位、文化教育因素或测验工具的文化偏向性来解释黄种人和白人的智力测验成绩差异，我们需要对以下几个问题作出合理的解释：第一，在已有的关于白人和黄种人的比较研究中，几乎没有黄种人的社会经济地位高于白人的情况，是否可以据此说明经济收入和社会地位不是造成两个种群智力差异的主要原因。第二，有学者认为，林恩报道的日本儿童的一般智力在6岁以前低于白人儿童、9岁以后又超过白人儿童是因为日本的学校教育比美国的学校教育更有效。但考虑到后天教育对言语能力的影响应该更明显一些，假如日本儿童在6岁以后的数学计算和言语理解力的提高要归功于学校教育的话，那么良好的学校教育就不应该导致日本儿童的较强的视觉空间组织能力和较弱的言语能力。并且在其他国家和地区（如美国、加拿大）也都发现了类似的、较为一致的研究结果。这些地区的黄种人儿童并未享受到比白人儿童更好的学校教育却仍然表现出较高的一般智力倾向，是否说明了不同的学校教育也不是两个族群智力差异的主要原因。第三，如果有"测验工具的文化偏向性"存在，那么在已有研究使用的测验量表中，如"京都NX测验"是日本文化的量表外，其余的大多是"白人文化"智力量表，而且研究者在比较之前都已做了统计学上的处理和调整。因此是否可以假设，即使有文化偏向存在，其实也并未偏向于黄种人。综合上述几点颇有争议的问题，人种相异三特性模式普遍存在于全世界这一事实大概对此是较为合理的。结合下文中其他研究的讨论，我们可以发现更多的证据。

第二节　不同人种的脑与智力的关系

几乎人人都相信智力存在于人脑中。在一般大众甚至许多心理学家心目中，智力实际上就是"脑力"的同义词。在研究脑与智力关系的问题上，有两个学派比较引人注目。其中一派的研究者致力于对比不同人种以及不同个人的大脑体积，另一派是心理学家和神经学家，他们试图在脑结构和智力之间建立起原则性的联系①。

---

① ［英］肯·理查森. 智力的形成. 赵菊峰译. 北京：三联书店，2004. 14.

第一种方法通过测量不同个体的脑重以及大脑容量，生发出各种量化指数。在研究不同人种脑大小有无差异方面，这些量化的指数可以为我们提供很多有用的信息。

另一种解释脑体积大小与智力有无关系的方法，就是寻找脑的某个具体部位或区域与认知功能的联系。我们知道，认知神经科学已经使用脑电图（EEG）来探索脑在执行特定认知任务时脑电活动和新陈代谢活动的模式，还有研究者使用正电子发射断层扫描术（简称 PET）用解剖形态学方式进行功能代谢和受体显像，并且能够提供分子水平的信息，这可用于脑功能的解剖定位。应用这些研究成果，我们可以探索是否脑的特定部位或结构起着智力器官的作用，是否脑的某个部位的功能或者脑结构的不同与不同人种智力的差异有关系等颇有争议的问题。目前看来，虽说运用这些技术取得了一些成果，但仍需承认心理学家和神经学家尚未得出一个清晰、公认的理论来阐明脑是如何产生或参与人类智力活动的。而且，在关于脑的大小与智力程度的高低之间的关系问题上，也没有得出大家公认的因果联系。但是，运用各种研究方法和技术得到的有关脑的大小以及认知能力在不同人种有所差异的事实也是不容忽视的。

一、脑大小的人种相异三特性模式

1995 年，拉什顿在其《种族、演化及行为：生命历史的远景》（*Race, Evolution, and Behavior：A Life History Perspective*）一书中提出，因为智商测验对黑人、白人和东方人在学校成绩和工作成就上有同样的预测作用，以及在"无文化束缚"测验和标准智商测验上显示出同样的人种差异。因此，比较智商和人种是可行的。他指出，在脑的大小和智商测验上各人种之间存在差异。平均而言，脑最大与智商最高的是东方人；黑人的脑最小，智商也最低；白人介于中间。在他看来，分析脑部大小足以解释为什么各族群之间智商不同。此外，1996 年他和安尼（C. D. Ankney）在《心理环境公告与评论》（*Psychonomic Bulletin and Review*）上的一篇文章"脑部大小与认知能力"中讨论了所有已出版的与此题目有关的研究，其中也包括使用磁共振成像（magnetic resonance imaging，简称 MRI）技术对人脑进行的研究。他们在分析针对 381 名成年人所作的八个研究时发现，用 MRI 测量智商与脑的大小的总相关是 0.44，这比早期使用的简单头测量器研究发现的 0.20 相关值高出许多（尽管 0.20 的相关也是显著的），而且，个体出身的社会阶层和成人智商的相关与这个值是一样的①。

各人种天生大脑容量是不同的，到了成年，东方人要比白人的大脑容量平均多

---

① J. Philippe Rushton. *Race, Evolution, and Behavior：A Life History Perspective.* 2nd Special Abridged Edition. Port Huro, MI：Charles Darwin Research Institute, 2000. 32 – 35.

出 1 立方英寸（相当于 16.4 立方厘米），而白人又比黑人多 5 立方英寸（约 82 立方厘米）。MRI 研究发现，1 立方英寸的大脑可容纳数百万的脑细胞以及数亿个连接，容量大的大脑拥有更多的神经细胞和神经纤维，处理信息的速度更快。因此，拉什顿认为，脑的大小有助于解释不同人种的智商差异。

下面简单介绍四种测量大脑大小的方法，它们得出的结果基本一致。这四种方法分别是：磁共振成像、验尸时秤脑重、空头骨容积的测量以及头壳外部的测量。需要注意的是，即使针对身体大小做过调整之后，不同人种在脑大小上有差异的事实依然存在。

（一）磁共振成像

1994 年《心理学医药》（*Psychological Medicine*）杂志刊登了一篇针对 100 多名英国人做的 MRI 研究，结果显示，非洲黑人和西部印第安人的脑普遍比白人小。但遗憾的是这项研究没有提供被试的年龄、性别及身体大小，所以该项结果有待进一步证实。

（二）验尸时秤脑重

在 19 世纪，著名神经学家保罗·布罗卡（Paul Broca）发现东方人的脑比白人的大且重，同样地，白人比黑人的脑较大也较重。除此之外，布罗卡也发现白人的脑表面有较多的皱褶（脑表面皱褶较多，脑细胞也就比较多），负责自我控制与计划的前叶（frontal lobes）也比较大。

20 世纪初，在许多刊物诸如《科学》（*Science*）、《身体的人类学之美国期刊》（*American Journal of Physical Anthropology*）上，解剖学家已经公布了关于验尸时测量脑重量的情况。这些早期的研究发现，虽然东方人身材较矮、体重也较轻，但是，日本人与韩国人的脑重量与欧洲人几乎是一样的。

1906 年，罗伯特（Robert Bean）在《美国解剖学期刊》（*American Journal of Anatomy*）上公布了一项针对 150 名黑人与白人的脑验尸报告。报告指出，由于血统比例的不同，黑人脑重从 1 157 克（非白人祖先）到 1 347 克（半白人祖先）之间有所不同。他还发现黑人的脑皱褶比白人少，前叶的纤维也相对较少。

此外，威特（Vint）在 1934 年发现《美国解剖学期刊》对非洲黑人脑重的尸体解剖研究结果中非洲人的脑比白人轻 10%。同年，罗蒙德（Raymond Pearl）在《科学》期刊上谈及美国内战（1861—1865）中战死的黑人与白人士兵的验尸结果时，他提到，白人脑的重量比黑人多约 100 克。另外，罗蒙德还发现，黑人的脑重会随着白人血统比例的增大而有所增加[①]。

[①]　J. Philippe Rushton. *Race，Evolution，and Behavior：A Life History Perspective*. 2nd Special Abridged Edition. Charles Darwin Research Institute，2000. 25.

然而，在1970年，托拜尔斯（P. V. Tobias）在《身体的人类学之美国期刊》里宣称这些早期研究是不正确的。他认为过去的研究往往忽略了"性、身体大小、死亡年龄、儿童的营养、样本血统、职业及死亡原因等因素"。但是，拉什顿把托拜尔斯使用的数据平均了一下，结果发现东方人与白人的脑仍然比黑人的脑要重。后来，甚至托拜尔斯自己也赞同东方人比白人、白人又比黑人额外多出数百万的神经细胞。

1980年，何京文（Kenneth Ho）等人发表在《病理学与实验医学档案》（*Archives of Pathology and Laboratory Medicine*）上的解剖研究也证实了黑人与白人之间的差异。他们避免了托拜尔斯提出的那些可能影响结果的因素，研究了1 261位美国成年人的原始脑重数据。结果显示，白人的脑重比黑人脑重平均多100克。考虑到研究中那些黑人与白人的身体大小基本无异。他指出，不同人种脑大小的差异不能由身体大小的差异来解释。

（三）头骨大小的测量

另一种测量脑大小的方法是把包装材料填充到头骨里来测量。在19世纪，美国人类学家莫顿（S. G. Morton）就用此方法研究了1 000多个头骨。他发现，黑人的头骨比白人的头骨小约5立方英寸（约82立方厘米）。

在1942年的时候，另一位解剖学家西蒙斯（Katherine Simmons）对2 000多个头骨进行了研究，并将研究结果刊登在《人类生物学》（*Human Biology*）上。她发现，虽然她研究的样本中黑人都比白人高大，但是白人的头骨比黑人的更大，由此可见，头骨大小不因身体大小而受到影响，她肯定了莫顿早期有关白人头骨比黑人头骨大的理论是可靠的。

此外，比尔斯（Kenneth Beals）和他的同事在1984年《当今人类学》（*Current Anthropology*）期刊中也证实了这些发现。他们测量了全世界20 000个头骨，由此发现，头骨大小随来源地不同而有所不同，来自东亚的头骨比来自欧洲的头骨大3立方英寸（约49.2立方厘米），来自欧洲的头骨又比来自非洲的头骨大5立方英寸（约82立方厘米）。

（四）测量生者的头部

第四种方法是测量头的外部，通过此种方法同样也可以得知脑的大小，而且它与放填充物来测量头骨以及秤脑重这两种测量方法的结果是基本一致的。

1992年，在《智力》（*Intelligence*）期刊上，拉什顿分析了数千位美国军事人员并发现，在调整了身体大小之后，头部大小的排列顺序是：东方人最大，白人次之，黑人最小。后来，也就是在1994年，他以瑞士日内瓦国际劳工局（International Labour Office）对数万男女所作的调查为基础并加以研究，其内容刊登在1994年的《智力》期刊上，在这次研究中他发现了同样的事实。同样，在对身体大小经过调整之后，东亚人的头部大于欧洲人，欧洲人的头部大于黑人。此后在1997年，他在该期刊上报道了另一项研究——著名的围产期合作计划（Collaborative Perinatal Study），这是针对35 000名小孩所做的头部大小测量，该测量从出生到4个月大、1岁大，直到7岁各进行一次。结果发现，东方儿童的头盖骨比白人儿童的大，白人儿童的头盖骨比黑人儿童大（图8－2）①。我们知道，与白人和东方小孩相比，黑人小孩体型更高大也更重，因此，可以肯定的是研究发现的这些不同人种头部大小的差异不是由他们身体大小不同造成的。这与前面几种方法得出的结论是一致的，也就是说，不同人种的头部大小的差异也遵循三特性模式，即东方人＞白人＞黑人。

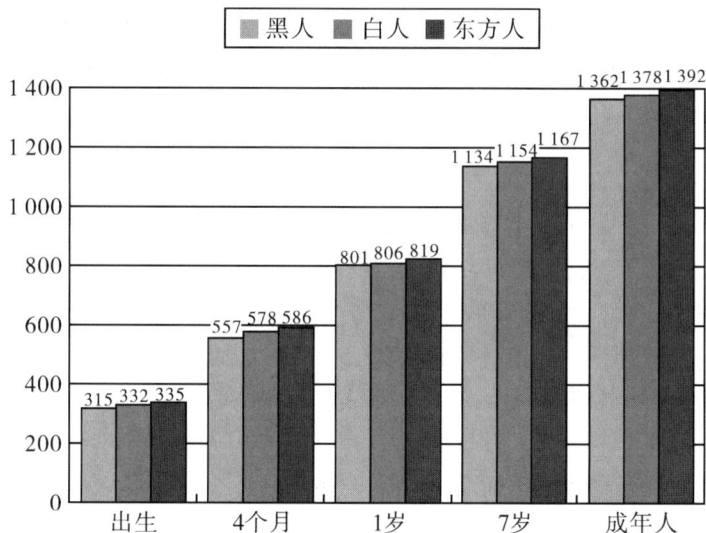

图8－2　美国黑人、白人和东方人五个年龄段平均头部大小

注：头盖骨容量以立方厘米记。表中成年人来自6 325名美国军事人员。资料来源：J. P. Rushton，1997，智力，第25期，第15页。

　　根据以上四种测量脑大小的方法，我们可以得到不同人种的脑的大小平均值。在调整了身体大小之后，平均而言，东方人脑的大小是1 364立方厘米，白人是1 347立方厘米，黑人是1 267立方厘米。当然，这些平均值在各样本之间会有些许变化，各人种之间也会有所重叠，但不同的样本、不同的测量方法得到的结果都指向同一个平均模式，即人种相异三特性模式（东方人＞白人＞黑人）。在目前看来，这似乎已成为一个不争的事实。此外，脑大小的人种相异三特性模式还意味着东方人平均比白人多一亿两百万个脑细胞，白人比黑人多四亿八千万个脑细胞。拉什顿认为，在目前众多研究指向身体大小不影响脑的大小的情况下，不同人种的智商符

---

　　① J. Philippe Rushton. *Race*, *Evolution*, *and Behavior*: *A Life History Perspective*. 2nd Special Abridged Edition. Port Horon, MI: Charles Darwin Research Institute, 2000. 26.

合三特性模式。这样看来，或许不同人种脑大小的差异确实可以向我们解释为什么各人种在智商及文化成就方面存在着差异。

二、人种差异与大脑认知功能的关系

自智力测验诞生以来，对它的争议就从未停止过。许多研究者认为，智力测验本身所使用的手段和前提，即在教育、人事选拔、评估智障和群体差异等方面对测试分数的理解，从科学的角度来讲都是误导性的，有时甚至是危险的。而对于智力测验的分数是否能真正体现它所表现的"生物性"，还是与我们的生物能力相联系的另一种可见量，即我们的社会地位、声望和文化。尤其在智商测验出现之后，它也曾一度被当作人种和阶级血统的测量手段而得到大力推广。

基本上，在智力测验中我们一直在思考究竟如何才能设计出我们想要的智力测验，究竟怎样才能避免"测验测量的是什么"以及它"实际上区分人的根据是什么"这些问题上的争议。正像肯·理查森（K. Richardson）所说的"智商测验运动不仅仅是描述人们的特点，确切地说，在很大程度上它制造了这些特点"。如此看来，弄清这些"特点"的由来应该是我们亟须解决的问题。

美国心理学协会曾在《钟形曲线》发表之后成立了一个专门的工作小组，负责总结智力讨论中的"已知"和"未知"，他们作出结论说，"我们对于考试很难测出的智力形式了解得更少，如智慧、创造力、实践性知识、社会技巧等"①，这似乎要把人类智力所有真正重要的方面都包括进去。这样看来，现在心理学家们从传统的智力测验转而进行更为"客观"和"科学"的反应时来体现"处理速度"或智力本身所依赖的"神经效率"以及其他能够显示智力生物学特征的方法来研究智力是大势所趋。同样地，在研究不同人种与大脑认知能力之间关系的这个问题上，通过智力生物学的途径，也有不少的研究成果再次证明了三特性模式的存在。

（一）反应时的研究

反应时（reaction time）并不是指执行反应所用的时间，而是指发动明显的反应所需要的时间，是指刺激与反应间的时间间距②。一个反应的出现，首先要有刺激引起分析器的活动，然后分析器产生的神经冲动由传入神经传导至大脑，由大脑再传到效应器。全部反应时间包括感觉器官感受到外部刺激所需的时间、大脑加工消耗的时间、神经传导的时间以及肌肉产生反应的时间，而且多半时间在大脑中消耗。

苏豪斯（Salthouse）于1985年提出了"加工速度理论"，认为信息加工速度是许多认知操作得以实现的一个重要因素，在众多的认知任务中都起着非常重要的作

---

① 雷塞. 智力：已知领域和未知领域. 美国心理学家，1996（2）：1.

② 杨治良. 实验心理学. 上海：华东师范大学出版社，1990. 145.

用，因此是认知能力差异的主要来源。一般认为，信息加工速度体现在三个层面上[①]：感觉运动速度、知觉速度和认知速度。第一层次最为基础，反映出对刺激迅速作出简单反应的能力；第二层次则反映了对刺激迅速作出简单的知觉判断等反应能力；第三层次则涉及高级认知活动。事实上，在实际的操作中，很多任务或认知作业较难确切地界定在某个层面上。因此，研究者通常应用基本认知任务来测量加工速度。例如，简单反应时和选择性反应时等。邹枝玲等人（2003）对 7 岁超常和常态儿童的信息加工速度的研究证明，随着认知任务难度的增加，反应时也会逐渐延长。这说明反应时记录了整个认知与心理过程，是目前少数能将抽象的心理过程客观化的测试手段之一。

反应时的测量主要有两个用途：第一，它可以作为成就的指标，因为你对一项工作越精通，你就完成得越快；第二，它也可以作为借以产生一种行为结果的内部过程的复杂性指标，因为内部过程越复杂，它所消耗的时间也就越长。而且由于反应时测查了被试对简单信号进行信息加工时脑的神经活动的效率，其认知作业操作过程也很简单，一般不受教育程度、动机和其他环境因素的影响，因此，许多研究者试图通过它与智力的相关性来反映智力的生物学特性。

莱利和内特尔贝克（Lally & Nettelbeck）是较早开始这方面研究的学者。1976 年和 1977 年，他们在对一组包括精神发育迟滞的被试研究中发现，反应时与 IQ 的相关在 -0.50 ～ -0.70 之间，但后来他们在对一组有较高智商水平的学生进行的研究中只得到了 -0.34 的相关。20 世纪 80 年代之后，詹森通过一系列研究也肯定了 IQ 和反应时变量间有显著甚至颇高的相关，其中特别是反应时的标准差与 IQ 的相关可高达 -0.70 以上。对此，詹森解释说，大脑皮质是一个容量有限的信息处理通道，因此在同一时间内可进行的信息加工的数量是有限的，而这种信息加工的速度则直接决定了认知的效果。从这个角度来说，智力的差异可以最终归结为对单一变量的测定，而这单一变量也就代表了 G 因素。

在其他一些相关研究中，由于样本选择的不同，所报告的 IQ 与反应时的相关也不一样，大致范围在 -0.20 ～ -0.90 之间。虽然也有学者对詹森等人的研究和观点提出批评和质疑，但总的来说，多数研究者都承认 IQ 与反应时有一定的相关。

20 世纪 80 年代末，阜农曾就反应时与遗传的关系作了研究。他选择了 50 对同卵双生子和 52 对异卵双生子，对他们测试了 8 种作业和 11 种类型的信息加工速度，同时测了所有被试的智商。研究结果显示，双生子在 11 项作业中大多有很高的相关，平均相关系数为 0.51，而且越是复杂的反应时作业，其表现出的遗传性（相关）就越高。

因此，鉴于反应时有较高的遗传性以及与智商也有一定的相关，作为一种较为客观的测量智力水平的可能标准，跨文化心理学者也将其用于不同种族人群的智力

[①] 张雁. 反应时测试的应用. 中国康复理论与实践，2005（1）：36.

比较研究。

许多研究者发现，在大多数的反应时任务中，即使是 9～12 岁的儿童都能在少于 1 秒内完成这些任务，反应时可以说是一种最简单的文化公平认知测量。但是，在这些非常简单的测验中，高 IQ 分数的儿童依然比低 IQ 分数的儿童要完成得快。媞尔妮（Deary，2000）和詹森认为，这可能是因为反应时测量的是脑精确加工信息能力的神经生理效率，而这恰恰就是智力测验所要测量的能力。因为这些儿童并没有在完成反应时任务前受过训练（这同他们在某些纸—笔测验中是一样的），所以在这些任务上那些高 IQ 分数的儿童反应快不可能是因为练习、熟悉、教育或训练的缘故。在 2002 年，林恩把 1989—1991 年对 1 000 多名东亚（中国香港和日本）、黑人（南非）、白人（英国和爱尔兰）9 岁儿童进行的一系列反应时研究进行了总结。在研究中，渐进推理测验（progressive matrices test）作为一种非言语智力测验与简单、选择、单数出列（odd-man-out）三种反应时任务一起施测。反应时和变异性通过计算机来测量，可以在记录时避免任何人为误差的影响。结果发现，中国香港和日本的东亚儿童 IQ 最高、反应时最快、反应时变异最小，英国和爱尔兰儿童居中，南非黑人儿童的 IQ 最低、反应时最慢、反应时变异最大。在这些研究中，五个国家和地区的儿童几乎都认为任务容易完成，他们在所有任务上所用的时间基本上都少于 1 秒。我们可以从表 8 - 2 中看到这五个国家和地区的儿童 IQ 与反应时比较的结果。

研究者在美国也发现，在上述三种反应时任务以及其他反应时任务中，人们的平均分数表现出相同的模式。也就是说，在美国所作的反应时研究中，东亚人比白人反应快，而白人比黑人快。詹森在 1993 年以及 1994 年于加利福尼亚测查了 400 多名 9～12 岁学童从长时记忆中提取 10 以下（从 1 到 9）阿拉伯数字的过度学习加法（addition）、减法（subtraction）或乘法（multiplication）所消耗的时间，然后进行数学验证测验（Math Verification Test）。所有儿童在这种数学题的纸—笔测验中分数都很好。结果显示，反应时与瑞文推理测验分数显著负相关，而运动时[①]与之不相关；这三个族群的平均反应时间存在显著差异（图 8 - 3）。需要注意的是，这些差异不能由群体动机上的差异来解释，因为与黑人儿童相比，东亚儿童虽然平均反应时快，但是他们的运动时慢[②]。

---

① 反应时由两部分组成：被试从发现信号到动手行动之前这段时间为"决策时"，被试动手关掉信号灯光的这一段时间叫做"运动时"。

② J. Philippe Rushton & Arthur R. Jensen. Thirty Years of Research on Race Differences in Cognitive Ability. *Psychology*, *Public Policy*, *and Law*, 2005, 11（2）: 245.

表 8-2　五个国家和地区儿童 IQ 值与反应时的比较

变 量	香港	日本	英国	爱尔兰	南非	SD	r^{a}
样本大小	118	110	239	317	350	—	—
平均 IQ 分数	113	110	100	89	67	—	—
简单反应时中值（ms）	361	348	371	388	398	64	0.94*
选择反应时中值（ms）	423	433	480	485	489	67	0.89*
Odd-man-out 反应时中值（ms）	787	818	898	902	924	187	0.96*
简单反应时变异性	99	103	90	121	139	32	0.83*
选择反应时变异性	114	138	110	141	155	30	0.73*
Odd-man-out 反应时变异性	269	298	282	328	332	95	0.85*

资料来源：J. Philippe Rushton & Arthur R. Jensen, Thirty Years of Research on Race Differences in Cognitive Ability. *Psychology*, *Public Policy*, *and Law*, 2005, Vol. 11, No. 2, 245.

r^{a} = 信度

*p < 0.05

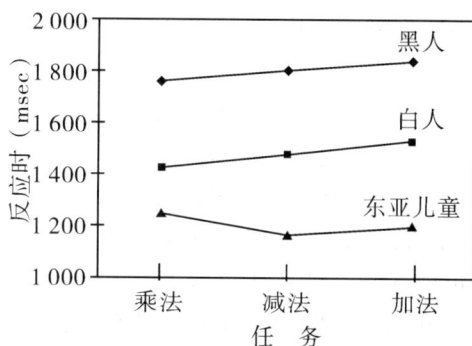

图 8-3　10 岁黑人、白人、东亚儿童数学推理测验的平均反应时

资料来源：J. Philippe Rushton & Arthur R. Jensen, Thirty Years of Research on Race Differences in Cognitive Ability. *Psychology*, *Public Policy*, *and Law*, 2005, Vol. 11, No. 2, 246.

（二）G 因素与人种—智商平均差异的相关

个体在一个智力测验的不同内容中，很少表现出同样的水平。一个人可能在言语测试方面比空间测试要好得多，另一个人或许正好相反。虽然如此，分测验所测定的不同能力倾向之间却存在正相关，也就是说，在某一分测验中得到高分，在其他分测验中也很可能高出平均分。这些复杂的相关类型可以用因素分析的方法阐述清楚，但不同的人却常常得出相互矛盾的结果：有些专家如斯皮尔曼（1927）强调一般因素（G）的重要性，认为它表征所有的测验之间的共性。另一些人如塞斯顿（L. L. Thurstone, 1938）则更强调几组特殊因素的重要性如记忆、言语理解、数学能力等。如今有一种普遍的看法：智力包括一系列水平不同的因素，其中一般因素（G）处于最高点，但是 G 的确切含义是什么却没有一致的定义。尽管在 G 因素上存在众多争议，但当今仍有一部分心理学家将 G 因素当作智力测验最主要的内容，当然通过 G 因素也能反映出不同人种间的智商存在差异[①]。

斯皮尔曼（1927）最先提出了一个假设，他认为，平均黑—白群体智商差异"恰恰在那些因 G 而著名的测验中是十分显著的"。詹森（1980）称之为"斯皮尔曼假设"并开发了相关向量法（the method of correlated vectors）来测验它。这种方法认为，在一套认知测验中，标准黑—白平均差异与它们各自的 G 负荷相关，而且是显著的正相关，这就支持了斯皮尔曼假设。这个基本原理是显而易见的。因为，如果 G 是群体间和群体内差异的主要来源的话，那么在该测验上 G 负荷与平均黑—白群体差异之间应该是正相关，即测验中负荷的 G 越多，黑—白群体差异就越大。由此可以得出这样一个推论：我们可以预测，从大量不同的认知测验中得到的分数对人种（黑人记为 1 分，白人记为 2）作因素分析时，在得到的相关矩阵上最大的负荷应该是 G。下面是一些可以说明这种相关存在的具体研究。

詹森（1998）对近 45 000 名黑人和 245 000 名白人完成的 149 个心理测量测验得出的 17 套独立资料进行总结，结果发现，这些测验中的 G 负荷一致预测了平均黑—白群体差异的大小（$r = 0.62$，$p < 0.05$）。此外，彼布斯（Peoples，1995）在 3 岁儿童完成的斯坦福—比奈量表的 8 个子测验中也发现，G 负荷与平均黑—白群体差异的等级相关为 0.71（$p < 0.05$），这也进一步证实了 G 负荷对平均黑—白群体差异的预测作用[②]。

后来，纽伯格和詹森（Nyborg & Jensen，2000）对曾服役于美国军队的 4 462 名男性的档案资料进行分析，他们使用不同的方法对档案中 19 个不同的认知测验中的 G 因素进行抽取，结果发现，人种差异和测验的 G 负荷之间的平均相关是 0.81。他们由此得出结论说，斯皮尔曼关于平均黑—白的 G 因素差异的假设"不应该再被仅仅看作是一个假设，而应该作为一个经实证而确定的事实"。

另外，名越等（Nagoshi，Johnson，DeFries，Wilson & Vandenberg，1984）对日本、中国和欧洲血统的两代美国人进行了 15 个认知测验的研究，结果证实了东亚—白人在心理测量测验上的差异是 G 负荷的作用，他们认为，测验的 G 负荷越多，东亚人的平均东亚—白人群体差异就越大，这也进一步证实了之前的假设。

林恩和欧文（Lynn & Owen，1994）在南非的研究也发现平均黑—白智商差异主要表现在 G 因素上。他们是最先在撒哈拉以南非洲测验斯皮尔曼假设的人。他们对南非 1 056 名白人、1 063 名印第安人和 1 093 名 16 岁黑人高中生施以初级能力倾向

---

① 雷塞. 智力：已知领域和未知领域. 美国心理学家，1996（2）：3~8.

② J. Philippe Rushton & Arthur R. Jensen. Thirty Years of Research on Race Differences in Cognitive Ability. *Psychology*, *Public Policy*, *and Law*, 2005，11（2）：247.

测验（Junior Aptitude Test），结果发现在非洲人和白人（非洲人平均智商70）之间有2个标准差，白人和印第安人（印第安人平均智商是85）之间有1个标准差。然后，他们测查了斯皮尔曼假设并发现非洲—白人差异与从非洲人样本中抽取的G因素的相关是0.62（$p < 0.05$），但与从白人样本中抽取的G因素的相关只有0.23。另外，他们并没有发现任何白人—印第安人在G因素上的差异。该研究的结果更好地证实了黑人—白人差异的存在，此外，这一结果还延伸到了东部印第安人和"有色人种"（这个术语指南非的混血人口）群体之中。拉什顿（2001）对斯库伊（2001）公布的南非154名高中生在WISC – R的10个子测验上的数据进行了再分析并发现，非洲—白人差异主要体现在G因素上。后来，拉什顿和詹森（2003）对津地（1994）公布的津巴布韦204名12～14岁非洲人在WISC – R上的数据和美国白人标准化样本进行了比较。结果发现，群体间人种变异的77%可归于单一来源，即G因素。

下面我们来看看在南非使用测验项目分析对斯皮尔曼假设进行证实的研究。拉什顿和斯库伊（2000）对309名威特沃特斯兰德大学学生进行研究时发现，瑞文标准渐进测验测量G（通过它的项目总相关来估计）的单独项目越多，那么G与该项目上的标准非洲—白人差异就越相关。除此以外，拉什顿（2002）还分析了欧文（1992）公布的4 000名南非高中生在瑞文标准渐进测验上的项目资料。他发现，非洲人—有色人种—东部印第安人—白人这样依次递增顺序的四特性（four-way）差异全在G因素上。而且，在两项对工程学学生的研究中，拉什顿（2002，2003）也发现，标准和高级渐进推理测验聚在G因素上的项目越多，它们对非洲—东部印第安人—白人之间存在的差异大小预测就更好。从这些研究中可以推论得出，G负荷表明了跨文化的普遍性，而那些从东部印第安学生那里计算得出的G负荷正好预测了非洲—白人差异的大小。

在关于G因素与人种关系的研究中，反应时测验也可以进一步证实斯皮尔曼的假设。詹森（1993）对820名9～12岁儿童的12个反应时变量中的G因素进行了抽取（所有儿童均能在1秒内完成任务），结果发现，G负荷与平均黑—白反应时任务差异的相关是0.70到0.81。这些结果甚至比传统心理测量测验中得出的相关更有说服力，更能证明斯皮尔曼的假设。因为，虽然白人比黑人的平均反应时较快，但黑人比白人的平均运动时较快。这一事实再次否定了平均黑—白群体在测验上的差异是因其动机差异存在的缘故。此外，詹森（1994）发现，与白人相比，从东亚人较快的反应时测量中抽取的G因素平均较高。从上面这些研究中，我们再一次看到了人种相异三特性模式存在于智力中的事实。

第三节　异族收养子和混血儿的智力研究

一、异族收养研究

"异族收养（transracial adoption）是通常用于动物行为遗传研究的交叉养育设计的人类模拟。毫无疑问，收养形成了一个重大的干预。"（Weinberg & Scarr, 1976）在有关的研究中，多数为东亚儿童或非洲儿童被白人家庭收养的调查，这样的研究不仅让我们看到不同人种间智力差异的证据，还可以发现用抚养环境、社会经济地位来解释智力的差异是那么缺乏说服力。其中，韩国和越南儿童被白人家庭收养的研究表明，许多曾被确诊为营养不良的婴儿长大后的智商比收养他们的国家常模高出 10 个 IQ 值或更多。但相比之下，白人中产阶级家庭收养的黑人儿童和混血儿（黑人—白人混血儿）儿童比同一家庭中的白人手足或相似家庭收养的白人儿童拥有较低的平均智商分数。我们似乎再一次看到了人种相异三特性模式的存在。下面我们将详细地向大家展开这些研究的论述。

我们知道，明尼苏达州异族收养研究是最大、最著名的跨种族研究，它由桑德拉和温伯格专门设计用于把遗传要素从对黑人儿童认知操作有因果作用的抚养环境中分离出来（Scarr & Weinberg, 1976; Weinberg, Scarr & Waldman, 1992）[1]。它也是唯一一个在 7 岁和 17 岁进行重复测验的纵向追踪异族收养研究。在该项研究中，桑德拉和温伯格比较了明尼苏达州中上阶级而且平均智商超过 100 及一个标准差以上的白人父母收养的黑人、白人和黑／白混血儿童的 IQ 和学校成绩。同时，这些父母的亲生孩子也参与了该项研究测试。具体见表 8－3。

表 8－3　中产阶级白人家庭亲生子与收养子 7 岁、17 岁认知操作测量的比较

儿童背景	7 岁智商	17 岁智商	17 岁平均绩点	17 岁年级名次（百分位）	17 岁学校能力倾向（百分位）
亲生父母	120	115	—	—	—
亲生子，白人亲生父母（7 岁 N = 143；17 岁 N = 104）	117	109	3.0	64	69

---

① J. Philippe Rushton & Arthur R. Jensen. Thirty Years of Research on Race Differences in Cognitive Ability. *Psychology*, *Public Policy*, *and Law*, 2005, 11（2）：256.

（续上表）

儿童背景	7 岁智商	17 岁智商	17 岁平均绩点	17 岁年级名次（百分位）	17 岁学校能力倾向（百分位）
收养子，白人亲生父母（7 岁 N = 25；17 岁 N = 16）	112	106	2.8	54	59
收养子，白人和黑人亲生父母（7 岁 N = 68；17 岁 N = 55）	109	99	2.2	40	53
收养子，黑人亲生父母（7 岁 N = 29；17 岁 N = 21）	97	89	2.1	36	42

资料来源：Weinberg, R. A., Scarr, S., Waldman, I. D. The Minnesota Transracial Adoption Study：A Follow-up of IQ Test Performance at Adolescence. NJ：Ablex Publishing, 1992.

第一次对 265 名儿童的测验是在 1975 年，当时他们是 7 岁；第二次测验在 1986 年，当时研究中还剩下 196 人，他们是 17 岁。7 岁白人亲生子（非收养）平均智商为 117（表 8 - 3 第 2 栏），相近于他们的中上阶层白人父母；亲生父母是白人的收养儿童平均智商是 112；亲生父母是黑人和白人的混血儿童平均智商是 109；黑人亲生父母的收养儿童平均智商是 97。

表 8 - 3 列出 196 名儿童在 17 岁重测的结果（Weinberg et al., 1992），主要是从以下四个方面对他们的认知操作进行了独立评价：①个别施测的智商测验；②总平均绩点；③基于学校成绩的年级名次；④由教育权威人士施测、研究者计算平均分的 4 个学科特殊能力倾向测验。最后得出的结果与早期测验得出的结果一致：非收养白人儿童平均智商是 109，平均绩点是 3.0，年级名次在第 64 个百分位，能力倾向分数在第 69 个百分位；白人亲生父母的收养儿童平均智商是 106，平均绩点是 2.8，年级名次在第 54 个百分位，能力倾向分数在第 59 个百分位；亲生父母是黑人和白人的收养儿童平均智商是 99，平均绩点是 2.2，年级名次在第 40 个百分位，能力倾向分数在第 53 个百分位；黑人亲生父母的收养儿童平均智商是 89，平均绩点是 2.1，年级名次在第 36 个百分位，能力倾向分数在第 42 个百分位。

然而，桑德拉和温伯格认为对 7 岁儿童所作的测验结果支持了认知操作的差异是环境因素的结果。他们认为，对所有"社会学分类"的黑人儿童（指那些有一个或两个黑人父母的儿童）来说，105 的平均智商显著高于美国白人的平均智商。因此，亲生父母都是黑人的儿童成就较弱可能是由于他们所处的环境更艰难。他们还发现没有证据支持养父母对儿童种族背景的看法影响了儿童智力发展这一说法。因为，事实上，在研究中 12 名错误地被其养父母认为亲生父母都是黑人的儿童的平均分数同 56 名亲生父母是黑人和白人并且养父母也知道该情况的儿童的分数是一样的。

　　对前后两次测验进行分析时我们应该注意，有用的是各年龄阶段中不同人种的收养子之间的比较。此外，研究者还明确说明，研究中亲生父母是黑人的收养儿童平均智商是89，这虽然稍微超过了全国黑人85的平均智商，但却没有达到明尼苏达州黑人的平均智商。因此，在分析这项研究时，我们应该综合考虑这些因素，才能得出正确的结论。

　　当然，有关人种间智商差异的争论在这项研究中依然存在。温伯格（1992）强调说，在他们研究中的这些收养儿童7岁和17岁时的平均智商都在当时社会中类似血统人群的平均分数之上，这恰恰说明了抚养环境的有利效应。此外，他们还指出，收养儿童17岁时，"控制其他变量，亲生母亲的血统对收养儿童的智商可以做出最简单的预测"这种观点应该归结于"不可测量的社会性"。所以，他们的结论是"社会环境对黑人和混血儿儿童的平均智商水平起主导作用，社会和遗传变量共同作用于个体的变异"[1]。

　　然而，林恩（1994）对温伯格（1992）的解释颇有异议。这两人都提出了浅显的遗传选择观点来对此作出解释：黑人儿童的平均智商和学校成绩分数反映的是他们的非洲血统能达到的程度。在7岁和17岁时，亲生父母是黑人的收养儿童比那些亲生父母是黑人和白人的收养儿童有较低的平均智商和学校成绩，而后者又比亲生父母是白人的收养儿童低。温伯格（1994）对此观点回应说，儿童收养前的经历受到了人种血统的干扰，所以要对研究结果进行明确的解释也是不太可能的。

　　后来，詹森（1998）对这些研究进行了详细的讨论，并对收养年龄没有影响儿童7岁后智商分数的证据（Fisch, Bilek, Deinard & Chang, 1976）进行了回顾。他发现，严重营养不良、收养年龄晚的东亚儿童的研究充分证明了在异族收养问题上，收养年龄对智商没有产生有害影响的结论。

　　下面是白人家庭收养东亚儿童的三个研究，在这里我们也可以发现人种智商差异存在的事实。第一个研究是克拉克等（Clark & Hanisee, 1982）对3岁前就被白人美国家庭收养的25名越南、韩国、柬埔寨和泰国4岁儿童进行的研究。与智商为100的美国常模相比，他们的学业能力平均智商是120。而且在收养前，他们当中半数婴儿曾因为营养不良而住院接受过治疗。

　　在第二个研究中，威尼克等（Winick, Meyer & Harris, 1975）发现，141名在婴儿时就被美国家庭收养的韩国儿童，在他们10岁时智商和成就分数超过了全国平均分。此项研究的主要兴趣是严重营养不良对儿童以后智力发展的可能影响，因而研究中的这些韩国儿童中大部分是婴儿期营养不良患儿。然而测验后发现，婴儿期曾严重营养不良的儿童平均智商是102；中等营养的儿童平均智商是106；营养充足的平均智商是112。

①　J. Philippe Rushton & Arthur R. Jensen. Thirty Years of Research on Race Differences in Cognitive Ability. *Psychology, Public Policy, and Law*, 2005, 11（2）: 258.

第三个研究是弗吕德曼等（Frydman & Lynn，1989）对比利时家庭收养的 19 名韩国婴儿进行的测验。研究发现，在 10 岁左右时他们的平均智商是 119，言语智商是 111，操作智商是 124。即使因时间关系（10 年约上升 3 个 IQ 值）智商分数会增加而对比利时常模修正到 109 后，韩国儿童与比利时本土儿童的平均智商相比仍然显著高 10 个 IQ 值。

根据以上研究我们发现，养父母的社会阶级和儿童被收养的年数对儿童智商都没有什么影响，也就是说，抚养环境在异族收养中的有利效应仍是似是而非，尤其在东亚儿童被白人家庭收养的证据面前，抚养环境并不能解释这些发现。

二、混血儿的研究

在明尼苏达州异族收养研究中，混血儿（黑人与白人混血）的智商平均在"非混血"白人和"非混血"黑人被收养者智商之间（表 8－3）。一些其他类型的研究结果也基本与此一致。

苏伊（Shuey，1966）对 18 名拿皮肤颜色作为混血程度说明的研究进行回顾时发现，其中 16 个研究中，皮肤颜色较浅的黑人比皮肤颜色较深的黑人平均智商较高，尽管这种相关的程度很低（$r = 0.10$）。

此外，对美国黑人的研究也得到了类似的结果。有人认为（Chakraborty，Kamboh，Nwankwo & Ferrell，1992；Parra et al.，1998），如果美国黑人约有 20% 的白人血统，那么其平均智商将会达到 85，这比撒哈拉以南非洲人平均 70 的智商要高 15 个 IQ 值，恰好强调了遗传对个体变异的作用。欧文（1992）也发现，南非"有色"混血人口平均智商也有 85，介于非洲人平均智商 70 和白人平均智商 100 之间[1]。

早期脑重量研究也与上述研究一致。罗伯特·比恩等（Bean，1906）报告说，对黑人验尸时发现，白人血统越多（单从皮肤颜色判断），平均脑重就越高。可惜的是现在有关这一特性的数据比较难以获得。

查克拉博蒂（Chakraborty）等人发现，美国南方腹地的某些地区美国黑人的白人血统程度显著低于总平均程度，他们的平均智商分数仅将近 70。詹森（1977）发现，乔治亚洲一个乡郡学校的所有黑人儿童平均智商是 71，而同一个郡的白人平均智商是 101。类似的是，斯坦利等（Stanley & Porter，1967）发现乔治亚洲所有黑人大学生的学习能力倾向测验（SAT）分数太低，以致不能以此预测其大学成绩。当然在这里大家可能会有一个问题，也许测验分数对美国黑人不如对美国白人同样有效。但是，遒斯等（Hills & Stanley，1970）对类似的学生施以大中小学能力测验

---

[1] J. Philippe Rushton & Arthur R. Jensen. Thirty Years of Research on Race Differences in Cognitive Ability. *Psychology*, *Public Policy*, *and Law*, 2005, 11（2）：260.

(the School and College Ability Test)（一个非常容易通过的测验）时，他们发现，这些学生的分数分布正常，并且可以预测其大学成绩，尽管黑人大学生的平均分在全国八级常模（eighth-grade national norms）的约第 50 个百分位上。

林恩等（2002）对向公众开放的档案资料进行分析时发现，混血儿群体平均智商介于黑人群体和白人群体平均数之间。林恩对 1982 年国家民意研究中心（National Opinion Research Center）成年人口（包括非英语语种成年人）代表样本的调查进行研究时发现，询问 442 名黑人他们是否会用"很黑"、"黑褐色"、"中度褐色"、"浅棕色"或者"很浅"来描述自己，其结果是这些描述性质的自我评价与一个词汇的测验分数之间的相关是 0.17（$p < 0.01$）。

此外，罗恩（Rowe）对 1994 年青少年健康调查的全国纵向研究（该代表样本有意让父母受过高等教育的黑人青少年过量）进行了检查——整个样本由 9 830 名白人、4 017 名黑人和 119 名混血儿组成，他们的平均年龄是 16 岁——结果发现，黑人青少年比白人青少年平均有较低的出生体重、较低的言语智商以及较多的性伴侣。混血儿介于两个群体之间。罗恩发现，群体差异的社会阶级解释"不足以让人相信"，因为在这三个变量中，只有言语智商与社会阶级有中等程度的相关，即使对其从统计上进行了调整，结果仍然没有发生变化。然而有人认为存在"基于肤色的歧视"，但罗恩本人并不这样认为，因为研究故意只选择那些从身体外貌来看会认为他们是黑人的混血儿，所以这种歧视在研究中通过此种方法被消除了，因此该研究的真正结果就是我们现在看到的黑人—混血儿—白人这一顺序。

下面将要介绍三个有关混血儿个体的研究，研究者对这三个研究的结果颇有争议，有人认为抚养环境在其中起了主导作用，但主张遗传论的研究者认为抚养环境对智商差异的解释是不确切的，引起争议的关键就在于研究者对研究中混血儿血统的代表性持有异议。

第一个研究是艾菲特等（Eyferth, 1961；Brandt & Hawel, 1960）报告的非婚生子女的智商数据。这些孩子的父亲是"二战"后驻扎在德国的士兵，而后来他们一直是由白人德国母亲抚养长大的。报告指出，83 名白人儿童和 98 名混血儿的平均智商都在 97 左右（白人是 97.2，混血儿是 96.5）。然而，罗琳（Loehlin, 1975）指出，这些结果是不明确的，理由有三：①测验时孩子们都很小。三分之一的儿童在 5 ~ 10 岁之间，三分之二在 10 ~ 13 岁之间。行为遗传研究表明，虽然家庭社会化对智商的影响在青春期以前通常是较强的，但在青春期以后它们会缩小，有时候甚至为零。②20% ~ 25% 的"黑人"父亲不是非裔美国人而是法裔北非人（如高加索人）。③当时美国军队的入伍标准是智商分数，非常严格，入伍前陆军普通分类测验对白人的拒绝率是 3%，对黑人的拒绝率却高达 30%（Davenport, 1946）。因此，此研究结果并不能说明混血儿与白人儿童智商之间不存在差异，因为研究中混血儿的代表性受到了质疑①。

第二个研究与 4 岁混血儿有关。该研究发现，白人母亲、黑人父亲的 4 岁儿童（平均智商为 102，$N = 101$）比黑人母亲、白人父亲的儿童（平均智商为 93，$N = 28$）平均智商高 9 个 IQ 值。内勒等（Willerman, Naylor & Myrianthopoulos, 1974）认为，如果假设白人母亲比黑人母亲能提供给孩子更好的出生前和出生后环境，那么这个研究的结果正好说明环境比遗传对人种智商起着更大的作用（Nisbett, 1998）。然而，罗琳（1975）指出，白人母亲的夫妇几乎平均比黑人母亲的夫妇多受一年的教育，因此，白人母亲可能比黑人母亲的平均智商高。这同中亲智商对结果的解释是类似的。当然，这个研究中两组混血儿的平均智商是 98，仍然介于白人儿童平均智商 105 和黑人儿童平均智商 91 之间（Broman, Nichols & Kennedy, 1975）。

第三个研究是穆尔（Moore, 1986）对中产阶级白人父母收养的 7 岁儿童的补充分析。穆尔发现，有一个与有两个黑人亲生父母的儿童智商并无差异。9 名亲生父母都是黑人的收养儿童的平均智商是 109，14 名黑人和白人亲生父母的收养儿童的平均智商是 107。穆尔认为，根据行为遗传学的观点，如果对这些儿童的研究能追溯至青春期，得到的结果将更有说服力。

虽然混血儿的研究通常与遗传在人种智商差异中起主导作用的观点一致，但到目前为止也还不能作为最后的结论。因为在上述研究背景中，有些事实仍是不确切的，可能会影响最后的结论。例如，肤色较浅的好望角有色人种（Cape Coloreds）和非裔美国人可能有更好的营养、更多的学习机会、更好的社会接纳度。另外，在明尼苏达州异族收养研究中，保留了许多因素常数并去掉了最频繁提及的因果关系中介，如贫穷、营养不良、烂学校、不正常的邻里等。这些可能都会影响结果解释的准确性。最后需要指出的是，罗琳（2000）提出"研究中应该使用大样本和更好的技术来估计人种的血统"值得更多研究者响应，同时它也是切实可行的，这能为人种智商差异的研究提供更多有利证据。

参考文献

1. J. Philippe Rushton. *Race, Evolution, and Behavior: A Life History Perspective*. 2nd Special Abridged Edition. Port Huron, MI: Charles Darwin Research Institute, 2000.

2. J. Philippe Rushton & Arthur R. Jensen. Thirty Years of Research on Race Differences in Cognitive Ability. *Psychology, Public Policy, and Law*, 2005, 11 (2): 235 – 294.

---

① J. Philippe Rushton &Arthur R. Jensen. Thirty Years of Research on Race Differences in Cognitive Ability. *Psychology, Public Policy, and Law*, 2005, 11 (2): 261.

3．［英］肯·理查森．智力的形成赵菊峰译．北京：三联书店，2004.

4．吴江霖等．社会心理学．广州：广东高等教育出版社，2004.

5．赵晓明等．生物遗传进化学．北京：中国林业出版社，2003.

6．［法］阿尔贝·雅卡尔．科学的灾难？一个遗传学家的困惑．桂林：广西师范大学出版社，2004.

7．［法］阿尔贝·雅卡尔．差异的颂歌．王大智译．桂林：广西师范大学出版社，2004.

8．杨治良．实验心理学．上海：华东师范大学出版社，1990.

9．［英］理查德·利基．人类的起源．吴汝康等译．上海：上海科学技术出版社，1995.

10．雷塞．智力：已知领域和未知领域．美国心理学家，1996（2）.

11．东小川．美国人的人种和种族概念与观念．东北师大学报（哲学社会科学版），2004（3）.

12．杨蕴萍，张薇．不同种族人群智力的跨文化研究．国外医学（精神病学分册），1993（4）.

13．王斌．反应时及其影响因素的研究现状．首都体育学院学报，2003（4）.

14．张雁．反应时测试的应用．中国康复理论与实践，2005（1）.

不要借助暴力和严厉惩罚来训练年轻人学习，而要通过愉悦心灵来教导他们学习，这样可能会更准确地发现每个人的才能倾向。

——柏拉图（Plato）

第九章　智力与学习

学习活动是经验的习得和积累，智力作为学习活动开展的基础，知识经验因智力水平而达到一定的高度，反过来智力水平亦因知识经验的积累而相应地得到展现和发展。智力和学习的关系，研究者因视角不同而有不同的理解，而且这种不同的理解最终影响教育活动当中采取怎样的方式去指导学生学习，引导教育的思路、模式。

第一节　学习与智力的心理学研究

一、学习的特点与智力要求

心理学中把学习定义为人与动物在生活过程中获得个体经验，并由经验引起行为较持久的变化过程。这是广义的学习概念，包括了人与动物的各种学习形式。但是，人类的学习与动物的学习有本质的区别，人的学习表现出以下几个明显特点：

（1）人的学习是在社会生活实践中通过思维活动产生和实现的。人一出生，就生活在一个特定的社会中，并逐渐从一个自然人转变成一个社会人，即所谓个体社会化。在这个过程中，人逐步掌握和运用语言进行思维，从而认识自然界和社会现象及其规律，并根据这些规律对自然和社会进行改造。个体的社会化，既是人的社会实践活动过程，也是人的学习过程。

（2）人的学习是掌握社会历史经验和个体经验的过程。在人的社会化过程中，不但要学习人类几千年来所积累的社会历史经验，同时也在自身的实践中积累个体的经验。其中，人对社会历史经验的学习在人的学习中占据着重要地位，个体的知识经验与社会经验相比，只占很小的一部分。

（3）人的学习是以语言为中介的。人对语言的掌握，扩大了个体学习和掌握社会历史经验的可能性。借助于语言这一工具，能使人通过学习把别人的经验转化为自己的经验，把人类的社会历史经验转化为个体的精神财富。

（4）人的学习是自觉的，有目的、计划的。人的意识在人的学习中起着支配和调节的作用。能动性是意识的基本特征，表现在人的学习活动就是自觉、有目的、有计划地去学习各种知识经验，并使之成为认识世界和改造世界的一种内在力量。

与人类一般意义上的学习相比，学生的学习有其特殊的内涵。一般人讲到学生的学习，就会想到这是一种学习能力，把它看作是面对书本和课堂的学习智力，或把学习看作是一种综合的能力。这种综合的学习能力要求有一定的智力支持，主要体现在观察力、记忆力、思维等方面。本章第二节专门介绍各种智力因素与学习的关系。

二、学习观与智力观的演进

（一）学习观的演进

人们一直孜孜不倦地探索学习的本质，从最早的行为主义学习理论逐渐发展深化到以建构主义为核心的学习理论。行为主义着重外在环境刺激所导致的学习者的行为改变，强调教师安排和设计一定的教学情境来促使学生实现预期的行为改变和学习效果。依据行为主义制定的教学设计，具有明确的教学目标，强调教育须培养学生的种种素质和技能，教育即培养社会所需要的工具。建构主义学习理论则不同，它更强调学习者内心的认知活动，强调学会学习、人与人之间的社会交往与互动、以学习者为中心来实施课程、人的潜能与发展，教育即让学生学会成人、学会做人。

1. 行为主义视野中的学习

在行为主义学习理论中，最具代表性的是桑代克、斯金纳等人的观点。桑代克的联结论的基本观点集中在对学习的实质、过程和规律的认识上。学习的实质在于形成情境与反应之间的联结，联结公式是 S→R。他认为刺激与反应之间的联结是直接的，并不需要中介作用。他把这种联结看作行为的基本单元，并认为人类所有的思想、行为和活动都能分解为基本的单位刺激和反应的联结。反应的联结有先天的和习得的两种，前者主要是主能，后者主要是习惯。

学习的过程就是形成刺激与反应之间联结的过程，而联结是通过尝试与错误的过程建立的。学习是一种渐进的、盲目的、尝试错误的过程。在此过程中随着错误反应的逐渐减少和正确反应的逐渐增加，而最终在刺激与反应之间形成牢固的联结。后人也称这种理论为尝试错误论，简称"试误论"。

2. 社会心理学视野中的学习

班杜拉认为传统的学习理论，如桑代克的联结理论、华生的经典性条件反射理论等几乎都局限于直接经验的学习，不能解释人类许多习得的行为，因此，班杜拉从社会学习的观点出发，特别强调间接学习即观察学习（又称替代学习）的重要性：①社会学习理论强调人的行为是内部因素和外部因素复杂相互作用的产物，习得的行为反过来也会影响外界的环境因素和内部的个体因素，因此，在行为（B）、环境（E）和个体（P）三者之间是交互决定的。②社会学习理论强调人有使用抽象性符号和预见结果的能力。由于符号的使用，为人类提供了一种创造和调整各种环境事件的有力的工具，可保持个体的经验，并用来指导未来的行动，同时，也可使人们之间的信息交流不受时空的限制。③社会学习理论强调人有自我调节、自我控制的能力。班杜拉认为，自我调节过程一般包括自我观察、判断（自我效能）和自我反应三个阶段。④社会学习理论认为人的社会行为和思想、情感不仅受直接经验的影响，而且更多地受通过观察进行的间接学习即观察学习的影响。通过观察学习，可以使人们避免去重复尝试错误而带来的危险，避免走前人走过的弯路。观察学习是指通过对他人的行为及其强化性结果的观察，个体获得某些新的反应，或已有的行为反应得到修正。观察学习的特征是观察者不一定具有外显的操作反应，也不依赖于直接强化，在学习过程中包含重要的认知过程。

班杜拉认为，观察学习包含四个子过程：①注意过程。观察者首先必须注意到榜样行为的明显特征，否则，就不可能习得这一行为。榜样本身的特点、观察者的特征以及人际互动的安排等因素都影响这一过程。②保持过程。通过注意，观察者通常以符号的形式把榜样表现出的行为表象化保持在长时记忆中的。班杜拉认为，保持过程主要依存于两个系统，一是表象系统，另一是言语编码系统。③动作再现过程。这是指把符号的表象转换成适当的行为。④动机过程。社会学习理论对行为的习得（acquisition）和表现（performance）作了区分，习得了的行为不一定都表现出来，这除了受到以往的强化史的影响外，更重要的是当前是否有足够的诱因动机，只有具备了行为的动机后，习得的内隐的行为才会表现于外。

最后，班杜拉的社会学习理论对强化作了全新的解释。传统的强化只是指外部强化，而社会学习理论的强化则还包含了替代强化和自我强化。替代强化是指人们通过对他人行为受到奖惩而相应地调整自己的行为过程。一般来说，观察者更易于表现出受到奖励的行为而抑制受到惩罚的行为。自我强化就是根据自己设立的一些行为标准，以自我奖惩的方式对自己的行为进行调节。自我强化是人类特有的现象，充分体现了人具有能动性这个特征，能很好地说明人类的意识行为。

班杜拉的社会学习理论揭示了观察学习的基本规律及社会因素对个体行为形成的重要作用，在整个学习理论中占有十分重要的地位。强调社会因素在观察学习中的作用，丰富了学习理论的内容，扩大了学习理论的研究领域；社会学习理论包含了重要的认知学习过程，具有明显的认知特征，充分反映出人类特有的主观能动特性；个体、环境和行为的三向交互作用论揭示了行为与环境、个体的认知特征的相互关系，这对我们从整体上认识人的行为具有重要的作用。但是，社会学习理论研究成果更多地来自于社会生活经验，而对教育情境中的观察学习则缺乏具体的研究，因此，社会学习理论与教育情境中的具体运用还有一段距离。

3. 人本主义的学习观

人本主义学习观的代表人物是罗杰斯（C. R. Rogers），他在《学习的自由》一书中系统地阐述了他的学习观点：

（1）学习是有意义的心理过程。在对学习过程本质的看法上，罗杰斯的观点与行为主义的学习理论是根本对立的。罗杰斯认为学习不是机械的刺激和反应联结的总和，个人学习的主要因素是心理过程，是个人对知觉的解释。罗杰斯曾举例说明，具有不同经验的两个人在知觉同一事物时，其反应是不一致的。罗杰斯认为两个人因对知觉的解释不同，所以他们所认识的世界以及对这个世界的反应也不同。因此，要了解一个人，要考察一种学习过程，只了解外界情境或外界刺激是不够的，更重要的是要了解学习者对外界情境或刺激的解释或看法。罗杰斯的学习理论属于现象学派的思想范畴，虽然他注意到认识的主观能动性，但他对知觉的解释完全不同于辩证唯物主义的能动反映论对知觉的解释。辩证唯物主义的能动反映论认为，人对客观世界的认识是以客观世界在人头脑中的主观映象为基础的认识，而并非由自己的主观世界来决定客观世界。罗杰斯对知觉的解释具有主观唯心主义的认识倾向，这是需要澄清的。

（2）学习是学习者内在潜能的发挥。在对学习的起因和学习动机的看法上，罗杰斯认为，人类具有学习的自然倾向或学习的内在潜能。人类的学习是一个自发的、有目的、有选择的过程。人本主义的学习观把学生看作是一个有目的、能够选择和塑造自己行为并从中得到满足的人。因此，在教学中，罗杰斯强调以学生为中心；教师的任务主要是帮助学生增强对变化的环境和对自我的理解，而不应该像行为主义学习理论所主张的那样，用安排好的各种强化去控制或塑造学生的行为。罗杰斯还认为，学习过程对于学习者来说应该是一个愉快的过程，在教学中不应把惩罚、强迫和种种要求或约束作为促进学生学习的方法。

（3）学习应该是对学习者有用的、有价值的经验的学习。在学习的内容上，罗杰斯强调学生学习的内容应该是学习者认为有价值、有意义的知识或经验。罗杰斯认为，只有当学生正确地了解到所学内容的用途时，学习才成为最好的、最有效的学习。一般来说，学生感兴趣并认为是有用途、有价值的经验或技能比较容易学习和保持；而那些学习者认为是价值很小或效用不大的经验或技能往往学习起来很困难，也容易遗忘。如果某些学习内容需要学习者改变自己的兴趣或自我结构，那么这些学习就可能受到学生的抵制。罗杰斯这一学习观点提示教师要尊重学生的学习兴趣和爱好，尊重学生自我实现的需要。在课程内容的安排和设置上要给学生以充分的自由，允许学生根据自己的兴趣和爱好以及自我理想来选择有关的学习内容，而不应该把一些学生不喜欢的东西强行地灌输给学生。

（4）最有用的学习是学会如何进行学习。罗杰斯特别强调学习方法的理解和掌握，强调在学习过程中获得知识和经验，认为："只有学会如何学习和学会如何适应变化的人，只有意识到没有任何可靠的知识，唯有寻求知识的过程才是可靠的人，才是有教养的人。现代世界中，变化是唯一可以作为确立教育目标的依据，这种变化取决于过程而不取决于静止的知识。"罗杰斯认为，很多有意义的知识或经验不是从现成的知识中学到的，而是在做的过程中获得的。学生通过实际参加学习活动，进行自我发现、自我评价和自我创造，从而获得有价值的、有意义的经验。这是最宝贵的知识。罗杰斯还强调在学习过程中获得的不仅仅是知识，而且更重要的是获得如何进行学习的方法或经验。这些方法和经验可以运用到以后的学习中去。所以，最有用的学习是学会学习，它导致对各种经验的不断感受以及对变化的耐受性。罗杰斯的上述思想被称为"学习是形成"的观点。所谓"学习是形成"，就是在"做"中学，在学习过程中学会如何进行学习。

4. 现代认知心理学视野中的学习

认知学习理论对学习提出了自己的看法。从注重有机体学习全域的格式塔的"组织—完型"学习理论到托尔曼（E. C. Tolman）的符号学习理论，再到着重讨论学生学习的布鲁纳（J. S. Bruner）的"认知—发现"学习理论、奥苏贝尔（D. P. Ausubel）的"认知—同化"学习理论；从布鲁纳、奥苏贝尔强调相同的认知过程形成相同的层级认知结构的传统认知主义，到强调个人独特的认知过程建构不同的网状知识结构的建构主义，认知派学习理论的发展也体现出一个逐步完善、清晰的过程。

总体上，认知派各派理论有三个共同特点：①从学习的过程来看，它们都把学习看成是复杂的内部心理加工过程。②从学习的结果来看，它们都主张学习的结果是形成反映事物整体联系与关系的认知结构。③从学习的条件来看，它们都注重学习的内部条件，强调学习者在学习过程中的主动性、积极性，注重学习者的内部动机；注重学习的认知性条件，如过去经验、背景知识、心智活动水平等，注重学习过程中信息性的反馈等。但是，对于有机体如何进行信息加工活动、认知结构的构成等问题，认知派理论内部各流派则有不同的看法。格式塔心理学家托尔曼、布鲁纳、奥苏贝尔等学习认知派心理学家的学习理论的相继提出，既反映出该派别对于如何用认知的观点说明有机体的学习过程的思路的发展轨迹，也反映了这些心理学家思考问题的不同角度。

应该肯定，认知派学习理论强调学习是一种积极主动的内部加工过程，这是有其重要意义的。首先，日常大量的事实与研究结果表明，有机体的复杂的学习尤其是人的复杂的学习，要经过学习者内部复杂的加工活动，而不是简单地通过神经系统在头脑里由此及彼地形成联结。例如，人们已通过大量的研究证明，无论采用哪一种强化手段，学前期儿童都不能对守恒问题作出正确的回答，因为这类知识的学习，不是通过经典性条件反射或操作性条件反射来实现的，显然要经过其复杂的内部加工，而当个体不具备进行这种加工活动的机制时，这个经验则无法被接受。其次，人们也意识到，有机体所进行的复杂的学习的结果是形成认知结构而不是建立一个由此及彼的简单的联系。例如，托尔曼用小白鼠做的位置学习的实验结果就充分证明了这一点。由此可见，认知派学习理论对学习的实质的基本观点是有重要意义的。然而，许多心理学家都认为，认知派理论把一切学习都理解为经过复杂的加工而形成完形或认知结构，包括巴甫洛夫的研究中狗形成了听到铃声便分泌唾液的反应这样一种最简单的学习，也看成是经过加工形成认知结构，是学会了"铃声将伴随着食物"这样一种认知加工模式，显然，这样来解释简单学习令人感到比较牵强，而如果用学习的联结论来解释这些学习则似乎较为合理。可见，学习的认知说也有其片面性。

（二）智力观的演进

长期以来，从心理测量角度建立起的智力理论有一个基本的观点：智力是一系列能力的集合，这些能力又可通过对个体在一系列认知任务上的操作结果进行因素分析来确定。而以认知心理学为基础的智力理论则试图通过发现隐藏在认知操作背后的心理过程来解释人的智力。从这些理论来看，要测量人的智力，选择什么样的任务操作最能反应智力的本质就成为关键的问题。经典智力观支持下的智力测验选择的都是单纯的认知任务操作，如言语理解、知觉速度、逻辑推理、短时记忆等，任务选择的狭隘性使得智力测验局限在认知能力上。认为智力是以语言能力和数理逻辑能力为核心的、以整合的方式存在的一种能力，是一种相对单一的、静态的智力观点。随着心理学的发展，人们已经认识到这种智力观的缺陷：

（1）以语言能力和数理逻辑能力为智力核心的观点窄化了智力的内涵。传统智力观局限于学业智力，认为智力是由言语能力、推理能力、记忆能力等因素组成，以语言能力和数理逻辑能力为核心。但事实上，观察力、记忆力、想象力及思维能力远未涵盖智力的所有成分，学业智力仅仅是智力范畴的一个组成部分而并非全部。由此可见，传统智力不仅内涵贫乏而且结构单一。

（2）忽略了智力受周围世界的影响。早期的智力理论试图通过相关研究找出外部智力行为中所共同具有的因素。这种因素被看作不受任何后天的社会文化等环境因素影响的"纯净的"智力。正是由于脱离了与外部世界及人的经验的联系，孤立地研究智力的内部机制和结构，因此所得出的对智力本质的认识只能是狭隘的、片面的，必须从智力与人的外部世界、经验及内部世界的联系来构建智力理论。

（3）忽视了智力活动的动态过程。传统智力观受行为主义思想的影响，只注重可观察的外部行为结果，而忽视内部的意识过程。因此，它强调从智力活动的结果进行分析研究，描述的仅仅是智力的静态结构，忽视了智力活动的内部过程，难以揭示智力的本质和活动规律。现代智力观认为智力不是静止不变的，而是可以变化，而且必然会产生变化的。在人的一生中，智力会随生理素质，特别是神经系统的发展，以及社会因素的作用而发生变化。这种变化既可能是遗传编定的程序作用的结果，也可能是环境作用的结果，更可能是两者交互作用的结果。由于智力的发展不仅仅与自然成熟有关，因而智力发展也就不仅仅是人生早期的事，智力发展持续于人的一生之中，生命中的任何一个时期都可能体现智力的发展，智力发展是一个毕生的过程。

（4）无法说明情绪等非智力因素对智力的影响。尽管传统智力观并不否认情绪、动机、人格等因素对智力活动的作用，但它对这一作用的说明是苍白无力的，缺乏明确的论证和深入的探讨。

随着研究的深入，心理学家们越来越意识到智力是一个多层面、多维度的复杂现象，只从一个侧面对它进行探讨难以把握它的复杂本质。正如斯腾伯格所言："不论是基于结构还是基于过程的单一智力理论都不能对智力进行清晰、完整的描述。"20世纪80年代以后，智力的系统理论出现，如加德纳的多元智力理论、斯腾伯格的三元智力理论和成功智力理论。他们将智力视为一个复杂的系统，采取内外结合、多元综合的路径来建构智力的概念体系，这样对智力的解释，无论在深度还是广度上都是单一理论所无法企及的。加德纳认为，传统的智力观只涉及学业领域，没有考虑现实生活中的智力表现，因此是不完整和狭隘的。智力是一组能力，它们形成了一个相对独立的智力系统。他最初提出7种智力，后又增加到9种，他将音乐、身体运动等以前属于非智力因素的能力也归入智力范畴，这样就扩大了智力的内涵，开创了智力研究的一个新方向。斯腾伯格的三元智力理论基于对传统智力的反思，试图从智力的内部世界、外部世界和经验世界三个维度来描述智力，改变了以往只关注内部世界的偏向。同时，三元智力理论从智力的文化属性、智力与经验的关系以及智力的内部机制入手，动态、多维地刻画智力，是一种系统、整合的智力观。斯腾伯格的成功智力则在三元智力的基础上，将成功纳入智力的范畴，不再拘泥于智力的活动场所，可以说对智力实现了一次由繁入简式的返璞归真。相对于传统智力观，现代智力观的发展可归纳如下：

（1）对智力内涵的理解有拓宽的趋势。早期对智力的界定比较狭窄，主要集中在智力的认知成分上，现代智力观对智力的理解变得更为宽泛，还涉及智力的社会性、实践性以及智力的生物基础。一些专家甚至提到，智力不仅包括认知成分，还涵盖动机和人格因素。

（2）强调智力与日常生活、文化属性等密切相关。智力研究应该与现实生活建立更多联系，而不仅仅局限于实验室和学校。这种崭新的研究视角，将智力从传统的"学业智力"的藩篱中解放了出来，极大地拓宽了智力的内涵。同时，专家们逐渐意识到，过去那种抽象的、去情境的智力定义存在许多局限。我们对智力的理解不能脱离社会和文化背景，智力不是抽象的、价值中立的，它承载着特定社会的文化价值观。

（3）强调智力的多元性。早期心理学家倾向于认为智力是包含多种结构的单一能力，而目前以加德纳为代表的心理学家开始主张，智力以相互独立的、多元的形式存在。加德纳认为，不能将语言智能和逻辑数学智能置于最重要的位置，学生离开学校后是否仍然有良好的表现，往往在很大程度上取决于学生是否拥有运用语言和逻辑数学之外的智能，他呼吁要对几种多元智力给予同等的注意。

（4）强调知识本身对智力的作用。这表明在智力的结果论与过程论的争执中，专家们开始趋于平衡地对待这两个方面，表现出在重视智力加工过程的同时，也强调智力的结果——知识的重要性。

第二节　传统智力因素与学习

智力是人所具有的素质，智力因素在学习活动中具有很重要的作用，它是搞好学习的基础，可以帮助学习者获得知识与形成技能。经典的智力观普遍认为智力就是一个人的观察力、记忆力、想象力、思维力、注意力、创造力等能力的总称。这些能力发展了，智力水平自然就提高了。有位心理学家作了一个形象的比喻：观察力好像智力的眼睛，记忆力好像智力的"储存器"，思维力像中枢，想象力如同翅膀，创造力如同智力转换为物质能量的"转换器"。从这个比喻中，我们可以看出，智力是由多种要素构成的。

一、注意力与学习

注意是心理的窗户。注意不是一个独立的心理过程，注意本身并没有自己特殊的内容，它表现在感觉、知觉、记忆、思维、想象等心理过程当中，成为这些过程的一种共同的特性而与这些过程分不开。无论在什么情况下，注意都不能离开心理过程而单独起作用。由于注意，人们才集中精力去清晰地感知一定的事物，深入地思考一定的问题，而不被其他事物所干扰；由于注意，人们才能保证及时把精力转移到新发生的紧迫事件上去，以采取有效的应变措施。

良好的注意力能使青少年集中自己的心理活动，提高观察、记忆、想象和思维的效率。可以说，善于集中注意力的人，就等于打开了智慧的天窗。所以，注意力的培养对开发智力的各种能力，提高学习质量而言，是必不可少的因素。

但是，在学习上人们的注意力会出现差异。人对某一事物是否注意以及注意的程度如何，主要取决于以下三种因素：一是熟悉度，即熟悉的事物容易引起注意，这是亲合心理的外现。二是新奇度，即新奇的事物容易引起注意，这是好奇心的外现。三是重要性，即重要的事物容易引起注意。所谓重要与否，不在于刺激的本身，而在于其是否符合个体的需要或动机。凡是你有强烈动机追求的对象，当其出现时，就会引起你的注意。在上述与注意相关的三种因素中，"重要性"对于研究注意力与学习的关系最具有实际意义。因为，对于学生来说，所学的知识绝大多数是不熟悉的，并且也不像电视节目那样具有诱人的新奇感。学生对学习内容是否高度注意，关键在于自己的学习动机。为此在学习过程中应该注重对注意力的培养，主要可从以下几个方面着手：

（1）运用丰富的教学方法，吸引学生的注意力。长时间用同一方式进行单调的教学，会引起学生大脑皮质的疲劳，使神经活动的兴奋性降低，难以维持有意注意。如果教师让他们在学习活动中交替使用不同的感觉器官和运动器官，不但可以使他们减少疲劳，更能引起学生注意。一般来讲，学习时要做到"五到"。学习心理学有这样的调查，发现只听的效率为13%，只看的效率为18%，只动口的效率为32%，如果耳、眼、口并用，效率为52%，如果加上双手不断自然地做动作（口中还要说或喊叫学到的知识，并在内心里相信自己理解和掌握了知识）效率可高达72%，而且不会感到累。所以教师要灵活运用教学方法。

（2）优化课堂教学结构，把握学生的注意力。在认识事物的过程中，人们感兴趣的东西并不是完全不了解的东西，也不是完全熟知的东西。因此，教师的讲授必须在学生已有的知识基础上循序渐进、逐步深入，把新内容和已有的知识联系起来，这样更能引起学生的注意。

（3）严肃课堂纪律性，强化学生的注意力。注意是服从一定活动任务的，对活动的意义和结果理解得越深刻，责任心越强，就越能产生注意的决心，就能长时间地保持注意力。学习是复杂而辛苦的活动，会遇到困难和干扰，只依靠不随意注意难以完成学习任务。为克服学习中的困难，把注意力贯注在所要学的知识上，老师必须严格课堂纪律，培养学生自觉的、有目的的注意能力。

（4）正确运用注意规律，唤醒学生的注意力。不随意注意和随意注意交替使用。在教学中，单一运用随意注意或不随意注意来完成教学任务是不可能的。随意注意时间过长，会引起大脑疲劳；而每项学习活动都会遇到困难，所以也不能单靠不随意注意来完成，两者必须交替使用。

（5）排除多余注意干扰，稳定学生的注意力。学习场所要单纯固定。所谓单纯，即将无关的图书杂志放在视线之外，各类必需的书籍文具放在固定的地方，以免因寻找而中断学习。这就好像烧锅炉，冷却之后再加热又得费去许多时间。而在固定的场所学习，容易定下心来。学生一旦坐在自己的书桌旁，就很容易和学习的意识联系在一起。心理学上有"防止多余刺激原则"，即尽量防止与教学活动无关的刺激出现，学习环境要求安静，避免过多的外界干扰。

（6）发挥教学的智慧，控制学生的注意力。在教学过程中，课堂的许多情况是不可预见的，一些突然发生的事情往往吸引着学生的无意注意，使课堂秩序发生混乱，影响教学的正常进行。作为教师，应发挥教学经验和智慧，扭转事态的发展，控制学生的注意力，使课堂教学走上正常轨道。

（7）提倡劳逸结合，保护学生的注意力。足够的休息对保护神经细胞免于衰竭很重要，所以教师要关心学生休息的量和质。心理学家研究，连续学习的时间45～60分钟最好，大脑在进入学习后的10分钟左右达到最佳状态，这种状态能持续25～45分钟，之后效率开始下降。

（8）运用心理暗示，增强学生的注意力。学生在教师的正面鼓励和引导下会渐渐对自己增强信心，认为自己是能安静地坐下来集中注意力学习的。所以教师要经常用平和的态度，对学生说"你注意力比以前集中了"，"你做作业的速度一定会加快的"，"我相信你再坚持一下，会比前些天做得更好"。这样的心理暗示对加强学生的信心是很有用的。

（9）运用特定注意力训练法。注意力还有很多特定的训练方法，如听音法和盯视法。听音法的基本操作程序是：每天用点时间，拿一个节拍器或机械手表、怀表，贴在耳边静听，听时要心境平和，环境安静，坐姿端正。开始听起来感到声音遥远而微弱，随着注意力的逐渐集中，这声音听起来就渐近渐大了。后来，会感到声音像是从自己胸膛里发出来似的。再进一步，甚至这声音像似从墙壁和窗户那里又给反射回来了。进入这种状态后，注意力会高度集中，这时再去做事、学习就会思路敏捷，反应迅速。盯视法是通过盯视某一物体锻炼人的注意力。可以用20多厘米长的线绳拴到中心有小孔的古铜钱或像硬币大小的圆铁片上。绳子另一头缠在四方的小厚纸板上。用手指捏住厚纸板，让铜钱或铁片静止地垂在自己的鼻尖前，眼睛盯着上面的绳结和小孔。当注意力集中到这里以后，心里就可以反复地默读这铜钱或铁片："左右动，左右动。"过了一会儿，就感到那铜钱或硬币真的会微微地向左右摆动起来。这时，心里可以默诵"摆动大些，摆动大些"，结果摆动就大了起来。这既能检查自己的注意力，又能锻炼自己的注意力。

二、观察力与学习

一切较高级、较复杂的心理活动如想象、思维等都是在观察的基础上产生的。一个人如果对周围的事物不能进行系统周密的观察，他的思维就缺乏深厚的基础，知识也是表面的、肤浅的。大量事实证明，观察力是一个学习者不可缺少的心理品质。观察力是提出与解决新问题的前提，是学习活动的必要条件。学习活动是一种复杂的智力活动，智力活动的基础就是观察。没有一点观察力就无法写作文，无法解数学题，无法听课。观察力在人的一切活动中都是必不可少的。在学习中，观察的运用体现在演示性观察、参观性观察、实验性观察、考察性观察四个方面。演示性观察是指学生通过观察教师的演示而获得知识，这种演示包括实物、标本和模型的演示；图片、图画和地图的演示；实验的演示；幻灯、录音、录像、教学电影的演示；多媒体的演示等。种种演示能为学习者提供丰富多彩的感性材料，也能极大地激发学习者的学习兴趣，吸引他们的注意力，使他们易于巩固所获得的知识。参观性观察是指学习者根据学习的目的到有关现实情境中对实际事物进行观察研究，如到大自然、博物馆、纪念馆、名胜古迹去观察学习。实验性观察是学习者在亲自动手实验的过程中所进行的观察，通常在实验室进行，也可在课堂上进行。考察性观察是指学习者为了深入掌握某一理论、了解某种情况或搜集某些材料而亲身进行的调查研究、思考观察。对学生的学习来说，有计划地运用此种观察方式也很有价值。如考察历史古迹、革命圣地、名山大川、工矿企业等，都能使学习者获得许多书本上学不到的知识与材料。

人的观察力并非与生俱来的，而是在学习中培养，在实践中锻炼起来的。为了有效地进行观察，更好地锻炼观察力，掌握良好的观察方法是很有必要的：

（1）自然观察法。就是对大自然中所存在的事物进行观察。如在田野或植物园里观察植物的生长情况，在森林和动物园里观察动物的活动情况等。自然观察应注意选好观察点和观察对象，做好记录，并应进行多次原地或异地观察。

（2）实验观察法。就是通过做实验的方式进行观察。如解剖观察或化学实验观察等。

（3）长期观察法。就是在较长的时期内对某种事物或现象进行系统观察。如气象观察、天文观察等。进行这类观察时要耐心细致，观察点一经确定，不能随意变更。

（4）全面观察法。就是对某一事物的各个方面都进行观察，求得对该事物的全面了解。

（5）定期观察法。就是在某一特定时间内对某事物或现象进行观察。

（6）重点观察法。就是按照某种特殊目的和要求对事物的某一点或几个方面作重点观察。

除了掌握基本的观察方法之外，在学习中还应该注意培养学生的观察力：

（1）引导学生明确观察的目的和任务，这是培养观察能力的重要条件。例如，在做观察鲫鱼的实验中，如果学生不明确观察的目的，就会只看热闹，只顾观察鱼鳍被剪去之后，游动不协调的样子。教师如果事先提出观察目的和重点，学生就会在观察中努力寻求鱼鳍的作用。这样，观察就会收到良好的效果。

（2）要有充分的观察准备，提出观察的具体方法，制订观察计划，有条不紊地进行观察。在教学过程中，学生已有的知识经验会直接影响观察效果，无论是课外观察还是实验观察，引导学生复习或预习有关知识是非常必要的。实验观察应事先安排好实验程序，明确观察的重点和难点，准备好实验材料和用品，必要时演示一次，以便摸索成败的经验。野外观察也应考虑好观察的程序和步骤、观察的要点、可能发生的问题以及对学生的具体要求等。这些充分的准备、周密的计划是引导学生完成观察任务的重要条件。例如，在练习使用显微镜的实验中，因学生是第一次接触较精密的仪器。若让学生自己摸索，难免会出现许多问题，甚至会因操作不当而损坏仪器，所以教师应事先让学生观看一次显微镜操作的录像或亲自演示一遍，然后让学生动手实践，从而掌握显微镜的使用方法。

（3）在实际的观察过程中应加强对学生的个别指导，有针对性地培养学生良好的观察习惯。在观察活动中，每个学生的知识经验、个性特点、心理品质各不相同，因而观察的效果也不一样。有的学生只凭兴趣，抓不住重点；有的学生走马观花，观察不能深入；有的草率急躁，观察欠持久；还有的眼光狭窄，观察不全面，等等。因此，教师有针对性地对学生进行个别指导是完全有必要的。

（4）引导学生学会记录并整理观察结果。在分析研究的基础上，做好记录，同时还要引导学生展开讨论，不断提高观察能力。例如，在用量筒测不规则物体的体积时，对于所观察的数据要做及时而又准确的记录，这样才能很好地完成实验。通过实验所得到的是测量值，它与真实值之间还存在误差，所以对如何减小误差这一问题展开讨论是完全有必要的。

三、记忆力与学习

记忆是"整个心理生活的基本条件"。记忆是将外界信息进行储存、加工编码的过程。记忆力就是对这种信息处理的能力，即对过去经验的反映、重现、再现的能力。它不仅是人们一般认识能力的重要组成部分，而且是智力结构的基础。记忆是从感知到思维的桥梁，是想象力驰骋的基地，没有它，就不会有人类的思维。正因为有了记忆，人们才能在不断的认识和改造世界中积累经验、运用经验。也就是说，有了记忆，人们才能在以往反映的基础上进行当前的反映，从而保证对外界的反映更全面、更深入，保证人们心理活动的前后统一和连续不断，进而形成一个发展的过程。记忆对学习有重要作用，一方面，记忆是人类学习知识的必需。记忆是知识形成和发展的重要因素，与此同时记忆本身是一门专业知识。英国著名哲学家培根（F. Bacon）说过："一切知识，不过是记忆。"17世纪捷克著名教育家夸美纽斯（J. A. Comenius）指出："假如我们能够记得所曾读到、听到和我们的心里所曾欣赏过的一切事物，随时可以应用，那时我们便会显得何等的有学问啊！"可见，记忆是许多学习知识的关键所在。另一方面，学习中必然要使用各种记忆方法。在学习中，记忆方法占有十分重要的地位。它可以保证学习者巩固正在掌握的知识，又能为进一步获得新知识奠定牢靠的基础。对学生的学习来讲，经常会使用到诸如理解记忆法、复习法、背诵法、练习法、强记法等记忆方法。那么，如何对记忆能力进行有效训练呢？下面介绍几种有效的记忆训练技巧：

1. 积极暗示法

记忆与自信有着重要关系。一位美国心理学家曾经讲过："凡是记忆力强的人，都必须对自己的记忆充满信心。"许多人之所以记忆力不佳，是由于对自己的记忆力缺乏自信。在面对一个要记的材料时，这些人常常想："多难记啊！""这么多，我能记住吗？"这种想法是提高记忆力的最大障碍。要想改变这种困境，就应该树立起对自己记忆力的信心，要树立这种自信就要进行积极的自我暗示，经常在心中默念："我一定能记住！"当你对能否记住缺乏信心时，也可以回忆自己过去的成功经验，以增强记住的信心。

2. 精加工记忆法

精加工是利用已有的知识经验对新记忆的内容进行广泛联系的过程。我们在平时的学习和生活中，识记了很多东西，却很少有意识地利用它们进行新知识的学习。为了促进对新知识的学习和记忆，应该经常回忆已有知识和经验，回忆得尽可能精细，是锻炼记忆力的好方法。比如，回忆一小时前你在做什么？你在哪里？与什么人在一起？你们在一起都说了什么？那个人长得什么样？你如何向别人描述他的长相？回忆得越细致越好。

3. 限时强记法

在规定的时间里去背诵一些数字、人名、单词等，可以锻炼博闻强记的能力。比如，在两分钟内，背诵圆周率小数点后 30 位数字：1415926535897932384626 43383279；在两分钟内，背诵 10 个新成语；在八分钟内，背诵 15 个生僻的英语单词。

4. 多通道记忆方法

在记忆时动用各种感觉器官共同参与当前的记忆任务，能有效提高记忆效率。如果在家学习，面对需要记忆的材料，可以通过朗读、默读、动笔抄写、听有关录音、回忆要记的内容、默写、请父母当听众或提问抽查、跟父母讨论、做题等方式应用知识以加深记忆、背诵时请父母当"检察官"等。这些方法其实包括了眼、耳、口、手、脑等各种"信息输入渠道"，它们交替使用，全面调动了记忆潜力，效果非常不错。

5. 记忆保健操

在头颈后部找到"天柱"、"风池"二穴，将两手交叉于脑后，用拇指的指腹腔按压这两个穴位，每次按压 5 秒钟，突然加压，然后将拇指移开，按压 5 至 10 次后，会感到头脑清醒。

四、思维与学习

思维是智力因素的核心，是认识活动的高级形式。只有通过思维才能认识事物的本质属性和内在规律性，使认识由感性上升到理性，构成一定的理论体系。孔子说："学而不思则罔，思而不学则殆。""罔"即迷惑而无所得。意思是说，只知道学习而不进行思考，就得不到真知；只凭空思考而不学习，那是很危险的。孔子精辟地论述了学习与思考的密切关系。哲学家歌德也曾风趣地说："经验丰富的人读书用两只眼睛。一只眼睛看到纸面上的话，另一只眼睛看到纸背面的话。""纸背面的话"就是指思维，指要思要想，要多思多想。爱因斯坦说："学习知识要善于思考、思考、再思考。我就是靠这个方法成为科学家的。"可以说，善于思考是一切学问家必须具备的心理品质。所以爱因斯坦强调说："教育必须重视培养学生具备会思考、探索问题的本领。人们解决世上的所有问题都是用大脑的思维能力和智慧，而不是照搬书本。"他还说："教师的责任应该是把学生培养成具有独立行动和独立思考能力的人。"

思维的方法是智力活动的主要操作方式。在学习中要发挥智力的积极作用，就应当注意运用思维的基本方法，如分析法、综合法、比较法、归类法、抽象法、概括法、系统化法、具体化法、归纳法与演绎法等。分析法就是把事物的各种属性、各个部分或方面分解开来，逐一加以考察的思维方法；与此相反，综合法就是把事物的各种属性、各个部分或方面联合成为整体进行考察的思维方法。分析法和综合法是密切联系、不可分割的。只分析，不综合，就会只见树木不见森林；反之，只综合，不分析，就会只见森林不见树木。思维实际进行时，既可先分析后综合，也可先综合后分析。比较法是把各种事物加以对比，以确定它们之间的相同点和不同点的一种思维方法。在学习中，运用比较法的场合是非常多的。一般说来有以下几种情况：①新知识与旧知识的比较。通过这种比较，不仅可以了解新旧知识的异同，同时还可以把两者联系起来，即可以使新知识建立在旧知识的基础之上，从而加深对新旧知识的理解。②新知识与新知识的比较。我们在同时学习几种新知识时，就可以把它们进行对比，以便抓住特点，使知识精确化。③旧知识和旧知识的比较。这在复习时是经常会运用到的。通过这种比较，不仅可以加深理解，同时还可以加强巩固。④理论与事实的比较。这种比较可以有效地证明理论的正确或错误。必须指出的是，比较要有共同的标准或基础，否则既无意义，也很难得出结论。归类法是按照一定的标准把事物分成组或小组（即分门别类）的一种思维方法。归类可以说是从比较派生出来的，但它比后者要更加复杂些。一般来说，只有通过分析、比较，甚至抽象、概括，认识到事物共同的一般属性或本质属性之后，才能对事物进行归类。抽象法就是把事物共同的一般属性或本质属性抽取出来加以考察的思维方法。它和分析既有联系又有区别。抽象是在分析的基础上进行的，只有通过分析了解了事物的各种属性（本质的或非本质的）之后，才有可能把其中的某种共同属性抽取出来。但分析对各种属性都加以考察，可以说是"胡子眉毛一把抓"，抽象则只考察某种共同的属性，可以说是目标明确、重点突出。概括法就是把抽取出来的事物共同的一般属性或本质属性联合起来加以考察的思维方法。它和综合基本上一样，即都是一种联合或联结，只不过综合是把同一事物的各个属性（部分或方面）联合成为整体；而概括是把不同事物的同一属性（本质的或非本质属性）加以联合。系统化法是把各种有关材料归入某种一定的顺序、纳入某种一定的体系的思维方法。系统化本质上也是一种分类，或者更确切地说，分类只不过是系统化的一个方面、一种方式。系统化不单纯是事物的分门别类，而是把材料加以系统地整理，使其构成一个比较完整的体系。具体化法是把某种一般性东西适应于某种特殊东西，即把概括的知识用于具体、个别的场合的思维方法。运用具体化法的过程，不仅能证明对知识的理解程度，而且也能加深对知识的理解。归纳法是从特殊到一般的思维方法，即根据大量的已知事实，得出一般性的结论。演绎法是从一般到特殊的思维方法，即从一般性的原理出发，认识那些尚未知晓的有关事物。人的认识过程，归结起来就是从特殊到一般、从一般到特殊的循环往复的过程。因此，在认识过程中，把归纳法和演绎法结合起来加以运用，就具有特别重要的意义。在学习中，所谓掌握知识就是要掌握一系列概念、公式、定理、法则、原理、规律等，而每一概念、公式、定理、法则、原理、规律的掌握，除了运用上面所说的分析、综合、比较、分类、抽象、概括、系统化、具体化等思维方法外，还必须运用归纳法和演绎法。

为了提高学生的思维能力，在平时应该注意如下问题：

（1）强调质疑问难，激发思维的兴趣。在学习中应善于设疑、解疑，激发学习的兴趣和爱好。古希腊哲学家亚里士多德说："思维自惊奇和疑问开始。"思维是从问题开始的，疑问是引起思维的第一步。学起于思，思起于疑，疑是思之端，学之端。有疑和解疑的过程，就是发现问题、提出问题、分析问题和解决问题的过程，这是符合学习认识规律的。孔子说："知之者，不如好之者，好之者不如乐之者。"事实证明，兴趣和爱好越强烈，思维的启动力越大。因此，要注意对学生学习兴趣的培养。

（2）重视科学思维方法，养成良好的思维习惯。要使思维深入下去，达到稳定、敏捷、灵活的水平，还必须训练科学的思维方法，养成良好的思维习惯。如按照逻辑思维顺序去思考问题，克服思维定式，培养思维的灵活性，注重新旧知识的重新组织，要勤学好问，养成独立思考的习惯。

（3）克服思维惰性。如缺乏独立思考，不善于提问，意志不坚强等。有的学生在学习中遇到问题不是先经过自己思考，而是马上就去问同学或老师，依赖思想严重，或有畏难情绪，缺乏钻研精神，甚至失去信心，总认为自己这也不行那也不行。这些不利于积极思维的因素应该在平时学习中注意克服。

五、想象力与学习

智力要素中的观察力、记忆力、思维力在学习中的作用主要是获取知识，想象力的作用主要是创造新知识。想象力可以使人认识到无法直接感知到的事物与形象，使人看到宏观世界和微观世界，让思想在无边无际的宇宙中自由地飞翔。通过观察力、记忆力、思维力获取的知识信息、事实以及一系列的推论设想本身都是死的东西，是想象力赋予了它们生命。想象力是智力活动富有创造性的最基本的条件。想象可使人们突破个别经验认识的框框，透过有限而深入到无限，推测过去、预示未来，摆脱具体事物的束缚，而自由地重新组合。想象力是人类独有的才能，是人类智慧的生命。在创造发明和探索新知识的过程中，想象力是一切希望和灵感的源泉。想象力是人的一种极为宝贵的智力品质，在学习中的运用非常广泛，如在学习中经常使用诸如形象法、联想法、再造法、创造法等形式。为了更好地利用想象力促进学习，平时应该加强对想象力的培养和训练：

（1）临摹仿效。想象力的培养，模仿往往是第一步。正如临摹字帖，天长日久就可以写好字。模仿是一种再造想象。通过模仿，你可以抓住事物的外部和内部特点。模仿绝不是无意识地抄袭，而是把眼前和过去的东西通过自己的头脑再造出来。与创造相比，模仿是一种低级的学习方法，但创造总是从模仿开始的。有人说，模仿对于儿童来说如独立创造一样重要。古今中外有许多有成就的人物，在开始时都是从模仿中获益的，然后再在前人的基础上加以创新，走出自己的新路。

（2）丰富知识经验。发展想象力的基础是丰富的知识和经验，没有知识和经验的想象只能是毫无根据的空想，或漫无边际的胡思乱想。扎根在知识经验上的想象，才能闪耀思想的火花。经验越丰富、知识越渊博，想象力的驰骋面就越广阔。这里所说的广博知识，除了专业知识和与专业知识相关的科学知识之外，还要有广泛的兴趣，特别是阅读文学书籍。文学艺术对培养和提高想象力有非常大的作用，因为它们的表现方式最为形象生动。文学和艺术作品是想象的学校。一方面，文学艺术作品可以提供丰富的形象，特别是典型形象；另一方面，欣赏艺术和阅读文学作品又要求人们必须展开想象的翅膀。于是在运用想象的过程中，自然也就发展了想象力。

（3）培养发现问题、提出问题的优良心理品质。巴尔扎克（Balzac）曾说过："打开一切科学的钥匙都毫无异议地是问号，我们大部分的伟大发现应该都归功于'如何'，而生活的智慧大概就在于逢事都要问个为什么。"敢于发现问题、善于发现问题和勇于提出问题，是一种极有价值的智力素质，这里包括观察、好奇、怀疑、爱问、追问等。对于青少年来说，观察怀疑、想象思考以及永不满足的好奇心所产生的种种追求，都可以引导他们去选择新的目标，连续进行学习和研究。

（4）培养正确的幻想品质。幻想是青少年的一种宝贵品质。但一个人必须把幻想和现实结合起来，并且积极地投入实际行动，以免幻想变成永远脱离现实的空想。同时，一个人还应当把幻想和良好愿望、崇高理想结合起来，并及时纠正那些不切实际的幻想和不良愿望等。

第三节　多元智能与学习

一、多元智能理论与学习

前已提及，传统智力测验理论倾向于把人的智力看成包含注意力、观察力、记忆、思维等一系列心理成分的固定结构，在儿童的早期生活中是可以加以测量的。因此，儿童的学习大量地表现为以接受和训练为特征的"测验本位学习"（test-based learning）。这类学习无法甄别出儿童在标准化测验中未显现出来的智力强项。多元智能的理论把智力看作"个体解决实际问题的能力，生产或创造出具有社会价值的有效产品的能力"。这一智力定义使得智力由过去的接受和训练式学习演变成为解决日常学习过程中的问题式学习。因此，儿童的学习就表现为以"解决问题或制造产品"为特征的"项目学习"（project-based learning），国内也叫做研究性学习。

加德纳认为，人的智力是多元的，智力不再是传统意义上的逻辑—数理智力或以逻辑—数理智力为核心的智力，而是我们今天的素质教育所强调的实践能力和创造能力；智力不再是传统意义上可以跨时空用同一个标准来衡量的某种特质，而是随着社会文化背景的不同而有所不同的为特定文化所珍视的能力；智力不是一种能力或以某一种能力为中心的能力，而是"独立自主、和平共处"的多种智力。所以在他看来，智力的差异是优势能力的差异。在学习问题上，为了促进学习，应该考虑学习者的智能特点。因此，在学习与教学中，应形成科学的学生学习观：

（1）学生的智力特点、智力表现形式、学习类型等方面存在差异。根据加德纳的多元智力理论，每一个学生的智力都各具特点并有自己独特的表现形式，有自己的学习类型和学习方法。学校里不应该有所谓"差生"的存在，只应该有各具智力特点、智力表现形式、学习类型、学习方法不同的学生。

（2）创造能力的培养。从本质上讲，解决实际问题的能力也是一种创造能力，因为它主要是综合运用多方面的智力和知识，创造性地解决现实生活中没有先例可循的新问题特别是难题的能力。因此，按照加德纳的多元智力理论，教育教学内容的重点应定位为从培养学生的实践能力着手，着重培养学生的创造能力即解决现实生活中实际问题的能力和创造出社会需要的物质产品和精神产品的能力。

（3）学习的目的是促进学生智能全面发展。根据加德纳的多元智力理论，人的智力领域是多方面的，人们在解决实际问题时所需要的智力也是多方面的，现实生活需要每个人都充分利用多种智力来解决各种实际问题。因此，学校里不能片面地向学生展示某几个智力领域，向学生展示的智力领域应该是全方位的，是能够在真正意义上保证学生全面发展的。

（4）学习过程也应该重视特殊才能的充分展示。每一个个体都有相对而言的优势智力领域，如有的人显露出过人的"音乐天才"，有的则表现出超常的"数学天才"，而每一个个体不同优势智力领域的充分发展才能使个体的特殊才能得到充分展示、个性得以充分体现，才能保证个体适应并立足于当今这个极具个性化的时代。因此，我们应该认识到人的智力特点和表现是不平衡的，学校应尊重每个学生的优势智力领域，并努力挖掘每一位学生特殊才能的巨大潜力。

（5）学习过程中应注意由优势智力领域迁移到弱势智力领域。智力的优势与弱势是相对而言的，每一个学生都有自己的优势智力领域和弱势智力领域，而每个人都应该在充分展示自己优势智力领域的同时，将自己优势智力领域的特点迁移到弱势智力领域中去，从而使自己的弱势智力领域得到尽可能大的发展。因此，学习中应充分认识、肯定和欣赏学生的优势智力领域并引导和帮助学生将自己优势智力领域的特点迁移到弱势智力领域中去，促进智能全面发展。

二、项目学习介绍

1. 项目学习的内涵

项目学习（project-based learning，简称 PBL）指的是一套能使教师指导学生对真实世界主题进行深入研究的课程活动，具体表现为构想、验证、完善、制造出某种东西。通俗地说，就是通过学生制作某一个特定的"产品"或完成某一项特定的"任务"来实施教育教学，从而帮助学生掌握知识、发展技能、培养习惯、陶冶情操、学会合作，这种学习实现了学科的渗透、知识的综合。项目学习能促进学生投入学习活动中，激发他们以自身的方式学习，促进他们终身学习技能和素质的发展。在项目学习中，学生根据自己个人的兴趣和优势来选择自己的项目，创设学习机会，能帮助学生在课堂内外取得成功。项目学习无固定的结构，在教与学的活动中富有很大的弹性，当教师成功地实施项目学习时，学生能体现出很高的学习兴趣，会积极地参与到他们自身的学习活动中。向学生提供一次作科学研究和社会调查的机会，以各种方式展现他们自己研究的结果，并创作出高质量的作品。当然，项目学习也向学生提供了许多运用所学的基本知识、技能的机会，它在许多方面超出了传统的教与学活动。

2. 项目学习的类型

项目学习是多种多样的，有些项目具有严密的程序，而有些则是学生感兴趣的主题或活动，如学习中心或活动中心等。根据项目学习的特征，人们一般把项目分成五类[1]。

（1）有结构的项目（structured projects）：指要求产品符合特定的标准，即要求学生制作的产品具有一定的尺寸、包含特定的材料、能发挥特定的功能、符合规定的质量标准等。学生可以有一段时间（一个星期、一个月或一个学期甚至一学年）来制作产品，并且需要展示完成好的作品来表明这些产品是否符合既定的标准，教师通过对是否满足规格要求的产品进行评论来评价学生学习的成功与否。

（2）与主题有关的项目（topic-related projects）：指学生对单元学习的拓展，由学生自发选择主题或由教师布置。每个学生要搜集与主题相关的资料，然后对资料进行分析、整理、综合，最后形成一个最终的产品。这个最终产品常常是一份书面报告，通过书面报告向他人展现他所学到的知识内容及其对他个人的意义。展现的产品可以包括幻灯片、录像片、招贴画、小册子、杂志或其他音像制品。如果项目是由小组共同来承担的，则由小组成员合作来完成书面报告，并由小组的负责人向全班展示他们的产品。当学生在搜集与主题有关的资料时，经常会对该主题产生较

① Sally Berman. *Project Learning for the Multiple Intelligences Classroom*. New York：Skylight Publishing, Inc. 1997．2.

浓厚的兴趣，形成较完整的个人化理解。与主题有关的项目涉及许多学生或一组学生做各自的项目，这些项目又可组成一个较大的学习单元，当项目完成时，每个学生都可经历到超越单元内容以外的学习内容。

（3）与体裁有关的项目（genre-related projects）：指要求学生制造某种既包含关键要素又符合特定特征（parameter）的产品。当学生在制作产品时，他们可以运用某种特征作为指南，同时教师可以鼓励他们在设计最终的产品时采用大脑风暴法来充分发挥他们的创造性。

（4）模板项目（template projects）：指建立在已做好的材料基础之上的项目，这一项目的材料一般已有固定的形式、形态或结构，在运用这一项目时，学生必须参照这一"模板"来进行。例如，报纸必须遵循一个被普遍接受的结构，这种结构就是一个"模板"。无论是大城市的日报还是小镇上的周报，都必须以当地的新闻作为报纸的头条新闻，接着是国内外新闻，最后是社论、读者来信、评论、专栏等。学生可以用这种"模板"来创办班级或学校的报纸、关于特定历史事件的报纸以及想象中未来事件的报纸。

（5）开放性项目（open-ended projects）：指那些鼓励冒险、创造性、革新以及发散性思维的项目。学生在做这些项目时不必有指南或标准，他们可以以自身的方式来看待熟悉的物体或通过对熟悉材料的调查发现新的应用等。教师和学生可以一起通过讨论来建立项目的指南，包括对信息的搜集、从大脑风暴中产生的想法、对产品的检验以及如何完成最终的产品等，因而其项目学习的过程是开放性的（open-ended）。学生通过对这一类项目的学习，可以了解开放性的项目学习从主题确立到搜集资料再到形成最终产品的过程，学会如何从不同的角度认识事物，从而增强个人的创造性思维能力。

三、多元智力与项目学习

项目学习是一种创建学习环境，让学生在环境中构建个人知识体系的方法。多元智力理论强调每个人都有不同的智力类型，都有不同的智力强项和优势，学生通过运用自身的智力优势来完成一个学习项目，就意味着他们要创造性地解决问题。而传统的教学策略往往集中在语言—言语智力和逻辑—数理智力上，使很多不适应传统学习方式的学生遭受了很大的挫折。这些遭受学习挫折的学生往往喜欢通过诸如身体运动、视觉化、人际交往、自我内省、音乐或自然观察等方式来进行学习。项目学习允许教师将各种教与学的策略综合到项目的规划和实施过程中，帮助学生开发各种智力。项目学习注重学习与实际生活的融合，能帮助学生把学习当作生活的一部分，而不仅仅是为遥远的生活做准备。通过适当的培养和不断积累学习经验，学生的每一种智力都可以得到提高，发挥各自的智力潜能。因此，加德纳极力主张把项目学习作为创建学习环境的方法来提高每个学生的多元智力。现在项目学习已超出了一般的学校范围而成为开发多元智力的有效方法与途径。

多元智力理论视野下的项目学习一般包括学习中心、活动中心等。

1. 学习中心

学习中心是根据美国多元智力实验学校的师徒制小组发展而来的。多元智力理论研究专家坎贝尔（Campbell）[1] 在华盛顿州创设了一个学习中心，每个中心都以具有特殊智力天赋的人来命名，如莎士比亚（W. W. Shakespeare）中心（言语—语言智能）、爱因斯坦中心（逻辑—数理智能）、毕加索（P. Picasso）中心（视觉—空间智能）、玛莎葛莱姆（M. Graham）中心（身体—运动智能）、查理士（Charles）中心（音乐—节奏智能）、德蕾莎修女（Mother Teresa of Calcutta）中心（人际—交往智能）、狄更斯（C. Dickens）中心（自我反省智能）、古德尔（Gödel）中心（自然观察者智能）等。中心的名称每年都轮换一次。学生在每年的开学之初就投入较大的精力来研究这些"智力专家"，并探讨他们如何培养和运用自己的智力，这样就使得这些"智力专家"成为学生无形中的学习指导者。

2. 活动中心

托马斯·阿姆斯特朗（T. Armstrong）[2] 认为，项目学习就是要创设一种促进多元智力发展的课堂生态（classroom ecology），在教室里建立智力友好（intelligence-friendly）的区域或学习活动中心（activity centers），在每个领域内向学生提供更多的探索与活动的机会。于是他把学习活动中心分为四类：永久开放性活动中心、永久特定主题活动中心、临时开放性活动中心、临时特定主题活动中心。从永久开放性活动中心（permanent open-ended activity center）到临时开放性活动中心（temporary open-ended activity center）（A 轴），永久特定主题活动中心（permanent topic-specific activity center）到临时特定主题活动中心（temporary topic-specific activity center）以及从开放性（open-ended）到特别主题活动（topic-specific）（B 轴）。

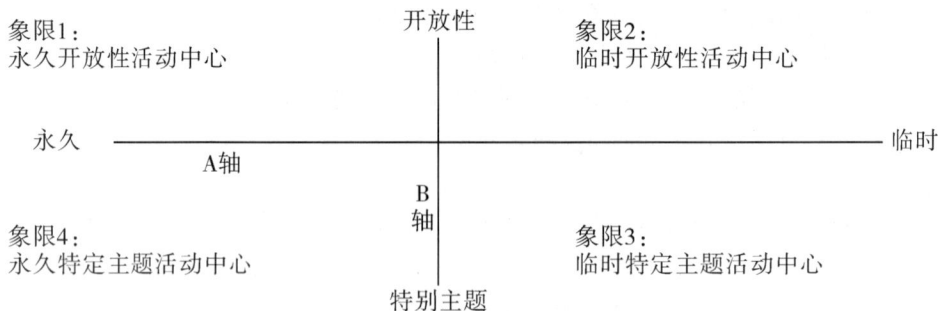

图 9 - 1 多元智力学习活动中心种类

---

① Linda Campbell, Bruce Campbell, Dee Dickinson. *Teaching & Learning Through Multiple Intelligences*, Baston: Allyn & Bacon, 1996. 17.

② http://www.thomasarmstrong.com.

（1）永久开放性活动中心。象限1代表了永久开放性活动中心（通常为一学年），学生在其中可以无限制地尝试每一种智力，以下是此类活动中心的范例。

①语言—言语中心（linguistic centers）：

为书籍专设的角落或图书馆区（有舒适的椅子）；

视听中心（录音带、录像带、有声读物等）；

写作中心（打字机、电脑文字处理软件，给名人或亲戚写信）。

②逻辑—数理中心（logical-mathematical centers）：

数学实验室（计算器、操作仪器）；

供学生创造性解决问题的方式并最终把问题解决所用的逻辑问题与促进思考的意见或物品；

科学中心（实验、记录材料）；

供学生阅读的多种科学书籍；

设计一种使用数学的体育游戏；

样品概要说明、草图、图解法、图表和流程图，学生能用其中的一两种方式来组织信息。

③视觉—空间中心（spatial centers）：

备有图画、铅笔、纸张等物品的美术区；

有美术作品的展示和美术家对作品说明的学生画廊；

视觉媒体中心（录像带、幻灯片、电脑图示等）；

视觉思维区（地图、图表、连环画、视觉游戏、建造材料如黏土等）。

④身体—运动中心（bodily-kinesthetic centers）：

有黏土、积木和工艺品的动手操作区；

开阔的空间供学生增强想象力的运动（小型蹦床、杂耍器具等）；

具有立体地图、不同织物等物品的触摸学习区；

供运动和戏剧演出之用的空地（演出舞台、木偶剧场等）。

⑤音乐—节奏中心（musical centers）：

音乐教室（录音带、音乐带、耳机等）；

音乐表演中心（录音机、节拍器等发声物品，创作用于跳绳游戏的韵律）；

收听实验室（音响、听筒、对讲机等）。

⑥人际—交往中心（interpersonal centers）：

供小组讨论的圆桌；

成对排列的课桌，供同伴教学时使用；

备有辩论题目和有关信息的辩论台；

社交中心（图板游戏、非正式社交聚会用的场所）。

⑦自我内省中心（intrapersonal centers）：

独立学习用的带书架的阅览桌；

供以个人速度学习之用的计算机区域；

可供选择的材料（如学习用光盘、多媒体课件等）；

用于自我思考目的的档案袋，并不断添加新的内容。

⑧自然观察者中心（naturalist centers）：

供学生观察用的设备（如望远镜、显微镜、放大镜等）；

学生个人收藏（岩石、标本、图片）区域；

学生经过实地考察后的记录板（如自然观察日志等）。

（2）临时开放性活动中心。象限2代表了教师可以很快建立并取消的开放性的活动中心。这种中心可以只分布在教室内的八张桌子上，每张桌子上标出一种智力，并放上学生可以参与活动的特定的智力材料（主要是一些游戏）。这种活动的主要目的在于介绍和熟悉多元智力概念，让学生亲身经历每一种智力的特点。如：

①语言—言语中心：快速拼字游戏（scrabble）；

②逻辑—数理中心：强手棋（monopoly）；

③视觉—空间中心：图画猜谜（pictionary）；

④身体—运动中心：扭扭跳（twister）；

⑤音乐—节奏中心：大风吹（simon）；

⑥人际—交往中心：家族宿怨（family feud）；

⑦自我内省中心：思考游戏（ungame）。

⑧自然观察者中心。

（3）临时特定主题活动中心。象限3代表了经常变化而且适合某个特定主题或科目的活动中心。例如，学生正在学习"房屋"这个单元，教师可以创设八种不同的活动中心或任务站（task station），学生则从不同智力的角度参与有意义的活动。

①语言—言语中心（阅读中心）：学生可以阅读与房屋有关的书籍，并整理写下他们所阅读的内容。

②逻辑—数理中心（计算中心）：学生可以比较建造不同"房屋"所需要的成本、面积或其他统计结果。

③视觉—空间中心（绘图中心）：学生可以设计并画出自己想象中的未来"房屋"的蓝图。

④身体—运动中心（建造中心）：学生可以用积木、胶水或其他材料建造"房屋"模型；

⑤音乐—节奏中心（聆听中心）：学生可以聆听有关"房屋"的歌曲，如有可能，可以创作"房屋"的歌曲。

⑥人际—交往中心（互动中心）：学生可以与同伴模仿家庭环境扮演有关"房屋"的戏剧。

⑦自我内省中心（经验中心）：学生可以通过思考、写作以及表演来呈现他们曾经居住过或梦想中的"房屋"。

⑧自然观察者中心（分类中心）：学生可以对见过的或未见过的"房屋"进行分类。

（4）永久特定主题活动中心。象限 4 基本上代表了由象限 1（开放和永久）和象限 3（特定主题和临时）结合而成的活动中心，它主要是根据美国教学专家柯瓦立克（S. Kovalik）所提出的综合主题教学（integrated thematic instruction，简称 ITI）而提出的。综合主题教学打破了传统课程的界限，把原本属于生活的主题和技能编织在一起，让学生去加以运用。它以全年主题为基础，再由全月主题和每周主题组成。每个中心全年存在，且有几个固定的材料，并依每月、每周的项目而变化。例如，如果一年的主题是"变化"，那么某月的主题可与季节有关，每周的项目则集中在各个季节上。这样活动中心一个星期集中在冬季，然后在下个星期转成春季，随后是夏季和秋季，以此类推。每个中心可放置一些活动卡（activity card），告诉学生可以独立或合作完成的一些活动。如"夏季"项目的活动卡可以是这样的：

①语言—言语中心：写一首有关这个夏季你想做什么的诗，如果是小组合作活动，可以选择一位学生把诗记录下来，每人都要写上一句，最后选出一个学生在班上朗读。

②逻辑—数理中心：找出暑假共有多少天，然后算出这些天共有多少分钟，多少秒钟。如果是小组活动，则可合作算出答案。

③视觉—空间中心：画出你的夏天计划。如果是小组活动，可以画一个长卷。

④身体—运动中心：用黏土展现出属于你自己的"夏季"。如果是小组活动，可与小组的其他成员一起合作塑一个泥塑，或编排一幕短剧。

⑤音乐—节奏中心：创作一首关于夏季的歌曲。如果是小组活动，可合作创作一首歌曲，并在班上演唱。或找出有关夏季的歌曲，并学会其中的几首歌曲在班上演唱。

⑥人际—交往中心：组织小组讨论你们为什么认为夏天是美妙的，选出一位同学在班上汇报讨论的结果。

⑦自我内省中心：列出或画出你所喜欢的夏天所有的事物。

⑧自然观察者中心：外出旅行或对你喜欢的事物进行实地考察。

学生自由选择活动中心：

象限 1 和象限 2 的活动中心最适合让学生在课间、假期或其他时间自由选择活动，这时活动中心可以作为向学生提供八种智力倾向的信息来源。学生一般倾向于选择那些以他们感觉最喜欢或最拿手的智力为基础的活动中心。如不断去"图画中心"参与绘画的学生向教师传达了在日常生活中习惯于视觉化表现的信息。

象限 3 和象限 4 活动中心强调有指导的学习，所以当运用这类中心时，教师可以让学生选择他们喜欢的活动中心，然后让每个学生按顺时针方向轮流交换各种中心，直到每个学生都经历所有的八个中心为止。

事实上多元智力活动中心没有一个固定的程序，任何超越仅仅是阅读、写作或计算活动的活动中心都可以组织成活动中心。它对那些不习惯枯燥的练习和演算而喜欢多样化学习方式的学生来说就好像是沙漠中的绿洲，让学生对学习充满希望。

四、项目学习的局限

项目学习在激发学生的学习动机和创新能力，以及在培养学生的高层次思维能力方面有很大成效，但在实际情况下这种学习模式的实施还面临着种种困难和限制。

首先，从教学观念来说，现在社会上应试教育的影响还很深。很多学校的领导、教师从学校"声誉"考虑，不得不把主要精力放到应付各种考试的教学中。新型的学习模式却往往在口头上承认是好的，而在行动上又不重视甚至不受欢迎。当然，这也跟教师的教育教学观念有关。

其次，基于项目的学习强调以学生为主体。在实际操作中，由于各个小组学生的潜能和能力不平衡，导致他们参与协作的起始点和形式也就不同。这给教师的指导带来困难。

再次，对学习结果的评价让很多习惯了考试的教师不知所措。他们甚至感到无法利用文件夹式的评价来评价学生的综合表现。这样，基于项目协作的学习往往成了课外活动的一个"小节目"而无法深入到日常教学中去。

参考文献

1. Howard Gardner, *The Unschooled Mind：How Children Think and How Schools Should Teach*. New York：Basic Books，1991.

2. Thomas，R. Hoerr. *Becoming A Multiple Intelligences School*. Philadelphia：ASCD，2000.

3. David Lazear. *Teaching with Multiple Intelligences*. New York：IRI/Skylight Publishing，Inc. 1991.

4. Linda Campbell，Bruce Campbell，Dee Dickinson. *Teaching and Learning Through Multiple Intelligences*（second edition）. Boston：Allyn & Bacon，1996.

5. 燕国材. 智力与学习. 北京：教育科学出版社，2002.

6. ［美］伯曼. 多元智能与项目学习. 夏惠贤等译. 北京：中国轻工业出版社，2004.6.

7. 张欣武，刘卫华. 刘亦婷的学习方法和培养细节. 北京：作家出版社，2004.

8. 徐崇文，魏耀发. 学海巧泛舟——上海市优秀中学生谈学习方法. 苏州：苏州大学出版社，1997.

9. 徐崇文，魏耀发. 中小学生学习32法. 北京：语文出版社，1994.

10. 林崇德，辛涛．智力的培养．杭州：浙江人民出版社，1997.

11. 夏惠贤．多元智力理论与项目学习．全球教育展望，2002（9）.

12. ［美］霍华德·加德纳．沈致隆译．多元智能．北京：新华出版社，1999.

13. ［美］霍华德·加德纳．杰出的头脑．乐文卿，王莉译．北京：中国友谊出版公司，2000.

14. K. N. 纳尔森．陈树清译．发展学生的多种智力．昆明：云南教育出版社，2000.

15. ［美］阿姆斯特朗．每个孩子都能成功．肖小军等译．北京：新华出版社，2002.

16. ［美］霍华德·加德纳．再建多元智慧．李心莹译．中国台北：远流出版事业股份有限公司，2000.

17. 莫雷．教育心理学．广州：广东高教出版社，2002.

18. 刘儒德．基于问题的学习在中小学的运用．华东师范大学学报（教育科学版），2002（3）

19. 张常洁．智力理论的新进展及其教育涵义．心理科学，2003，26（4）.

一个人不必害怕或羞于承认冲动、本能和禀性是一般智力的基本因素……我的观点是，尽管一般智力不能等同于智力能力，但我们必须将它视为整体的人格表现之一。

——D. 韦克斯勒（D. Wechsler）

第十章　智力与人格

在智力测试中，如果你的智商被测定为120，心理学家会说你是一个高智商的人，你的推理和解决问题的能力都很不错，你的学业成绩会比较优秀，甚至会认为你将来很有出息。在人格测试中，如果你被测定为高外倾性和低神经质，那么你将会被描述为一个热情、开朗、冒险、冲动、健谈、乐观的人，心理学家认为你是一个"受人喜欢"的人。但你自己可能认为，除了语言或数学方面的问题外，自己对实际问题的解决能力很差，有时候甚至很难适应现实的环境，这时你会切实感受到智力与人格并不是一回事。

第一节　智力与人格关系的发展

一、引言

在西方心理学中，智力与人格是两种相对独立的个体差异。从智力与人格的本质进行分析，两者属于不同的研究领域，预测的是行为的不同方面：人格是"促进个体行为一致性的持久的、内在的特征系统"（Derlega，1999），人格测量是为了预测个体在一般、典型的情境中的操作；智力则是"认识关系的能力，以及运用这些关系解决问题的能力，包括有目的地适应环境和改造环境的能力"（Eysenck，2000），智力测验往往在控制的条件下进行，预测的是个体最优化、最大化成绩，较少考虑现实情境因素。一般认为，人格是一个人整体面貌的反映，而智力则反映在行为操作中的效率方面。

我国的心理学教科书习惯将能力（智力）视为个性（人格）的一部分，两者是笼统的包含与被包含关系。传统的观点将智力作为预测个体成就水平的重要指标，而在今天，无论是学业成绩还是工作成就，健全的人格与高水平的智力同等重要，甚至在某些领域还更重要。在实践中，智力与人格常用于学业成绩、工作成就以及其他认知操作的预测，预测效度的大小直接取决于两者的关系。如果智力与人格是独立的实体，那么各自的贡献也就一目了然。但如果两者存在交互作用，那么又该如何解释认知操作中的变异来源？事实上，无论是内部心智操作还是外部实践活动，都同时受制于智力与人格，揭示两者的关系有助于全面理解个体之间的差异，而且两者的联合测量比单独测量所做出的预测更有效。

二、关于智力与人格的争论

智力与人格均属个体差异心理学研究的范畴，是用于标志人与人之间相同与不同的心理特征。在苏联及我国早期的心理学体系中，"人格"通常被称为"个性"，而个性又包括动机、需要、信仰、能力（智力）、气质和性格等心理倾向或心理特征。事实上，这种划分一直受到人们的质疑，似乎除认知以外，"人格"（过去所谓的"个性"）无所不包。它很容易给人们造成一种错觉，即能力或智力理所当然地包含于"人格"范畴内，于是两者的关系自然被消解了。但是从西方学者对智力与人格的长期探讨以及接下来的阐述中我们将会看到，两者的关系远比想象的要复杂。

西方心理学家从 20 世纪初就开始探讨智力与人格的关系，他们对智力与人格的本质、智力与人格是否相关、两者究竟是何种关系以及同质性等问题争论不休。无论争论的结果如何，从对智力与人格概念的分析中不难发现：智力是一种包含推理、学习、吸取经验以及解决问题等因素的认知能力。按照 52 位智力研究者对智力所做的界定："智力是一种一般的心理能力，与其他事物一样，智力包含推理、计划、问题解决、抽象思维、理解复杂思想、快速学习以及从经验中学习等能力。"（Gottfredson，1997，p. 13）而人格代表的是一个人的整体面貌，是赋予个体某种个性色彩的东西，指的是"那些用以解释个体情感、思维和行为过程中的一致性模式的特征"（Chiu，2005）。很显然，智力与人格并不是同一种心理现象，至于两者是否是包含与被包含的关系、它们之间的相关程度以及在行为预测过程中各自起什么作用等，正是智力与人格心理学家非常关注的问题。

作为个体差异心理的重要组成部分，智力与人格究竟是一种怎样的关系？这一问题的解决对于心理学的发展具有十分重要的意义。

首先，就人格研究而言，人格结构是一个非常重要的问题。对于人格结构究竟是否应该包含智力因素，心理学家之间存在明显分歧。卡特尔（Cattell，1970）十分强调智力在人格结构中的作用，主张人格结构中应当包括智力因素，他的 16PF 测验中的因素 B 就是智力因素。艾森克（Eysenck，1971）则认为，智力与人格是两个相互独立的概念，因此他的 PEN 人格结构中不包含智力因素。在人格的五因素模型（FFM）中，O 因素（对经验的开放性）反映的是个体的智慧、想象力及创造性的程度，它与测验智力密切相关，也有研究者将 O 因素称为智能（intellect）因素

（Goldberg，1990）。那么，人格结构中是否应该包含智力因素呢？

其次，就智力心理学研究而言，有人认为传统智力测验（IQ 测验）中的测验分数并不完全是真正的"智力"分数。因为在这些测验分数中，人格因素也是相当重要的变异，所以有的研究者主张用更为客观的认知参数（如信息加工速度、工作记忆容量）来取代传统的智力测验分数。但即便是这种纯客观的参数研究，也避免不了人格特质的影响。豪（Howe，1990）认为，信息加工速度之所以与 IQ 有较密切的关系，是因为人格因素的作用。许多现代智力理论如艾克曼（Ackerman，1996）[①] PPIK 成人智力理论、坎特和凯尔斯壮（Cantor & Kihstrom，1987）等都强调人格因素的作用，认为智力概念中应包含人格因素。那么，智力研究中人格究竟处于何种地位？

再次，就心理学的整合而言，克伦巴赫（Cronbach，1957）曾把心理学分为两种：一种是实验心理学，以对自变量和因变量进行操作和控制的实验研究为特征；另一种是个体差异心理学，以运用相关程序与描述统计的相关研究为特征。我国台湾心理学家杨国枢（1992）也有类似的划分。长期以来，上述两种心理学相互对峙，一直走着割裂整体人的道路。艾森克（1997）指出，越来越多的心理学家开始重视两种心理学的整合研究。而两者的整合首先要从两大领域的内部开始。对于个体差异心理学内部来说，首先是智力与人格的整合。那么，智力与人格如何整合？

要解决上述三个方面的问题，首先必须弄清智力与人格的关系。从某种意义上讲，智力与人格的关系影响了个体差异心理学乃至整个心理学的发展。

三、智力与人格关系的研究历程

智力与人格关系的问题由来已久，其研究历史有不同的说法。有人认为已有半个多世纪的研究，泽德纳（Zeidner，1995）指出："半个多世纪以来，心理学家一直在探索人类智力和各种人格特质的联系，渴望揭开人格和智力在理论和实践上的关系，并阐明这两种心理学概念相互作用的机制。"穆特菲（Moutafi，2003）认为，智力与人格关系的研究已有大半个世纪的研究历史。而在艾克曼（1997）和赫格斯塔德（Heggestad，1997）的元分析报告中，最早的一项关于智力与人格关系的研究是皮尔逊（Pearson）[②]于 1906—1907 年所作的研究。如此算来，智力与人格的关系已有近一个世纪的研究历史。从研究历程来看，大致可以分为三个阶段：

1. 尝试探索阶段

这一阶段大约从 20 世纪初至 20 世纪 40 年代，其中最早的研究者之一就是上述

---

① 艾克曼（Ackerman）提出的 PPIK 理论认为，成人智力由四种成分构成，即加工智力（intelligence-as-process，P）、人格（personality，P）、兴趣（interest，I）和知识智力（intelligence-as-knowledge，K）。

② 皮尔逊（Karl Pearson，1857—1936），英国统计学家，创建生物统计学，与高尔顿共同确立心理问题的统计法为心理学的基本方法之一。

的皮尔逊。在一个有5 000个学龄期男孩和女孩的样本中，研究者揭示了教师的智力判断与"心理特征"（严谨性、名声、脾气、害羞、自我意识）之间的关系。结果表明，智力与严谨性之间的相关为0.45；与名声之间的相关为0.26；与脾气之间的相关为0.21；与害羞之间的相关为0.10；与自我意识之间的相关为0.07。另一个关于智力与人格关系的早期研究者是韦伯（Webb，1915），他认为，人格是"情绪的、意志的、社会的和道德的品质"。正如皮尔逊的研究一样，在韦伯的研究中，智力与人格测量由教师评估。后来，韦伯根据判断性智力与判断性人格之间的高相关性提出了成见效应（halo effects）。此外，韦伯还描述了几种人格的合成（包括高兴、抑郁、审美体验、自尊等）与一般因素W（动机的持久性）有某种紧密相关。

此后，亚历山大（Alexander，1935）对青少年（共374个被试）进行了一系列较大规模的操作测试和言语测试。除了验证一般智力因素（G）、言语因素（V）和实践智力因素（F）以外，这些对于操作测试都有高负荷的因素被假定代表了空间和机械能力。亚历山大还发现隐藏在学校等级背后的两个"残余因素"；第一个因素被冠之以X（与韦伯1915年提出的W特征因素相似），或者更像学校工作中的"兴趣"因素，亦被界定为"持久性"和"成功意志"；第二个因素是Z，它"与销售工作、数学、数字测试和英语相关"，是唯一被描述为"学校成就中某些重要性方面的因素"。

第一个对智力与人格关系做重要回顾的研究者是洛奇（Lorge，1940）。遗憾的是，人们从这一简短的回顾中唯一收获的是关于人格特质的混乱和20世纪前50年测量精确性的缺乏。洛奇回顾了智力与某些人格功能量表之间约200个系数，他指出："智力与人格测量之间的相关变动范围从+0.79到−0.49，其中近一半相关其绝对值变动范围在0.00到0.15之间，仅四分之一超过0.30。"唯一表明与智力有正规正相关的人格测量是道德判断或知识的测试。然而，正如洛奇指出的那样，这些量表的知识方面可能最终导致与智力的知识构成有高相关。艾克曼（1997）认为："智力与人格测试之间的相关可能低估人格中智力的作用。由于这一阶段人们对人格理论和测验没有达成统一的意见，因此要想对智力与人格关系进行有价值的概括是不可能的。"穆特菲（2003）认为智力和人格关系的第一次探索性研究之所以没有获得多少有价值的结果，主要原因在于人们对人格及智力的潜在因素缺乏共识。

2. 初步研究阶段

这一阶段从20世纪40年代至90年代，这也是智力与人格关系的实质性研究阶段。直至20世纪30年代末，人格理论和测量还很少有连贯性，这也使得智力与人格关系的研究进展缓慢。然而，到20世纪40年代，研究者发现了一些人格的多维特质理论和评估群集，而且一直沿用到今天。这一时期形成了一些较为著名的人格测验，如1943年编制的MMPI，尽管该测验所关注的是临床被试，但研究者开始用它来研究临床被试的人格与一般智力的关系。此外，还有三种更为广泛的测验方法，它们对智力与人格的关系进行了详细的考察，即卡特尔的16PF、艾森克的EPQ以及高夫（Gough）的 CPI。在卡特尔的 16 种"根源特质"中，他所提到的两种因素可能与智力能力有关，即因素 B（具体思维对形象思维）以及因素 I（意志坚强对意志软弱，即 harria vs. premsia）。premsia 被霍恩（Horn，1965）描述为"敏感性"，与机械知识能力有负相关，该特质与 FFA 结构中对经验的开放性（文化）有许多共同点。

艾森克最初从情绪稳定—不稳定（神经质）、内向—外向（外倾性）两个维度来界定人格特质，20 世纪 60 年代又提出第三种人格类型——精神质，并在此基础上编制了人们熟知并广泛使用的艾森克人格问卷（EPQ），这一时期的许多研究都是用该问卷来界定人格特质的。但这一阶段主要针对学术智力或非社会认知操作与人格特质的关系展开研究，而且主要考察外倾性、神经质等少数人格特质与智力之间的关系。不过，该时期研究者也开始探讨智力与人格之间的生物学联系，如艾森克（1967）和罗宾逊（Robinson，1985）提出的唤醒理论。

在此阶段，高夫提出了"智力效率"这一概念，同时为达到发展智力中非能力测试的目的，他编制了一个包含 52 个项目的量表。尽管高夫所报告的相关相对较高（平均效度系数为 0.47），但从建构效度的观点来看，量表的内容出现了某种程度的混乱。其中有些项目明显与智力相关（如"我的阅读相当快"、"我喜欢科学"、"我喜欢读历史"等），其他许多问题（主要来自于 MMPI）则强调非智力问题，诸如一般的病理健康。无论如何，高夫（1987）的 CPI 与另外两个相关量表——成就对一致（Ac）及成就对独立（Ai）一道总结了智力—效率（Ie）的关系。一个在 Ie 上得高分的人被描述成"在运用智力能力中是有效率的，能够保持在其他人可能感到厌烦或泄气的任务上"；一个在 Ac 上得高分的人被描述为"有一种完成任务的强大动驱力，喜欢在清晰界定好的任务和期望的设置下工作"；一个在 Ai 中得高分的人则被描述为"有一种完成任务的强大驱动力，喜欢在模糊的、没有界定好的以及缺少清晰方法和标准的情境下工作。"

除各种标准化测试的量表以外，韦克斯勒（1950）试图扩展对智力的考察，即在智力中涵盖"认知、非认知以及非智力性智力"成分。尽管韦克斯勒坚信人格和兴趣构成对于智力的重要性，但有效性材料又使他不得不承认其中的不足与混乱。然而在他当时的文章中，关于人格或兴趣的重要因素并未获得普遍的一致性的观点。他总结道："一个人不必害怕或羞于承认冲动、本能和禀性是一般智力的基本因素……我的主要观点是，尽管一般智力不能等同于智力能力，但必须将它视为一种如整体一样的人格表现。"

3. 近期研究阶段

这一阶段从 20 世纪 90 年代至今。90 年代以来，随着人格五因素理论的崛起和实践智力概念的提出，智力与人格关系的研究呈现出三个新的特点：

（1）开始以大五人格模型为理论基础全面探讨一般智力与大五人格各因素之间的关系。如穆特菲（2003）等人较为全面地考察了人格五因素与一般智力的关系。研究发现，一般智力与高经验开放性、低神经质以及低外倾性、低严谨性都有不同程度的显著性相关，而与宜人性的相关较小。另外，该研究还考察了智力与性别、年龄等人口统计学变量的关系，结果表明，智力与性别差异没有相关，但与年龄有负相关。

（2）研究者考察了人格与实践智力，包括人格与学业成就、工作业绩、领域知识及技能获得之间的关系。罗斯坦（Rothstein，1994）等人运用 PRF 人格特质量表（Jackson，1984）和 GMAT 能力测试量表考察了智力与人格在研究生学业成就中的作用。结果表明：①在学业课程中，言语和数量能力对于学生成就具有重要作用。②人格变量对学业成就也有重要作用，尤其是当操作标准因子在理论上与行为发生联系后更是如此。③认知能力与人格因素对学业成就的联系性贡献取决于操作标准，当个体的表达风格与行为的性格方式在操作中起作用时，可能更偏向于人格变量。最近，法希德斯和伍德菲尔德（Farsides & Woodfild，2003）研究发现，在用大五人格因素预测大学生的期末考试成绩时，经验开放性和宜人性是最有效的预测源。

（3）在认知神经科学的影响下，研究者延续了早期的研究，从生理水平上探讨智力与人格的关系。例如，马修斯（Matthews，1993）等人以脑电 α 波为唤醒水平指标，发现在简单认知作业条件下，外倾性与 α 波相关较低；在复杂认知作业条件下，外倾性与 α 波相关较高，即外倾性与认知操作条件有关。近年来，随着生物科学技术的不断发展，智力与人格关系的研究已逐渐深入到大脑生物化学水平的反应中，通过分别揭示智力与人格的基因奥秘及其生理机制来解开两者关系之谜。

四、智力与人格的整合研究

长期以来，人们对智力与人格是分开进行研究的。在传统心理学看来，智力主要与认知操作相连，其测试性质属于最大化操作（maximal performance），关心的是学业领域的行为预测；而人格则更多地与社会适应有关，其测试性质属于典型化操作（typical performance），涉及的是社会情境中的行为预测。智力与人格的分离，愈来愈不利于人们整体地理解人的个体差异，而且影响到行为的预测效度。人们越来越多地认识到，学业或学术领域中的行为，单凭智力无法完全解释。为什么具有同等智力的学生，有的能够青云直上，有的却名落孙山？另外，关于智力的日常概念（或内隐概念）的调查发现，人们更多地将社会成就与智力相联系，而其日常智力概念又往往超出传统智力概念的范畴，即涵盖了人格的某些内容。

在众多因素的促进下，近年来，智力与人格领域出现了相互渗透与融合的趋势。一方面研究者探讨了智力对社会适应的影响。奥斯汀（Austin，2002）研究发现，智力中的 G 因素与适应性人格特质有正相关，而与适应不良的人格特质有负相关。但是，研究者更多的是认识到传统智力在预测社会适应方面的局限，认为应拓宽智力的内涵。于是，各种不同名称的智力概念应运而生，如多元智力、社会智力、实践智力、情绪智力、综合智力等。另一方面，陈少华（2002）考察了人格特质与具体的认知操作（如逻辑推理）之间的关系。在方法论层面，黎曼（Riemann，1997）的智力与人格研究也出现相互交叉的情况。戈夫和艾克曼（Goff & Ackerman，1992）探讨了人格的最大化测试，试图用研究智力的方法来研究人格，以考察个体发出某一具体行为的可能性。同时，他们还评估了典型化智力，并将典型化智力与最大化智力区分开来，认为典型化智力是导致最大化智力与实际操作之间存在差距的主要原因，而典型化智力又包括人格、动机、兴趣等因素。

随着研究领域和方法的渗透与融合，智力与人格两大领域的整合问题被提到研究日程上来，研究者为此提出了多种理论模式。在这些理论模式中，有人试图将智力与人格统合在一个包容性的概念之中，如王垒（1999）等人提出的综合智力概念；有人则从神经生理学的角度以生理水平为中介将人格和智力（认知）活动统一起来，如艾森克（1967）、马修斯（1993）等人的唤醒理论；还有人将智力与社会适应或社会情境操作联系起来，强调智力的非学术背景，以此减少智力与人格之间的差距，如加德纳（1983）的多元智力理论、坎特和凯尔斯壮（1987）的社会智力、戈尔曼（Goleman，1995）等人的情绪智力以及斯腾伯格（1996）的成功智力等。此外，一些研究者还从探讨智力与人格的重叠部分着手，提出了典型化智力、认知需要、认知方式等理论。

第二节　智力与人格关系的理论模型

如果以1906年卡尔·皮尔逊关于生理、心理特征与智力关系的研究作为探讨智力与人格关系的开端的话，那么个体差异的整合研究至今已有一个世纪。其间随着心理测量学的发展，人格和智力的量化成为可能，因此大多数研究都是基于不同测量工具在相关分析的基础上获得结论。但是，由于智力与人格本身的复杂性，研究者在智力与人格结构的问题上一直存在分歧，因而早期研究中关于两者相关大小的探讨只能帮助我们从表面上理解智力与人格的关系，并非一种真正意义上的整合。20世纪90年代以来，学科领域的相互渗透促使研究者重新考虑将两者整合到统一的理论框架中，其中以下三种理论模型最具代表性。

一、艾克曼的特质组合模型

艾克曼认为，智力与人格的整合研究必须从分析两者的本质入手。研究者无论从哪个角度、采用何种方法来考察这种关系，都必须借助于智力测量和人格测量。艾克曼指出，克伦巴赫是第一个明确将能力测试归为与人格测试相反的最大化成绩测量的人，后者则属典型化测量。对于能力测试，"首先，我们需要的是一种纯粹的、基本上取决于被试能力而不是受各种影响的测量；其次，我们测量的是最大化成绩，它比真实生活情境下的成绩更稳定"。对于人格测试，"我们通常关注被试以某种特定方式反应倾向的典型化强度，因为它提供了个体最有可能表现何种行为的最佳估计"。可见，人格是通过操纵一般或典型行为的测量才得以建构的，而智力则被设计为诱导最大化成绩测量的一种建构。这种不同的建构方式不仅制约了两者的整合，而且还将影响到建构智力与人格关系的有效性。

事实上，试图缩小情境因素影响的最大化操作的智力测试不可能在真空中进行，智力或能力测量也不可能与人格、兴趣和动机相分离，智力成绩的典型水平只有借助于气质性或情境性的动机和意志因素才能有更好的理解。因此，与智力相关的人格结构最好看作是与典型化智力而不是与最大化智力相关的结构。在此基础上，艾克曼和戈夫（1992）提出了"典型智能约定"（typical intellectual engagement，简称 TIE）的概念，用以协调智力与人格的关系。从本质上讲，TIE 是一种与典型化操作智力相联系的倾向或人格结构，其量表项目用于区分个体在典型表现方面的差异，包括对世界的看法、对事物的兴趣以及理解复杂问题的偏好等，例如，"我希望我的生活充满各种各样的谜"。研究表明，TIE 与晶体智力（Gc）有显著正相关而与流体智力（Gf）的相关几乎为零[①]，与人格的 O 因素相关非常显著（$r = 0.65$）。

基于对人格—智力—兴趣两两关系的元分析，艾克曼等人提出了一种整合性的理论模型，如图 10 - 1 所示（Ackerman & Heggestad，1997）。首先，研究者将各种能力划分为三个等级：第一等级为数学推理，第二等级为 Gf、Gc、视知觉、知觉速度、学习与记忆及观念流畅性，第三等级为一般智力。其次，根据不同能力、人格特质和兴趣类型之间的相关程度和内在联系，在对大量数据提取和压缩的基础上，艾克曼等人归纳出社会型、保守型、科学或数学型以及智慧或文化型四种特质组合，将众多研究结果整合到一个单一连贯的框架结构中（图 10 - 2）。其中，社会型特质组合中不存在与之相关的能力测量，该组合包括外倾性、社会影响力和幸福感等人格结构以及冒险型和社会型兴趣；保守型特质组合包括知觉速度能力、支配性、严谨性和传统主义的人格结构以及保守型兴趣；科学或数学型特质组合中没有与之相关的人格特质，它包括数学推理和视知觉能力以及现实型和研究型兴趣；智慧或文化型特质组合包括 Gc 和观念的流畅性、TIE 和开放性人格特质以及研究型和艺术型兴趣。除科学或数学型与智慧或文化型特质组合在研究型兴趣上存在交叉外，上述四种特质组合之间相互独立。

---

① 流体智力（Gf）和晶体智力（Gc）是 Cattell 智力理论的两个核心概念，其中 Gf 主要指信息加工和推理能力，依赖于中枢神经系统的有效作用；Gc 通常指获取、贮存、组织和概化信息的能力，主要取决于文化中的经验和教育。

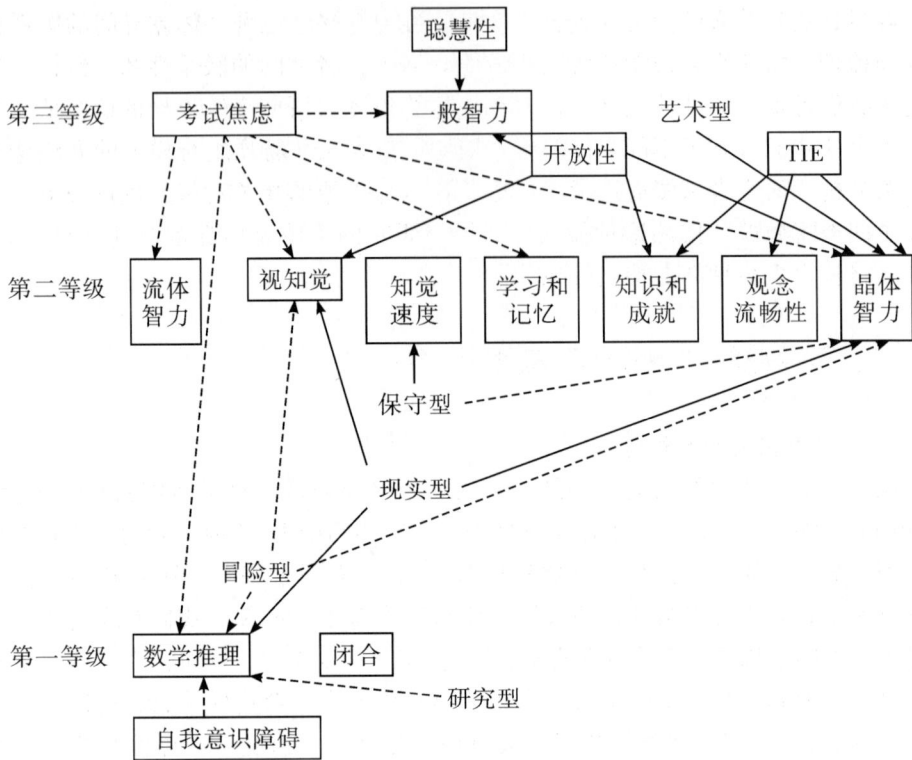

图 10 - 1　人格、能力与兴趣关系的整合模型

注：实线 = 正相关；虚线 = 负相关；TIE = 典型智能约定。资料来源：Ackerman & Heggestad，1997.

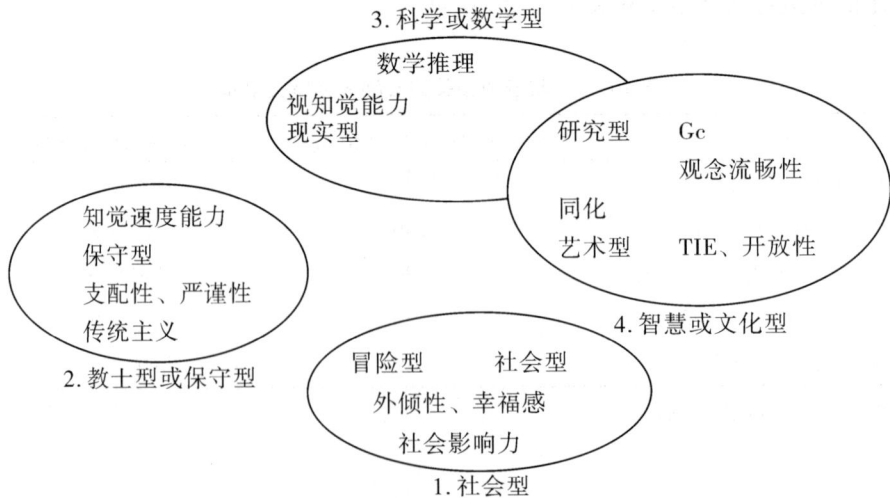

图 10 - 2　包含能力、兴趣和人格特质的特质组合

注：Gc = 晶体智力；TIE = 典型智能约定。资料来源：Ackerman & Heggestad，1997.

经过艾克曼等人的归类和组合，人格、智力与兴趣三种个体差异间的关系得到了重新梳理，特质组合模型让我们清晰地看到了三者之间的联系性和一致性。如果说过去我们习惯于单独从人格、智力和兴趣的角度去研究个体差异的话，那么艾克曼的整合让我们看到了不同个体差异之间的广泛交叉。特质组合模型的方法论基础是相关分析，研究者试图通过考察人格、智力与兴趣的相关对特质进行分类，并且得到了四类特质群。按照这种做法，如果将所有的个体差异都重新进行归类的话，那么又将获得多少种新的特质群呢？

二、布兰德的"双锥体"模型

1. 与智力相关的人格特征

众所周知，智力是人类重要品质中的一个必要条件。对于阿尔滋海姆综合征[①]（Alzheimer's disease），有一个作家这样声称："当该疾病发作时，智力的所有方面都要受到影响，个体人格的作用亦将削弱和丧失。"斯腾伯格（1990）指出，在智力的外行人士看来，许多被评估的人类品质与智力有重要相关。我们有理由相信，当考虑了人格因素以后，智力对于非心理学家是相当重要的。然而，当心理学家测量智力时，智力确实与重要的个人权力相关吗？比奈当然会这样认为，他说，智力在"发明、指向、批判及理解"我们今天所说的创造力、直觉、严谨性和开放思想中找到了其外围边界。但实验研究又说明了什么呢？布兰德（Brand，1984）回顾了几年前的一些相关文献发现，从广义上理解，有半数的研究证实了比奈式的观点，即人格与 G 因素（智力）的相关大约为 +0.35，如表 10−1 所示，对正常智力的被试实施的创造性测量表明相关大约为 +0.40。

表 10−1　与智力相关的五种人格特征群集

特　　征	与 G 因素的典型相关	布兰德命名系统
焦虑，心境，低自尊	− 0.30	神经质（N）
流畅性，创造性，表达力	+ 0.40	能力（E）
道德发展，自制力，责任心	+ 0.30	严谨性（C）
独立性，进取心，果断性	+ 0.40	意志（W）
柔韧性，仁慈，社会兴趣	+ 0.30	情感（A）

资料来源：Brand，1984.

[①]　由阿尔滋海姆（A. Alzheimer）于 1907 年首先报告，是一种以进行性痴呆为主的脑变性病，是痴呆中最常见的一种，约占晚年发生精神病的 7%。

从更广泛的意义上讲，除这些一般的人格特征以外，布兰德（1987）调查发现，IQ 大约与 40 种人类的性格相联系，这些性格常常被假定为非智力性的（表 10 - 2）。

表 10 - 2　与智力正相关的个人特征举例

成就动机

利他主义

艺术偏爱

创造力

情感意识

独立

幽默感

兴趣的广度和深度

在学校活动中的参与

领导才能

道德推理和发展

音乐偏爱和能力

对心理治疗的反应

大学中的运动参与

超市购物能力

谈话速度

价值

资料来源：Brand，1987.

2. IQ 的重要性

尽管这些事实还没有得到足够的证实，但是很显然，IQ 在音乐偏爱、饮食品味及衣着方面将起到一定的作用。至少人们已经知道 IQ 可能与某些类型广泛的社会价值相联系，这一点在伊根（ Egan，1989）于爱丁堡的一项研究中得到了证实：来自正常青年样本的相关为 +0. 45；并且 IQ 是婚姻选择中的唯一重要心理预测源。有争议的是，G 因素对于人格心理学犹如碳对于化学：在重要的人类行为中，G 因素比人类学、社会学及实验心理学加在一起的其他变量所阐明的变异还要多。

心理学家为什么会得出这一结论呢？毫无疑问，其中最大的问题是，在被试直接指向自己智力水平的评估中，被试本人并非现实主义者。在爱丁堡，当研究者要 47 个心理系的学生用诸如迅速、聪明、能干、有知识和有技能等形容词评价自己时，发现自我评估的智力与其智力测试成绩之间无关。相反，研究发现在自我评估的智力与其他情感和思想开放的自我评估之间有较大的负相关（ - 0. 60）。美国研究者哈特（Harter，1990）也报告了相同的结果，能力的自我评估只与 IQ 有较小相关，但与情绪和焦虑的自我评估有显著的负相关。很显然，如果一个高 IQ 的人经常太谦虚以至于不承认自己的智力水平，那么结果就不可能解释类似于道德的发展或浪漫的选择会出现在他们身上。

布兰德等用形容词自我评估测定了 35 个低 IQ 和 27 个高 IQ 的学生。在高 IQ 学生中，被试被问及是否有必要使用更多维度来解释变异。例如，我们问外倾性（E）对严谨性（C）这一广泛维度能否足以说明低 IQ 学生之间的差异。相反，我们问外倾性和严谨性这两个相对独立的维度是否提供必要条件用来描述高 IQ 学生之间的变化。高 IQ 组表明 E 和 C 之间有较强的负相关（$r = -0.72$），而低 IQ 组学生之间则没有显著相关（$r = +0.08$）。从图 10 - 3 中我们可以看到，对于大多数维度而言，IQ 与人格维度之间存在着一种"U"型关系：高 IQ 受测者更倾向处于认知方式维度的极端。

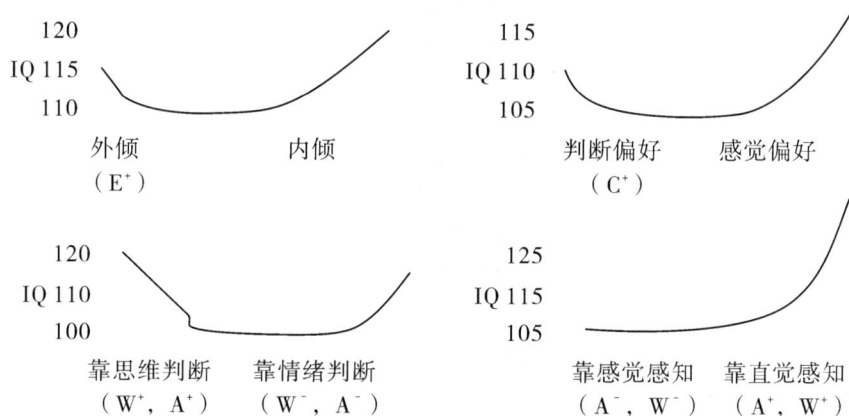

图 10 - 3　IQ 和麦布类型指标中四维度之间的关系（Brand et al.，1994）

3. "双锥体"模型

布兰德主张，在探讨两者的关系之前有一个重要问题必须解决，即人格与智力结构可能在不同的智力水平上存在个体差异，且随某种人格特质的不同而有别。从图 10 - 3 中我们不难看出，那些 IQ 越高的人似乎有更多的人格特质，他们在人群中更容易被识别。换言之，只要 G 因素持续不断，人格特质就会扩展到一个被称为"双锥体"（double cone）的空间，如图 10 - 4 所示。在这个空间中，人格特质的意志（W）、情感（A）、严谨性（C）、能量（E）和神经质（N）维度构成了"双锥体"的实体部分，G 因素则位于所有维度的中心：随着 IQ 增加，双锥体的体积也不断增加，即其余五种人格特质表现出明显的多样化。

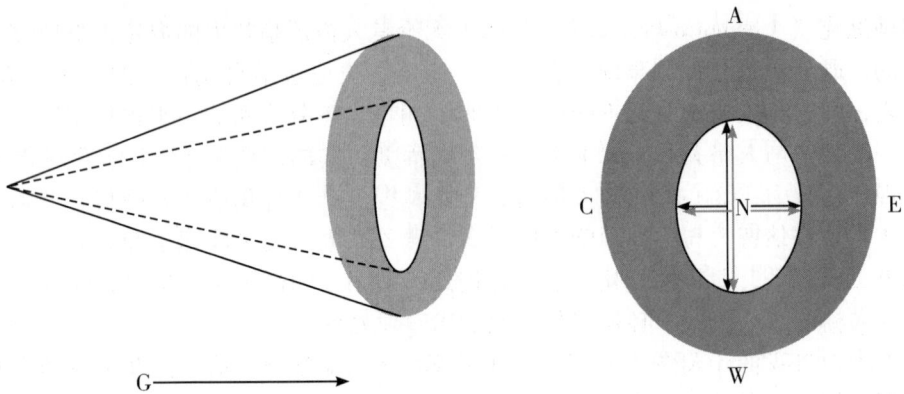

图 10 - 4   智力与人格的"双锥体"模型

注：W = 意志，A = 情感，C = 严谨性，E = 能量，N = 神经质，G = 一般因素。资料来源：Brand，Egan，Deary，1994.

从经验的角度看，智力差异决定着人格特质的变化性。根据布兰德等人提出的差异性假设，IQ 越高的个体智力的可变性越大；类似地，IQ 越高的个体其人格量表的得分也具有更多的变化性。奥斯汀（Austin，2000）从心理测量的角度指出，不同智力水平的被试对人格测试项目的理解不同，更聪明的个体可以对测试项目做出更恰当的理解，从而导致更极端的分数和更大的标准差；同时，不同特质的被试在 IQ 测试中的表现不同，外倾者更擅长于实践操作而内倾者在言语操作中更具优势。最近，哈里斯（Harris，2005）等人对 381 名女性和 135 名男性进行了 IQ 测试和包括 20 种特质的人格测量。均数差异检验发现，高、低 IQ 组在外倾性、防御性、攻击性以及开放性等人格特质上均存在显著差异，智力越高的群体在人格量表的得分上具有更大的可变化性，这在很大程度上支持了"双锥体"模型和差异性假设。

在"双锥体"模型中，智力不仅补充了人格的变化，而且也用新奇的方式建构了一种变化，它将人格几乎扩展到整个个体差异领域。如果说人格的五因素模型（"大五"）忽视了智力因素作用的话，那么布兰德的人格六维模式（"综六"）则将智力因素的作用发挥到了极致，智力与人格的关系既不只是简单的相关关系，也不只是包含与被包含的关系，而是一种依存关系，一种决定与被决定的关系。在个体的发展历程中，智力都在不断给人格补充"燃料"并起着维持作用，人格发展和变化是建立在智力发展和变化的基础之上的，这一点对于教育无疑有启示作用。

三、查莫罗—普雷马滋克的交互作用模型

1. 智力与人格之间可能存在的关系

探讨智力与人格的关系，首先必须对两个概念作深入的分析和分解。查莫罗—

普雷马滋克（Chamorro-Premuzic）认为，无论是人格还是智力的界定，都应该是多角度的，既要包括心理测验测量的智力与人格，也应包括自我估计的智力与人格。换言之，智力与人格的关系不能仅限于客观测量，还应该涵盖主观评估。因此，看似单一的智力与人格关系实际上牵涉到复杂程度不同的四层关系：①自我估计人格与主观评估智力；②心理测验人格与心理测验智力；③自我估计人格与心理测验智力；④主观评估智力与心理测验人格。在这些关系中，大多数理论和研究主要探讨的是第二层关系，即心理测验人格与心理测验智力之间的关系。但是，作为完整的智力与人格的理论模型，必须充分体现上述四种关系。

首先，自我估计人格是指一个人对自身人格的知觉和评估，涉及个体的自我意识层面。例如，在自我评估时觉得自己是一个活泼、开朗或敢于冒险的人。而心理测验评估的人格一般是指通过自陈式问卷得到的人格测试结果，它代表了人格的客观测量。弗恩海姆（Furnham, 1997）采用 NEO – FEI 测量了被试的大五人格特质，同时让他们对这五种特质进行自我评估，结果发现：被试能够相当准确地估计自己的人格，自我估计的人格与 NEO – FEI 测量的人格与认真性特质的相关最大（$r = 0.57$），其次是外倾性（$r = 0.52$）和神经质（$r = 0.51$），被试不太擅长估计自己对经验的开放性（$r = 0.33$）。

其次，智力也可以通过不同的方式进行评估，非专业人士往往根据一些非心理测验的标准如收入、学术成绩、社会技能等来评估自己或他人的智力，而标准化的智力测验则是一种结构良好的科学测试方法。自我估计智力是指个体对自己智力水平的主观估计，心理测验智力则代表了智力的客观评估，主要通过个体在 IQ 测试中的成绩来体现。由于 IQ 测试测量的能力不尽相同，因此自我估计智力与 IQ 测试成绩之间有一定的差距。如赖利（Reilly, 1995）等人使用 WAIS 中的数字符号和词汇测试测量学生的智力，然后将它与学生的自我估计智力进行对照，结果发现男生自我估计智力显著高于 IQ 测试成绩，而女生则低于 IQ 测试成绩，但结果不显著。随后，弗恩海姆（1999）要求大学生估计其整体的 IQ，4 个月后再让他们完成一个空间智力测试。结果表明：无论是自我估计的还是 IQ 测试的智力，男生的得分均显著高于女生，自我估计智力与心理测验智力的相关在男生身上显著，而在女生身上不显著。

最后，以自我估计人格与心理测验人格、主观评估智力与心理测验智力关系的研究为基础，弗恩海姆和查莫罗—普雷马滋克（2004）进一步考察了智力与人格的所有上述四层关系。结果显示：①被试可以比较精确地估计自己的神经质、外倾性和认真性特质，自我估计智力与心理测验 IQ 显著相关（$r = 0.30$）；②自我估计智力与心理测验评估的人格特质之间存在大量显著的相关，尤其是神经质（$r = -0.30$）、宜人性（$r = -0.20$）和外倾性（$r = 0.18$）三个维度；③无论是自我评估人格还是心理测验测量的人格，它们都不能有效预测 IQ 测试成绩，即人格与心理测验智力之间没有显著相关。

2. 智力与人格关系的交互作用模型

基于对概念的分析和获得的结论，查莫罗—普雷马滋克重点剖析了智力的层次模型、自上而下的加工取向以及智力的投资理论。在这些理论中，卡特尔的流体智力（Gf）和晶体智力（Gc）是两个核心概念。其中 Gf 代表了信息加工和推理能力，主要依赖于中枢神经系统的有效作用；Gc 通常指获取、贮存、组织和概化信息的能力，主要取决于文化中的经验和教育。此外，他们还对"真正的"能力即智能（intellectual ability）与 IQ 测试成绩和主观评估智力（SAI）做了进一步区分。因为无论是人格对智力的影响或智力对人格的影响，只要两者存在交互作用，都要视不同的人格特质和不同的智力结构而定。在此基础上，弗恩海姆和查莫罗—普雷马滋克（2004）提出了人格—智力交互作用的可能性模型，如图 10 – 5 所示。

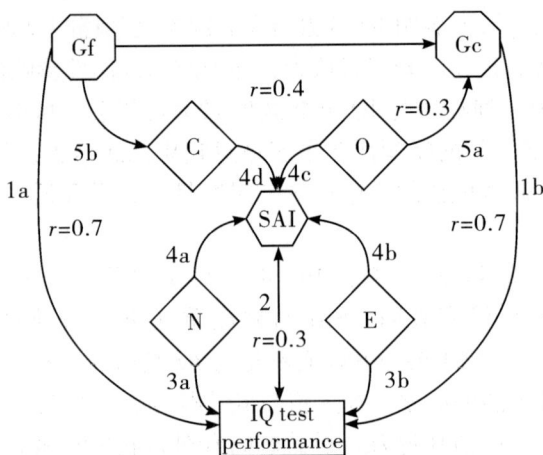

图 10 – 5　人格—智力交互作用的可能性模型

除特别注明外，$r = 0.2$，图中所有相关系数都是大概值，其样本 $n = 200$。N = 神经质，E = 外倾性，O = 对经验的开放，C = 认真性，Gf = 流体智力，Gc = 晶体智力，SAI = 主观评估智力。
资料来源：Chamorro-Premuzic & Furnham, 2004.

（1）智能与 IQ 测试成绩。路径 1a 和 1b 是关于智能与 IQ 测试成绩之间的关系。艾克曼和戈夫（1992）认为，尽管"真正的"智力与 IQ 测试成绩之间有着概念性的差别，但是我们仍然相信 IQ 测试或能力测量是个体智力的理想指标，即它们具有较好的结构效度和预测效度。正如高夫和艾克曼指出的那样，暂时性的因素使"真正的"能力（Gf 和 Gc）有别于"最大化"能力（IQ 测试成绩）。路径 1a 和 1b 说明了 Gf 和 Gc 对认知操作尤其是 IQ 测试的影响。我们认为，如同它们代表智力的可靠和有效测量那样，IQ 测试应被视为认知操作的一部分，与其他操作类型一样，这些测试的操作首先受个体"真正的"智力影响。

（2）SAI 与 IQ 测试成绩。路径 2 是关于 SAI 与 IQ 测试成绩的关系。如同 Gf 和

Gc 一样，SAI 也是认知操作的主要预测源。尽管 SAI 的预测力可能比 IQ 测试的预测力要低，但它仍然可以较好地预测考试成绩。与"自我激励"和"自我效能"一类的概念相比，SAI 的优势在于它是指个体的智能，可作为 IQ 测验分数的指标。路径 2 暗示了 SAI 可能受真实操作影响的假设。换言之，当个体评估其智能时，会考虑到先前的成绩，其中不仅包括 IQ 测试，而且也包括职业或学术成就。这样，SAI 在很大程度上取决于成果的连续性和真实性，它可以解释为什么 SAI 能够用先前的 IQ 测试做显著性预测。

（3）人格特质与 IQ 测试成绩。路径 3a 和 3b 揭示了人格特质对认知操作的影响。查莫罗—普雷马滋克和弗恩海姆（2003）研究发现，人格特质能够准确预测学业成就，甚至可以解释期末考试成绩中近 30% 的变异。在这些特质中，神经质与外倾性是学业成就的两个负性预测源，而认真性则是正性预测源。关于人格特质与 IQ 测试成绩之间的关系，研究表明 IQ 分数与大五因素之间存在显著而适中的相关，其中智力与认真性显著负相关。研究者认为，神经质和外倾性影响的是 IQ 测试成绩而不是"真正的"智力。神经质与 IQ 分数之所以呈负相关，可能是因为神经质个体在诸如 IQ 测试或考试一类的唤醒任务中容易感到焦虑或压力；外倾性与 IQ 测试的正相关可能反映了外倾者较快的反应速度和果断性，这种品质对于大多数心理测验都极为有利。

（4）人格特质与 SAI。路径 4a、4b、4c、4d 反映了人格特质与 SAI 之间的关系。弗恩海姆（2001）研究表明，SAI 与神经质（负）、外倾性（正）和开放性（正）显著相关，人格特质主要与 SAI 而不是与 IQ 测试成绩相关，它们在一定程度上影响了个体对自身智能的洞察。在人格与 IQ 测试成绩之间，SAI 可能是一个中介变量：高神经质个体会低估其智力，因为他们有对自我做消极判断的倾向；而外倾者可能因果断性而高估其智力。开放性与 SAI 的关系比较复杂，因为两者之间有大量的重叠。正如 SAI 一样，开放性是自我评估的结果，是指个体自陈的智力而不是客观测量的智力。值得一提的是，IQ 测试成绩与开放性和 SAI 的相关均为 0.30。从某种意义上讲，人格影响个体对自己智能的评估，这些评估继而又影响真正的认知操作。

（5）智能与人格特质。路径 5a 和 5b 是关于人格特质与智能之间的关系。按照艾克曼（1999）的观点，人格特质决定了个体在特定领域内的知识和技能获得。因此，对智力活动的选择与投资可以调节人格特质与智能尤其是 Gc 发展之间的关系。这样，人格便影响到"真正的"智力（5a）。路径 5b 概括了 Gf 对认真性的影响。需要指出的是，有人认为 Gf 较低者倾向于高认真性，而高认真性的人 Gf 可能也较低。穆特菲、弗恩海姆和克伦普（2002）指出，这种负相关的原理在于：在竞争的学习或工作环境中，能力欠佳者会随时间的流逝而变得更加尽责，以此作为对其智能相对不足的一种补偿。反之我们可以推断，高 Gf 者倾向于发展一种较低的认真性，因为他们依靠自身天赋的能力就足以达到目标。

上述五个方面的相互联系，有的已被证实，有的只是一种假设，关键问题在于：如何通过实验而不是简单的相关来检验这一交互作用模型？从理论上讲，必须进行大量有效而又具代表性的 Gf 和 Gc 的测量、人格特质的测量以及自我评估智力和智力稳定性方面的测量。所要检验的不仅是各变量间相互关系的稳定性，而且也包括如 SAI 一类不太稳定的因素如何影响其他变量。令人遗憾的是，作为五因素之一的宜人性并没有进入交互作用模型，该特质主要反映人性中的人道主义及人际取向，尽管它与学术智力关系不大，但却与社会智力尤其是社会交往技能的关系密切。因此，未来的检验与整合研究也应包括宜人性在内。

3. 交互作用模型中存在的问题

（1）谁代表了人格和智力的真实评估？智力与人格评估的方法多种多样，我们不禁要问，在这些评估中谁代表了它们的真实评估？在人格特质中，是自我估计或他人评估还是人格测验更准确？在智力评估中，是自我估计、IQ 分数、SAI 还是 Gf、Gc 更真实？如果上述概念之间相关非常显著，那么当然可以认为各自都具有一定的代表性，但问题在于有些概念只是表面上的相关而实质上无关，此时我们应该相信哪一个呢？如果继续探究，或许还能发现更多与人格或智力评估有关联的概念，那么智力与人格关系的探讨岂不永无止境？我们认为，只有在把握概念的本质以及综合自评、他评与心理测验的基础上才能获得智力与人格的真实评估。

（2）智力与人格不等同于人格特质与智力。研究者在考察智力与人格的关系时，常常将切入点放在人格特质上，因为只有人格特质才能跟 IQ 一样量化。但是，智力与人格的关系是否能等同于人格特质与智力的关系？答案是否定的。人格特质充其量只是人格的一个单元，人格还包括动机、需要、认知等单元。因此，以人格特质和智力的关系来涵盖智力与人格的关系未免有些片面。在"交互作用"模型中，人格特质居于模型中央；在布兰德的"双锥体"模型中，随着智力（G 因素）的增长，人格特质表现出明显的宽广性和多样化。很显然，研究者们在构建智力与人格关系的理论模型时，习惯于避难就易，因为特质容易测量。这种做法很容易给我们造成这样一种错觉：智力与人格的关系就等同于智力与人格特质的关系。

（3）与人格（特质）相关的智力。"交互作用"模型至少涉及三种（类）智力，即"真正的"智力（Gf 和 Gc）、主观评估智力（SAI）以及心理测验智力。研究者认为，人格的五种特质与上述三种（类）智力均有不同程度的相关，这些相关有的已被证实，有的还需进一步验证。但是，按照目前一些比较流行的智力理论如多元智力理论或成功智力理论的观点，人类的智力远不止上述三种（类）。相应地，与人格相关的智力也远远超出了传统的智力范畴。难道只是一个量化问题就让研究者将智力与人格关系的探讨局限于特质与 IQ 的关系上吗？事实上，研究人格与特定领域或特质任务所需要智力或能力的关系比特质与所谓的"真正的"智力或 IQ 的关系更有意义。

第三节　智力与人格关系的研究进展

一、人格特质与学术智力

就研究领域而言，林恩（1982）等最初对学术智力（或测验智力，以 G 因素为代表）与人格特质的关系进行了研究。研究者以北爱尔兰 711 名青少年为被试，发现外倾性与 IQ 有相关，其中，女生中的相关系数为 0.19，男生为 0.21，这表明外倾性在智力测验中存在较小但较显著的变异。阿利卡和雷洛（Allika & Realoa，1997）以大学入学申请者为被试，考察了智力和人格五因素及其子维度的关系。结果发现：开放性与智力分数之间没有显著相关，但是严谨性、宜人性与智力有显著相关。研究者根据智力分数将样本分为三个组，发现低 IQ 组的智力与寻求兴奋之间的相关系数为 0.25，智力与开放性的幻想维度为 0.24；在高 IQ 组中，智力分数与严谨性和宜人性有负相关，同时这种负相关也表现在智力与热情、积极情绪、情感开放性之间。基于此，研究者认为，不同智力水平的个体以不同的方式表现自己的人格。测验智力与五因素人格之间是各自独立的概念，但不排除高、低智力者在使用自己的智力资源时存在差异，低智力者运用智力主要是为了寻求兴奋或沉溺于幻想，而高智力者运用智力主要是为调节和控制自己的情感生活。

正如我们在"双锥体"模型中看到的那样，研究者推断，智力与人格之间可能存在非线性的相关。奥斯汀和布兰德等人认为，不同能力水平的被试的人格特质之间的联系强度可能有变化，反之，不同人格特质水平也存在能力关系变化，尤其是神经质人格特质。例如，奥斯汀（2000）等认为，流体智力和晶体智力的相关在低神经质被试组中被降低了。罗宾逊（Robinson，1985）的研究发现，不同人格倾向的被试在言语智力操作和实际智力操作中有差异，内倾者在言语智力操作中的成绩更好，而外倾者则更擅长实际操作，从总体上讲，全量表 IQ 分数与外倾性呈"倒 U"型关系。另外，研究者还从发展的角度探讨了智力与人格的关系，艾森克和库克森（Eysenck & Cookson，1969）在一项早期的研究中提出，外倾性和智力在小学生中有正相关，而这种相关在中学生中出现反转，即两者呈现负相关，此种类型的相关关系到成年时或许会消失。对于这种现象，泽德纳（1995）解释说，随着受教育程度及年龄的增加，智力越高的学生会变得越内倾，而智力越低的学生则会变得越外倾。

20 世纪 90 年代以来，研究者以大五人格理论为基础，着手探讨了人格与学术智力的关系。布兰德（1994）等认为，在大五人格模型中，与智力相关最强的是开放性，这种因素尤其与晶体智力显著相关。高夫和艾克曼（1992）的报告指出，开放性与晶体智力之间的相关系数为0.40。奥斯汀（2002）等研究还发现，神经质与智力有较高的负相关。哈特利奇（Hartlage，1993）等通过考察智力与神经质子维度之间的关系发现：焦虑对很多情景中的智力机能（从智力测验到学业成就）有干扰作用；抑郁对诸如问题解决和阅读理解一类的认知任务有负面影响。在外倾性维度上，奥斯汀等人发现，外倾性与G因素之间有较小的负相关。泽德纳（1995）进而指出，内倾者在与联结学习能力有关的任务（即词汇任务）中占优势，而外倾者在与机械动作有关的任务（即操作任务）中占优势，其他因素如宜人性、严谨性与智力的相关似乎最小。

二、人格特质与实践智力

随着人格五因素模型的兴起及其影响的日益广泛，关于智力与人格关系的研究不断深入，而实践智力概念的提出为解决智力与人格关系问题提供了新的前景。丘（Chiu，1994）等人认为，传统的智力研究强调学术行为，传统的人格研究则强调非学术性的社会背景，而重视实践智力的趋势可以减少智力与人格的差距。因此，自20世纪90年代以来，西方关于智力、认知与人格关系的研究开始转到人格与实践智力，特别是人格与工作绩效关系的研究上来。今天，无论在人事选拔还是在人才培养的过程中，人格因素都是重点考核的一个因素，并用于预测日后的工作业绩。

五因素模型的出现为研究人格与工作绩效之间的关系提供了新的契机，其中有三项元分析研究为两者的关系提供了依据。巴里克和芒特（Barrik & Mount，1991）元分析包括117个效标关联效度，结果发现：严谨性能够在跨职业中有效地预测整体工作绩效；外倾性能有效预测经理人员的整体绩效。特德（Tett，1991）的一项元分析表明，在人格测量的选择中，工作分析的使用和验证性研究的策略能够有效增加人格特质对工作绩效预测的平均效度，并且发现其效度系数比巴里克的研究更高。以上两项元分析使用的样本均来自北美洲。萨尔加多（Salgado，1997）选用在欧共体国家中所做的36个研究为样本进行了元分析，结果发现：严谨性与神经质对各种工作均有较高的预测效度，而外倾性对需要处理大量人际关系的职业（如经理、警察、销售员等）也有一定的预测效度，该研究为"大五"模型在绩效预测上提供了跨文化依据。

作为成就水平的重要内容，技能操作同样受人格特质的影响。艾克曼（1995）等人发现，在压力情境中，个体的优越感和责任心同样影响到复杂技能的学习。近年来，国内许淑莲（2000）等检验了人格特征与记忆、现实生活问题解决及视觉搜索反应时之间的关系，结果发现：外倾性与记忆成绩呈负相关；开放性与记忆成绩、猜图策略呈正相关。麦克默伦（McMurran l，2001）等人发现，在心理障碍罪犯中，较差的社会问题解决技能可以解释其犯罪行为，但其同时又受人格特质的调节。研究者以52名心理障碍罪犯为被试（其中男性38名，女性14名），具体考察了社会问题解决技能与人格特质的关系，结果表明，神经质维度上的高分数与较差的社会问题解决技能相关，而其他人格维度上的高分数则与较好的社会问题解决技能有关。

三、未来研究需要解决的问题

个体差异研究的一般思路是：提出一种理论（假设），通过实践经验或实证研究检验该理论（假设），目的在于揭示此种个体差异的本质。各种形形色色的人格（智力）理论以及在此基础上编制的测量工具正是为了更好地理解个体在人格（智力）方面的差异。然而，作为完整个体差异的一部分，无论是人格、智力还是兴趣、动机，它们之间必然存在内在联系，从某种意义上讲，这种联系是不可分割的。智力与人格关系的理论模型不仅让我们看到了一种新的个体差异研究思路，而且还提醒我们人格、智力等不同个体差异相互整合的可能性。尽管智力与人格分别代表了个体差异的不同方面，但只要两者存在重叠和交叉，这种整合就有可能。问题的关键在于：如何搭建两者之间的桥梁？艾克曼创设了 TIE，查莫罗（Chamorro）提出了 SAI，布兰德则试图通过"双锥体"来整合两者的关系，这些都是有益探索。

由于智力与人格都具有相对的稳定性和持久性，因此研究中很难进行操纵和控制，研究者通常只能从相关的角度分析两者的关系。这使得许多研究在方法论上可能存在某种先天不足，即无法说明智力与人格各变量间的因果关系。更为重要的是，在两者关系的研究中，大到社会文化因素，小到性别、年龄等人口统计学变量甚至被试对测试的态度等都影响智力与人格的关系，而且这种关系有可能会随研究时间的变化而变化。沃尔夫和艾克曼（Wolf & Ackerman）的元分析表明，在 1997 年以前的研究中，外倾性与智力呈正相关。沃尔夫和艾克曼（2005）的研究报告则显示，两者的相关逐渐由正性向负性反转（估计效应 $\rho = -0.04$，$p < 0.05$）。研究者指出，不同测量工具的使用和样本的平均年龄因素影响了两者的相关。显然，上述模型都没能充分考虑到这些因素的影响。

在理论层面，关于智力与人格的关系向来是分歧大于统一，我们如何要求在两者的关系问题上达成一致呢？人格理论家认为，人格应当包括从外在的行为习惯到内在的意识甚至潜意识层面，为何智力与人格关系的探讨只停留于人格的特质层面与智力的关系上？而在心理测验的智力结构中，至于有多少种智力我们还不得而知，如果按照加德纳的多元智力理论的观点，已有的整合研究充其量只是考察了少数几种智力与人格特质的关系。另外，如果将智力与人格划分为心理测验的与主观评估的，那么哪一种智力与人格代表了两者的真实评估呢？研究者对于人格特质和智力测验往往情有独钟，原因在于两者在量化方面比较容易，殊不知这样很容易造成一种错觉：智力与人格的关系就是测验智力与人格特质的关系。

几乎所有的个体差异研究都依赖于测量的工具，因此，工具的信度和效度在很大程度上决定着研究结论的科学性，智力与人格关系的研究也不例外。在两者的整合研究中我们可以列出这样一份清单：人格测量工具包括 NEO - PI、NEO - FFI、16PF、EPP、EPQ - R、IPIP、IVE、15FQ、HSPQ、PRF；智力测验的工具包括 RAPM、RSPM、GRT2、CFIT、FAST、MAB、WPT、BRT、WAIS。无论这些字母代表什么意思，我们都有理由怀疑研究结论的有效性和可靠性：各种测试工具的信度和效度如何，各自之间有多大相似性和一致性？不同测量工具测得的是相同的人格或智力吗？研究者往往因个人偏好选择自己比较熟悉的测量工具，较少考虑工具差异带来的影响，因此也就不难理解为何同样是外倾性与智力研究，有的得出正相关结论，有些又是负相关或零相关，我们应当相信哪种结论？

　　尽管个体的智力与人格具有相对的稳定性和持久性，但从其一生发展的历程来看，两者又在不断发展和变化，生理成熟、知识经验、生活阅历等随年龄增长而日益丰富并扩大着个体间的差异。如果布兰德的差异性假设成立的话，那么同一个体在不同年龄阶段评估的智力与人格的关系应当不同，而不同年龄阶段个体内部的智力与人格的相关也应存在差异。遗憾的是，我们在该领域至今还很少看到这种纵向与横向的交叉研究。因此，未来的整合研究还应当考虑智力与人格之间可能存在的动态关系。

参考文献

1. 陈少华. 新编人格心理学. 广州：暨南大学出版社，2004.

2. 陈少华. 人格与认知. 北京：社会科学文献出版社，2005.

3. 陈少华，曾毅. 人格与智力：一种交互作用的模型. 心理科学进展，2006，14（1）：87 - 92.

4. 陈少华，曾毅. 整合人格与智力：个体差异研究的新思路. 心理发展与教育，2006，22（3）：125 - 128.

5. Ackerman, P. L. A Theory of Adult Intellectual Development：Process, Personality, Interests and Knowledge. *Intelligence*, 1996（22）：227 - 257.

6. Ackerman, P. L. Traits and Knowledge as Determinants of Learning and Individual Differences：Putting It All Together. In：Ackerman P. L, Kyllonen, P. C., et al. （Eds）. *Learning and Individual Differences：Process, Trait, and Content Determinants*. Atlanta：Georgia Institute of Technology, 1999：437 - 462

7. Ackerman P. L, Heggestad E. D. Intelligence, Personality, and interests：Evidence for Overlapping Traits. *Psychological Bulletin*, 1997（121）：219 - 245.

8. Austin E. J, Hofer, S. M., et al. Interactionsbetween Intelligence and Personality：Results From Two Large Samples. *Personality and Individual Differences*, 2000（29）：

405 – 427.

9. Brand, C. R. Open to Experience-closed to Intelligence: Why the "Big Five" are Really the "Comprehensive Six". *European Journal of Personality*, 1994 (8): 299 – 310.

10. Brand, C., Egan, V., Deary, I. Intelligence, Personality, and Society: Constructivist Versus Essentialist Possibilities. In: Detterman, D. K. (Eds). *Current Topics in Human Intelligence*. Norwood, NJ: Ablex, 1994 (4): 29 – 42.

11. Chamorro-Premuzic, T., Furnham, A. A Possible Model for Understanding the Personality-intelligence Interface. *British Journal of Psychology*, 2004 (95): 249 – 265.

12. Chamorro-Premuzic, T., Furnham, A., Moutafi J. The Relationship Between Estimated and Psychometric Personality and Intelligence Scores. *Journal of Research in Personality*, 2004 (38): 505 – 513.

13. Chamorro-Premuzic, T., Moutafi, J., Furnham, A. The Relationship Between Personality Traits, Subjectively-assessed and Fluid Intelligence. *Personality and Individual Differences*, 2005 (38): 1517 – 1528.

14. Furnham, A. Knowing and Faking One's Five-factor Personality Scores. *Journal of Personality Assessment*, 1997 (69): 229 – 243.

15. Furnham, A. Self-estimates of Intelligence: Culture and Gender Difference in Self and Other Estimates of Both General (g) and Multiple Intelligences. *Personality and Individual Differences*, 2001, 31: 1381 – 1405.

16. Furnham, A., Chamorro-Premuzic, T. Estimating One's Own Personality and Intelligence Scores. *British Journal of Psychology*, 2004 (95): 149 – 160.

17. Furnham, A., Rawles, R. Correlations Between Self-estimated and PsychoMetrically measured IQ. *Journal of Social Psychology*, 1999 (139): 405 – 410.

18. Goff, M., Ackerman, P. L. Personality-intelligence Relations: Assessment of Typical Intellectual Engagement. *Journal of Educational Psychology*, 1992 (84): 537 – 552.

19. Gottfredson, L. S. Mainstream Science Onintelligence: An Editorial with 52 Signatories, History, and Bibliography. *Intelligence*, 1997 (24): 13 – 23.

20. Harris, J. A., Vernon, P. A., Jang, K. L. Testing the Differentiation of Personality by Intelligence Hypothesis. *Personality and Individual Differences*, 2005 (38): 277 – 286.

21. Leary, M. R. *The Scientific Study of Personality. In: Derlega, V. J., Winstead, B. A., Jones, W. H. (Eds). Personality: Contemporary theory and research.* New Caledonia: Wadsworth Group, 1999. 4 – 24.

22. Moutafi, J., Furnham, A., Paltiel, L. Can Personality Factors Predict Intelligence? *Personality and Individual Differences*, 2005 (38): 1021 – 1033.

23. Pervin, L. A., Cervone, D., John, O. P. *Personality: Theory and Research*

(*Ninth edition*). New York: John Wiley & Sons, Inc. , 2005.

24. Reilly, J. , Mulhern, G. Gender Differences in Self-estimated IQ. *Personality and individual Differences*, 1995 (18): 189 – 192.

25. Wolf, M. B. , Ackerman, P. L. Extraversion and Intelligence: A Meta-analytic Investigation. *Personality and Individual Differences*, 2005, 39: 531 – 542.

26. Zeidner, M. , Matthews, G. *Intelligence and Personality.* In: Sternberg, R. J. (Eds), *Handbook of Intelligence.* New York: Cambridge University Press, 2000. 581 – 610.

一个思想着的人是一个适应系统，人的目标确定了他的内部环境与外部环境的界面。

——赫伯特·A. 西蒙（Herbert A. Simon）

第十一章　智力与人工智能

科学研究依赖于对现象的深入探讨，对理论的重新建构，对科研技术的不断革新。从 20 世纪 60 年代计算机技术的迅速发展开始，计算机为人类科学文明的进步带来了极大的助力，影响广泛。心理学研究，尤其是与人脑思维功能极为密切的智力研究，也和这些新的研究技术逐步结合起来。人工智能这一概念的出现，产生了一个具有深远影响力的新兴学科，这既可谓智力研究的动力，也可谓智力研究的挑战。要理清智力与人工智能之间的关系，或许真正该理清的是传统研究领域和新兴研究领域之间的纵横交错。

第一节　人工智能概述

一、何谓人工智能

人类在认识自然世界的过程中，不断地拓展了对物化世界的理解。当对物化世界的认识达到一定程度时，人类开始无法简单解释自身主观世界的原理与机制，所以依据科学方法研究人类心理的学科产生了。通过心理学的研究，人类对智力的理解日益丰富，开始尝试用科学的理论去描述智力，不同时期的心理学家用不同的思维模型去理解"智能"，以期更深入地进行探讨。科学的作用是为人类认识自然与改造自然提供更合理准确的解释。在人们改造自然的历史中，一直存在着设计出有效代替人来运作的器械或工具的构想，直至 20 世纪 60 年代计算机技术的出现和发展，才实现了"人工模拟"技术的飞跃。"人工智能"这一合成概念，便是"人工模拟"和"智能"研究发展到一定程度才得以孕育而生的。

人工智能从广义上讲，指的是研究如何用电脑来模拟人类智慧的一门新兴学科；从狭义上讲，指的是通过电脑计算机程序或机械技术对人脑的一部分智能进行模拟的现象。1987 年杰尼瑞斯和尼尔森（Genesereth & Nilsson）提出："人工智能是研究智能行为的科学。它的最终目的是建立关于自然智能实体行为的理论及指导创造具有智能行为的人工制品，这样一来，人工智能就有两个分支，一个为科学人工智能，一个为工程人工智能。"科学人工智能的目的是发展概念和词汇以帮助我们了解人和其他动物的智能行为；工程人工智能主要研究建立智能机器的概念、理论和实践。

二、人工智能的特征与研究范畴

人工智能从其产生和发展至今都是一门边缘学科，属于自然科学和社会科学的交叉范围。20世纪以来，科学技术的综合发展，发展了系统论、控制论、信息论一类横断科学的系统论方法、控制论方法和信息论方法，它们概括了各门科学方法的共性面，因而是属于科学方法论意义上的一般科学方法，而人工智能则借助于哲学和认知科学、数学、心理学、计算机科学，以及控制论、不定性论当中的理论与技术进行研究。

人工智能的最大特征是其研究内容的应用性与功用性。人工智能研究围绕三个方面的目标展开：①对智能行为有效解释的理论分析；②解释人类智能；③构造智能的人工制品。

人工智能最重要的作用与功能是实现对人类思维和人类智能行为的模拟，所以人工智能所能实现的模拟都必须首先是其他学科已经进行过科学探讨和能有效解释其机制的思维现象。假如存在思维的未知领域和科学技术未解决的问题，人工智能将面临无法有效模拟的困境。从产生至今，人工智能涉及的知识范畴可以划分为以下几个方面：

（1）自动定理证明（automatic theorem proving）。这是指让计算机模拟人类证明定理的方法，自动实现如同人类证明定理那样的非数值符号演算过程。它是人工智能最早进行研究并得到成功的一个领域。实际上，除了数学定理以外，还有很多非数学领域的任务如医疗诊断、信息检索、难题求解等都可以转化成定理证明。

（2）自然语言理解（natural language processing）。主要研究如何使计算机能够理解和生成自然语言。目前人类与计算机系统之间的交流主要还是靠严格限制的非自然语言，这给计算机的普及和使用带来了诸多不便，因此自然语言理解是人工智能的一个重要研究领域。

（3）专家系统（expert system）。这是指一种基于知识的智能系统，它将领域专家的经验用知识表示方法表达出来，并放入知识库中，供推理机使用。专家系统是人工智能中最活跃、发展最快的一个分支，已应用在众多的领域中，并取得了丰富的研究成果。

（4）模式识别（pattern recognition）。人工智能最早的研究领域之一。"模式"一词的原意是指供模仿用的完美无缺的一些标本。所谓的模式识别就是使计算机能够对给定的事务进行鉴别，并把它归入与其相同或相似的模式中。

（5）计算机视觉（computer vision）。这是指用计算机实现或模拟人类视觉功能的研究领域。其主要研究目标是使计算机具有通过二维图像认知三维环境信息的能力，这种能力不仅包括对三维环境中物体形状、位置、姿态、运动等几何信息的感知，而且还包括对这些信息的描述、存储、识别与理解。

（6）机器学习（machine learning）。这是机器具有智能的重要标志，同时也是机器获取知识的根本途径。机器学习主要研究如何使计算机能够模拟或实现人类的学习功能，它是一个难度很大的领域，与认知科学、神经心理学、逻辑学等学科都有着密切的联系，并对人工智能的其他分支也会起到重要的推动作用。

（7）机器人学。机器人（Robots）可以被定义为可编程的多功能操作装置。机器人学是在电子学、人工智能、控制论、系统工程、精密机械、信息传感、仿生学以及心理学等多种学科或技术的基础上形成的一种综合性技术学科，人工智能的所有技术几乎都可在该领域中得到应用。

（8）自动程序设计（automatic programming）。这是指一种让计算机把用高级形式语言或自然语言描述的程序自动转换成可执行程序的技术。自动程序设计和以往的编译程序不同，它能处理像自然语言一类的高级形式语言，而编译程序只能读懂高级程序设计语言编写的源程序并处理目标程序。

第二节　自然智力与人工智能的关系

智力是人类心理内容最为神秘的部分，既难有准确的定义，也难有清晰的内部结构划分。智力又可说是心理学研究中十分重要的部分，研究心理很大程度上研究的便是智力。人类智慧是物种长期进化的凝结，智力的结构十分复杂，从而存在诸多相异的理论解释。但按以往研究结果，研究者们较为一致地认为智力的核心能力应是思维能力，也可确切地说，是认知能力。人工智能这一新兴学科所建立的理论基础，有相当部分借鉴于认知心理学。

分析自然智力与人工智能的关系，首先我们可以从这两者的关联性入手。事物间存在关联性，需要具备共通性，既存在相互差异，也存在相互影响。关联性问题涉及人工智能学科内长期争论的一个基本问题：人工智能是否能对自然智力进行模拟？

我们假如简单地提出"人工智能能否模拟人的智力"这一疑问，每个人可能会因为对以上几个主要概念的理解不同而对该问题作出不同的回答。

一、自然智力与人工智能的共通性

如果是回答：能。那么这一派学者应当是从共通性方面去考虑的，他们可能是基于以下的原因：

1. 人工智能的电子元件系统类似于人脑神经系统

人工智能的主要模拟手段来自电脑系统的程序运作，将一系列电子元件通过开关回路的连接，实现了电路数字信息的传输，完成命令程序。可以抽象化地理解为，这些回路当中的电子元件类似大脑神经系统中的神经元，具有像神经元在大脑中的解剖学特性与功能特性，虽然其本质上只是一件件简单的开关电路①。

2. 人工智能模拟的现象显现人类认知思维过程的步骤

人工智能所能模拟的现象或智能行为可以显现出人类的活动或思维过程。

首先，人工智能能够模拟出人类行为系统的运动过程。西蒙曾经举蚂蚁回巢路线的例子，描述了在外部系统行为上，人工物对自然生物模拟的可能性。当蚂蚁在沙滩上爬行并绕开一系列的障碍物，顺利回到其巢穴时，在沙滩上留下了一连串的轨迹。将这一轨迹连接起来所得的线路，可以看作是一个物体避开障碍，不断前行的路线；也可以是人类行走并寻求绕开障碍的路线。从这一点思索，不考虑内部构成的差异，而仅考虑目标任务情况下的外部表现时，人工智能可以模拟出人类为实现某种目的所进行的系列探索活动或行为运动。

其次，人工智能能够模拟人类的认知推理过程。如大部分的推理题目、概念形成题目、试误验证题目，计算机的计算都能够进行演算并得出结果，且计算速度与准确度均远远高于人脑。计算机能够模拟出像"河内塔问题"、"传道士野人问题"等逻辑判断问题在人脑中的推理步骤过程。在20世纪60年代兴起的认知心理学，将个体认知过程描述为一个信息加工过程，在解答此类推理逻辑问题时，信息在个体头脑中经历了一连串的认知加工。因思维和语言本身紧密相连，运用语言作为载体，思维的逻辑性和抽象性才能流畅地、有条理地延伸。认知心理学中的信息加工论，便是把人脑类比为计算机，将认知过程类比为计算机信息加工过程，并且每一个步骤都是和语言联系在一起的，可以将其状态表述出来或用图形表达出来。问题解决过程假如以手段—目标理论进行分析的话，那么问题解决的研究最终都是一个过程描述，描述了通向向往目标的路径过程。据此，人工智能能够将人脑解答此类问题时所经历的程序进行模拟，只要记录下每个可能性的结果和发展路线，计算机便能计算出不同条件下的最优化结果。

1997年，IBM公司设计的"深蓝"国际象棋程序与国际象棋大师卡斯帕罗夫（kasparov）的比赛，结果令世界震惊，并引发出激烈的讨论。从5月3日至11日，

① ［美］赫伯特·A. 西蒙. 人工科学. 武夷山译. 北京：商务印书馆，1987. 22.

第一局卡氏首战告捷，第二局"深蓝"扳回一局，随后的三局则都打成平手，结果最后一天，卡斯帕罗夫与深蓝较量了三个小时，卡氏深思了一个小时后还是认输了，主持人宣布"深蓝"以 3.5 分对 2.5 分的结果战胜了卡斯帕罗夫。这次比赛是人工智能学术界的重大历史事件，也使人工智能学术界大受鼓舞，期望能制造出超过人类智能的人工智能机器①。

　　尽管人工智能在弈棋领域取得了巨大的突破性成就，但我们也不会简单地将其看为超越人类智能的表现，但人工智能确实能够将人类认知过程进行程序编写，储存在记忆库中，并因条件不同而计算出不同的答案结果，实现思考推理过程。这正是人工智能协助人类工作的体现，人类智力是可以被部分模拟的。

二、自然智力与人工智能的相异性

　　尽管许多研究成果表明了人工智能对自然智力模拟的有效性，同时我们也看到智能现象以计算机技术呈现的现实。智力体现的核心是人的认知能力，智力的模拟是否仅仅是针对认知能力的模拟呢？仍然有研究者认为人工智能无法对自然智力进行真正的模拟，研究人类思维现象的各个学科中都有研究者持 AI 无法模拟自然智力的观点，他们可能是从相异性出发的，总的而言支持其否定态度有以下几个方面的理由。

　　1. 自然物与人工物本质相异

　　人工智能是人工模拟技术所形成的人工物，人工物需要依赖于事先规定好的规则和程序对目标活动、目标现象进行重现；而自然物所依据的是其物质世界的固有规律，不经由事先设定而能进行改变。另外，思维是发生于主观世界的精神现象，存在着计算机目前无法跳跃的技术鸿沟。自然智力以大脑神经活动为生理基础，首先，从物质世界规律方面看，在人类现有的知识范畴内仍无法完全清晰地把握大脑活动的内在规律，有许多的机制仍然是困扰科学研究的难题，大脑机制仍然可称为一个"黑盒子"，要以固定的规则和程序来模拟一个未知的自然物的活动规律，显然是不可能的。其次，从主观世界规律方面看，人脑的思维活动有清晰描述的思维过程，也有无法清晰表述的直觉、顿悟，无法表述的内容无法通过模拟来重现。

　　2. 自然智力与人工智能的发展方式不同

　　就群体而言，人类通过数千年的进化才达到当前的智力水平；就单个个体而言，智力是由个体天生的生理基础所决定的，在后天的培养当中让其得到不断的开发。遗传变异与学习培养是自然智力发展的基本方式。人工智能从出现起便是以科学技术为基础的，其发展方式依赖于科技创新和理论发展，虽然人工智能是机械的程序运算式运作，但在其出现至今近五十年的时间里却日新月异，不断更新换代。在许

① 林尧瑞，郭木河．人类智慧与人工智能．北京：清华大学出版社．2001.179.

多应用领域人工智能机械已经取代了人类进行工作，可以预见的是，人工智能的研究成果会越来越多地进入生活空间，替代人类去完成工作任务，以致人们不再需要投入过多的智力资源去从事某些工作。

三、自然智力与人工智能的相互影响

1. 智力的研究为人工智能的产生、发展提供了理论基础

1956 年，当十位学者正式使用人工智能（artificial intelligence，简称 AI）作为新兴学科的名称时，便已经借助了 20 世纪心理学对智力研究的新进展。以往智力研究注重的是知识和行为模式的习得，但越来越重视"判断"、"决策"、"思维"能力的重要性。认知心理学的兴起，研究了更多关于记忆、信息搜索、判断验证、逻辑推理等领域的问题。正是对人类智力的新认识，才促成了人工智能与心理学之间的牵手。

而认知论的发展，却是人工智能发展的重要理论基础。人工智能依赖于程序语言系统模拟人类思维的部分功能，但其对人类意识的模拟，不仅有赖于机器人本身技术上的革新，而且也有赖于对意识活动的过程及其影响因素的了解。纯粹的认识论研究是哲学思辨形式的，1969 年奎因（W. O. Quine）提出了"自然化的认知论"，认为现代认知论家应当"从安乐椅中站起来而走入实验室"，用科学研究方式去得出自然化的认知论，由此甚至引发了心理学对认知论的强替代或弱替代的思考。强替代指的是"心理学问题包容了认知问题的全部"；弱替代指的是心理学研究质疑传统认知论，需要通过心理学研究中有关认知发生、发展的理论观点来丰富认知论，继而才让认知论成为人工智能的基础学科。毋庸置疑，人工智能的理论基础需要研究人类心理过程的心理学的极大参与。

2. 人工智能的研究为智力心理学研究开阔了新的研究方向

从另一个角度讲，科学理论是对物质规律的探索，彼此之间肯定是相互统一的。认知科学兴起之后，人工智能对人类认知的演绎和模拟，也拓宽了心理学研究的内容。人工智能实现了更多的人类认知活动和思维现象，为心理学对人机关系研究创设了新的平台，继而以语言符号系统更清晰地表达认知步骤，同时也使得心理学研究需要探索更多的人脑与电脑的差异，以丰富对人类智力的理解。智力不仅仅被当作是一种认知思维的能力，其内涵在与电脑的差异研究中也得到了更为广泛的开阔，人类智力的自然属性和社会属性为研究者所重视并结合在一起进行研究。

3. 自然智力与人工智能研究相互促进

随着研究技术和计算机智能技术的进步，自然智力与人工智能研究相互接近，互为补充。

首先，随着计算机技术的发展，心理学研究得以更精细化。人脑的构造常被称为"黑盒子"，它内部复杂而且联系深远，无法简单地通过单因素一对一的研究思

路探究其基本原理。随着计算机技术的进步，人脑机制能通过计算机进行模拟，减少了对人类智力现象研究的困难，也通过对人脑神经元的精细定位，提高了研究的效度。

其次，电脑无法实现的智力现象，促使智力研究的再反思。1983 年，美国心理学家加德纳提出了"多元智能理论"，尽管他所使用的概念不能完全定义为传统智力概念，但他提出了一种扩展智力内涵的新观点。他通过生理解剖研究和认知思维研究，将人类智力活动扩展到了艺术、音乐、技能、社会交流等情景下，这为区别自然智力与人工智能提供了新的内容和研究领域。在美国心理学家沙洛维和梅耶（P. Salovey & J. D. Mayer）的论文中提出了对情绪智力的研究。人类自身体验自己与他人的情绪，识别人际间情绪差异和调控个人情绪时所获取的信息，又被用以指导个人思维和行动，这种能力被称为情绪智力。

智力研究新的理论进展，使得自然智力与人工智能之间的差别越发彰显，而对自然智力的深入研究，最终将为模拟方式与模拟手段提供借鉴参考。人工智能和自然智力的相互促进，使智力研究的内容和研究手段不断得到丰富、提高。

4. 人工智能的技术发展实现了更多的人脑智能模拟

计算机技术的进步为科技进步提供了极大帮助。计算机技术的进步，使得计算机的功能和计算能力不断提升，可以通过语言进行表述、表征的思维现象或运动现象都能找到恰当的逻辑语言程序去描述。人工智能通过提升程序复杂性，包罗更全面的智能现象；又通过多种智能技术的提升，使得人工智能机器能满足某些单一的、特殊的运动现象或思维现象的模拟，所以，可以预见人工智能能够在将来对人脑智能有更丰富的模拟手段。

第三节　从发展的角度看心理学对人工智能的影响

探讨了人工智能与智力的关系，在此还需要对人工智能的发展进行回顾，才能更清楚地理解人工智能的产生与发展为科学研究所带来的贡献。

一、人工智能的发展历史

1. 萌芽：图灵测试及智能判断

远在古代，人类便已设计出不同类型的协助人类劳动的典型模拟机械，在近代物理与化学发展的促进下，许多手工加工中出现了精巧的机械设计，体现了人类用机械模拟智能活动代替人类劳动。但真正提出模拟人类智能思想的是英国学者阿兰·图灵（A. Turing），他在 1937 年所发表的论文"理想计算机"中提出了独特的设想——"图灵机"的理想计算机模型，并对计算理论进行了精辟的论述。在1950年的另一篇论文"计算机能思维吗"中，他又给机器的思维能力下了一个近似的但不很精确的定义："如果机器在某些现实条件下能非常好地模仿人回答问题，以致使提问者在相当长的时间误以为它不是机器，那么，机器就可以被认为是能够思维的。"图灵的设想是超前的，他被认为是现代人工智能的奠基人。1950年，他花费4万英镑、使用约800个电子管的ACE样机研制成功。在公开演示会上，这台机器被认为是当时世界上速度最快、功能最强的计算机之一。图灵演示了他所提出的人机问答"模仿游戏试验"，后人称为"图灵测试"。至1993年美国波士顿计算机博物馆举行的"图灵测试"，才充分验证了图灵的预言。

为表彰图灵的伟大贡献，美国计算机协会（Association for Computer Machinery，ACM）于1966年设立了"图灵奖"，专门奖励那些对计算机科学研究与推动计算机技术发展有卓越贡献的杰出科学家，它就像科学界的诺贝尔奖那样，是计算机领域的最高荣誉。

2. 诞生与发展

人工智能作为一门学科诞生，有其公认的标志性事件。1956年夏季，在美国达特茅斯大学由麦卡锡（McCarthy）、明斯基（Minsky）、罗彻斯特（Rochester）、申农（C. E. Shannon）等共同发起，并邀请了纽维尔（A. Newell）、西蒙等参加的学术讨论班，探讨和交流了用机器模拟智能的各种问题，讨论时间长达两个月。这十位来自数学、神经生理学、心理学、信息论和计算机科学等领域的学者，在会上第一次正式使用人工智能（AI）这一术语，这标志着人工智能这门新兴学科的诞生。

自人工智能兴起之后，便获得了科学家和工程师们的重视。在全球范围内兴起了人工智能理论与应用的研究。在问题解决、博弈、定理证明、机器视觉、自然语言理解等领域得到突破进展，并据此深入研究。

为推动人工智能研究工作，科学家们成立了国际人工智能联合会，从1969年开始，每两年一届，讨论和交流研究成果、存在问题和发展动向，在世界各国也设立了本国的人工智能学会，促进世界性的发展交流。

人工智能的发展直接推动着计算机技术的更新。第一代计算机是电子管计算机，第二代为晶体管计算机，第三代是大规模集成电路计算机，第四代是超大规模集成电路计算机，而在20世纪80年代已经有日本科学家提出了研制第五代智能计算机。

3. 知识工程时期

1977年，美国斯坦福大学计算机科学家费根鲍姆教授（B. A. Feigenbaum）在第五届国际人工智能会议上提出知识工程的新概念。费根鲍姆提出："知识工程是人工智能的原理和方法，为那些需要专家知识才能解决的应用难题提供求解的手段。恰当运用专家知识的获取、表达和推理过程的构成与解释，是设计基于知识的系统的重要技术问题。"这类以知识为基础的系统，就是通过智能软件而建立的专家系统。

　　人们对知识工程的理解，一般局限于专家系统范围内。费根鲍姆教授 1983 年所著的《第五代计算机：人工智能和日本计算机对世界的挑战》一书中提到，"知识工程"一词在日本较为流行，因为在日本，工程技术人员有很高的地位；但在英国，工程技术人员不享受这样的荣誉，人们主张使用"专家系统"这个词。

　　知识工程将具体智能系统研究中那些共同的基本问题抽出来，作为知识工程的核心内容，使之成为指导具体研制各类智能系统的一般方法和基本工具，成为一门具有方法论意义的科学。在 1984 年 8 月全国第五代计算机专家讨论会上，史忠植提出："知识工程是研究知识信息处理的学科，提供开发智能系统的技术，是人工智能、数据库技术、数理逻辑、认知科学、心理学等学科交叉发展的结果。"

　　知识工程可以看成是人工智能在知识信息处理方面的发展，研究如何由计算机表示知识，进行问题的自动求解。知识工程的研究使人工智能的研究从理论转向应用，从基于推理的模型转向基于知识的模型，包括了整个知识信息处理的研究。经过这段时间的发展，知识工程已成为一门以知识为研究对象的新兴边缘学科。

　　4. 人工智能研究新进展

　　有研究者提出 21 世纪三大尖端技术为基因工程、纳米科学、人工智能。21 世纪人类全面进入信息时代，信息科学技术促进了劳动资料信息属性的发展，从而促使科学技术与生产力比过去更加紧密地结合在一起。

　　2005 年，我国研究者陆汝钤提出"知件"的概念。通过知件的形式，把软件中的知识含量分离出来，软件和知件成为两种不同的研究对象和商品，使硬件、软件和知件在计算机 IT 产业中分担着不同的功用。知件就是独立的、计算机可操作的、商品化的、可被某一类软件调用的知识模块。信息时代最重要的是发展知识经济，而这必将导致知识产业的建立。在人工智能模拟上，知件这一新领域的技术提升，将促进知件工程的新发展。

　　知识产业的兴起是后工业化社会的特征。在后工业化社会中，社会的主要功能从生产（制造）货物转向了知识经济，理论知识、技术和信息成了商品的主要形式。

　　信息化的必然趋势是智能化，它将使世界经济从工业化阶段进入知识经济阶段，即将物质生产和知识生产结合起来，充分利用知识和信息资源，提高产品的知识含量。至 20 世纪 80 年代后，各国研究者已经开始酝酿第六代计算机，即神经计算机，通过使电脑更接近于人脑的机制，以探求研制智能计算机的突破点，但毫无疑问，要实现这种模拟人脑的想法是很艰巨的，因为当中存在着许多对人脑机制的未解答的科研难点。

二、人工智能发展面临的哲学问题

　　人工智能在近五十年的不断发展与创新的同时，所面临的困境也是十分明显的。

人工智能对人脑的模拟有暂时无法解决的本质问题，这些问题可归结如下。

1. 意向性问题

早在一百多年前，黑格尔（Hegel）在《小逻辑》中提到："同一句格言由不同年龄的人讲出来，含义完全不同，因为没有人能够替别人思维，一如没有人能够替别人饮食一样。"同一个语言信息，由生活经验不同的人发送出来，其信息量也会因人而异，体现了发送信息的极大能动性。人脑的最大特点是具有意向性与主观性，并且人的心理活动能够引起物理活动，心身是相互作用的。大脑的活动通过生理过程引起身体的运动，心理是脑的功能。

据此理论观点，塞尔（Sale）认为，计算机或人工智能无法像人的大脑一样，既具有意向性又具有主观性。他对一些观点提出了批评，认为坚持这种观点的人，把人的思维与智能纯形式化了。而计算机程序的那种形式化、语法化的特征，对于那种把心理过程与程序过程视为同样过程的观点是致命的。因为人心不仅仅是形式或语法的过程，人的思想所包含的绝不只是一些形式化的符号。实际上，形式化的符号是不具有任何语义的。"计算机程序永不可能代替人心，其理由很简单：计算机程序只是语法的，而心不仅仅是语法的。"心是语义的，也就是说，人心不仅仅是一个形式结构，它是有内容的。塞尔认为，机器究竟能否进行思维的关键在于它是否能够给对象赋予意义。

电脑和人脑的基础是有差别的，但某些功能是相同的。依赖于不同的基础实现相似的功能，人工智能可被理解为我们人类智能特殊的实现方式。用意向性来否定人工智能的深度，虽然有一定的根据，但塞尔的观点存在着将人的心灵再度神秘化的倾向，解决意向问题的关键是对意向性进行操作性描述。

2. 人工智能中的概念框架问题

概念框架也称背景知识、背景信念。之所以将人们认知的概念框架称作信念，是因为概念框架是在不断的学习与实践中形成的，并得到验证的那些可资利用的可靠信息；这些信息在过去已被证明是非常成功的，我们对之没有理由怀疑。背景信念唯一的不确定性，体现在它是不断增长、变化的，总处于不断的更新之中。

由于概念框架是一个变量，如果我们不对智能模拟的目标加以限定，那么计算机编程就会面临指数爆炸的问题。因此，对人类智能的模拟就必须把机器人的目的加以限定，让机器人做特定的、有限的工作。人脑的活动是分区域的，那么对人脑意识的模拟首先应当分功能地进行。

概念框架引发的另一悖论是：一方面我们极力限制人工智能按照人类编定的程序规则来实现模拟，另一方面我们又极力希望机器能超越规则，模拟出多样的变化。

3. 机器人行为中的语境问题

语言在运用中往往并不只有唯一的语义，语言表述无法避免多层含义甚至歧义，语言的意义随语境的不同而有所差别。

对语义的理解，首先要找到我们思想中的这些命题或其他因素的本原关系、逻辑关系，以及由此而映射出构成世界的本原关系、客体与客体之间的关系。最初电脑所使用的物理符号系统便是以此为基础的。但是，由于人们的思想受到来自各方面因素的影响，同时语言命题也不是绝对确定的单个句子，影响因素更是众多。对高层次思维问题进行模拟时，例如，机器人之间的对话、感知外界事物、学习机等，就必须在设计时考虑语句所使用的场合及各种可能的意义。

在哲学上，语境论是在"概念的相对性"提出之后形成的，它作为反对形式化的一种观点，即反对人们认为可以建立一套能被普遍应用而无需考虑特殊情况的抽象形式，或者我们可以通过研究一个陈述的逻辑结构来确定它的含义的观点。

世界形式化，或形式地理解智能行为，直至目前人们认为是极为困难的，这些困难用形式化的方法是无法逾越的。由此可见，传统符号主义流派西蒙和纽维尔（H. Simon & A. Newell）的符号程序已经无法适应。其最大的局限性是符号程序没有看到信息加工系统是动态的、相互作用的、自组织的系统。

4. 日常化认识问题

1970年后，在明斯基（Minsky）的倡导下研究者开始涉及"微世界"领域，以形成系统处理知识的方法，并且期望限定的、孤立的微世界能够逐步变得更接近现实，并且能尽快成为通往现实世界的理解手段。研究者最终发现这种研究在目前的情况下过于困难。因为关键的问题是必须在对常识的研究中形成一组与常识理解相对应的抽象原理。但是，人类很可能根本不是按照通常的方式使用常识性知识的。正如海德格尔（Heidegger）和维特根斯坦（Wittgenstein）所指出的，与常识性理解相当的，很可能是日常技能，它并不是指过程的规则，而是指在众多的特定场合知道该做什么。如果是这样的话，理解技巧就不是以某种确定的规则为基础的了，例如，道德语境、审美情境等，那么，基于符号的建构就无法对这样一种人们在特定的语境中所做出的特定行为进行模拟，这迫使理论研究从符号操作理论转向神经网络模型的建构。

三、心理学理论对人工智能流派的启发

在人工智能的理论研究方面，深入的研究需要对人类智能提出理论假设，以此设计出反映该流派观点的计算机模拟系统，解决模拟人类智能所面对的理论问题和应用问题。在人工智能发展的不同时期，心理学理论为人工智能带来了许多启发。心理学对人类思维机制的解释，为人工智能研究者提供了许多的理论指导。根据对人类智力的不同理解，这些研究可分为三个主流学派：

1. 符号主义学派

关于语言符号系统与思维的研究是心理学研究的重要领域。苏联乔姆斯基（N. Chomsky）在20世纪50年代提出"生成转换语法"，并盛行于西方社会，以其为代表而兴起的心理语言学研究也取得了许多研究成果。心理语言学研究的问题包括言

语的知觉和理解，言语的产生，言语的获得，言语的神经生理机制，各种言语缺陷，言语和思维以及言语和情绪、个性的关系等，这些领域的研究成果都对人工智能理论的发展起了很重要的推动作用。符号主义学派认为人工智能需要关注数理逻辑。数理逻辑之所以会被认为是思维当中的重要部分，是由于心理学对语言与思维研究的深入。数理逻辑从 19 世纪末开始得以迅速发展，到 20 世纪 30 年代被用于描述智能行为。计算机出现后，又在计算机上实现了逻辑演绎系统。其有代表性的成果为启发式程序"LT 逻辑理论家"证明了 38 条数学定理，表明可以应用计算机研究人的思维构成，模拟人类智能活动。符号主义学派代表人物有纽维尔、西蒙和尼尔逊（N. Nilsson）等，后来又发展了启发式算法—专家系统—知识工程理论与技术，并在 20 世纪 80 年代取得很大发展。符号主义曾长期一枝独秀，对人工智能的发展作出了重要贡献，尤其是专家系统的成功开发与应用，为人工智能走向工程应用和实现理论联系实际具有特别重要的意义。在人工智能的其他学派出现之后，符号主义仍然是人工智能的主流派别。

2. 联结主义学派

"联结"原指实验动物对笼内情境感觉和反应动作的冲动之间形成的联系或联想，美国心理学家桑代克称之为"联结"，以便与观念联想区别开来，他认为动物没有观念和观念的联想，而联结不仅动物有，人也有。桑代克用神经联结解释心理联结，认为两者一一对应。

联结主义学派认为人工智能要着重于神经生理模拟，这种思想源于人脑模型的研究。其代表性成果是 1943 年由生理学家麦卡洛克（W. McCulloch）和数理逻辑学家皮茨（Pitts）创立的脑模型，即 MP 模型，开创了用电子装置模仿人脑结构和功能的新途径。它从神经元开始进而研究神经网络模型和脑模型，开辟了人工智能的又一发展道路。

20 世纪 60—70 年代，联结主义，尤其是对以感知机（perception）为代表的脑模型的研究出现过热潮，但由于受到当时的理论模型、生物原型和技术条件的限制，脑模型研究在 20 世纪 70 年代后期至 80 年代初期落入低潮。直到霍普菲尔德教授（Hopfield）在 1982 年和 1984 年发表两篇重要论文，提出用硬件模拟神经网络之后，联结主义才又重新抬头。1986 年，鲁梅尔哈特（Rumelhart）等人又提出了多层网络中的反向传播算法（BP）。

现在，联结主义学派对人工神经网络（ANN）的研究热情仍然较高，但研究成果则仍未能如预期般有所突破。受人脑的模拟思路困扰的不仅仅是人工智能学科，也包括其他自然科学。

3. 行为主义学派

行为主义最早是由美国著名心理学家华生提出的。华生认为人类心理贯穿着刺激与反应机制，运用这种从刺激物到反应的研究方式，解释了人类心理现象与行为，甚至认为意识是不可观察的，所以不应当去研究心理内部活动。华生掀起了心理学的一场革命，许多研究以刺激—反应作为基本研究主线，跳开了人类心理意识的研究。对可以操作和观察记录的外显行为的研究思潮盛行一时，将心理学研究的科学性极大地提升，影响了当时美国的心理学，这种对人类心理的理解也影响了许多其他学科，并出现了许多新的理论观点。

遵循研究外部活动的思路，行为主义学派人工智能更着重于控制论思想。维纳和麦克洛克（N. Wiener & W. McCulloch）等人提出的控制论和自组织系统以及钱学森等人提出的工程控制论和生物控制论，在学科内部影响广泛。控制论把神经系统的工作原理与信息理论、控制理论、逻辑以及计算机联系起来。早期的研究工作重点是模拟人在控制过程中的智能行为和作用，如对自寻优、自适应、自镇定、自组织和自学习等控制论系统的研究，并进行"控制论动物"的研制。

到20世纪60—70年代，上述控制论系统的研究取得一定进展，播下智能控制和智能机器人的种子，并在20世纪80年代诞生了智能控制和智能机器人系统。这一学派的代表作首推布鲁克斯（Brooks）的六足行走机器人，它被看作是新一代的"控制论动物"，是一个基于感知—动作模式模拟昆虫行为的控制系统。

符号主义、联结主义及行为主义这三个主流学派使人工智能的研究呈现出多种方向发展趋势。三个主流学派从不同方面模拟人的智力现象，虽然仍存在基本的哲学问题，但实现模拟却并非完全不可能。借助于对人类智力现象的不断深入理解，智力研究的理论与概念为人工智能研究提供了新的研究焦点，这可以帮助人工智能研究走出基本哲学问题的困境。有研究者认为，为走出这种困境，人工智能研究应从以下三个方面进行限定和改进：

首先，限定人工智能模拟的目标对象。必须使机器人对人的意识的模拟特定化，即不要让机器人做太多过于复杂的事情，不要使电脑程序陷入计算指数爆炸。

其次，必须把人的心理与意识分层次进行模拟。只要能够展示出人脑的功能，那么尽管物理的过程与人的生理、心理的过程截然不同，但从功能上来说则是等效的。但是，要分层次地进行模拟，心理学的实验必不可少。为观察到的人类行为建立模型而编制符号系统程序，心理学对参试者观察与实验的结果便可作为构造信息语言符号系统的假设。

再次，必须建立理解意义的各种条件性假设。由于语句的意义在使用过程中是变化的，其意义随语境的不同而不同，这就需要我们在编程时设计出各种条件性假设，不同的语境有着不同的条件，只要我们设计出这些条件，那么其意义就能得以确定。

第四节　人类智力的集合研究

一、智力研究的新思路——"智能科学"

智力是人类最复杂的心理活动，智力以人类大脑神经系统活动作为基本的生理基础，又以社会文化积淀作为其内容，所以智力既具有生物性也具有社会文化性。从古希腊哲学家将智力行为看作是心脏的功能，至今天当代科学对智力的研究发展出多种理论的理解，智力研究有着漫长的发展历程。

对智力进行精确而完整的研究存在着极大的难度，在当前科研技术不断提升、科学理论不断深化的学术背景下，智力研究的方法和手段比以往更加丰富、更加多样化。为实现对智力多样化研究的深入与整合，智力的集合研究将是一种创新的研究思路，这可以被定义为"智能科学"的研究思路。科学研究的趋势使当前研究的结果和研究领域出现了学科间极大的交叉。如同 20 世纪 80 年代的思维研究一样，因为思维问题存在复杂性，而且得到多个自然科学学科与社会科学学科的共同关注，因此研究者们提出了"思维科学"这样一个多学科研究交叉的新兴学科群，以便更全面地综合有关大脑思维现象的研究成果。

研究人的智能问题，最初生理学、生理解剖学作出了很大的贡献；研究智力问题，心理学提出了许多关于人类心灵意义的基础理论。对智能这一个核心问题，越是深入地研究，就越会发现难以由单个学科的理论去概括全貌。或许可以预见，一种人类智力的集合研究观点将会带来新的研究进展，即以智力为核心概念的研究能形成一个全新的学科群—智能科学，它由脑科学研究、认知科学研究、文化学研究和计算机技术研究等多学科的整合研究组成。

二、智力的脑科学研究

脑科学研究通过从分子水平、细胞水平、行为水平研究人脑的智能机理，建立脑模型，揭示人脑本质。脑科学的主要研究方法有以下四个：

（1）脑功能成像技术。脑科学当中常利用脑功能成像技术，而脑功能成像技术是利用核磁共振技术对人脑进行正常生理条件下的功能成像。

（2）解剖学方法。通常采用荧光、放射性标记等组织染色方法在光学显微镜下观察神经系统各种组织的细胞结构，即神经元的不同形态，以及它们间连接的一般情况。运用电子显微镜可以进一步了解神经元和突触的精细结构。

（3）生理学方法。①运用微电极细胞外记录、细胞内记录技术对单个神经元活动进行分析。②片膜钳技术。20 世纪 70 年代后期，内尔和索克曼（Neher & Sakmann）发展了一种新的记录方法，可以用来记录单个离子通道的活动。

　　（4）分子生物学方法。①重组 DNA 技术。分析离子通道蛋白的结构和功能、生理特性。②应用单克隆抗体和遗传突变体。

　　脑功能的奥妙之一在于其整体和活体起的作用与局部和死的系统有质的不同，神经科学家都特别期待能够拥有观察活体脑的机会，现代无创性成像技术终于第一次使这个幻想成为现实。正电子发射断层扫描（PET）通过监测发射正电子的分子在脑内的分布来了解脑内功能活动。这些发射正电子的分子由人为导入，根据需要可以观察血流，也可以观察脑内神经递质等分子。以美国华盛顿大学雷克尔为代表的科学家们，将 PET 应用于脑功能多方面研究，使人们真正得以窥视活体脑的工作。

三、智力的认知科学研究

　　神经活动是针对人脑活动的生理基础的研究，而人类智力的主要内容便是人类的认知活动。认知能力的研究，既研究智力研究的核心问题，也深入探究智力的内涵，所以针对认知的研究被提升到更重要的高度，即认知科学。

　　认知科学被认为是 20 世纪世界科学标志性的新兴研究门类，它是研究人类感知、学习、记忆、思维、意识等人脑心智活动过程的科学，是研究人类感知和思维信息处理过程的科学。一般认为，认知科学的基本观点最初散见于 20 世纪 40—50 年代一些各自分离的特殊学科的研究报告之中，而至 60 年代以后得到较大的发展。

　　认知科学的研究将使人类自我了解和自我控制，把人的知识和智能提高到空前未有的高度，包括从感觉的输入到复杂问题求解，从人类个体到人类社会的智能活动，以及人类智能和机器智能的性质。

　　认知科学运用多门学科所使用的工具和方法，从完整的意义上对认知系统进行全方位的综合研究。认知科学与智能科学的最大区别在于认知科学揭示的是认知活动的内在机制，而智能科学才真正将人类智力活动问题上升到整合层次，对具有文化性、生物性的人类智力进行全面的揭示。

四、智力的心理学研究

　　智力研究离不开心理学研究，从智力概念出现至今，心理学从理论研究范式、研究手段、研究内容等多个方面对智力研究作出了极大的推动。而在智力研究的应用领域当中，最集中的便是智力测验研究，这部分也是心理学研究的知识范畴。

　　从行为主义研究人类外显行为到认知主义研究人类内部认知过程，至今天盛行的智力研究的生态文化发展观，智力心理学不断探索智力的全貌，并赋予智力研究的人性特性。智力与人类生活情境密切相关，表明人类智力研究不能简单地从机能、结构上去揭示。智力的心理学研究从整体概貌上去解释智力，通过对智力的生理基础、发展规律、培养开发及社会文化影响等方面的探索和明晰，将智力这一概念聚合为更为完整的内容。从一个真实个体的角度去认识智力，让智力的研究能真正体现出人的灵性。

五、智力的文化学研究

当今社会生活中人的因素日益凸现，特别是随着人们愈加重视社会生活和社会文化对人的发展的影响与作用，智力的社会属性和文化属性开始受到研究者关注，并且从生态文化和社会适应上探讨智力。

首先，由于人本主义的兴起，人们更加关注人性和人的自由发展。因此，极端科学主义者提倡的严格的科学实验受到了批评，人们更关注智力在现实情境中的发展。

其次，人是机能的活动体，它不仅是生理与环境的联系体，还是受动与主动的联系体。因此，智力的发展受外部环境的影响，包括外部文化的影响。而社会文化就其本质而言，是一种生态文化。社会文化与生存环境中的文化成分影响、决定人的智力形成与发展。

再次，文化学研究的研究方法得到新的发展。自 20 世纪 70 年代 EM（expectation maximization）算法的出现和计算机技术的发展，带来了新一代的统计和测量理论及方法。如结构方程与多层分析理论，这使社会研究方法的实验情境、测量更加趋向自然化，研究者可以对智力发展中的环境、文化因素进行更好的控制。

智力的文化学研究的基本出发点是：人是社会文化的复制品，人的心理机能由社会生活和文化制约、决定，而智力则是个体对环境（社会、文化）适应的产物。人文主义倾向的智力研究具有以下特点：

第一，联系种族生活方式进行智力研究，廓清了文化对智力的制约作用。

第二，在智力问题研究中重视社会经验对智力的影响。

第三，在智力文化学研究中更加重视智力研究的情境性。

第四，在智力文化学研究中大量采用了社会学的研究方法。

六、智力的计算机技术研究

如上所述，人工智能研究虽然已经不仅仅是计算机模拟技术的研究，但计算机技术的发展是人工智能发展的前提。在此所谈的智力的计算机技术研究，主要针对智力模拟技术的研究。智力的计算机技术研究通过人工的方法和技术，模仿、延伸和扩展人的智能，实现机器智能。从而由理论研究观点，进一步进行整体人类精神世界的探索，最终以物质机械技术呈现，形成了一个整体的研究体系。

智能科学这一学科设想，是一个提升智力问题研究的重要突破，像1956年人工智能刚刚开始诞生一样，它反映出当代研究的特点。以传统科学理论学科划分的门类，涉及范围极广，许多研究专家已经很难成为一位掌握各学科所长的"大家"，因此可能会出现众多的专家。针对单一核心领域的学科群研究，让专家所专集结在一起，更为系统、有效地解决共同问题，这或许正是智能科学诞生的时代趋势。

参考文献

1.［美］赫伯特·A. 西蒙．人工科学．武夷山译．北京：商务印书馆，1987.

2. 林尧瑞，郭木河．人类智慧与人工智能．北京：清华大学出版社，2001.

3. 杨效农．人工智能对世界的挑战．新华通讯社参考消息编辑部，1984.

4. 胡文耕．信息、脑与意识．北京：中国社会科学出版社，1992.

5. 蔡自兴，徐光祐．人工智能及其应用（第三版）．北京：清华大学出版社，2003.

6. 张守刚，刘海波．人工智能的认识论问题．北京：人民出版社，1984.

7. 石纯一，黄昌宁等．人工智能原理．北京：清华大学出版社，1993.

8. 吴泉源，刘江宁．人工智能与专家系统．北京：国防科技大学出版社，1995.

9.［美］修伯特·德雷福斯．计算机不能做什么—人工智能的极限．宁春岩育译．北京：三联书店，1986.

10. 蔡笑岳．关于思维加工模型的讨论．心理学探新，1988（3）：29～34，45.

11. 蔡笑岳，苏静．智力心理学研究的人性审视．华南师范大学学报（社会科学版），2005（6）：117～122.

12. 郑祥福，洪伟．认识论的自然化、日常化与人工智能．浙江社会科学，2004，22（4）：207～210.

13. 郑祥福．人工智能的四大哲学问题．科学技术与辩证法，2005，22（5）：34～37.

14. 李东，李翠玲．人工智能技术发展概论与应用．Programmable Controller & Factory Automation，2006（1）：6－9.

15. 危辉．语义问题与人工智能模型构造的系统观点．心智与计算，2007，1（2）：246～255.

16.［美］Stevens，L. ．关于人工智能的思考．世界哲学，1988（1）：18～24.

17. Nino，B. Cocchiarella. Knowledge Representation in Conceptual Realism. *International Journal of Human-computer Studies*，1995，43（5－6）：697－721.

18. William R. Uttal. Robot Craftsmanship-Yes! Artificial Intelligence-No! Review of Artificial Intelligence and Mobile Robots. *Journal of Mathematical Psychology*, 1999, 43 (1): 155 – 164.

19. Cunningham, P., Bonzano, A. Knowledge Engineering Issues in Developing A Case-Based Reasoning Application. *Knowledge-Based Systems*, 1999, 12 (7): 371 – 379.

20. Frantz, R., Herbert Simon. Artificial Intelligence As A Framework for Understanding intuition. *Journal of Economic Psychology*, 2003, 24 (2): 265 – 277.

21. Sharon Wood. Representation and Purposeful Autonomous Agents. *Robotics and Autonomous Systems*, 2004, 49 (1 – 2): 79 – 90.

22. Nils Nilsson, Cook, S. Artificial Intelligence: Its Impacts on Human Occupations and Distribution of Income. *Computer Compacts*, 1984, 2 (1): 9 – 13.

23. Lanzola, G., Gatti, L., Falasconi, S., Stefanelli, M. A Framework for Building Cooperative Software Agents in Medical Applications. *Artificial Intelligence in Medicine*, 1999, 16 (3): 223 – 249.

24. Miranda, J., Aldea, A. Emotions in Human and Artificial Intelligence. *Computers in Human Behavior*, 2005, 21 (2): 323 – 341.

25. Wheeler, G., Pereira, L. Epistemology and Artificial Intelligence. *Journal of Applied Logic*, 2004, 2 (4): 469 – 493.

26. Chrisley, R. Embodied Artificial Intelligence. *Artificial Intelligence*, 2003, 149 (1): 131 – 150

27. Frantz, R., Herbert Simon. Artificial Intelligence as A framework for Understanding Intuition. *Journal of Economic Psychology*, 2003, 24 (2): 265 – 277.

28. Stojanov, G., Trajkovski, G., Kulakov, A. Interactivism in Artificial Intelligence (AI) and Intelligent Robotics. *New Ideas in Psychology*, 2006, 24 (2): 163 – 185.

29. Reis, M., Paladini, E., Khator, S., Sommer, W. Artificial Intelligence Approach to Support Statistical Quality Control Teaching. *Computers & Education*, 2006, 47 (4): 448 – 464.

30. Stanojević, M., Vraneš, S. Knowledge Representation with Soul. *Expert Systems with Applications*, 2007, 33 (1): 122 – 134.

认识自己和认识他人的能力，就如同认识客观物体或声音的能力一样，对人类来说是不可或缺的一部分，这一部分的能力应该与其他能力一样得到应有的研究。

——加德纳（Howard Gardner）

第十二章 社会性智力

随着智力研究的深入，传统的智力观日益受到批评，因为传统智力观无论在理论上还是在实践上都局限于认知能力，只注重预测个体学校成绩或学业成功的可能性，不能预测个体生活、事业成就和人际关系等。近二三十年来，智力研究开始从纯粹的自然科学式的关注智力的内在结构、心理与生理机制等领域，转向更为关注文化和社会生活的智力生态研究。视角的拓宽使得智力的内涵得以扩展，智力对现实的解释力不断增加，让智力理论更接近真实生活。新的智力理论在这样的背景下应运而生，社会智力理论、文化智力理论便是其中的代表。

第一节 社会智力

社会智力的概念最早由桑代克于 1920 年提出。从此以后，对社会智力的研究就陆续展开，特别是 20 世纪 60 年代以来，在吉尔福特、斯腾伯格以及加德纳的智力理论影响下，对社会智力的研究逐渐出现高潮。

一、社会智力的概念

虽然社会智力的概念提出得较早，但对社会智力的界定却一直没有形成一致的观点。许多研究者都对社会智力的概念提出了自己的看法。通过梳理以往社会智力的众多定义，我们可以发现之前关于社会智力的定义主要有三种取向：

1. 行为表现取向的定义

该观点认为社会智力是个体社会能力的有效性或适宜性，这是依据行为的结果对社会智力的内涵作出的界定。例如，桑代克就将社会智力定义为理解他人，与他人良好协作的能力①。随后，莫斯和亨特（F. A. Moss & T. Hunt, 1927）提出社会智力是与人融洽相处的能力②；温斯坦（Weinstein, 1969）认为社会智力是完成人际任务的能力；福德（M. E. Ford, 1982）认为社会智力是采用恰当方法和策略实现具体社会情境中相关社会目标，取得积极发展结果的能力③；斯腾伯格认为社会智力是人们进行恰当社会交往所必备的能力。

2. 社会认知取向的定义

这种观点将将社会智力看作是理解社会信息的能力。例如，基尔德（J. P. Guild, 1967）认为社会智力是个体对自己以及他人思想、动机、情绪、情感等的认识④。坎特和凯尔斯壮则从信息加工的角度出发，认为社会智力是一种知识储备，由陈述性知识和程序性知识组成，并且还包括目标的设定、计划、管理和社会行为的评估等元认知的能力⑤。

3. 社会认知与行为表现相整合的定义

此类观点将上述两种看法结合起来，纠正了以往偏重行为或偏重认知的倾向，在社会智力的研究上是一个新的突破。例如，马洛（H. Marlowe, 1985）提出社会智力是一种理解人际情境中人们包括自己的感受、思想和行为，以及据此作出恰当反应的能力。它由一系列问题解决技能组成⑥。从这个方面来看，社会智力与社会能力等同。加德纳在他的多元智力理论中提出了两种类型的社会智力：一种是指向外部的人际智力，另一种是指向内部的内省智力。人际智力指快速掌握和评估他人情绪、情感、意图和动机的能力，分为领导能力、交往能力、解决纷争的能力和分析生态交往的能力。内省智力指自我反省、了解自己的优缺点、情感和思维过程，并采取相应行为的能力。人际智力和内省智力虽然指向不同，但都代表了人的社会适应水平，因而人际智力和内省智力实质上反映的就是社会智力⑦。国内蔡笑岳等人也提出社会智力是主体的一种理解社会环境和社会关系，与之和谐相处，并能够借以表达自我与自我实现的能力⑧。

弗农（1933）提出了最广泛的社会智力定义。他将社会智力定义为个人一系列能力和知识的总和。这些知识和能力包括与他人和谐相处的能力，必备的社会技能

① Thorndike, E. L. Intelligence and Its Use. *Harper's Magazine*, 1920（140）：227－235.

② Moss, F. A. , Hunt, T. Are You Socially Intelligent? *Scientific American*, 1987（137）：108－110.

③ Ford, M. E. , Tisak, M. S. A Further Search for Social Intelligence. *Journal of Educational Psychology*, 1983（75）：196－206.

④ Guild, J. P. Higher-order Structure-of-intellect Abilities. *Multivariate Behavioral Research*, 1981（16）：411－435.

⑤ Cantor, N. , Kihlstrom, J. F. *Personality and Social Intelligence.* New York：Prentice-Hall, 1987.

⑥ Marlowe, Herbert A. JR. The Structure of Social Intelligence（Competence, Skills, Behavior）. *University of Folrida's Doctoral Dissertation*, 1985.

⑦ Gardner, H. *Multiple Intelligence：The Theory in Practice.* New York：Basic Book, 1993.

⑧ 蔡笑岳，杜建彬. 我国大学生社会智力的测量研究. 西南大学学报（社会科学版），2011，4（37）.

和有关社会事务的知识，能够缓解社会压力的能力，对来自于集团内其他成员的刺激具有敏感性的能力以及能够洞察陌生人的情绪变化和人格特质的能力。

　　虽然自桑代克提出社会智力的概念至今已经有八十多年了，人们对社会智力的界定仍然存在不同的观点与争议，但从总体来看，人们基本认定社会智力是一种正确认识自我与他人，并在社会环境中与他人和谐相处的能力。从这点中我们可以得出社会智力具有以下几个特征：①情境性，即社会智力与具体社会情景有关，人们利用它来解决现实生活中的实际问题。②社会智力有利于人们顺利实现预定目标，即社会智力能使人们免受反射、定势和本能的影响，顺利实现预定目标。③适应性，即社会智力是在社会情境中生成的，是对复杂的社会情境作出适宜反应的能力。

二、社会智力的结构

　　关于社会智力的结构一般存在两种不同的观点——两维结构说和三维结构说。

　　两维结构说认为，社会智力的结构有认知—行为和流体—晶体结构。桑代克认为社会智力包括：认知成分（理解他人）和行为成分（控制他人以及在社会交往活动中采取适当的行为）。克兹米兹克和琼斯（Kosmitzki & John, 1993）研究发现，大学生普遍认为社会认知能力和社会行为能力是社会智力的核心。前者指理解他人、知晓社会规则等能力，而后者指与他人和睦相处的能力。

　　卡特尔将传统智力分为"流体"智力和"晶体"智力。社会智力研究也得出了类似的分类。在黄等人（Wong, et al., 1995）的研究中[1]，发现智力中存在三个具有聚合效度和区分效度的结构：社会推理、社会知识和学业智力。社会推理指感知社会线索，并正确推断他人内心状态、动机等能力。这种能力被认为是社会智力中的流体智力。社会知识指社会交往中的礼节性知识等。相应地，这种能力被认为是社会智力中的晶体智力。

　　三维结构说包括了以下几种观点：

　　卡尔·比约威斯克等人（Kaj Bjorkqvist et al.）[2]认为社会智力由感知、认知分析和行为三部分构成。感知指感觉到自己的动机以及认知水平；认知分析指对他人社会行为进行分析；行为指为了实现特定社会目标而采取恰当的行为。他们还认为社会智力行为成分实质上就是社会技能。

　　吴武典提出社会智力由知己方面的能力、知人方面的能力以及人我互动方面的能力构成[3]。其中，每一种能力又具有几个亚结构：①知己方面的能力。指个人在

　　①　Wong et al. A Multitrait-multimethod Study of Acadmic and Social Intelligence in College Students. *Journal of Educational Psychology*, 1997, 89（3）: 486–497.

　　②　Kaj Bjorkqvist et al. Social Intelligence – Empathy = Aggression? *Aggression and Violent Behavior*, 2000（5）: 191–200.

　　③　吴武典，简茂发. 人事智能的理念和衡鉴. 特殊教育研究学刊, 2000（18）: 237–255.

自知、自省、自尊和自我适应等方面具有良好表现。自知——了解自己的优点、缺点和特点的能力。自省——自发性地进行自我检讨并且能够检查自己的言行是否适宜的能力。自适——能调适自己的心情去适应不同情境，随遇而安的能力。②知人方面的能力。这是指个人在同理、尊重、亲和和引导等方面有良好表现。同理，即同理能力高者能敏感地觉察对方原本没有感觉到的深层的情感。③人我互动方面的能力。这是指个人在与他人相处时，具有幽默、包容、适应和化解冲突等方面的良好表现。

蔡笑岳和杜建彬认为社会智力的结构应该包括社会认知、社会技能和社会成熟度三个方面①。社会认知指对社会信息加工的能力；社会技能反映的是社会实际操作技能；社会成熟度则强调社会性的个人特质，如社会亲和力、经验阅历等。

三、社会智力的测量

与定义社会智力相比，对社会智力的测量更加困难。桑代克曾提到对社会智力进行合适的测量是很困难的，因为社会智力是在许多不同的社会情境下表现出来的，例如，在幼儿园、操场、商店、工厂等等，这些表现在标准的实验室是无法得出的。在这些情境下，个人运用表情、声音、手势等作为工具来对刺激作出反应，并且需要时间来适应这些反应。尽管如此，对传统心理测量目标的向往还是促使人们研究出了标准的测量工具来测量个人不同的社会智力。

智力的测量是在心理学科学化的背景下孕育而生的，所以智力的测量观认为，不论是社会智力还是传统的学业智力，都是可以量化并进行高低排列的一组特质，个体间存在智力的高低差异，可以通过测量来确定这种差异。于是社会智力的测量仿照传统智力的研究方法，采用因素分析、量表构建、多特质多方法设计等方法。

对社会智力的测量主要有两个方向：一是针对社会智力的认知层面进行测量；二是侧重个人社会行为（社会技能）的测量。

1. 社会智力认知测量

（1）乔治·华盛顿社会智力测验（George Washington Social Intelligence Test，GWSIT）。乔治·华盛顿社会智力测验是最早的社会智力测验②。该测验主要测量个体对社会环境和人际关系问题的判断能力。乔治·华盛顿社会智力测验由 7 个分测验组成，分别是社会情境判断、人名和面容记忆、人类行为观察、识别说话者的心理状态、识别面部表情背后的心理状态、社会信息和幽默感。前 4 个分量表一直保持在乔治·华盛顿社会智力测验所有版本中，但第五和第六个分量表则在后来的版本中被删掉，幽默感被加入了进来。

---

① 蔡笑岳，杜建彬. 我国大学生社会智力的测量研究. 西南大学学报（社会科学版），2011，4（37）.

② Sternberg, R. J. *Handbook of Intelligence*. New York：Cambridge University Press，2000.

亨特（Hunt，1928）最先通过乔治·华盛顿社会智力测验与成人职业地位、大学生参加课外活动的数量、上级对下属与人相处能力评定的相关研究，证实了乔治·华盛顿社会智力测验的有效性。但一些争议随后出现，主要是关于是否应该将社会智力和人格测量中的社交性或外向性联系起来。更为重要的是，乔治·华盛顿社会智力测验与抽象智力有着很高的相关性。伍德罗（Woodrow）对乔治·华盛顿社会智力测验和一系列认知测验的分析表明，并不存在一个独立的社会智力因素。对社会智力和智商区分的失败以及挑选外部效标的困难性导致人们对乔治·华盛顿社会智力测验兴趣的下降和对社会智力作为独立智力成分的怀疑。在斯皮尔曼的一般智力模型和瑟斯顿的基本心理能力中都没有包括社会智力。

（2）吉尔福特社会智力测验①。1971年吉尔福特设计了一个智力模型（SI）。根据SI理论模型可以推导出30种与社会智力有关的能力。以此理论为基础，吉尔福特设计了自己的社会智力测验。他的测验采用几种测量工具，如面容：要求被试从几种面容中找出与心理状态相似的面容；要求个体从四张面部表情的素描中选择与录音机录下的语言表达相同的一张。缺失的连环画：要求个体从四个选项中选择最佳的一项，将缺失的连环画填补完整。吉尔福特关于社会智力的经验性测量，仅仅涉及社会知觉的能力而没能涉及给定情境中社会认知以及社会合理性行为的测量，因而测得的社会智力是片面的。

（3）斯腾伯格社会智力量表②（Sternberg's Social Intelligence Scale，1989）。斯腾伯格社会智力量表主要评估人们理解社会信息的准确性。它是根据前人的内隐社会智力理论研究编制而成的李克特五分等级量表，共有13个项目。

2. 社会智力行为测量

社会智力行为测量的基本假设是：一个人所做的比一个人所想的更重要，更能反映一个人的社会智力。社会智力行为测量的方法通常有以下几种：

（1）测验法。这是根据被试在各种心理测验上的得分来理解社会智力的一种常用方法。亨德里克斯（Hendricks）等编制了创造性社会智力测验（Creative Social Intelligence Test，1969）③。在现实生活中要成功应对各种问题必然需要各种各样发散行为思想的参与，所以研究者将这些发散思维能力称为创造性社会智力。他们共界定了六种发散思维能力，分别是①行为单元发散思维：采取能沟通内部心理状态行为的能力。②行为类别发散思维：创建可辨认行为分类的能力。③行为关系发散思维：根据他人所做所为而相应采取某种行为的能力。④行为系统发散思维：与他人维持相互关系的能力。⑤行为转换发散思维：改变某一种或某一系列行为表现的

① Guilford, J. P., Hopefner, R. *The Analysis of Intelligence.* New York：McGraw-Hill，1971.

② Barnes, M. I. Sternberg, R. J. Social Intelligence and Decoding of Nonverbal Cues. *Intelligence*，1989（13）：263－287.

③ Sternberg, R. J. *Handbook of Intelligence.* New York：Cambridge University Press，2000.

能力。⑥行为含义发散思维：预测某一情境下可能会产生多种结果的能力。

阿麦朗戈社会智力测验（The Amelang Social Intelligence Scale，1983）是运用行为频率法发展而来的五分等级量表，共有 40 个条目。这 40 个问卷条目由已有研究得出典型的代表社会智力的行为组成。施测时，它要求被试逐一指出自己能够在多大程度上表现某一行为。

（2）他评法。他评法就是让第三者对被试的社会技能进行评价。如 1990 年格雷沙姆和埃利奥特（Gresham & Elliott）提出社会技能评估系统（Social Skill Rating System，SSRS），这是由多个评估者参与的评估系统，评定儿童社会能力的发展以及适应行为出现的频率。该评估系统分为家长版和教师版，包括社会技能和问题行为两部分。社会技能部分实质上是亲社会行为列表，问题行为部分包括问题导向项目。评分者需要简单说明每一行为发生的频率。范图左（J. Fantuzzo）等以美国市区比较贫困的学生为样本研究了教师版和家长版的信度和效度①。

周宗奎（1997）参照国外已有测量工具，结合我国城市小学生的生活实际，编制了小学儿童社会技能教师评定表，研究表明该量表对于反映小学生社会技能的行为表现是基本适用的。小学生社会技能行为可以划分为相关联的四种成分，即环境相关技能、人际相关技能、自我相关技能和任务相关技能。教师对小学生社会技能表现的评价有明显的年级差异和性别差异。

（3）非言语沟通的测量。这是以社会心理学家有关非言语沟通文献为基础提出的，它以测量非言语解码或编码能力作为评价社会智力的基础。这类研究大部分采用罗森塔尔（R. Rosenthal，1979）等非言语敏感性测验剖面图（Profile of Nonverbal Sensitivity，PONS），对一个人进行多方面评估。测验时要求被试对接收的内隐信息进行解码，并推测两种描述中哪种能更好地描述他们刚看到或听见的事物。测量分离出 11 种非言语途径，包括视觉途径、听觉途径和视听途径等。罗森塔尔等人发现这一测验信度较好，与其他社会智力测验和认知能力测验相关中等。

阿彻（D. Archer，1980）的社会解释测验（Social Interpretation Test）以视觉或听觉方式向被试呈现有关社会情境的信息②。例如，给被试看一张图片，有位妇女在打电话，同时听见她谈话的片断。被试的任务是判断这位女性的谈话对象是女性还是男性。在另一种情境中，让被试判断图片中的一对男女是从未谈过话的陌生人还是有过几次谈话的熟人，抑或是至少已认识六个月的朋友。阿彻和阿克特（D. Archer & R. M. Akert）发现人们执行这些任务的能力有显著差异。

（4）角色扮演法。角色扮演法是一种常用的模拟测试方法。测试时让被试参与一个现场模拟的人际情境，并让他按要求做出行为反应，事后对他的行为进行评分。

---

① John Fantuzzo et al. Preschool Version of the Social Skills Rating System: An Empirical Analysis of Its Use With Low-income Children. *Journal of School Psychology*, 1989, 36（2）: 199 –214.

② Archer, D. *How to Expand Your Social Intelligence Quotient*. New York: M. Evans, 1980.

20 世纪 70 年代就有人使用这一方法，经过长期的研究与发展，现在已经变得比较完善和客观了。探测会谈（conversation probe）测验评估的是相对比较自然的人际交往环境中的社会行为。这个测验要求被试主动与一个陌生人或由实验者安排给他的同伴交谈，并使交谈持续三分钟。测验开始时，告诉被试其有三分钟时间去了解他的同伴。为了让被试很好地参与会谈，首先让实验助手练习一些标准化策略（如"谈一谈你自己"）。如果谈话开始 5 秒钟以后，被试还没有反应，实验者安排给他的同伙就可以运用这些策略。

大卫等人（L. P. David, et al.）在研究精神病人社会技能与人们心目中精神病人图式的激活关系时，采用了两个版本的探测会谈角色扮演测验来测试社会技能。这两个版本的探测会谈测验被广泛应用于社会认知和社会技能研究中，只是它们对被试印象管理的要求不同。在低印象管理要求的角色扮演中，告诉被试他的同伙是被评估的中心，实验要求他尽可能留给被试最好印象；而在高印象管理要求角色扮演中，告诉被试他们自己是被评估的中心，角色扮演之后，他们的同伙要对其社会技能进行评估。

随后，由两个不熟悉被试和实验环境的助手通过录像带，用五分等级量表评估被试的社会技能。评估社会技能包括总体社会技能、网络性（转换话题的流畅性）、清晰性（讲述话题的明确性）、流畅性（言语的流畅性，没有插入"嗯"等语气词）、情感表达（运用面部表情、姿势和声调进行恰当的沟通）、目光接触、卷入程度（个体参与同伴会谈的程度）、会谈舒适程度（仅集中在个人谈话内容上，1～5 分别代表"非常不舒适"到"非常舒适"）、提问（问问题的数目，1～5 分别代表"没有问"到"问了很多"）、陌生感（参与者显得陌生的程度，1～5 分别代表"一点都不陌生"到"非常陌生"）。

角色扮演测试除了可以引发出现实生活中难以观察的低频行为，还突破直接观察所具有的伦理局限，可对敏感行为进行观察，能够实现社会技能评估的多重目标甄别、选材、发现问题行为，设计干预措施及评估疗效等。但是，角色扮演的局限性是远离现实，因此，人们对其外在效度提出质疑。

（5）访谈法。访谈法是角色扮演技术的一种衍生，访谈对象主要是儿童。它与角色扮演的区别是：并不让被试真正在某一情境中进行表演，而是向被试描述一种假想的人际情境，让被试想象它真的发生了，并按要求做出行为反应，主试则对被试的言语和非言语行为以及行为的有效性评分。访谈过程中所描述的情境一般是经过行为分析得到的。先将一系列涉及交往的项目进行行为分析，再将项目变成故事情境和提示语。陈益（1996）在探讨解决人际问题的认知技能时对 4～5 岁儿童同伴交往行为影响的实验研究中就运用了该方法，其所用测验参照舒尔（Shure）等测验编制而成，共三部分，分别测量幼儿产生各种解决人际问题的能力、理解原因的能力和预料后果的能力。此外，他还编制了三套有关幼儿同伴交往三种情境（参与、保持、冲突）若干故事，每种情境有一个相似的故事，并绘制相应图片。儿童回答出一种答案就换一个故事及图片，直到确信儿童不能回答出新答案为止。评分没有满分，正确答案计1分，累计总分。其中，解决办法按领导、询问、支持、注释四种口头交往技能作为四类基本办法，每类有效办法计1分，完全重复的不计分，同类办法中有多种者另加0.5分。

近年来，随着社会智力测量研究的不断深入，单一方向的研究越来越少，人们更多的是把社会认知测量和社会行为测量结合起来，以一种整合的视角去对社会智力进行测量研究。国内研究者蔡笑岳和杜建彬便是从这一角度入手编制了大学生社会智力量表。他们编制的大学生社会智力量表由三个分量表组成：①社会认知分量表，是对社会信息、人际关系等方面的测量，包括社会信息认知、自我认知和人际认知三个维度。②社会技能分量表，是对人际交往技能、应变技能等的测量，包括人际交往技能、社会适应技能和生存发展技能三个维度。③社会成熟度分量表，是对经验阅历、社会亲和力等个人特质的测量，包括社会亲和力、处事成熟度和经验阅历三个维度。研究测量了国内华东、华南、华中三地六所高校的一千多名大学生被试，量表的信度（α系数为0.831）和效度都较好。大学生社会智力量表的编制为社会智力的测量开阔了视野并提供了工具。①

四、社会智力的人格视角

回顾社会智力测量以往的研究，虽然成果丰富，但可以发现它们并没有很好地解决"社会智力是什么"以及"如何进行研究"这两个根本性的问题。具体表现在以下几个方面：①从理论构想方面来说，测量观的社会智力结构模型有的过于庞大复杂，很难验证；有的划分过细，因子间相互重叠。例如，吉尔福特的社会智力模型，这个理论的得出源于经验理论的推导而非实验的归纳，这样的模型在编制实验或测验时会出现许多问题，而这也是不少模型至今仍停留在理论构想阶段、缺乏实证研究的原因之一。②测量观所采取的测量手段非常有限，测到的只是社会智力认知层面的东西，而认知层面仅仅是社会智力的部分内容，对于操作和运用层面的内容，尤其是生活情境中的具体表现靠以前的手段是不能进行有效的测评的。③社会智力因为涉及社会因素，所以必然和社会文化因素紧密相连，抛开社会文化背景的影响而进行完全普遍性和客观化的测量是不合适的。由于测量观的以上种种不足，社会智力的人格观点便应运而生。

与传统的社会智力测量学的研究方法不同的是，人格的社会智力观（Cantor & Kihlstrom，1987；Cantor & Snyder，1998）② 不把社会智力看作是一种个体之间可以相互比较并在一个维度上从高到低来排序的一种或一组特质，而是以"社会行为是

① 蔡笑岳，杜建彬. 我国大学生社会智力的测量研究. 西南大学学报（社会科学版），2011，4（37）.
② Cantor, N., Kihlstrom, J. F. *Personality and Social Intelligence.* New York：Englewood Cliffs，1987.

明智性"的为假设前提，认为社会行为通过知觉、记忆、推理和问题解决的认知过程来调节。与测量学观点显著不同的是，人格的社会智力观认为关键不是一个人具有多少社会智力，而是具有何种社会智力。

人格的社会智力观有以下三个特色：

（1）对背景具体化（context-specific）的强调。在斯腾伯格的智力理论中，社会智力是人用来解决现实问题的所有知识中的一部分。斯腾伯格认为任何形式的智力测量都应该考虑具体的情境，对于操作和社会智力尤其如此。例如，一个关于社会判断问题的正确答案，在合作的情境下和敌对的情境下可能完全不同[①]。根据坎特和凯尔斯壮的研究，社会智力专门用来解决社会生活中的问题，专门处理社会任务、当前的关注以及自己选择的或他人加之的任务。换句话说，一个人的社会智力不能抽象地被评估，而应该考虑它所应用的具体领域和背景。不同的社会任务处于不同的社会背景下会对个体产生不同的意义。

（2）对社会行为主观意义（subjective-meaning）的强调。米歇尔（W. Mischel）认为："我们必须明白刺激为主观所获得，评估刺激获得的意义是评估社会行为的关键。"所以，理解社会行为的个体差异就需要理解行为的意义、结果以及行为发生的具体情景方面的个体差异。社会智力的"充分性"不能从外在观察者的视角来判断，而是要从生活主体的主观性视角来判断[②]。

（3）对生活任务（life-task）的推崇。生活任务为人与情境之间相互作用的分析提供了一种分析的整体的单位。它们可能是外显的或内隐的、抽象的或具体的、普遍的或独特的、模糊的或层次分明的问题。它们被个体认为是自己在生活的某一具体时期应该为之付出时间和精力的任务。最重要的是，生活任务被个体看作是与自我相关的和有意义的。它们为个体的活动提供了一种用来组织的主题，并且穿插在个体的日常生活中。生活任务加之于人身上，而它们对人所产生的作用又受到社会文化因素的影响。生活任务的意义在人们用于解决它的各种策略，即在社会智力得到了体现。生活任务完成的好坏则反映了社会智力的高低。

总体来说，从人格的社会智力观来看，社会智力的研究十分不同于心理测量学观点。人格的社会智力方法坚决放弃了对人的比较和排序。不是通过一些形式上的比较来确定一个人的社会智力到底有多高，而是要确定一个人拥有什么样的社会智力，并用来指导自己的人际行为。这对社会智力是一个极大的创新。

---

① Sternberg, R. J. Toward a Triarchic Theory of Human Intelligence. *Behavioral & Brain Sciences*, 1984（7）.

② Mischel, W. Toward a Cognitive Social Learning Reconceptualization of Personality. *Psychological Review*, 1973（80）：252－283.

五、社会智力研究的总结和展望

社会智力的已有研究不仅为我们正确理解社会智力提供了理论基础、研究思路和研究方法，而且也为今后的研究提供了依据，对社会智力理论的建构与完善起到了积极推动作用。但是，纵观已有的研究，我们不难发现，目前社会智力研究仍然存在一些问题与不足，主要表现在：

（1）社会智力概念模糊。尽管社会智力研究已有几十年历史，特别是近年来研究有很大突破，但这一领域在基本概念建构方面仍处于起步阶段，社会智力内涵和外延等概念性问题一直没有统一的界定。而要使社会智力的研究在现有的基础上有所进展和突破，就必须给它一个科学的定义，明确其内涵和外延，阐明它与其他心理品质的关系。

（2）社会智力结构不完整。现有社会智力结构主要包括认知和行为两个方面。事实上，人际交往既需要认知过程，也需要情绪、情感的参与，甚至需要两者发生相互作用。但截至目前，社会智力测量中很少有人去评定这一方面，更少有人去探讨社会智力中认知、情绪和行为三者之间的关系。这些问题应当引起研究者关注。

（3）社会智力测量的有效性不足。在社会智力测量研究中，对社会智力行为方面（社会技能）的测量最为完善，但社会智力认知方面测量的信度和效度比较低，有时甚至不能将其与学业智力区分开来。这是因为有些研究者在测量社会智力认知方面时没有考虑社会认知的情境性，仅仅局限于一些非言语信息的编码和解码，而这种测验实质上与传统的智力测验等同。事实上，社会智力是个体对社会情景的认知反应，涉及的情景、任务与学业智力中所遇到的不同。因此，个体所遇到的问题通常比较复杂并且具有无结构性。由此可见，传统的社会智力认知方面的测量可能并未真正评定社会智力。这既为研究工具的开发留有余地，也为后继研究带来了不便。特别是到目前为止，我国尚缺乏可靠有效的社会智力测评工具。社会智力除受个体因素、环境因素、教育因素影响外，还受社会文化因素影响，而且社会文化因素对生活在其中的个体的影响无处不在、无时不有。在西方文化中被看作是表现社会智力的行为，在东方文化中则不一定被认同。因此，脱离社会文化因素的社会智力评估工具显然缺乏研究的生态效度，需要进一步发展。我们在借鉴国外已有评估工具时，必须考虑其文化适应性，根据我国的实际情况，开展本土化研究。

（4）社会智力实证研究的缺乏。到底应该如何恰当地理解社会智力，尽管已经有了初步的研究和探索，但是比较多的是在测量方面的研究，缺乏一些实证的基础。社会智力的概念众多，很多提法和假设都缺乏实证研究的支持。现有社会智力研究仅仅局限在社会行为与社会技能层面，认知层面和情感层面的社会智力研究相对缺乏。此外，儿童社会智力发展的一般规律、发展趋势和年龄特点的实证研究也比较匮乏。从已有研究中，我们仍然不了解儿童社会智力发展的特点，不同年龄阶段儿童社会智力是否存在性别差异，个体因素和环境因素如何影响社会智力。因此，我们迫切需要对社会智力进行深入、系统的研究。

社会智力本身是一个较难的问题，因此对它的研究也必将是一个艰辛的过程。随着几十年的不断研究，我们对社会智力这个问题已有了初步的认识。随着研究技术和手段的发展，对社会智力的研究必将更加深入。从现有的研究中我们可以发现社会智力的研究有以下趋势：

（1）从经验中建构社会智力结构到从认知过程中把握社会智力结构的转变。认知心理学的不断发展，使得对社会智力的研究从一个静态的结构研究转向了动态的认知过程的研究，更符合社会智力的本质和辩证唯物主义的观点。

（2）从神经生理学的层面来把握社会智力的本质。认知神经科学是近几年来新兴的一门科学，无创伤脑研究技术的发展使得研究者可以直接用人为被试来探讨其心理现象背后的生理机制，而不必要根据动物研究的结果来推测人的大脑机制与功能，大大提高了研究的效率和结果的效度。因此用神经生理学来研究社会智力也将是一大趋势。

（3）社会智力的应用性研究将得到广泛开展。社会智力作为一种使人与环境和谐相处的能力，与人的心理健康、环境适应和人际关系等存在必然的联系，但现阶段社会智力的应用研究较为缺乏，因此加强社会智力的应用研究是未来的一个重要趋势。

第二节　文化智力

文化是社会的灵魂。文化作为人类知识、信仰、伦理、法律等的总和，时刻影响着人们的社会生活。文化又是多元的，文化差异带来的社会生活的挑战，影响着文化群体间的交流与合作。心理学研究中有跨文化考察和探讨个体的文化适应性，但却很少关注个体在文化适应和应对时的差异。自20世纪80年代后，有人提出了文化智力的概念，以此反映和研究人们在新的文化背景下，收集处理信息、作出判断并采取相应的有效措施以适应新文化的能力。

一、文化智力的概念

最早提出文化智力概念的是厄力和安（P. C. Earley & S. Ang, 2003）。他们认为，文化智力是人们在新文化背景下收集处理信息、作出判断并采取相应措施以有效适应新文化的能力①。他们还认为文化智力是使个体能够正确解释陌生个体行为表现的内部因素。

这种适应多元文化的能力理论根源于加德纳的多元智力理论的（Alon Higgins，2005；Earley，Ang，2003)②。托马斯和因克森（Thomas & Inkson）认为文化智力是由文化知识、对跨文化情景的敏感性和全部应对行为技能组成的适应跨文化的能力或者潜能。这是一个混合的智力模型。很多学者认为文化智力是一种既包含内容又包含过程的结构（Earley et al，2006)③。它能让个体理解并适当地面对多元文化情景，而且它是一种不受个人具体文化背景影响的普遍能力结构，并能应对具体的某种文化情境（Thomas，2006)④。

彼得森（B. Peterson，2004）从操作化的角度解释了文化智力，他认为文化智力是各个行业的从业者为了更好地改善工作环境，与来自不同文化的客户、合作伙伴以及同事保持融洽的合作关系的能力，包括语言能力、空间能力、内心能力（或情感能力）以及人际关系能力四个方面。

从上述学者关于文化智力的描述可以看出，大家对文化智力的定义没有本质的不同，都认为：它是一种能力，这种能力不受本人具体文化背景的影响，而且这种能力能让个体更好地适应跨文化的沟通和合作。通俗地说就是"人们与来自不同文化的其他人打交道时，所表现出来的适应新文化的能力"。但是，文化智力概念不等同于先前的跨文化适应或跨文化效能等概念，其范畴更广泛。文化智力是一个基于个体差异的分类变量，但它又和一般人格特质的广泛性和相对持久性不同，这个概念只是反映了个体适应跨文化背景的能力，并且可以通过干预培养与提高。文化智力也不等同于沟通行为，而是一个包含了沟通行为的更广泛的概念。此外，文化智力的行为要素不是指特定的行为方式，而是指具备一种广泛的言语与非言语行为技能，使人可以根据文化背景表现出适当的行为。与一般智力一样，文化智力只是反映人们跨文化适应性的一个预测指标，而不是在某一具体文化环境下的人们实际的互动结果。换句话说，高文化智力的个体会更快更好地适应新文化情境，而一个在某个特定跨文化情境中表现良好的人，未必一定有高文化智力，还要考察他的其他相关能力，才可以得出结论。

美国心理学家加德纳在 1983 年提出了智力的多元理论，使人们对智力有了不同

---

① Earley, P. C., Ang, S. *Cultural Intelligence：Individual Interactions. Stanford*, CA：Stanford University Press，2003.

② Earley, P. C., Ang, S. *Cultural Intelligence：Individual Interactions. Stanford*, CA：Stanford University Press，2003.

③ Thomas, D. C.. Domain and Development of Cultural Intelligence：The Importance of Mindfulness. *Group & Organization Management*，2006（31)：78 - 99.

④ Peterson, B. *Cultural Intelligence：A Guide to Working with People from Other Cultures*. Yarmouth，ME：Interclutural Press，2004.

的看法。他通过对脑损伤病人的研究以及对智力特殊群体的分析，认为人类神经系统经过一百多万年的演变，已经形成了互不相干的多种智力。他认为，智力的内涵是多元的，它是由 7 种相对独立的智力成分构成。他让我们认识到，除了典型的标准智商测验所测到的逻辑、表达、数学智力之外，还有更多形式的智力。比如一个音乐家可能是个钢琴天才，但是数学运算或表达能力却不是很好，如只因为智力测验分数偏低，就说这个音乐家不聪明是不正确的。一个舞蹈家或者篮球运动员可能动作技巧很好，但可能一点都不会弹钢琴，而一个 IQ 测试的天才在一个空手道高手面前不可能有击败他的机会。所以，聪明的方式有很多。加德纳提出了一个很有用的智力分类办法——经标准 IQ 测试的：语言能力、逻辑和数学能力、空间能力；未经标准 IQ 测试的：音乐能力、身体运动能力、内心能力、人际关系能力。1995 年戈尔曼提出了情绪智力的概念，或者叫 EQ，与加德纳的内心能力很相似。文化智力也是一个独特的概念，代表了一类智力，它贯穿了智力多样性理论的各个方面，特别是与语言能力、空间能力、内心能力和人际关系能力四个方面有很高的相关。

二、文化智力的结构

文化智力的概念是随着对跨文化适应能力的不断探讨和研究提出来的，有人认为应该把它看作是个体的普遍能力，而不是仅限于一种文化到另一种文化的过渡。2003 年，伦敦商学院的厄力和新加坡南洋理工大学的安在提出文化智力概念时，认为文化智力有三个维度。三个维度分别是：认知性（cognitive）、动机性（motivational）、行为性（behavioral）[1]。认知性指智力的认知加工方面，亦即运用自己的感知能力和分析能力来认识和领悟不同文化的能力，包括宣告式、程序性、类推性、模式认知、外部扫描、自我觉醒。动机性，指个体融入其他文化中去的愿望和自我效能感，包括效能感、坚持、目标、增强价值质疑与综合能力。行为性，指个体调整自己的行为采取与文化相适应的有效行为的能力，包括技能、惯例和规则、习惯、获取新知识的能力。后来，厄力和安（2004）又对文化智力的三维结构进行了比较形象的描述，他们将"文化智力"概括为三个要素：头脑（head）、心（heart）和身体（body）[2]。"头脑"指面对新文化情境中的事件时自己的思考，在于是否理解正在发生的事情，有没有应对的策略，相当于认知性；"心"则指有没有采取行动的动机，以及对自身能力的信心和勇气，相当于动机性；"身体"指能不能做出得体、有效的反应，相当于行为性。

托马斯（D. C. Thomas，2006）也认为文化智力的结构是三维的，但是却和厄力

---

① Earley, P. C., Ang, S. *Cultural Intelligence: Individual Interactions*. Stanford, CA: Stanford University Press, 2003.

② Earley, P. C. & Mosakowski, E. Cultural Intelligence. *Harvard Business Review*, 2004（82）：139 – 146.

等人对文化智力的界定不一样，他从不同的角度提出了与厄力等人不同的三维文化智力结构。他认为文化智力的结构应该以图米（T. Toomey, 1999）提出的跨文化沟通能力为基础，包括知识（knowledge）、警觉（mindfulness）与行为（behavior）三个维度①。知识指对相关文化的背景知识的了解以及对跨文化交流原则的掌握，不但要明白所要面对的文化类型，还要分辨与其他文化的不同之处以及这种文化将如何影响人们的行为。警觉指在基本的意识层面，持续关注自身所处的内部环境以及外部环境。行为指基于知识与警觉，选择合适的行为来适应特定的文化环境，这是文化智力区别于其他智力的关键之处。在这三个维度之间，警觉是连接知识与行为的关键点，起到桥梁作用，如果只具有对不同文化的知识储备却不警觉，从而找不到与环境匹配的知识，将导致错误的行为。

特恩（J. S. Tan, 2004）认为文化智力的三个要素是以特殊方式思考与解决问题（文化战略性思考）、充满活力并持之以恒（动机性）、以某种方式行动（行为性)②。这三个要素是文化智力的三个侧面，是一个完整的体系，是彼此制约的。首先个人对新的文化产生兴趣，能认识到不同文化的差异，然后产生融入新文化体系中的自信，并且被这种自信所激励，最后根据环境调整自己的行为来适应新文化。托马斯强调"警觉"的重要性，认为警觉是连接知识和行为的关键点，但特恩认为行为性才是极为关键的，因为如果不把知识和动机付诸行动，文化智力是没有意义的。

以上是学者提出的文化智力的三维结构理论，他们的表达不尽相同，但实质是一样的，都包括认知、动机和行为三个方面。一个人文化智力水平的高低，取决于三个因素的共同作用。任何一个方面的不足都会影响文化智力的水平，只有同时重视三个方面，才能拥有比较高的文化智力。一般来说，具备较高的认识能力比较有利于洞察不同文化的差异，同时也会有比较高的自信去接触和融入新文化。只有具有比较高的认知和动力，才有可能积极行动去融入新文化。

为了使关于各种不同智力（如一般智力、情绪智力等）的研究具有一致性，安和厄力发展了文化智力的组成因素，提出了文化智力的四维结构，这与传统的智力结构一脉相承，延续了斯腾伯格（1986）的四维智力框架，也是从元认知、认知、动机与行为四个维度来划分的，这种结构在后来的继续研究中得到了广泛的应用。文化智力四维结构包括元认知性文化智力、认知性文化智力、动机性文化智力、行为性文化智力，其中元认知性、认知性文化智力可以统称为精神性文化智力（mental cultural intelligence）。元认知性文化智力是指在与来自不同文化背景的人交往时，个体所具备的意识和知觉，是指个体获得和理解文化知识的过程，包括这个

---

① Thomas, D. C. Domain and Development of Cultural Intelligence: The Importance of Mindfulness. *Group & Organization Management*, 2006, (6): 295 - 317.

② Tan, J - S. Cultural Intelligence and the Global Economy. *Leadership in Action*, 2004 (2).

过程中的关于文化的个体知识和个体控制。与此相关的能力包括计划、监控、修正对不同国家或群体文化习惯的知识模型。高元认知性文化智力的人具有战略性思考的能力，他们倾向于思考与来自不同文化背景的人交往时的规则以及相互作用，并且努力使跨文化环境的模糊性变得有条理。具有高元认知性文化智力的人会不断反思自己的文化假设，反映在跨文化交流中就是他们会不断调整他们的文化知识以适应这样的交流需要。

比如，一个具有高元认知性文化智力的西方商人在和他的亚洲生意伙伴开会时，他能很清醒地意识到该什么时候发言、怎么发言才适合亚洲伙伴的文化，他能够观察到对方的沟通风格并敏感地察觉到双方的互动情况，同时思考和采取合适的行为和语言来和对方交流。

认知性文化智力是关于文化的基本知识和知识结构。它是一个意识的过程，是个体对不同环境下的特殊规范、实践、习俗的熟悉程度。高认知性文化智力的人往往基于他们对新文化中的经济、法律、社会系统的理解，来寻找与来自不同文化背景的人的相通之处与不同之处。动机性文化智力是指个体把注意力和精力集中于学习如何应对那些具有不同文化特点情景的能力，是个体适应不同文化的驱动力与兴趣点。高动机性文化智力的人发自内心地关注跨文化情景，并且自信能有效适应不同文化。行为性文化智力是指与来自不同文化的人打交道时，能够正确使用语言和非语言行为的能力。对于文化的智力能力和动机必须通过展示出合适的语言和非语言行为来补充。具有高行为性文化智力的人可以调整他们的语言与非语言行为以在不同的情境中表现出合适的行为，如通过得体的语言、音调、肢体语言和面部表情等（Earley & Ang, 2003；Ang, et al., 2007）[①]。

以上关于文化智力结构的模型，都是一种心理能力模型，而文化智力作为一种内在适应能力，应该是一种综合模型。例如，蔡笑岳，刘学义[②]等人在探索文化智力结构过程中通过开放式问卷的分析以及后期在少数民族大学生群体中的验证，认为文化智力是一个五因素的模型，即元认知性文化智力、认知性文化智力、动机性文化智力、行为性文化智力和开放性认知倾向特征。这个模型强调认知能力、认知风格和人格特质的相互依赖。

三、文化智力的测量

文化智力概念的提出，把以往对跨文化适应能力的评估引向了一个新的阶段。

---

① Ang, S., Dyne, V. L. et al. Cultural Intelligence: Its Measurement and Effects On Cultural Judgment and Decision Making, Cultural Adaptation, and Task Performance. *Management & Organization Review*, 2007.
② 刘学义. 少数民族大学生文化智力的测量及其与文化适应的关系研究. 广州大学硕士学位论文，2011.

在文化智力概念提出之前的对跨文化适应能力的测量都是基于模型的文化适应测量，主要包括态度和行为这两个方面。而文化智力不仅包含动机和行为两个因素，还有元认知和认知因素，能更系统全面地评估一个人的跨文化适应能力。安和厄力（2006）等学者认为测量文化智力有两种方法：心理测量和非心理测量[①]。心理测量方法一般采用问卷的形式来实现。厄力和蒙沙科沃斯基（P. C. Earley & E. Mosakowski, 2004）[②] 根据文化智力的三维结构理论，分三个组成要素（认知、动机和行为），开发了一份评估量表，包含 12 道题目，每个要素分别有 4 道题目，比如，评估认知因素的题目有"在和来自陌生文化背景的人打交道之前，我会问问自己希望获得什么"；评估动机因素的题目有"我很容易改变肢体语言（如目光接触或者身体姿势），以适应来自另一种文化背景的人"；评估行为因素的题目有"我确信自己能够像朋友一样对待来自不同文化背景的人"。整个量表采用李克特五分等级量表进行评价，从 1 到 5 分别代表"完全不同意、不同意、中立、同意、完全同意"。

　　根据在每个维度上的得分，可以把人们的文化智力分为六种类型：①外乡人（The Provincial）：表现为茫然不知所措、效率很低，很难融入不同的环境，对不同的文化体系感到陌生、面对陌生的文化自信心不是很足，欠缺适应环境以及与人交流的技巧。②分析家（The Analyst）：通过系统学习，较快地解读和应对陌生的文化体系，他们能系统而灵活地学习，并进行理性的分析，他们的行动会自觉地以系统了解不同的文化体系为指导。③直觉者（The Natural）：他们会凭直觉来应对文化差异，有解读不同文化的天赋，但他们对不同文化的认识来自直觉，缺乏系统的理解，他们很少需要临时学习应对文化差异的策略，他们能观察对方，凭直觉判断该如何去做。④大使（The Ambassador）：有很好的自信和感染力，能很好地与人沟通，他们不一定对不同的文化体系十分了解，但他们具有极高的感染力和自信，效率较高，行动较有说服力。⑤模仿者（The Mimic）：他们善于观察对方的行为风格，并自然地加以模仿，他们善于把握文化体系的表现形式，努力适应对方的风格，具有极好的模仿和控制能力。⑥变色龙（The Chameleon）：这一类人通晓不同的文化体系，能与他人积极高效的合作，能极好地融入不同的文化中去，他们通晓不同的文化体系，有很好的领悟力，他们自信积极有持续的热情，能较好地综合运用为当地人接受的沟通技巧和作为外来者的独特视角。具有最高文化智力水平的变色龙是非常难得的管理人才，他们通晓不同的文化体系，能与他人积极高效合作，能很好地融入不同的文化中去。上述分类更多的是一种定性的、经验性的假设，今后的研究可以验证这一假设。

　　安和厄力（2007）根据四维文化智力开发了文化智力量表（CQS）。通过对文

---

　　① Ng, K - Y., Earley, P. C. Culture + Intelligence: Old Constructs, new Frontiers. *Group & Organization Management*, 2009, 69: 85 - 105.

　　② Earley, P. C., Mosakowski, E. Cultural Intelligence. *Harvard Business Review*, 2004 (2).

化智力和文化胜任力的研究进行回顾，以及对具有丰富全球工作经验的八个经理进行访谈，确定了量表中的题目。通过对新加坡和美国的样本进行调查，考察文化智力的四维度结构（元认知、认知、动机、行为）、量表的信度、初始项目的构想效度和预测效度，以及在不同时间、空间下的通用性。元认知性文化智力包括 4 道题目，比如"我很清楚自己与不同文化背景的人交往时所运用的文化知识"。认知性文化智力包括 6 道题目，比如"我了解其他文化的法律和经济体系"。动机性文化智力包括 5 道题目，比如"我喜欢与来自不同文化的人交往"。行为性文化智力包括 5 道题目，比如"我能够根据跨文化交往的需要而改变自己的语言方式（如口音、语调）"。

国内学者王琦琪、唐宁玉、孟慧（2008）翻译了这个量表，并考察了在中国文化背景下，文化智力（CI）的结构是否符合四因素模型，以及文化智力是否可与情绪智力（EQ）区分，并得出结论：文化智力是一个具有跨文化一致性的普遍概念。在中国文化背景中，文化智力的结构维度符合安提出的文化智力四因素模型。基本证明了文化智力中文版问卷在统计意义上的可靠性，以及文化智力结构的跨文化一致性[①]。

刘学义、蔡笑岳修订了安的文化智力量表，通过对原量表的翻译，结合开放式问卷统计结果以及专家意见，确定了初测量表的 33 个条目，对就读于广州大学城和成都的少数民族大学生共 1 000 人进行两轮测试，经探索性因素分析和验证因素分析，最终确定了元认知性文化智力、认知性文化智力、动机性文化智力、行为性文化智力、开放性认知倾向特征等五个维度，共 30 个题目。修订后量表的克伦巴赫系数是 0.904，分半信度为 0.743；采用因素间相关系数矩阵和验证性因素分析的方法分析，发现因素和因素间有低到中等的相关，而各因素和总量表之间有高相关，说明各因子之间有一定独立性，又能较好地反应总量表要测查的内容；验证性因素结果表明文化智力模型的拟合较好。表明修订后的量表具有良好的信度和效度，可以作为测定文化智力的有效工具[②]。

除了心理测量方法外，还有其他一些评估方法，如评价中心（assessment center）和临床评估（clinical assessment）。这两种评估方式是人力资源测评中常用的技术，是比较有效的情境测验的方法。用评价中心方法来测量文化智力就是综合采用多种测评技术，把被试置于一系列模拟的跨文化工作情境中，让他们完成某些规定的任务，从被试在完成任务过程中的表现来考察被试是否胜任某项拟委任的工作，并预测其各项能力或潜能。使用的技术有公文筐作业、无领导小组讨论、角色

---

① 王琦琪，唐宁玉，孟慧．文化智力量表在我国大学生中的结构效度．中国心理卫生杂志，2008（9）：654~657.

② 刘学义．少数民族大学生文化智力的测量及其与文化适应的关系研究．广州大学硕士学位论文，2011.

扮演、案例分析、管理游戏，等等，这些测评技术之间可以互相弥补、扬长避短，从而使得测评结果比较客观有效。评价中心不仅仅是一种有效的测评手段，还是一种很有价值的提高文化智力的培训方法。使用临床评估来测量文化智力一般需要通过多种渠道来获得相关信息，例如，对其步态、面部表情、说话声调等各方面进行观察，形成初步印象或初始假设，然后再经过访谈、调查、观察等方法来验证。使用临床评估成功测量文化智力有赖于获得全面可靠的信息，以及测评专家的专业知识和心理素质。因此，鉴于这些非心理测量方法实施上的复杂性，以及对测评专家较高的要求，目前学者们在测量文化智力时，基本上以问卷为主（Ng & Earley，2006）①。

四、文化智力的实证研究

1. 文化智力和人格

文化智力作为一种能力，是指人们采取有效行动以应对不同文化背景的能力。而人格是指人们在不同的时间与情境下所表现的一贯的特征和风格，它是较为稳定的。从定义来看，文化智力和人格特征有很大不同。但由于某些人格特质会影响到人们对特定行为和经验的选择，所以一些人格特质与文化智力之间有一定的关系。

安、达因和寇（S. Ang，V. L. Dyne & C. Koh，2006）通过对文化智力的四个维度与大五人格的五个人格特征进行比较，验证了文化智力的区分效度，同时还发现，文化智力的四个维度与大五人格的各个特征之间存在着复杂的相关关系②。例如，文化智力的四个维度都受到经验的开放性（openness to experience）的影响。元认知性文化智力还会受到大五人格中责任意识（conscientiousness）的影响，具有较高责任意识的人会花时间和精力来计划、质疑新文化中的假设、思考文化倾向、考虑文化规范、检查和调节思维模式，而且他们更倾向于坚持思考，努力使跨文化环境的模糊性变得有条理。认知性文化智力会受到外倾性（extraversion）的影响，具有较高外倾性的人愿意与来自不同文化背景的人交往，他们对新事物保持好奇心，所以他们对新文化中经济、法律、社会系统的理解比较深刻。动机性文化智力会受到情绪稳定性（emotional stability）的影响，自我效能是动机性文化智力的表现形式，情绪稳定的人更可能尝试新事物，置身于新奇环境中，并且不会出现较大情绪波动。行为性文化智力会受到随和性（agreeableness）的影响，因为随和性主要关注人际能力，比如与其他人相互交往时的行为技巧。高随和性的人具有友好、热情、礼貌以及品质好的特征，跨文化交往时，他们在语言与非语言行为方面具有更强的灵活

---

① Ng，K - Y.，Earley，P. C. Culture + Intelligence: Old Constructs, New Frontiers. *Group & Organization Management*，2009（69）: 85 - 105.

② Ang，S.，Dyne，V. L.，Koh，C. Personality Correlates of the Four-factor Model of Cultural Intelligence. *Group & Organization Management*，2006（2）.

性。随和的人更有可能避免或降低社会冲突。

2. 文化智力和一般智力

文化智力和一般智力（general intelligence）既相似又不同。文化智力和一般智力一样，都是一个能力体系，而不是习惯性行为。具有较高一般智力的人并不一定具有较高文化智力，但具有较高文化智力的人一定会有较高的一般智力。也有人认为文化智力是一般智力在特定情景下的具体表现。一般智力关注认知能力而不关注特定情景类型，比如文化转换情景，也不包括智力的动机和行为方面。文化智力区别于一般智力的关键之处在于，它不受文化制约，它是与不同文化情境有关的一套能力体系，它更关注个体识别新环境并作出有效应对的能力。但它们也有共同之处，比如说都会"思而后行"。每当处于一个新的环境时，人们都会暂时延缓判断，但文化智力高的人延缓判断的时间会短些，这些人通常也会具有很高的一般智力。

3. 文化智力和情绪智力

情绪智力概念是戈尔曼在前人研究的基础上通过他的《情绪智力》（1995）加以推广的。它是指感知和表达情绪、促进思维的情绪、理解和分析情绪以及调控自己和他人情绪以促进情绪和智力发展的能力，沙洛维和梅耶（P. Salovey & J. D. Mayer）认为情绪智力是对一般智力因素的扩展，相对于标准智力而言，情绪智力可以看作是一般智力的一个单元，既与之相关，又独立于它。所以从比较宽的角度说，可以把文化智力看作是情绪智力的特定化，是将情绪智力放置到文化的背景中。厄力（2004）认为，文化智力和情绪智力有关，不过它还填补了情绪智力空白的地方。情绪智力帮助我们了解自我，理解他人，并意识到人与人之间的差异，但它没有考虑或较少考虑到文化背景，没有考虑到由于文化差异所导致的个体在信念上和价值观上的不同，相对而言，文化智力更能考虑到这些差异背后的文化内容。虽然文化智力内涵中的文化体系是情绪智力所没有的，但它依然和情绪智力有一定的交叉，文化智力需要一定的观察力和分析力，同时文化智力本身也含有情绪智力的成分。如果一个人没有一定的认知能力作基础，就不可能对周围的文化环境作出客观的认识；如果没有一定的情绪分析和控制能力，也就不可能根据收集到的文化背景信息采取积极有效的措施来应对不认同的文化环境。所以，可以说，高 IQ 和高情绪智力不是高文化智力的决定因素，却是高文化智力的基本前提。拥有很高的一般智力和情绪智力，并不意味着一定有很高的文化智力；但没有好的 IQ 和情绪智力，就很难有较高的文化智力。高文化智力具有的对文化差异的敏感性，可以减少人际交往中由于文化差异出现冲突的概率；而双方流畅的沟通交流，也可以降低人们认知新事物的难度。就是说，高文化智力水平可以在一定程度上弥补一般智力和情绪智力的不足。因此，文化智力和情绪智力是紧密联系、彼此互补但又彼此独立的关系。

4. 文化智力提升

文化智力既然是一种能力，那么它就和稳定的人格特征不同，可以通过后天的培养来慢慢提高。通过跨文化培训来提高人们的文化智力，这些培训方法可以为企业选择和培养跨文化工作人员提供参考，也可以为想进入另外的文化生活学习或工作的人提供一些有意义的指导。鉴于不同的学者对文化智力的概念和结构有不同的看法，开发和提高文化智力的方法也不太一样。厄力和蒙沙科沃斯基[1]认为提高文化智力的方法有：①个人必须先评估自己文化智力的优势和不足，这样就可以为后续的培训提供一个起始点。评估有很多方法，比如按照文化智力思维量表，根据自己什么维度的分数低加以针对性的培训和提高。②对跨文化背景下的模拟行为，或对某人过去某个真实情境下的行为进行全面综合的反馈调查，然后针对自己的弱项和不足，选择相应的培训内容。比如认知性文化智力比较低的人，可以多补充跨文化的知识，也可以学习一些跨文化交流的案例，进行归纳和总结，找出它们的共同原理。动机性文化智力低的人，可以进行一些情景模拟，以提高自己的动机水平。③组织个人资源，提高自己的人际支持度，为自己选择的培训方法提供更多的支持。④进入需要面对的文化环境，对自己的优势和弱点做进一步调整，然后调整自己的行动计划，重新评估自己最近提高的技能结构，并加以检验，然后再决定下一步的培训计划。

文化智力的提高和发展是分步骤和阶段的，托马斯（2006）基于发展心理学的模型认为，文化智力的开发可分为五个阶段[2]：第一个阶段，对外部刺激做出反应，在这个阶段，个体没有感觉到文化差异的存在，他们漫无目的，按照自己习惯的方式来做事。第二个阶段，对新文化规范的逐渐认知，他们开始具有学习的动机，经验和警觉程度使得个体开始注意到新文化的差异，并开始寻求简单的原则来指导行为。第三个阶段，为了适应新的文化，在头脑中形成一定的规范和规则，对文化差异开始有了深刻的理解，并在不同的文化环境下开始注意自己的言行是否适合。第四个阶段，在自己的行为中选择性地吸收新的文化规范。在这个阶段，个体可以自然地选择合适行为，与在其他文化环境中的个体交往时感觉轻松自如。第五个阶段，积极主动地表现出适宜的行为，他们可以凭借直觉来选择恰当的行为，乃至所处文化环境中的人都还没意识到。

特里安迪斯（Triandis，2006）则认为，提高文化智力最重要的是在没有足够的信息时，不要急于作出判断，要多注意情境，还要有意识地克服民族优越感，增加自己和新文化中人们的同质性，不要认为自己的方式是唯一的正确方式，学会看待世界上不同的方式。

从以上几种提高方法可以看出，个体要提高自己的文化智力，必须要做到：首先，个体必须要有强大的学习愿望，不断主动地去寻求机会来提高自己的文化智力，不能消极被动地等待别人来安排培训。然后分阶段按部就班地按照人类学习的一般

---

① Earley, P. C. & Mosakowski, E. Cultural Intelligence. *Harvard Business Review*, 2004（2）.

② Thomas, D. C. Domain and Development of Cultural Intelligence: The Importance of Mindfulness. *Group &Organization Management*, 2006（2）.

规律来进行，边实践边学习，在培训和实际情景中慢慢提高文化智力。

五、文化智力研究总结与展望

文化智力作为一个全新的智力研究领域，很多方面的研究都不尽完善，有待感兴趣的学者们去不断深入研究和完善。

第一，文化智力从概念到结构都存在很大分歧，以后的研究要在整理前人成果的基础上得出一个能被普遍接受的理论结构，并通过实证研究来验证它。

第二，文化智力在不同文化下的信度、效度验证不足。虽然安的文化智力量表的信效度在美国和新加坡两种文化背景下得到过验证，唐宁玉等人在上海大学生群体中验证过，刘学义、蔡笑岳修订了量表并在少数民族大学生中进行了验证。但是，还应该在其他文化环境下验证其信效度，包括欧洲、非洲、拉丁美洲等全球其他地区。

第三，文化智力影响因素和作用机制的研究不足。付佳在中国文化背景下对文化智力的影响因素进行过初步探讨，得出了异国语言水平、跨国经历都可以预测个体的文化智力。这些仅从外部因素来探讨，未来的研究应该更多地探讨个体内部原因对文化智力的影响，比如个体特质类特征，如自我监控、认可需求、民族优越感、社会认同、自我解释，这些会影响文化智力的形成。另外，状态类特征，如自我效能、乐观等心理因素也会影响文化智力的提高。

第四，未来应继续深入研究文化智力和相关构念关系的研究。研究发现，文化智力与人格、一般智力、情绪智力、社会智力存在学理和实践上的联系，今后的研究可以考察其内部的结构联系。

参考文献

1. 刘在花，许燕．社会智力评估述评．心理探索，2003（11）．

2. 刘在花，许燕．社会智力研究的理论评述．心理探索，2005（4）．

3. 刘在花．社会智力研究的新进展．中国特殊教育，2004（11）．

4. 张毅，李龙辉．社会智力研究述评．心理探索，2005（8）．

5. 吴武典，简茂发．人事智能的理念和衡鉴．特殊教育研究学刊，2000（18）．

6. 蔡笑岳，杜建彬．我国大学生社会智力的测量研究，西南大学学报（社会科学版），2011（37）．

7. 高中华，李超平．文化智力研究述评与展望．心理科学进展，2009，17（1）．

8. 王琦琪，唐宁玉，孟慧．文化智力量表在我国大学生中的结构效度．中国心理卫生杂志，2008（9）．

9. 洪媛媛，唐宁玉. 培育跨文化管理人员的文化智力. 科技进步与对策，2006（2）.

10. 唐宁玉，洪媛媛. 文化智力：跨文化适应能力的新指标. 中国人力资源开发，2006（12）.

11. 刘学义. 少数民族大学生文化智力的测量及其与文化适应的关系研究. 广州大学硕士学位论文，2011.

12. Archer, D. *How to Expand Your Social Intelligence Quotient*. New York：M. Evans, 1980,（67）：163 – 164.

13. Barnes, M. I. , Sternberg, R. J. Social Intelligence and Decoding of Nonverbal cues. *Intelligence*, 1989,（13）：263 – 287.

14. Cantor, N. , Kihlstrom, J. F. Personality and Social Intelligence. *Englewood Cliffs*, 1987（9）：244 – 267.

15. Ford, M. E. , Tisak, M. S. A Further Search for Social Lintelligence. *Journal of Educational Psychology*, 1983（75）：196 – 206.

16. Gardner, H. *Multiple Intelligence ：The Theory in Practice*. New York ：Basic Book, 1993.

17. Guild, J. P. Higher-order Structure-of-intellect Abilities. *Multivariate Behavioral Research*, 1981（16）：411 – 435.

18. Guilford, J. P. , Hopefner. R. *The Analysis of Intelligence*. New York：McGraw-Hill, 1971.

19. John Fantuzzo. Preschool Version of the Social Skills Rating System：An Empirical Analysis of Its Use with Low-income Children. *Journal of School Psychology*, 1998, 36（2）：199 – 214.

20. Jong-Eun Lee et al. Social and Acadmic intelligence：A Multitrait-multimethod Study of Their Crystallized and Fluid Characteristics. *Personality and Individual Differences*, 2009（29）：539 – 533.

21. Moss, F. A. , Hunt, T. Are You Socially Intelligent? . *Scientific American*, 1987（137）：108 – 110.

22. Mischel, W. Toward A Cognitive Social Learning Reconceptualization of Personality. *Psychological Review*, 1973（80）：252 – 283.

23. Marlowe, Herbert A. J. R. *The Structure of Social Intelligence（Competence, Skills, Behavior）*. Ocala：University of Florida's doctoral dissertation, 1985.

24. Sternberg, R. J. *Handbook of Intelligence*. New York：Cambridge University Press, 2000.

25. Sternberg, R. J. Towarda Triarchic Theory of Human Intelligence. *Behavioral & Brain Sciences*, 1984（7）：269 – 315.

26. Thorndike, E. L. Intelligence and Its Use. *Harper's Magazine*, 1920 (140): 227 - 235.

27. Wong et al. A Multitrait-multimethod Study of Acadmic and Social Intelligence in College Students. *Journal of Educational Psychology*, 1997, 89 (3): 486 - 497.

28. Ang, S., Dyne, V. L., Koh, C. Personality Correlates of the Four-factor Model of Cultural Intelligence. *Group & Organization Management*, 2006 (31): 100 - 123.

29. Ang, S., Dyne, V. L., et al. Cultural Intelligence: Its Measurement and Effects on Cultural Judgment and Decision Making, Cultural Adaptation, and Task Performance. *Management & Organization Review*, 2007, (3): 335 - 371.

30. Black, J. S. The Relationship of Personal Characteristics with the Adjustment of Japanese Expatriate Managers. *Management International Review*, 1990 (30): 119 - 134.

31. Brislin, R., Worthley, R., Macnab, B. Cultural Intelligence: Understanding Behaviors That Serve People's Goals. *Group & Organization Management*, 2006 (31): 40 - 55.

32. Caligiuri, P. M. The Big Five Personality Characteristics as Predictors of Expatriate's Desire to Terminate the Assignment and Supervisor-rated Performance. *Personnel Psychology*, 2000 (53): 67 - 88.

33. Claudelévy, L. Cultural Intelligence: Individual Interactions Across Cultures. *Personnel Psychology*, 2004 (57): 792 - 794.

34. Claudelévy L. Cq: Developing Cultural Intelligence at Work. *Personnel Psychology*, 2007 (60): 242 - 245.

35. Earley, P. C., Ang, S. Cultural Intelligence: Individual Interactions. Stanford, CA: Stanford University Press, 2003.; Mosakowski, E. Cultural Intelligence. *Harvard Business Review*, 2004 (82): 139 - 146.

36. Hofstede, G. H. *Cultures and Organizations: Software of the Mind*. London: McGraw-Hill, 1991.

37. Brett, J. M. Cultural Intelligence in Global teams: A Fusion Model of Collaboration. *Group & Organization Management*, 2006 (31): 124 - 153.

38. Johnson, J. P., Lenartowicz, T., Apud, S. Cross-cultural Competence in International Business: Toward a Definition and A Model. *Journal of International Business Studies*, 2006 (37): 525 - 543.

39. Triandis, H. C. Cultural Intelligence in Organizations. *Group & Organization Management*, 2006 (31): 20 - 26.

40. Lynn, I., Michele, J. G. *Culturally Intelligent Negotiators: The Impact of CQ on Intercultural Negotiation Effectiveness*. New York: Academy of Management Best Paper. 2007.

41. Earley, P. C., Ang, S. *Cultural Intelligence: Individual Interactions Across Cultures*. Stanford: Stanford University Press, 2003. 100 - 1081.

参考文献

1. 蔡笑岳. 智力的激励与开发. 成都：四川人民出版社，1989.

2. 蔡笑岳，向祖强. 西南少数民族地区青少年智力发展与教育. 重庆：西南师范大学出版社，2001.

3. David R. Shaffer. 发展心理学. 邹泓等译. 北京：中国轻工业出版社，2005.

4. ［美］叶奕乾等. 普通心理学. 上海：华东师范大学出版社，1997.

5. 白学军. 智力发展心理学. 合肥：安徽教育出版社，2004.

6. ［英］肯·理查森. 智力的形成. 赵菊峰译. 北京：三联书店，2004.

7. 吴江霖等. 社会心理学. 广州：广东高等教育出版社，2004.

8. 赵晓明等. 生物遗传进化学. 北京：中国林业出版社，2003.

9. ［法］阿尔贝·雅卡尔. 科学的灾难？一个遗传学家的困惑. 阎雪梅译. 桂林：广西师范大学出版社，2004.

10. ［法］阿尔贝·雅卡尔. 差异的颂歌. 王大智译. 桂林：广西师范大学出版社，2004.

11. 杨治良. 实验心理学. 上海：华东师范大学出版社，1990.

12. ［英］理查德·利基. 人类的起源. 吴汝康等译. 上海：上海科学技术出版社，1995.

13. 张庆林. 当代认知心理学在教学中的应用. 重庆：西南师范大学出版社，1995.

14. 林崇德，辛涛. 智力的培养. 杭州：浙江人民出版社，1996.

15. 董奇，周勇，陈红兵. 自我监控与智力. 杭州：浙江人民出版社，1996.

16. ［苏］A.P. 鲁利亚. 神经心理学原理. 汪青等译. 北京：科学出版社，1983.

17. 李其维. 破解智慧胚胎学之谜：皮亚杰的发生认识论. 武汉：湖北教育出版社，1999.

18. ［美］丹尼尔·戈尔曼. 情感智力. 上海：上海科学技术出版社，1997.

19. 张春兴. 现代心理学. 上海：上海人民出版社，1994.

20. 白学军. 智力心理学的进展. 杭州：浙江人民出版社，1997.

21. 叶奕乾等. 图解心理学. 南昌：江西人民出版社，1982.

22. 燕国材. 非智力因素与学习. 武汉：湖北教育出版社，1987.

23. 辞海. 上海：上海辞书出版社，1989.

24. 中国大百科全书（心理学）. 北京：中国大百科全书出版社，1991.

25．陈绍建．心理测量．北京：时代文化出版社，1993.

27．王极盛．智力 ABC．北京：北京出版社，1981.

28．朱智贤．心理学大词典（6）．北京：北京师范大学出版社，1989.

29．〔英〕J. D. 贝尔纳．科学的社会功能．北京：商务印书馆，1982.

30．〔美〕R. J. 斯腾伯格．成功智力．吴国宏，钱文译．上海：华东师范大学出版社，1999.

31．陈少华．新编人格心理学．广州：暨南大学出版社，2004.

32．陈少华．人格与认知．北京：社会科学文献出版社，2005.

33．车文博．西方心理学史．杭州：浙江教育出版社，1998.

34．林崇德等．发展心理学．北京：人民教育出版社，1995.

35．彭聃龄等．普通心理学．北京：北京师范大学出版社，2004.

36．凌文辁，方俐洛．心理与行为测量．北京：机械工业出版社，2004.

37．王甦，汪安圣．认知心理学．北京：北京大学出版社，1992.

38．〔美〕Lewis, R. Aiken. 心理测验与考试——能力和行为表现的测量．张厚粲译．北京：中国轻工业出版社，2002.

39．乐国安．当代美国认识心理学．北京：中国社会科学出版社，2001.

40．邵瑞珍等．教育心理学．上海：上海教育出版社，1997.

41．孟昭兰等．普通心理学．北京：北京大学出版社，1994.

42．于大海．智力论．哈尔滨：黑龙江人民出版社，2001.

43．徐振寰，李俊庆，田茂胜．潜能与创造力开发．北京：中国人事出版社，1999.

44．刘金花．儿童发展心理心理学．上海：华东师范大学出版社，1997.

45．〔美〕马斯洛等．人的潜能和价值．北京：华夏出版社，1987.

46．萧静宁．论人脑潜力的开发．北京：人民出版社，2004.

47．王晓萍，胡世发，毛明川，梁丰．心理潜能．北京：中国城市出版社，1998.

48．姜晓辉．智力全书．北京：中国城市出版社，1997.

49．董奇．儿童创造力发展心理．杭州：浙江教育出版社，1993.

50．袁劲松等．智能拓张．青岛：青岛出版社，2000.

51．郑雪．跨文化智力心理学研究．广州：广州出版社，1994.12.

52．万明纲．文化视野中的人类行为．兰州：甘肃文化出版社，1996.8.

53．张文新．青少年发展心理学．济南：山东人民出版社，2002.12.

54．麻彦坤．维果斯基与现代西方心理学．哈尔滨：黑龙江人民出版社，2005.

55．叶浩生．西方心理学研究新进展．北京：人民教育出版社，2003.

56．〔美〕赫伯特 A. 西蒙．人工科学．武夷山译．北京：商务印书馆，1987.

57．林尧瑞，郭木河．人类智慧与人工智能．北京：清华大学出版社，2001.

58．杨效农．人工智能对世界的挑战．北京：新华通讯社参考消息编辑部，1984.

59. 胡文耕. 信息、脑与意识. 北京：中国社会科学出版社，1992.

60. 蔡自兴，徐光祐. 人工智能及其应用（第3版）. 北京：清华大学出版社，2003.

61. 张守刚，刘海波. 人工智能的认识论问题. 北京：人民出版社，1984.

62. 石纯一，黄昌宁等. 人工智能原理. 北京：清华大学出版社，1993.

63. 吴泉源，刘江宁. 人工智能与专家系统. 北京：国防科技大学出版社，1995.

64. ［美］修伯特·德雷福斯. 计算机不能做什么——人工智能的极限. 宁春岩译. 北京：三联书店，1986.

65. 蔡笑岳，林良驹. 不同类型学校初中生智力、非智力因素发展及其与学习成绩关系的研究. 社会心理科学，1998（4）.

66. 蔡笑岳，庄晓宁. 当代智力发展的基本状况与发展趋向. 心理科学，1998（2）.

67. 蔡笑岳. 智力心理学研究的新进展. 天津师范大学学报，1998（1）.

68. 蔡笑岳. 人的现代化研究：现代人格与教育现代化. 重庆大学学报，1998（1）.

69. 蔡笑岳，丁念友. 西南民族杂居地和聚居地藏、苗、傣族8～15岁儿童智力发展的比较研究. 民族研究，1997（4）.

70. 蔡笑岳. 智力开发与智力教育. 西南师范大学学报（哲学社会科学版），1993（3）.

71. 蔡笑岳. 学人之思，智者之识. 西南师范大学学报，1997（1）.

72. 蔡笑岳. 对不同学科大学生智力内隐概念的比较研究. 心理科学，1997（1）.

73. 蔡笑岳. 试论课堂教学的基本心理程式. 西南师大学学报，1997（1）.

74. 蔡笑岳，苏静. 智力心理学研究的人性审视. 华南师范大学学报（社会科学版），2005（6）.

75. 蔡笑岳. 关于思维加工模型的讨论. 心理学探新，1988（3）.

76. 吴正，张厚粲. 智力理论和智力测验的新发展. 心理科学，1993（3）.

77. 阴国恩，郑金香，安蓉. 智力开发的聪明理论. 心理与行为研究，2005（5）.

78. 娄晓民. 养育环境对学龄前儿童智力发展的影响. 郑州大学学报（医学版），2004（1）.

79. 王烈，姚江等. 学龄儿童智力发展影响因素的研究. 中国医科大学学报，2000（8）.

80. 侯淑晶，王玮. 家庭因素对儿童智力发展的影响. 山东教育，2002（1）.

81. 蔡太生，戴晓阳. 儿童智力发展的年龄特点. 国外医学（精神病学分册），1999（4）.

82. 陈雨亭，宋广文. 国外关于婴儿智力发展的最新研究. 学前教育研究，2002（4）.

83. 张朝，于宗富，李慧娟．父母文化和职业因素对婴儿能力发展的影响．中国心理卫生杂志，2002（12）.

84. 韦晓，窦刚等．家长职业类型及文化程度与儿童智力发展相互关系的研究．云南师范大学学报，2000（5）.

85. 申继亮等．成人期智力的年龄特征：中美比较研究．心理科学，2001（3）.

86. 王季鸿等．上海家庭寄养124例孤残儿童精神神经发育现状调查．中国民政医学杂志，2001，13（6）.

87. 欧阳凤秀．142对双生子的智力研究．中华儿童保健杂志，1996（3）.

88. 梅玉蓉．324例儿童智力测定结果及其影响因素分析．江苏预防医学，2003（1）.

89. 李晶等．遗传及环境对儿童智力影响的双生子研究．济宁医学院学报，2001（9）.

90. 陈靖．187名学龄前儿童智力水平及其影响因素分析．中国全科医学，2005（22）.

91. 袁秀琴．衡阳市学龄前儿童智力水平及影响因素调查分析．衡阳医学院学报，1999，27（4）.

92. 袁秀琴等．衡阳市7~13岁儿童智力发展水平及影响因素．实用预防医学，1998（2）.

93. 徐贵文等．学龄前儿童智力影响因素分析．实用临床医学，2004（2）.

94. 万国斌．家庭刺激质量对6~8个月婴儿智力发展的影响．中国心理卫生杂志，1998（1）.

95. 张烈民等．社会环境因素对儿童智力影响研究．中国优生与遗传杂志，1999（5）.

96. 薛慧等．家庭教养方式对儿童智力发育的非智力因素的影响．中国公共卫生，1998（4）.

97. 郑玉梅等．早期教育和社会环境对儿童智力发育的影响．贵阳医学院学报，1999，24（1）.

98. 吴福元．大学生智力发展的追踪研究．教育研究，1984（12）.

99. 林晓霞，徐浩峰，聂少萍．某些因素对少年儿童智商的影响．中国学校卫生，1994（5）.

100. 裴菊英等．不同教养方式对儿童早期发展影响的研究．中国妇幼保健，2005（15）.

101. 王芳芳．学龄前儿童智力发育影响因素的分析．中国校医，1992，6（3）.

102. 朱福英．秦皇岛市7~10岁小学生智商测试结果分析．中国校医，1992，6（3）.

103. 徐铭．福安市畲族中小学生的智力状况调查．中国校医，1993，7（4，5）.

104．左梦兰，傅金芝．4～7岁儿童记忆策略发展的实验研究．心理科学，1992（2）．

105．沈德立等．关于幼儿视、听感觉道记忆的研究．心理科学通讯，1985（2）．

106．东小川．美国人的人种和种族概念与观念．东北师范大学学报（哲学社会科学版），2004（3）．

107．杨蕴萍等．不同种族人群智力的跨文化研究．国外医学（精神病学分册），1993（4）．

108．王斌．反应时及其影响因素的研究现状．首都体育学院学报，2003（4）．

109．张雁．反应时测试的应用．中国康复理论与实践，2005（1）．

110．黄白．智力结构理论新研究述要．河池师专学报（自然科学版），2002（4）．

111．董奇．论元认知．北京师范大学学报（社会科学版），1989（1）．

112．王垒等．综合智力：对智力概念的整合．人大复印资料（心理学），1999（6）．

113．李红．关于智力研究的几个理论问题．西南师范大学学报（哲学社会科学版），1997（5）．

114．吴效和．智力理论概述及展望．内蒙古师范大学学报（教育科学版），2001（6）．

115．林崇德．智力结构与多元智力．北京师范大学学报（人文社会科学版），2002（1）．

116．井维华，闫春平．斯腾伯格智力理论发展评介．临沂师范学院学报，2003（4）．

117．项成芳．现代智力研究的两种视角—PASS模型与三元理论．宁波大学学报（教育科学版），2003（2）．

118．成素梅，孙林叶．析智力的内涵与本质．自然辩证法研究，2000（11）．

119．李红燕．智力理论研究的进展及其对教育的启示．教育理论与实践，2005（4）．

120．吴国宏，李其维．再次超越IQ：斯腾伯格——成功智力理论述评．华东师范大学学报（教育科学版），1999（2）．

121．余欣欣．智力研究的历史、现状、未来．广西师范大学学报（哲学版），1996（4）．

122．杨艳云．关于多重智能理论的几点思考．上海教育科研，1999（7）．

123．杨莉萍等．范式论与心理学中两种文化的对立．心理科学，2002，25（1）．

124．蒋京川等．智力是什么？——智力观的回溯与前瞻．国外社会科学，2006（2）．

125．叶斌．从社会智力到情感智力——对社会智力与情感智力理论的探讨．心理科学，2003，26（3）．

126．李宇等．论智力的文化观．西南师范大学学报（人文社会科学版），2005，31（1）．

127．钟建军，陈中永．智力开发的基本理念与实践．心理科学进展，2006，14（2）．

128．余强．布卢姆儿童智力发展曲线的由来及证伪．南京师范大学学报（社会科学版），2001（5）．

129．刘正奎等．智力与信息加工速度研究中的检测时范式．心理科学，2004，27（6）．

130．萧富强．当代智力及研究取向的新发展．上海师范大学学报（教育版·中小学教育管理），1999，28（5）．

131．刘奎林．大脑潜能的蕴藏方式的研究．哈尔滨学院学报，2004（5）．

132．董奇．儿童创造力发展心理．杭州：浙江教育出版社，1993．

133．张履祥，钱含芬．小学生学习策略训练效应的实验研究．心理科学，2000（1）．

134．胡志海．元认知在学习策略中的作用述评．渝州大学学报（社会科学版），2002（2）．

135．张庆林，管鹏．小学生表征运用题元认知分析．心理发展与教育，1997（3）．

136．刘晓明，陈彩期．幼儿数学策略运用的发展特点及元认知的影响．心理发展与教育，1999（3）．

137．吴天敏．提高智慧的再研究．心理学报，1985（1）．

138．曹雪梅，方平，姜荣敏．智力开发的最新研究及发展趋势．首都师范大学学报（社会科学版），2002（1）．

139．李宇，李红，袁琳．论智力的文化观．西南师范大学学报（人文社会科学版），2005（1）．

140．高山，白俊杰，李红．智力内隐理论研究探析．江南大学学报（人文社会科学版），2004（4）．

141．朱砳．近50年来发展心理学生态化研究的回顾与前瞻．心理科学，2005，28（4）．

142．朱莉琪，皇浦刚．生态智力——介绍一种新的智力观点．心理科学，2002，25（1）．

143．丁芳，李其维，熊哲宏．一种新的智力观——赛西的智力生物生态学模型评述．心理科学，2002，25（5）．

144．郑祥福，洪伟．认识论的自然化、日常化与人工智能．浙江社会科学，

2004，22（4）．

145．郑祥福．人工智能的四大哲学问题．科学技术与辩证法，2005，22（5）．

146．李东，李翠玲．人工智能技术发展概论与应用．*Programmable Controller & Factory Automation*，2006（1）．

147．危辉．语义问题与人工智能模型构造的系统观点．心智与计算，2007，1（2）．

148．［美］Stevens，L．关于人工智能的思考．世界哲学，1988（1）．

149．Shira Yalon-Chamovitz et al. Ability to Identify，Explain and Solve Problems in Everyday Tasks：Preliminary Validation of A Direct Video Measure of Practical Intelligence. *Research in Developmental Disabilities*，2005，26（3）：219–230.

150．Johannes E. A.，Stauder et al. Age，Intelligence，and Event-related Brain Potentials During Late Childhood：A Longitudinal Study. *Intelligence*，2000，31（3）：257–274.

151．Mike Anderson et al. Developmental Changes in Inspection Time：What A Difference A Year Makes. *Intelligence*，2001，29（6）：475–486.

152．Hayne，Rovee-Collier. The Organization of Reactivated Memory in Infancy. *Child Development*，1995，66（3）：893–906.

153．Roger，R. Hock. *Forty Studies That Changed Psychology*. Engle Wood Cliffs：Prentice Hall，2002.

154．Sameroff，A. J. et al. Stability of Intelligence from Preschool to Adolescence：The Influence of Social and Family Risk Factors. *Child Development*，1993，64（1）：80–97.

155．Flavell，J. H. Meta Cognitive Development. In：JM Scandura，C. J. Brainerd（Eds）. *Strutrual*，*Prcess Theories of Complex Human Behavior*. New York：Halsted，1978. 213–245.

156．Kluwe，R. H. *Cognitive Knowledge and Executive Control：Metacognition*. In：Griffin，D. R.（eds）. New York：Spring-Verlag，1982. 201–224.

157．Brown，A. L.，Bransford，J. D. et al. Learning Remembering and Understanding. In：Flavell，J. H. & E. M.：*Handbook of Child Psychology*. New York：John Wiley & Sons Inc，1999. 3.

158．E. M. Markman（Eds）. *Handbook of Child Psychology*：Cognitive Development. New York：John Wiley & Sons Inc，1983.

159．Wittrock，M. C.，Baker，E. L. *Testing and Cognition*. Engle Wood Cliff：Prentice Hall，1991. 11.

160．Davidson J. E.，Downing C. L. Contemporary Models of Intelligence. *Handbook of Intelligence*. New York：Cambridge University Press，2000.

161. Sternberg, R. J. *Metaphors of mind.* New York: Cambridge University Press, 1990.

162. Eysenck H. J. E. E. Gevokedpotentials. In: Sternberg, R. J. (eds). *Encyclo-Pedia of human Intelligence.* New York: Cambridge University Press, 2000.

163. Horn, J. L. Theory of Fluid and Crystallized Intelligence. In: Sternberg, R. J. (Eds). *Encyclopedia of Human Intelligence.* New York: Cambridge University Press, 2003.

164. Messick, S. Multitle Intelligences or Multilevel Intelligence Selective Emphasis on Distinctive Properties of Hierarchy: On Gardner's Frames of Mind and Sternberg's Beyond IQ in the Content of Theory and Research on the Structure of Human Abilities. *Journal of Psychological Inquiry,* 1992, (1): 305 – 384.

165. Anderson, M. *Intelligence and Development: A Cognitive Theory.* Oxford: Blackwell, 1992.

166. Sternberg, R. J. , Conway, B. E. , Ketron, J. People's Conceptions of Intelligence. *Journal of Personality and Social Psychology,* 1981 (41).

167. Sternberg, R. J. Implicit Theories of Intelligence Creativity and Wisdom. *Journal of Personality and Social Psychology,* 1985 (49).

168. Fry, P. S. Changing Conception of Intelligence and Intellectual Functioning. *Current Theory and Research,* 1984 (2) .

169. Yussen, S. R. , Kane, P. Children Concept of Intelligence. *The Growth of Reflective Thinking in Children.* New York: Academ Press, 1985.

170. Nicholls, John, G. What is Ability and Why Are We Mindful of It. *A Developmental Perspective.* New Haven: Yale University, 1990.

171. Craik, I. M. , Lockhart, R. S. Levels of Processing: A Framework for Memory Research. *Journal of Verbal Learning and Verbal Behavior,* 1972 (11).

172. Yang, S. , Sternberg, R. J. Taiwanese Chinese People Conceptions of Intelligence. *Intelligence,* 1997, 25 (1): 21 – 36.

173. Das, J. P. Eastern Views of Intelligence. In: R. J. Sternberg, *Encyclopedia of Human Intelligence.* New York: Macmillan, 1994.

174. Dasen, P. The Cross-cultural Study of Intelligence: Piaget and the Baoule. *International Journal of Psychology,* 1984 (19).

175. Wober, M. Towards An Understanding of the Kiganda Concept of Intelligence. *Culture and Cognition: Readings Incross Culture Psychology.* LonDon: Methuen, 1974.

176. Harknes, S. , Super, C. M. The Cultural Construction of Child Development: A Framework for the Socialization of Affect. *Ethos,* 1983 (11).

177. Sternberg, R. J. , Robert, J. *Metaphors of Mind Conceptions of the Nature of*

Intelligence. New York: Cambridge University Press, 1990.

178. Ackerman, P. L. A Theory of Adult Intellectual Development: Process, Personality, Interests and Knowledge. *Intelligence*, 1996 (22): 227 –257.

179. Ackerman, P. L. Traits and Knowledge as Determinants of Learning and Individual Differences: Putting It All Together. In: Ackerman, P. L., Kyllonen P. C. et al. (Eds). *Learning and Individual Differences: Process, Trait, and Content Determinants*. Atlanta: Georgia Institute of Technology, 1999. 437 –462.

180. Ackerman, P. L., Heggestad, E. D. Intelligence, Personality, and Interests: Evidence for Overlapping Traits. *Psychological Bulletin*, 1997, 121 (2): 219 –245.

181. Austin, E. J., Hofer, S. M. Interactions between Intelligence and Personality: Results from Two Large Samples. *Personality and Individual Differences*, 2000, 29 (3): 405 –427.

182. Brand, C. R. Open to Experience-closed to Intelligence: Why the "Big Five" Are Really the "Comprehensive Six". *European Journal of Personality*, 1994, 8 (4): 299 –310.

183. Brand, C., Egan, V., Deary, I. Intelligence, Personality and Society: Constructivist Versus Essentialist Possibilities. In: Detterman, D. K. (Eds). *Current Topics in Human Intelligence*. Norwood, NJ: Ablex, 1994, 4: 29 –42.

184. Chamorro-Premuzic T., Furnham, A. A Possible Model for Understanding the Personality-intelligence Interface. *British Journal of Psychology*, 2004, 95 (2): 249 –265.

185. Chamorro-Premuzic T., Furnham, A., Moutafi, J. The Relationship between Estimated and Psychometric Personality and Intelligence Scores. *Journal of Research in Personality*, 2004, 38 (5): 505 –513.

186. Chamorro-Premuzic T, Moutafi J, Furnham A. The Relationship between Personality Traits, Subjectively-assessed and Fluid Intelligence. *Personality and Individual Differences*, 2005, 38 (7): 1517 –1528.

187. Furnham, A. Knowing and Faking One's Five-factor Personality Scores. *Journal of Personality Assessment*, 1997 (69): 229 –243.

188. Furnham, A. Self-estimates of Intelligence: Culture and Gender Difference in Self and Other Estimates of Both General (g) and Multiple Intelligences. *Personality and Individual Differences*, 2001, 31 (8): 1381 –1405.

189. Furnham, A., Chamorro-Premuzic T. Estimating One's Own Personality and Intelligence Scores. *British Journal of Psychology*, 2004 (95): 149 –160.

190. Furnham, A., Rawles, R. Correlations between Self-estimated and Psychometrically Measured IQ. *Journal of Social Psychology*, 1999 (139): 405 –410.

191. Goff, M., Ackerman, P. L. Personality-intelligence Relations: Assessment of Typical Intellectual Engagement. *Journal of Educational Psychology*, 1992, 84 (4): 537 –552.

192. Gottfredson, L. S. Mainstream Science On intelligence: An Editorial with 52 Signatories, History and Bibliography. *Intelligence*, 1997, 24 (1): 13 – 23.

193. Harris, J. A., Vernon, P. A., Jang, K. L. Testing the Differentiation of Personality by Intelligence Hypothesis. *Personality and Individual Differences*, 2005, 38 (2): 277 – 286.

194. Leary, M. R. The Scientific Study of Personality. In: Derlega, V. J., Winstead, B. A., Jones, W. H. (Eds). *Personality Contemporary Theory and Research*. Broomfield: Wadsworth Group, 1999. 4 – 24.

195. Moutafi, J., Furnham, A., Paltiel, L. Can Personality Factors Predict intelligence. *Personality and Individual Differences*, 2005, 38 (5): 1021 – 1033.

196. Pervin, L. A., Cervone, D., John, O. P. *Personality: Theory and Research*. New York: John Wiley & Sons, Inc., 2004. 3.

197. Reilly, J., Mulhern, G. Gender Differences in Self-estimated IQ: The Need for Care in Interpreting Group Data. *Personality and individual Differences*, 1995, 18 (2): 189 – 192.

198. Wolf, M. B., Ackerman, P. L. Extraversion and Intelligence: A Meta-analytic Investigation. *Personality and Individual Differences*, 2005, 39 (3): 531 – 542.

199. Zeidner, M., Matthews, G. Intelligence and personality. In Sternberg, R. J. (Eds). *Handbook of intelligence*. New York: Cambridge University Press, 2000. 581 – 610.

200. Cattell, R. B. Theory of Fluid and Crystallized Intelligence: A Critical Experiment. *Journal of Educational Psychology*, 1963, 54 (1): 1 – 22.

201. Skinner, B. F. *The Behavior of Organisms: An Experimental Analysis*. New York: Appleton-Century Company, 1938. 445 – 449.

202. Sternberg, R. J., Robert, J. *Metaphors of Mind: Conceptions of the Nature of Intelligence*. New York: Cambridge University Press, 1990.

203. Sternberg, R. J. The Concept of Intelligence and Its Role in Lifelong Learning and Success. *American Psychologist*, 1997, 52 (10).

204. Mettal, Gwendoly, Jordon, Cheryl, Harper. Attitudes toward A Mutiple Intelligence Curriculum. *The Journal of Educational Research*, 1998, 9 (10): 115 – 122.

205. Mevarech, Z., Kramaski, B. Improve: A Multidimensional Method Mathematics in Heterogeneous Classroom. *American Educational Research Journal*, 1997, 340 (2): 365 – 394.

206. Yair Neuman, Liat Leibowiwtze, Baruch, Schwarz. Patterns of Verbal Mediation during Problem Solving: A Sequential Analysis of Self-explanation. *The Journal of Experimantal Education*, 2000, 68 (3): 197 – 213.

207. Dale S. Rose, Michaela Parks, Karl Androes, Susand, Mcmahoh. Imagery-base Learning: Improve Elementary Students Reading Comprehension with Dramatechniques. *The Journal of Education Research*, 2000 (1): 9 - 10.

208. Richard, E. Mayer. Intelligence and Education. *Handbook of Intelligence*. New York: Cambridge University Press, 2000.

209. Weiko Tomic. Brief Research Report training in Inductive Reasoning and Problem Solving. *Contemprorary Education Psychology*, 1995, 20: 483 - 490.

210. Preeley, M. *Cognitive Process Instruction that Really Improves Children's Academic Performance*. Cambridge, MA: Brookline, 1990.

211. Lisabeth, F. Dilalla. Development of Intelligence: Current Research and Theories. *Journal of School Psychology*, 2000, 38 (1): 3 - 7.

212. Sperll, R. The Cultural Construction of Intelligence. In: Lonner, W. J., Malpass, R. M. (Eds). *Psychology and Culture*. Boston: Allyn & Bacon, 1994.

213. Sperpell, R. *The Significiance of Schooling: life-journeys in An African Society*. Cambridge: Cambridge University Press, 1993.

214. Sternberg, R. J., Conway, B. E., Ketron, J. L., Berstein, M. People's Conception of Intelligence. *Journal of Personality and Social Psychology*, 1981 (41): 37 - 55.

215. Sternberg, R. J. The Concept of Intelligence and Its Role in Lifelong Learning and Success. *American Psychologist*, 1997, 52 (10): 1030 - 1037.

216. Sternberg, R. J. *Handbook of Intelligence*. New York: Cambridge University Press, 2000.

217. Hernnstein, R. J., Murray, C. *The Bellcurve: Intelligence and Class Structure in American Life*. New York: Free Press, 1994.

218. Neisser, U. Intelligence: Knowns and Unknowns. *American Psychologist*, 1996, 52 (2): 77 - 101.

219. Ceci, S. J, Bruck, M. The Bio-ecological Theory of Intelligence: A Development al-contextual Perspective. *Current Topics in Human Intelligence*. Norwood, New Jersey: Ablex Publishing Corporation, 1994. 65 - 84.

220. Nino, B., Cocchiarella. Knowledge Representation in Conceptual Realism. *International Journal of Human-Computer Studies*, 1995, 43 (5 - 6): 697 - 721.

221. William, R. Uttal. Robot Craftsmanship-Yes! Artificial Intelligence-No! Review of Artificial Intelligence and Mobile Robots. *Journal of Mathematical Psychology*, 1999, 43 (1): 155 - 164.

222. Cunningham, P., Bonzano, A. Knowledge Engineering Issues in Developing A Case-based Reasoning Application. *Knowledge-Based Systems*, 1999, 12 (7): 371 - 379.

223. Frantz, R. Herbert Simon. Artificial Intelligence as A Framework for Understanding Intuition. *Journal of Economic Psychology*, 2003, 24 (2): 265 – 277.

224. Sharon Wood. Representation and Purposeful Autonomous Agents. *Robotics and Autonomous Systems*, 2004, 49 (1 – 2): 79 – 90.

225. Nils Nilsson, S. Cook. Artificial Intelligence: Its Impacts on Human Occupations and Distribution of Income. *Computer Compacts*, 1984, 2 (1): 9 – 13.

226. Lanzola, G., Gatti, L., Falasconi, S., Stefanelli, M. A Framework for Building Cooperative Software Agents in Medical Applications. *Artificial Intelligence in Medicine*, 1999, 16 (3): 223 – 249.

227. Miranda, J., Aldea, A. Emotions in Human and Artificial Intelligence. *Computers in Human Behavior*, 2005, 21 (2): 323 – 341.

228. Wheeler, G., Pereira, L. Epistemology and Artificial Intelligence. *Journal of Applied Logic*, 2004, 2 (4): 469 – 493.

229. Chrisley, R. Embodied Artificial Intelligence. *Artificial Intelligence*, 2003, 149 (1): 131 – 150.

230. Frantz, R. Herbert Simon. Artificial Intelligence as A Framework for Understanding Intuition. *Journal of Economic Psychology*, 2003, 24 (2): 265 – 277.

231. Stojanov, G., Trajkovski, G., Kulakov, A. Interactivism in Artificial Intelligence (AI) and Intelligent Robotics. *New Ideas in Psychology*, 2006, 24 (2): 163 – 185.

232. Reis, M., Paladini, E., Khator, S., Sommer, W. Artificial Intelligence Approach to Support Statistical Quality Control Teaching. *Computers & Education*, 2006, 47 (4): 448 – 464.

233. Stanojević, M., Vraneš, S. Knowledge Representation with Soul. *Expert Systems with Applications*, 2007, 33 (1): 122 – 134.

后 记

想写一本关于智力心理学的专著，"蓄谋"已久。

1988年，我当时还是西南师范大学（现为西南大学）的一名心理学讲师，受黄希庭教授的推荐，参加了四川省哲学社会科学"七五"重点研究项目"智力开发工程"的研究。记得当时参加这项研究的，有诸如黄希庭教授、苏天辅教授、茅于燕教授、张静虚教授等一批知名学者，他们作为分属不同学科的专家，分别从不同的学科研究智力。1989年11月，我完成了研究任务，并将研究成果写成《智力的激励与开发》一书，由四川人民出版社出版。该书出版以后，被中央人民广播电台主办的中央广播父母学校选作辅导教材，于每天的固定时段在全国开播，反应相当不错。参加了此项研究之后，基本奠定了我日后主要从事认知与智力心理学的研究方向。1992年，该书又获四川省哲学社会科学优秀研究成果奖，这使我在智力心理学研究方面初尝甜头。

此后，因为研究兴趣使然，我开始关注心理学中的智力问题，开展智力心理学研究。特别是1991年以后，我通过申报全国教育科学"八五"、"九五"、"十五"规划重点项目以及国家社科基金"十一五"规划项目，专门研究关于智力与认知操作、智力与知识学习、智力与民族文化、教育的关系、智力的开发等心理学课题。

从1993年开始，我在西南师范大学招收智力与智力开发的心理学研究生，并在研究生教学中设置"智力心理学研究"课程，与学生们一起探讨智力问题。1997年，我调到广州高校任教，同样也在研究生教学中讲授"智力心理学"，迄今为止，前后近二十年没有间断。

智力一直是心理学研究中的核心课题，也是引发社会公众极大兴趣的社会话题。作为一个科学问题，智力心理学研究探索和分析人类的认知机能和认知机制。作为一个社会问题，智力研究引发和带来了社会的阶层冲突、民族冲突，甚至意识形态方面的冲突。学者们对智力的研究，最初是全方位的、多学科的、思辨与推论的，哲学、社会学、文化学在此方面为探求人们的智慧提供了多种知识、方法和多样化的观点。心理学对智力的研究则始于20世纪初，其科学标志是比奈（A. Binet）运用自然科学的方法测量智力。自比奈的智力测验面世以后，智力的研究曾全面影响心理学界，以至在20世纪20至30年代，心理学被称为"智力研究的时代"，对智力的考察分析成了心理学家的重要研究兴趣，智力被视为决定人们心理和行为的核心要素和主导成分，智力研究也成了科学心理学研究的核心领域之一。

进入 20 世纪 80 年代以后，随着心理学研究新方法、新技术的出现，传统的智力研究受到了前所未有的批评。智力心理学的研究出现了一些新的特点，主要表现在：①原先泛化、整体的智力研究逐步分化为各种具体的认知研究。研究者开始考察各种具体认知任务下的智力操作，以一些小型的认知理论来表征智力研究。②智力的研究关注智力过程的动态操作，不再静态地界定智力的本质、规划智力的结构、描述智力的发展，而常常结合具体的问题情境，通过分析认知过程来探讨智力活动的内在机制。特别是进入 21 世纪以来，智力研究出现了很多新的观点和理论，诸如斯腾伯格（R. J. Sternberg）、加德纳（H. Gardner）、戈尔曼（D. Goleman）等人的智力理论，它们深化了对智力的认识，丰富了智力研究的成果，拓展了智力的社会效用。但从另一方面看，这些理论所表达出的新观点已从本质上超越了传统的智力观念，给传统心理学的智力研究带来了不少思想上的分歧和概念上的混乱。

必须认识到，新时期的智力心理学研究在这种矛盾的二元境界中出现了新的生机，它使一些智力研究者逐渐认识到，智力心理学的研究不能囿于一种观念、一种方法、一种知识、一种格局，必须运用自然科学与社会科学两种知识表征，采取理论推导与实验操作两种方法范式进行智力研究。当代心理学的智力研究已经出现了两大发展趋势：一是从先前着重于宏观的角度，采用对综合智力的过程的认知模拟与推论，逐渐转向智力研究的微观水平，开展对智力的神经机制研究，表现为认知神经科学的兴起与发展。二是从先前注重以自然科学技术探索智力的内部结构，逐渐转向注重智力发展的外部环境，立足从社会生态方面对智力进行研究，表现为智力的生态文化研究受到重视。可以肯定，未来的智力心理学研究会有新的突破，智力研究将沿着自然科学与社会科学两条基本路线，在理论研讨与应用技术两个方面，在微观探索与宏观探索两个层面，在内部神经机理与外部生态环境两个领域全面展开。并且，随着社会对人的价值和生存意义的重新认识，智力开发作为一种全新的人力资源开发将日益受到重视，有关智力开发的理论、方法和技术也将得到更大的发展。

本书是我组织广州大学教育学院心理学系教师和研究生编著的一部智力心理学专著。全书的内容范畴、结构体系由我设计、规定。各章编写作者如下：第一章：蔡笑岳；第二章：赵丹丹、何伯锋；第三章：于龙；第四章：刘百里；第五章：李琨；第六章：龚田波；第七章：苏静；第八章：王圣玉；第九章：邢强；第十章：陈少华；第十一章：郭强；第十二章：李帅、刘学义。书稿完成后由我统改并最后定稿。我的研究生何伯锋、张维协助我做了大量校勘与文献资料的搜寻、查证工作，叶丽芹、赵燕也为本书做了一些校对工作。暨南大学出版社教育分社张仲玲社长为本书的出版倾注大量心力，在此特表谢忱。

　　有人说艺术创作总是有遗憾的，其实对学人而言，学术专著也是有遗憾的。本书的编写历时3年，诸多地方虽经反复推敲，不断修改，但问题仍然不少。学术批评是探索真理的科学法则，听取学术批评是学术研究的基本态度，所以我们期待着专家学者对本书提出批评指正。

蔡笑岳
2011 年 7 月 6 日于广州大学文逸楼

图书在版编目（CIP）数据

智力心理学/蔡笑岳，邢强等著. —广州：暨南大学出版社，2012.3
ISBN 978 - 7 - 5668 - 0025 - 1

Ⅰ. ①智⋯　Ⅱ. ①蔡⋯ ②邢⋯　Ⅲ. ①智力发育—心理学　Ⅳ. ①B844

中国版本图书馆 CIP 数据核字（2011）第 223960 号

出版发行：**暨南大学出版社**

地　　址：	中国广州暨南大学
电　　话：	总编室（8620）85221601
	营销部（8620）85225284　85228291　85228292（邮购）
传　　真：	（8620）85221583（办公室）　85223774（营销部）
邮　　编：	510630
网　　址：	http：//www. jnupress. com　http：//press. jnu. edu. cn

排　　版：	广州市天河星辰文化发展部照排中心
印　　刷：	佛山市浩文彩色印刷有限公司

开　　本：	787mm×1092mm　1/16
印　　张：	19. 875
字　　数：	423 千
版　　次：	2012 年 3 月第 1 版
印　　次：	2012 年 3 月第 1 次

定　　价：	39. 80 元

（暨大版图书如有印装质量问题，请与出版社总编室联系调换）